U0172972

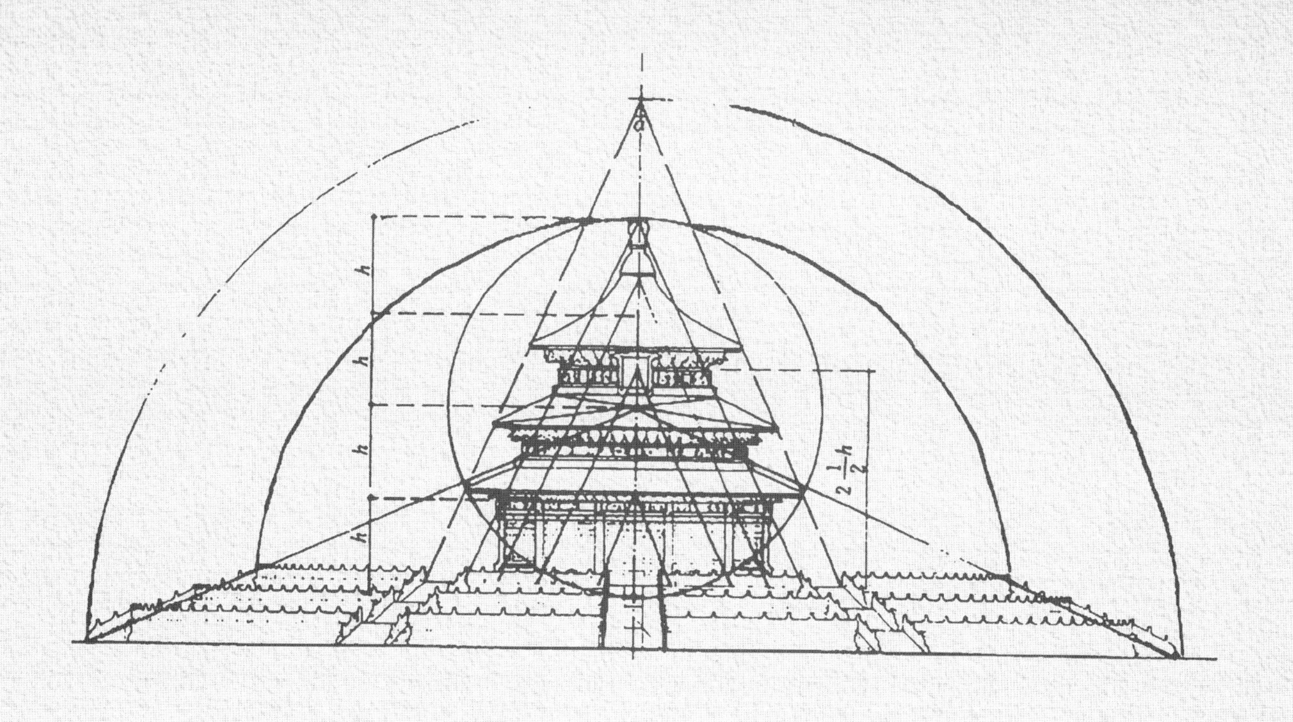

陆元鼎

建筑论文选集

陆元鼎◎著

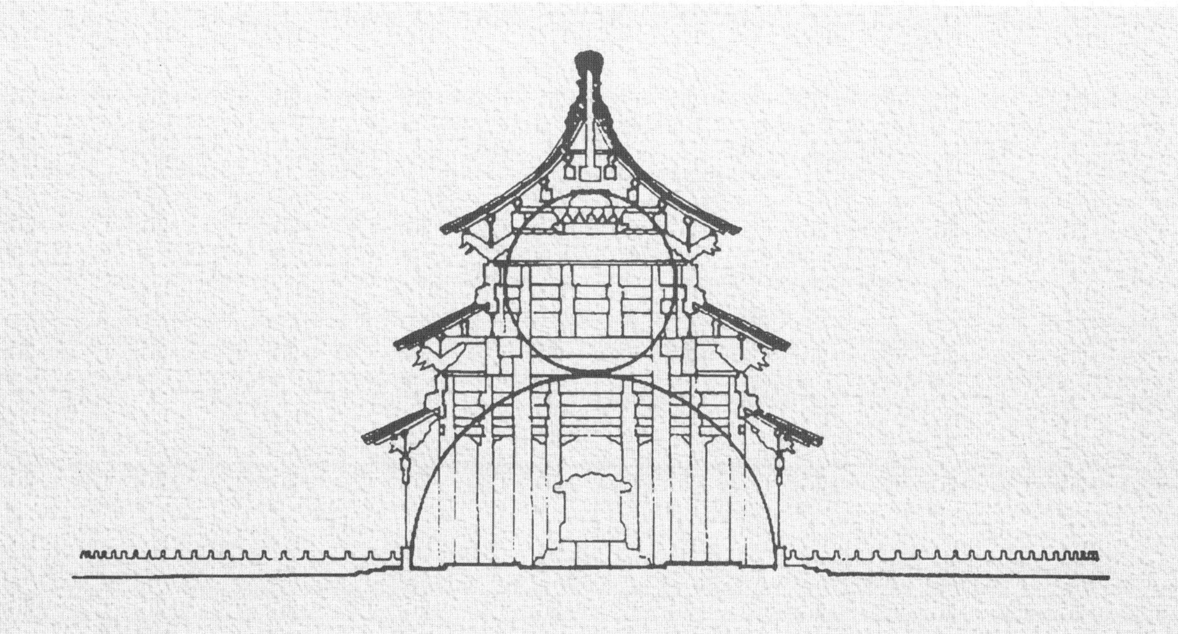

中国建筑工业出版社

图书在版编目（CIP）数据

陆元鼎建筑论文选集 / 陆元鼎著．—北京：中国建筑工业出版社，2022.8

ISBN 978-7-112-27731-5

Ⅰ.①陆… Ⅱ.①陆… Ⅲ.①民居—建筑艺术—中国—文集 Ⅳ.①TU241.5-53

中国版本图书馆CIP数据核字（2022）第142910号

陆元鼎教授是我国民居建筑领域的大师，也是中华人民共和国成立以来民居建筑领域研究的领头人，为我国传统民居建筑的研究和保护做了重要贡献，也培养了一批批民居研究人才。本书汇集了陆元鼎教授多年来具有代表性的中国传统民居建筑的研究性论文几十余篇，从传统民居建筑的理论综述、建筑类型、建造技术、建筑特色以及现代创新等几个方面，详细介绍了陆元鼎教授对传统民居建筑的研究成果、保护策略以及与时俱进的设计思想，最后，通过访谈实录的形式，总结了陆教授在我国传统民居建筑中的感悟。该合辑内容翔实、结构清晰，这些资料是我国传统民居建筑研究重要的精神财富，对未来我国民居建筑的保护与创新具有十分有价值的指导意义。

本书适用于建筑学、规划学、景观园林、遗产保护等相关专业的从业者和在校师生以及对民居研究感兴趣的读者阅读、参考。

责任编辑：唐　旭　张　华
文字编辑：李东禧
版式设计：锋尚设计
责任校对：王　烨

陆元鼎建筑论文选集
陆元鼎　著
*
中国建筑工业出版社出版、发行（北京海淀三里河路9号）
各地新华书店、建筑书店经销
北京锋尚制版有限公司制版
北京中科印刷有限公司印刷
*
开本：880毫米×1230毫米　1/16　印张：21½　字数：502千字
2022年8月第一版　2022年8月第一次印刷
定价：**98.00**元
ISBN 978-7-112-27731-5
（39582）

目录

传统民居综论

广东潮汕民居

潮汕地区位于广东东部，东南邻海，东接福建，它包括潮安、揭阳、潮阳、澄海、普宁、汕头等县、市。

潮汕地区属亚热带地区，全年不结冰，年平均温度在21～23℃之间，气候闷热潮湿，但由于有东南海风的吹入和调节，具有海洋性气候的特征。本地区降雨量充沛，大多集中在春、夏两季。全年的主导风向为东南风，台风来时常带有暴雨，风力达10级以上，对人、畜和建筑危害性很大，这种气候特点对民居有很大影响。

潮汕地区历史悠久，文化发达。潮汕民居富有地区特色，其中一些布局特点、处理手法和传统经验，对今天来说，仍有参考价值。现简要介绍于下:

一、平面类型及其特点

潮汕民居平面类型很多，最基本的形式是爬狮和四点金。爬狮在本地也称为抛狮，或下山虎、下双虎[1]，是一种三合院的形式（图1)。四点金是一种四合院形式（图2)。其他民居大多是以四点金作为基本单元加以组合发展而成的。

四点金向横发展的形式有五间过（图3)、七间过，向纵发展时为三坐落，也称三厅串(图4)。四点金向纵、横同时发展时，其形式较多，如四厅相向（图5)、八厅相向（图6)、三壁连（图7)、四马拖车（图8）等，这些民居都是比较规整的。也有比较自由的，如普宁泥沟某宅（图9)，称为书斋式平面，还有澄海城关某宅（图10）等。带庭园的民居和一

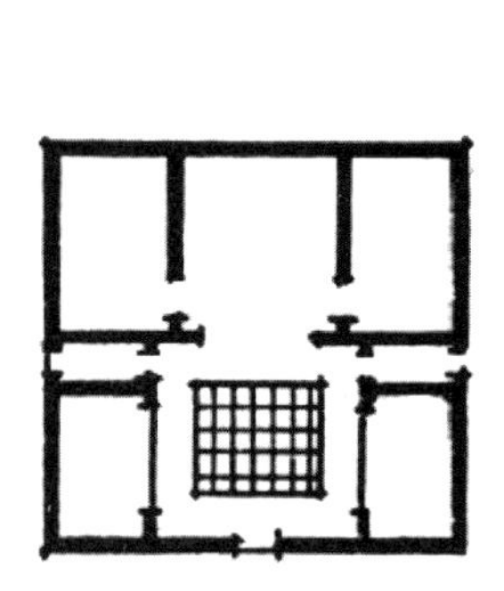

图1　爬狮平面图

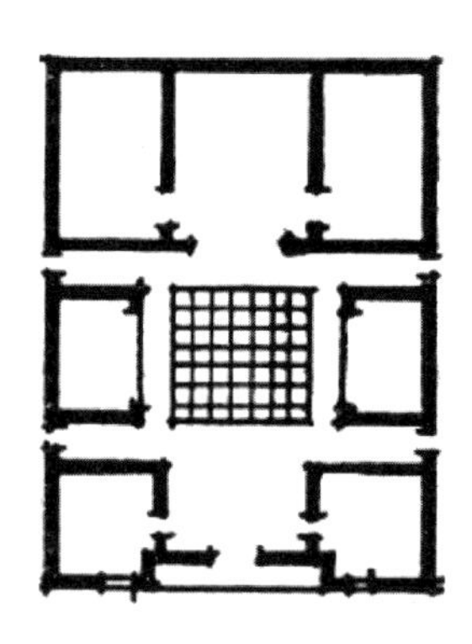

图2　四点金平面图

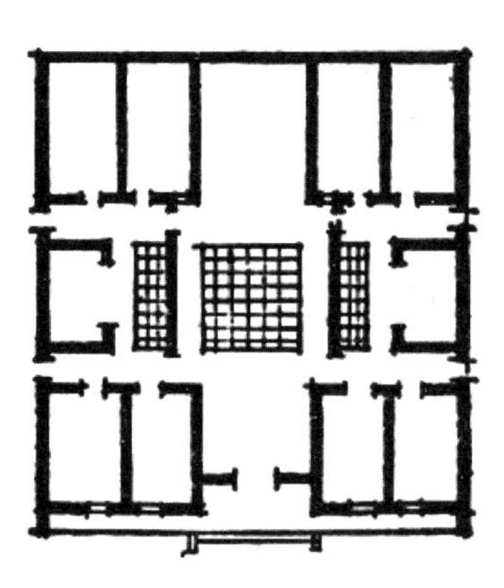

图3　五间过平面图

[1] 爬狮与下山虎，都是三合院平面形式，但平面和屋面组合有些不同。

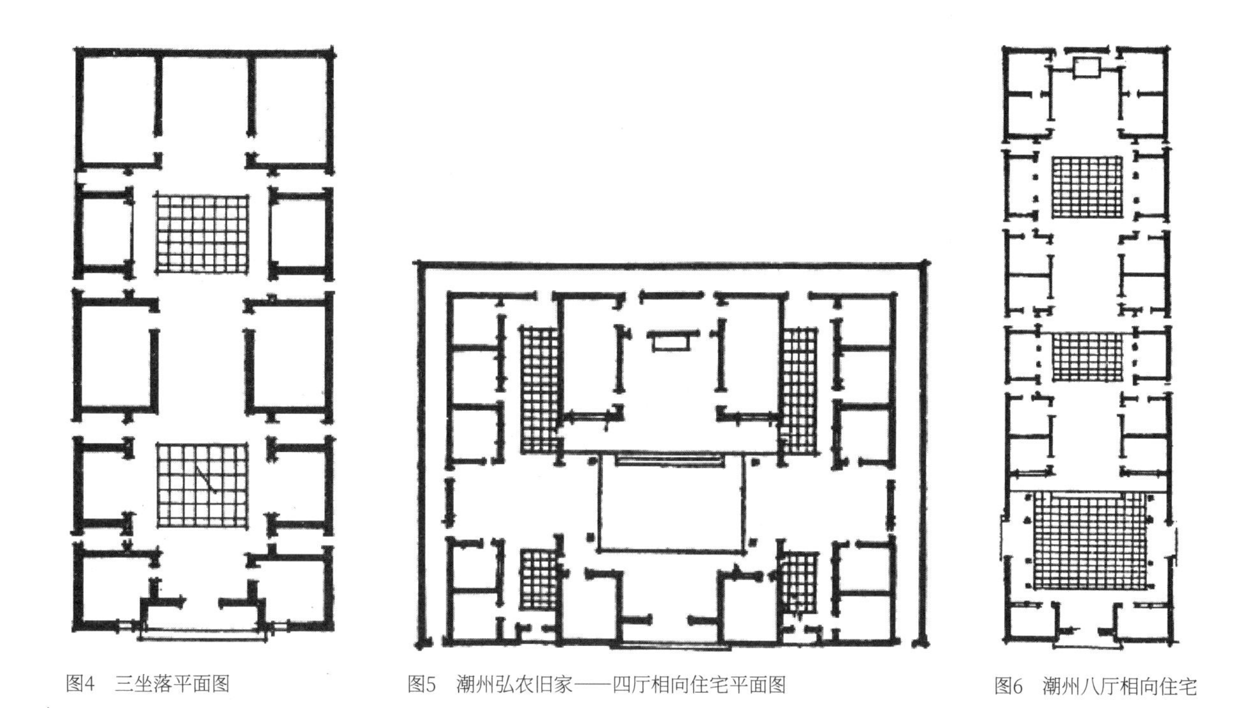

图4　三坐落平面图

图5　潮州弘农旧家——四厅相向住宅平面图

图6　潮州八厅相向住宅

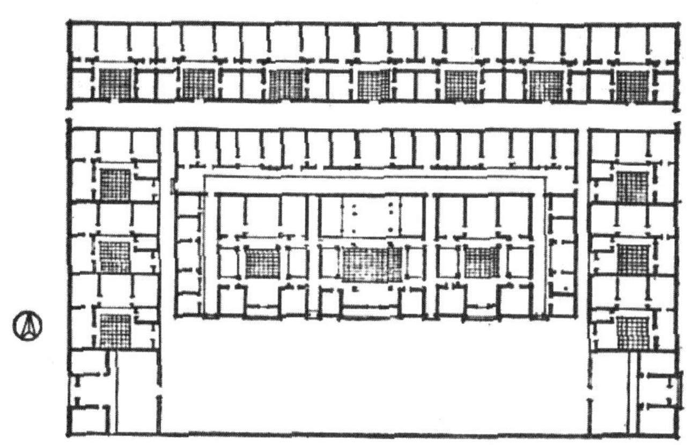

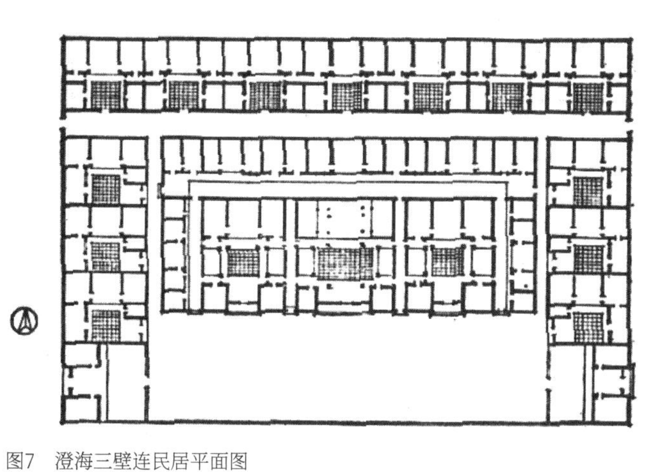

图7　澄海三壁连民居平面图

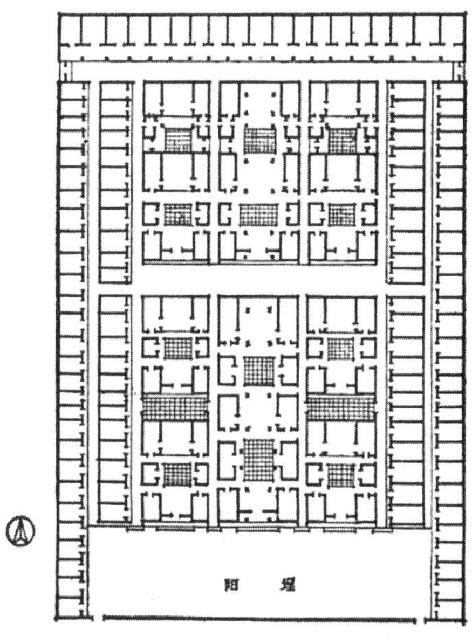

图8　揭阳港后四马拖车住宅平面图

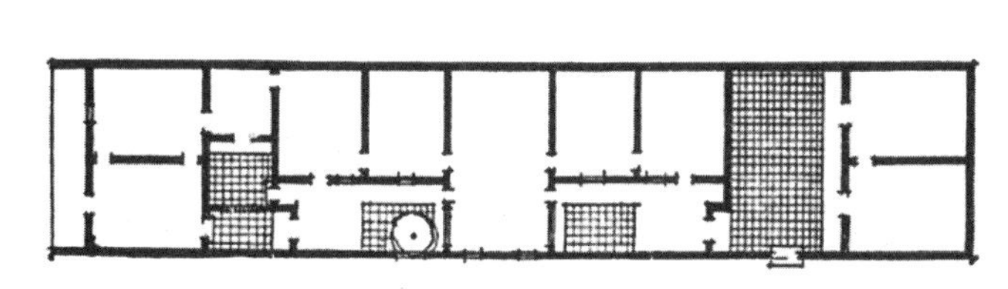

图9　普宁泥沟某宅平面图

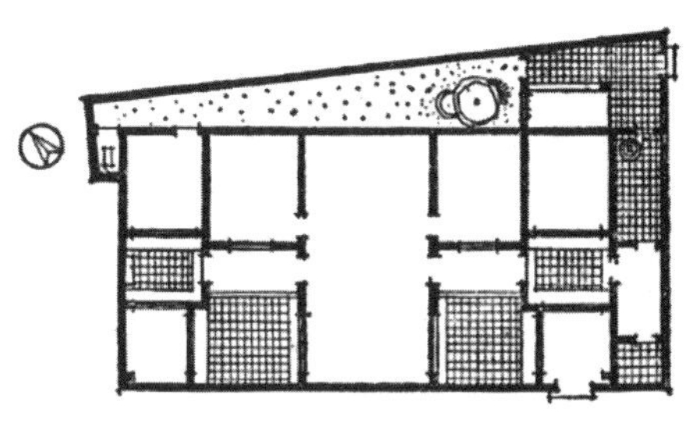

图10　澄海城关某宅平面图

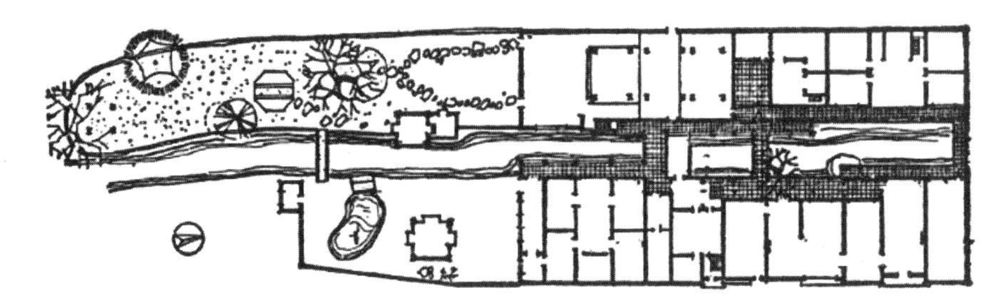

图11　普宁洪阳傍水建筑平面图

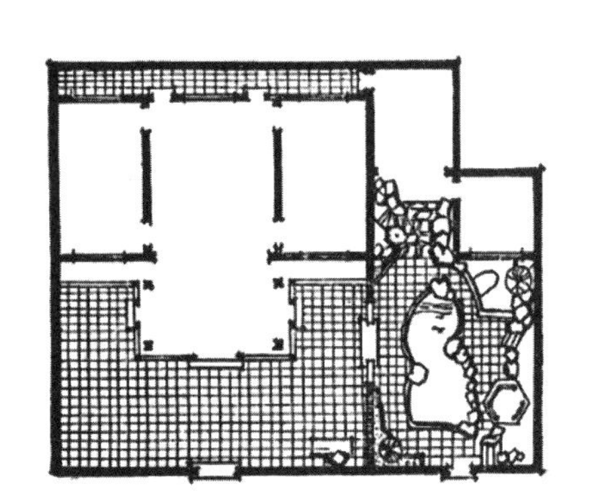

图12　潮汕某庭院住宅平面图

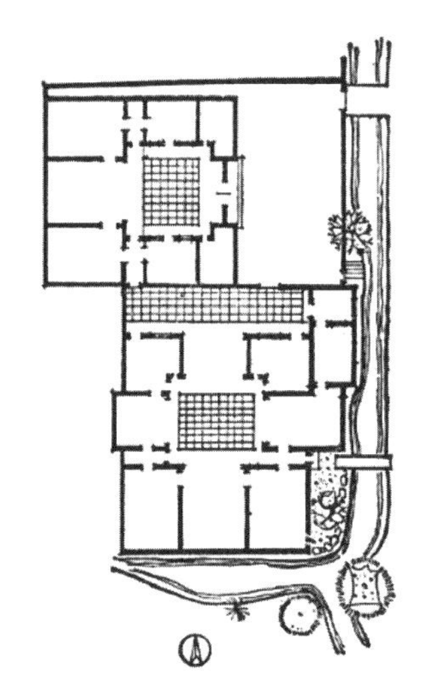

图13　揭阳许巷内某宅

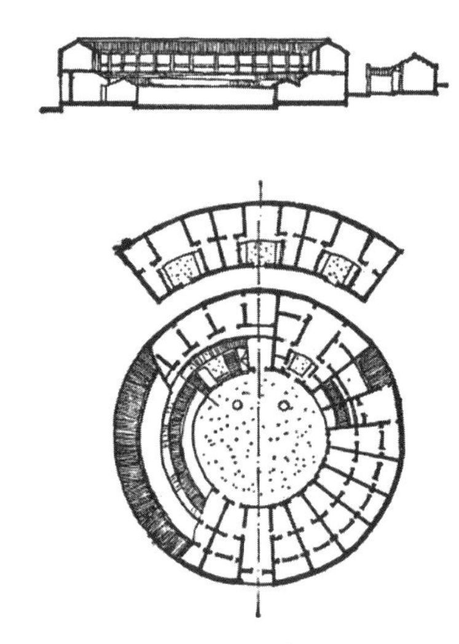

图14　潮安桂林乡桂林寨平立面图

些结合水面处理的民居布局更是自由和灵活（图11～图13）。

潮汕民居平面类型中，还有一种形式，称为寨，这是一种集居方式的住宅，是为适应本地人口稠密和土地紧张的情况而产生的。寨分为方寨和圆寨两种，一般方寨居多，圆寨很少见，如潮安县桂林乡桂林寨是圆寨的一个例子（图14、图15）。寨从南面大门进入，北面是公共性厅堂，住家则分布在各个单元。每家入口为厅堂，是单层建筑，后座是两层住房，各户独立，互不干扰。潮安县铁铺乡某寨是方寨的一个例子（图16），寨内以三座落为中心，四周环绕着建筑，东、西、北三面是两层，南面入口部分为单层，周围不开窗，有防御作用。

在潮阳县，这种集居方式的民居在当地称为图库，如该县峡山桃溪乡新图库就是一例（图17）。新图库平面为方形，基本上是三坐落和厝包、从厝的组合，但四周有高围墙，墙较厚，用三砂土[1]夯实，不开窗，四周还有角楼，这是一种集居和防御自卫的建筑形式。

从潮汕民居的平面类型中，可以看出有以下几个特点：

[1] 三砂土，为黄泥、砂和烧制的蚝壳灰混合而成的一种建筑材料。筑墙时，用两板夹住，内填三砂土夯实。

图15　潮安桂林乡桂林寨

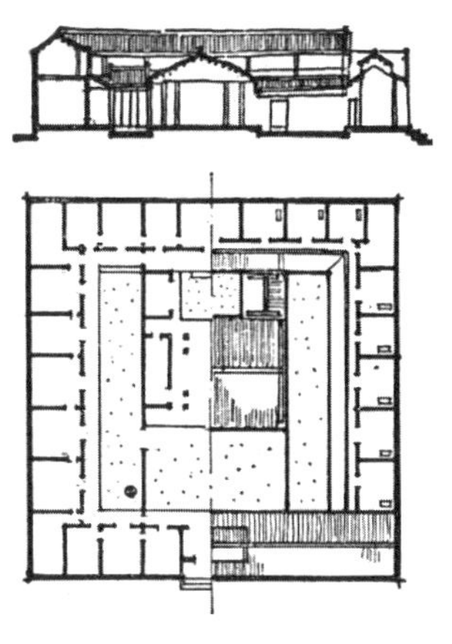

图16　潮安铁铺乡方寨立面图、平面图

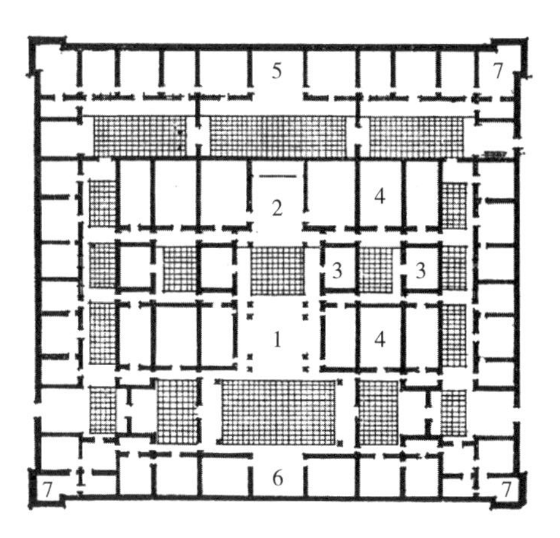

图17　潮阳县峡山桃溪乡新图库平面图
1—正厅；2—后厅；3—南北厅；4—侧厅；5—后包厅；6—反照；7—角楼

（一）平面紧凑、类型丰富、组合灵活

潮汕民居的平面，结合当地气候炎热潮湿的特点，采取密集布局的方式。它把建筑集中起来加以组合，建筑之间用天井相隔，而天井之间则用厅堂，或通道，或檐廊相连。平面组合很紧凑，它不像北方民居那样做成大院子和分散式布局，而是较好地结合地区特点，并解决了通风、防热、防晒、防雨、防风等问题。

潮汕民居的平面布局，虽然基本单元都是爬狮和四点金，但它组合灵活。潮汕民居可以组合成中小型民居，也可以组合成大型民居。它可以简单组合，也可以复合组成。例如，以四点金为平面基本单元的组合与发展就有很多形式（图5、图7），而以三坐落为平面基本单元，加上从厝、厝包的组合与发展也有很多形式（图8、图16）。此外，根据不同地形，平面布局就不同处理，特别是潮汕位于韩江三角洲地区，河流通畅，建筑结合水面的处理是潮汕民居平面布局的一大特色（图11、图13）。

（二）外封闭、内开敞和密集、方形的平面布局形式。

封建社会，由于宗法制度，民居其有鲜明的阶级性和封闭性，外墙森严，一般不开窗户。但是，由于南方气候的特点，人们又要求民居能够通透凉快，因而形成了外封闭、内开敞的平面布局方式。

在潮汕民居中，为了取得内部的开敞，一般采用下列处理方法:

1．厅堂做成开敞式或半开敞式（图18、图19）。有的民居大厅和南北厅都做成开敞形式，不但四面通透流畅，而且，纵横相望，整座民居形成一个巨大空间（图5）。

2．厅堂本身前后开敞。前檐用活动式格扇，可装可拆。后壁或用活动式格扇，或用屏门、屏壁，或开门窗（图20）。

3．当厅堂朝向处于通风不利情况下，当地采取各种方法，使厅堂开敞，以获得良好通风条件，如将厅堂向前伸出（图21），或往后延伸（图22），或凸出南北厅（图13），如

图18　开敞式厅堂

图19　半开敞式厅堂

图20　厅堂后壁半开窗

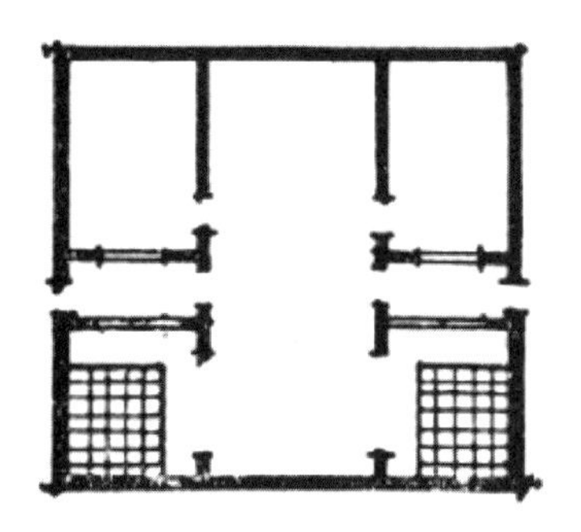

图21　厅堂向前伸出

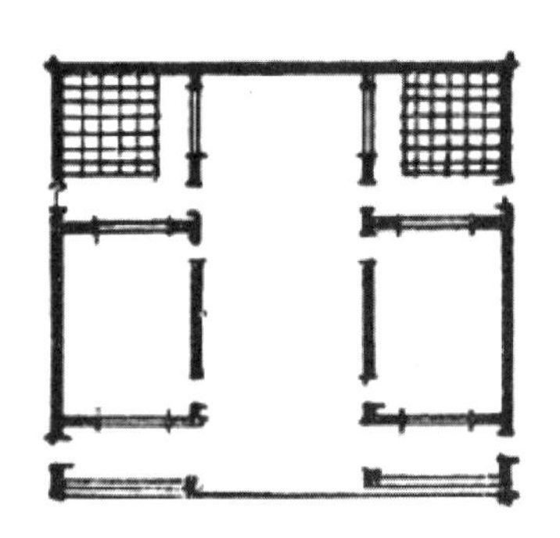

图22　厅堂向后延伸

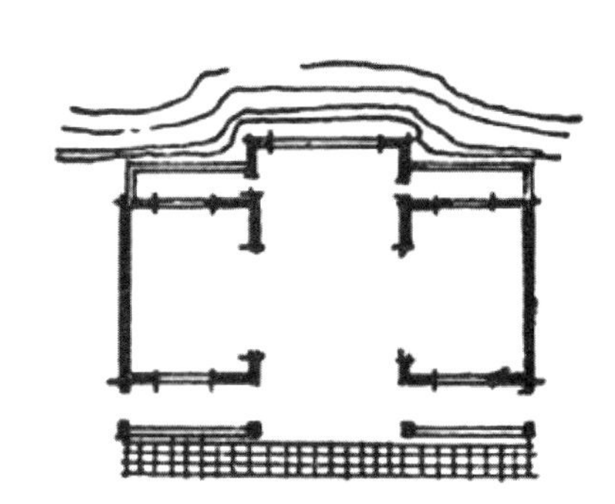

图23　厅堂延伸凸出水面

建筑临水，将厅堂延伸凸出水面（图23）等。

潮汕民居，除有上述外封闭、内开敞的南方民居平面布局共同特征外，还有自己独特的平面布局形式，就是密集和近于方形，考其原因，大致有三个方面：

1. 本地区太阳辐射热强，建筑采取近方形平面，可以使阳光对墙面的辐射面积达到最小限度。在内部采取密集方式，由于间距小，可以充分利用建筑物的阴影，来遮挡太阳光的辐射。

2. 潮汕地区，城乡人口都很稠密，建筑用地十分紧张，集居采用方形的平面布局形式对节约用地有利。

3. 潮汕地区历史较久，宗族关系较深，在传统形式和当地风俗习惯、气候地理等因素影响下，民居的平面布局既要适合集居方式，又要满足独户使用，长期以来就形成了这种独特的平面形式。

（三）庭院天井布置灵活、室内外空间紧密结合

庭院天井是庭院和天井的统称，面积大者称为庭院，面积小者称为天井，它有着通风、采光、排水、换气、家庭副业、杂务使用和美化环境等作用，是民居平面布局中不可缺少的一个组成部分。在潮汕民居中，庭院天井的布置很有特色，它不但布置灵活，而且与厅堂紧密结合，使室内外空间打成一片，共同形成了本地民居通透、开敞的布局形式。

本地民居庭院天井处理有下列几点经验：

1. 庭院天井根据其功能要求和不同位置来决定它的形状和大小

在中轴线上，根据通风、采光的要求，庭院的面积一般较大，在厅堂前的庭院常做成方形或长方形，成为横向式庭院。在两侧从厝或厝包前的庭院，面积较小，做成狭长条形，成为纵向天井。横向式庭院的优点是可以取得更多的阳光，但因它进深浅而面宽长，带来了东西向太阳辐射热量多的缺点，当地采取分隔庭院的方法，形成了有分有合、富有节奏的空间。这种做法，有利于通风，也遮挡了阳光，既满足了功能要求，又丰富了艺术处理。据调查，其分隔的方式有：

（1）通花围墙分隔法（图24）；

（2）檐廊分隔法（图25）；

（3）拜亭分隔法（图26）；

（4）厢房分隔法（图27）；

（5）南北厅分隔法（图28）。

纵向天井主要起冷巷通风的作用。由于巷道过狭，当地常用门洞或花墙间隔，使之形成两个相邻的空间，隔而不断，既可通风，又美化环境。

2. 室内外空间一气呵成，紧密结合

为适应气候特点，面向天井，作开敞式处理。格扇是室内外直接过渡的连接构件，格扇本身又是一件完整的艺术品。它采用本地区的细木工艺作装饰，做成花格或纹样，具有精美、纤巧、玲珑的艺术效果。这样，开敞式的格扇就把室外的空间引入室内，也把室内的视野扩大到室外，使室内外空间紧密结合。

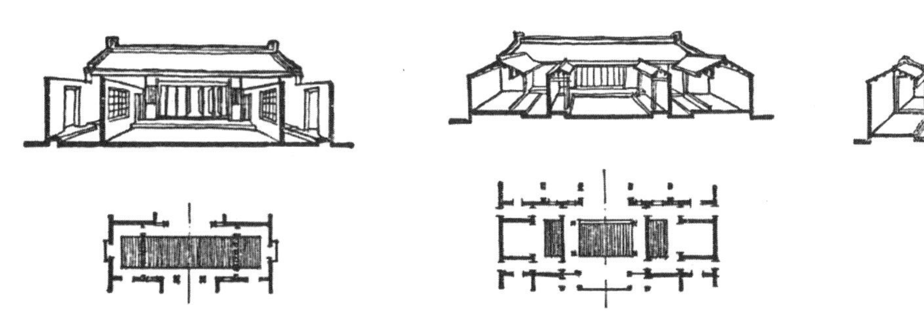

图24　通花围墙分隔法

图25　檐廊分隔法

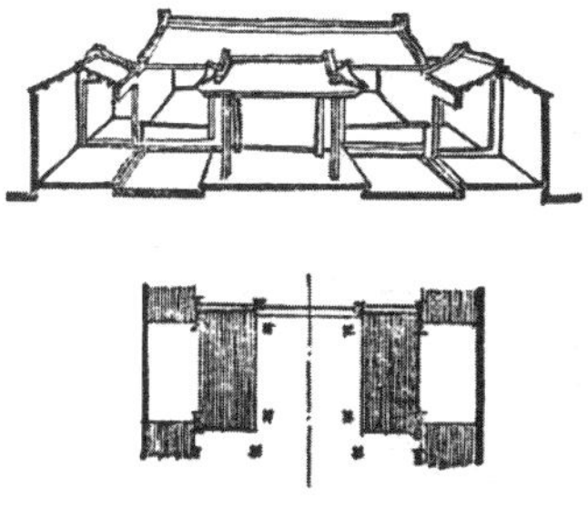

图26　拜亭分隔法

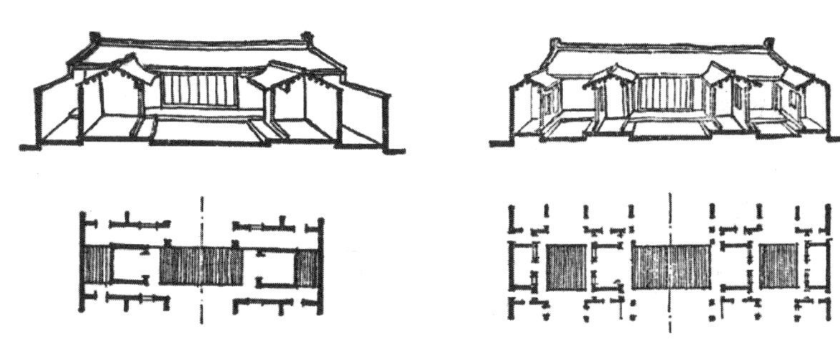

图27　厢房分隔法

图28　南北厅分隔法

3. 利用廊亭丰富空间组合

天井周围用廊联系，它是天井和厅堂的间接过渡地带。廊的屋面与正厅相连，一边紧靠室内，另一边面向天井。廊的高度、宽度一般与厅堂大小相协调。在形式方面，有的做成檐廊（图29），有的发展成为拜亭、印亭（图58）。由于这些廊亭处于内外空间之间，又是人们经常往来的场所，因而，成为人们视线集中的焦点。当地常把最精致的雕刻装饰在廊下的梁架上（图63），屋面形式也有别于正厅，做成卷棚式或歇山式，形成建筑物的构图中心。这样，廊亭的处理就丰富了民居室内外空间的组合。

4. 运用绿化或漏窗花墙，丰富室内外空间

潮汕民居的庭院天井变化多样，对它进行绿化处理和漏窗花墙相隔，有利于气候调节，也有利于美化环境。农村住宅中则结合生产种植果树，如蕉树、木瓜树、白兰花树、鸡蛋花树等（图30）。

在间隔方面，当地常采用漏窗、花墙、洞门来间隔狭长或宽阔的庭院空间，使它既分又联，形成有节奏的流动空间（图31）。另外，在围墙墙面上开漏窗，既解决了通风问题，又成为墙面上很好的装饰，从观感上形成墙内外空间的互相渗透，互相沟通，半遮半现，轻巧透剔，增加了空间层次的效果。

（四）良好的朝向和厅堂、天井、通道相结合的通风系统

潮汕地区纬度低，太阳高度角大，辐射热量大，影响室内温度的稳定。因此，如何采取防晒、遮阳、隔热等措施是解决民居降温的重要问题之一。

但是，防止太阳辐射热的传入，仅能保持室内温度的稳定，仍然不能达到降温的目的。而南方气候湿度大，室内空气闷热，因此，如何在室内加速散发辐射热、散发人体皮肤热，便于人体热平衡，造成有利于居住舒适的条件，将是南方民居解决湿热气候更为重要的问题，这就要求民居内部具有良好的自然通风条件。

在民居中，要取得良好的自然通风效果，首先要有良好的朝向，以便取得引风条件。在朝向和引风条件已经具备的情况下，住宅内部通风效果将取决于平面布局。潮汕民居在平面中采取了厅堂、天井与通道相结合的布局方式来组织自然通风，经调查，效果较好。

图29　庭院天井檐廊

图30　庭院绿化

图31　漏窗花墙洞门分隔空间

在这种通风系统中，厅堂是引风口，风从天井吹向厅堂。天井是出风口，又是引风口。通道根据不同位置，或作为引风口，或作为出风口。在三者之中，天井起着组织和纽带的作用。

根据民居规模的大小，庭院天井布局不同，按天井作为通风的主要方式来看，它可以分为单天井通风和多天井通风，在楼房中还有楼井通风。

单天井通风，多见于小型民居中。通常情况下，建筑和厅堂朝南，通过天井可以取得东南风。有时在朝向不利的情况下，如建筑和厅堂西向，就要因地制宜地采取措施，以便取得良好的通风条件。如有的民居朝向为东西向时，将厅堂向前伸出或往后延伸，凸出南北厅等，目的就是使厅堂向南开敞，面向天井，以取得良好的引风条件。

在大型民居中，则采用多天井通风方式，以潮州某宅为例（图32），它的引风条件主要靠天井和厅堂来取得，两侧的厝巷（侧天井）、后包巷（后院天井）也可取得引风条件，而出风口主要靠通道，上述这种通风状态通常是在风向正常时存在的。如果天气异常炎热时，风力极为轻微，甚至呈静止状态。这时，天井与通道的引风、出风职能刚巧相反，天井因受阳光蒸晒，下面的热空气不断上升，而两侧厝巷的冷却空气就通过通道，向天井不断补充，形成冷热空气温度差的对流。因此，这种多天井通风系统，不论有风或无风的状态下，都能获得空气的对流，形成阴凉通透的室内环境，当地人民非常喜爱这种类型的民居。

在城镇中，由于人口多，建筑密度大，很多民居做成楼房形式。为了取得良好的通风条件，除采用天井通风外，在建筑物后部还做成楼井（图33），起到采光、换气、出风口的作用，有的有屋盖，有的露天。

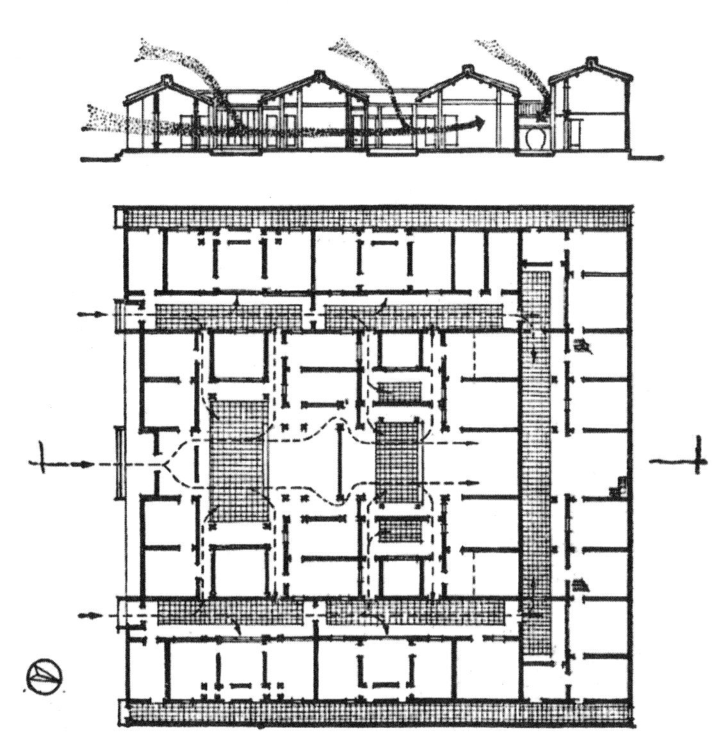

图32　潮州某宅平面、剖面通风分析示意图

图33　后楼楼井通风

二、立面与细部

（一）立面

潮汕民居外形一般比较规整、严谨，外墙极少开窗，一般只在山墙面上开气窗或其他小窗，形成了外封闭的立面造型特征。由于建筑体型组合的不同、比例的协调、线条的变化、细部处理的恰当，以及充分发挥传统装饰手段的效果，因此，潮汕民居的立面有比较丰富的式样。

1. 对称处理

这是民居中最普通的手法。这种手法强调中轴线的绝对对称，有的在中心部位加以重点处理，有的使用装饰手段以求设计中心的突出。其中有：

（1）有大门的对称处理，如一般对称处理（图34），进门加屋盖的对称处理（图35），进门加屋盖做成凹斗门廊式对称处理等（图36）。

（2）无大门的对称处理，称为“书斋式”立面。“书斋”，最初是在大厝旁，利用从厝厅作为读书的地方，它的平面形式就是在从厝中央加一过水亭组合而成，因而，书斋外观只见围墙而不见大门。它的立面处理方法有：正中只有一个过水亭的对称处理；正中为过水亭，两侧为山墙的对称处理（图37）；正中和两侧都是过水亭的对称处理（图38）等。

（3）复合式的立面对称处理（图39），它强调构图中心，构成了严谨而简洁的立面效果。

图34　对称式立面

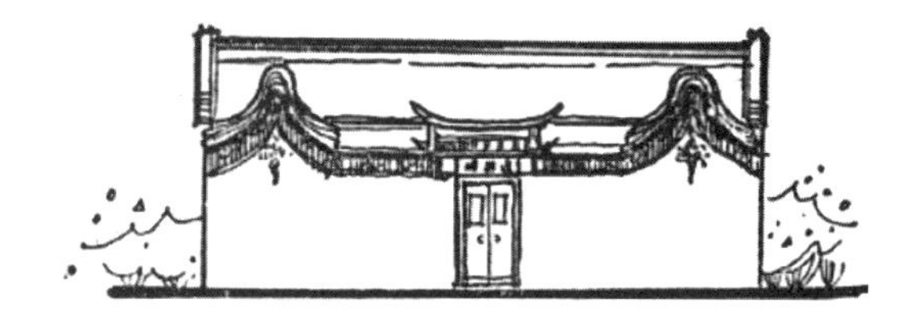

图35　大门带屋盖的对称式立面

图36　凹斗门廊对称式立面

图37　书斋式立面之一（两侧为山墙）

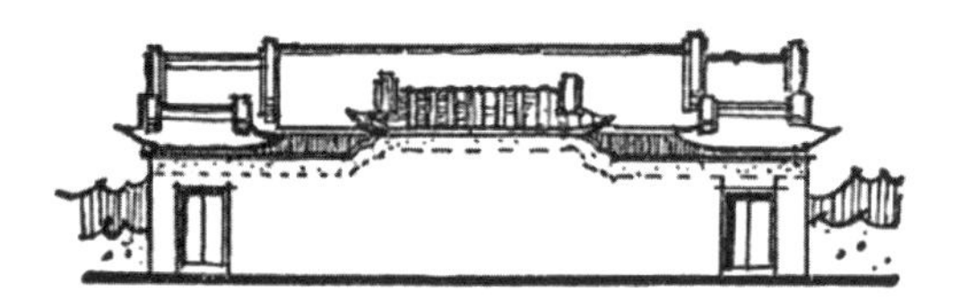

图38　书斋式立面之二（正中和两侧都是过水亭）

图39　复合式对称立面

2. 重点突出处理

一般突出的部位是大门和屋顶。大门在潮汕民居中占有特殊的地位。据调查，重点突出处理有下列几种手法：

（1）大门突出法。其方式有：

① 运用建筑处理。为适应当地气候特点，建筑上做凹斗门楼式，在立面效果上造成凹凸有变化和明暗的对比（图40）。

图40 带屋顶的凹斗大门

② 运用线条处理。围墙大门，不设门楼，而在大门上部进行线条处理，利用线条和阴影而突出大门。

③ 运用材料处理。利用材料的性能特点而达到突出的目的。

④ 运用结构处理。大门上加屋盖，有单檐屋盖，也有重檐屋盖。

⑤ 运用装饰色彩处理。在大门屋顶上或进门墙面上进行装饰处理，如嵌瓷、灰塑、彩画、贴面瓷等。

（2）屋面抬升法。主要是利用结构的特点，以提高进口大门的屋面高度达到突出重点的效果。如：抬高大门整个屋面部分；大门屋面部分加小屋顶（图40）；迭落屋面（图41）；综合式，即迭落屋面再加小屋顶等。

3. 不对称处理

不对称处理，如对称中的不对称手法（图42）、全部不对称手法（图43）、侧面步步升高手法（图44）等，这些手法主要是利用体型的高低、门窗洞的组合以及屋顶的形式来达到的。

图41 迭落式大门

图42 对称中的不对称立面

图43 全部不对称立面

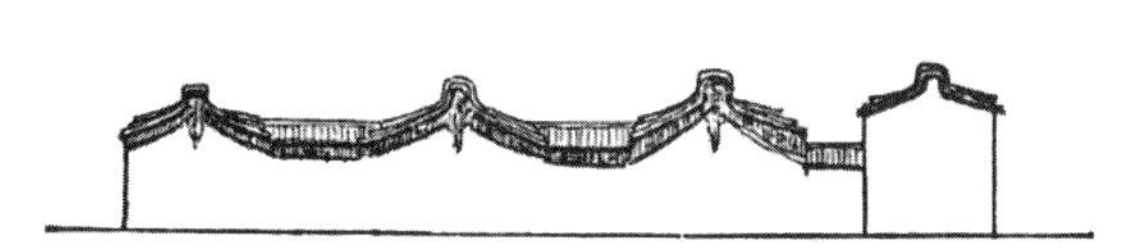

图44 步步升高侧面

4. 装饰点缀法

建筑装饰在潮汕民居中占重要地位，装饰的点缀，加强了立面的艺术效果，丰富了立面造型。

立面装饰分为屋顶装饰、檐下装饰和墙面装饰等几部分。它的处理原则是，从视线上考虑远眺和近望的艺术效果，使它既完整统一，又富有变化。其次，根据视点的远近、高低来考虑装饰内容的精致程度，越靠近人的视点越精致。

对装饰种类的选择，要考虑材料特性，如屋顶用嵌瓷、泥塑，可以不怕日晒雨淋，木雕、彩画则用于室内或屋檐下，以保证装饰的耐久性和色彩的鲜明。

装饰点缀的处理手法有：

（1）从色彩运用角度来看，如在洁白的墙面与屋檐过渡的部位，常采用冷色调，以加强立面的阴影效果。在灰暗的屋面上，常装饰鲜艳夺目的嵌瓷，以突出屋面。而在大幅的山墙面上，则用鲜明的花纹和线条来装饰，可增加立面的变化和轮廓线，以表现建筑造型的节奏和韵律感等。

（2）从对比角度来看，如尽量利用阴影，形成明暗对比。在大幅墙面上可开漏窗、格窗、凹肚门等门窗，使立面有凹凸变化，形成虚实对比。在山墙面上，屋脊、垂带采用灰色或暗灰色调，下面用白色墙面衬托，形成色彩对比。此外还有不同材料的对比，如本地常用石料墙基和粉刷墙面，可使建筑物显得稳定，用卵石墙面有轻快的感觉，而用洁白的粉刷墙面则有简朴、明朗的感觉等。

（二）细部处理

细部是立面造型的一个组成部分，它包括大门、山墙面、照壁、漏窗花墙等，装饰装修虽然也是建筑细部的组成内容，由于它在艺术处理上有自己的特色，故在后文另叙述。

1. 大门

大门的做法受到封建宗法等级制度的影响，它包含的题材中有封建思想，同时，它也是立面造型中重点处理的一个部分。通过建筑、构造、材料、装饰、线条等方面的处理，可以使得大门产生轮廓起伏、色彩明暗和虚实对比等艺术效果。

大门按建筑平面分凹斗门和非凹斗门两种。

（1）凹斗门（图40）——它适应当地气候特点，避免雨水对门扇的淋湿而造成损害，同时，也可作为进入屋内的临时避雨处，又可起到防晒、遮阳作用。在台风影响大的沿海地区，还常把围墙进门处做成稍凹入一些的形式，以增加它的刚度。

（2）非凹斗门——往往在门上设一小屋顶，使它起到避雨、遮阳效果。

除功能要求外，有的大门为了突出艺术形象而加以重点处理，如有的屋面在同一平面上，加高屋脊，做成假屋顶（图40），有的把屋面加高一层，做成迭落式，以提高大门屋顶的高度，中央屋面高于两旁（图41），也有的大门作重檐处理。

围墙的大门处理也有很多形式，如直线型、折线型（图45）、曲线型（图46），也有大门门楣作出檐处理，有出檐低于围墙（图47），也有高于围墙（图48），还有的做成正规式

图45　折线型围墙大门

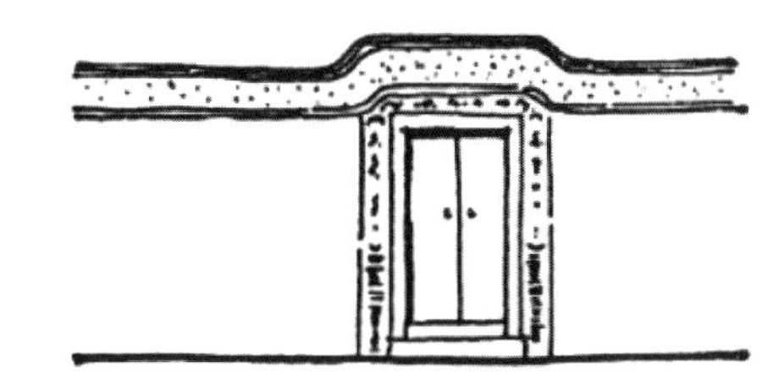

图46　曲线型围墙大门

图47　出檐低于围墙的大门

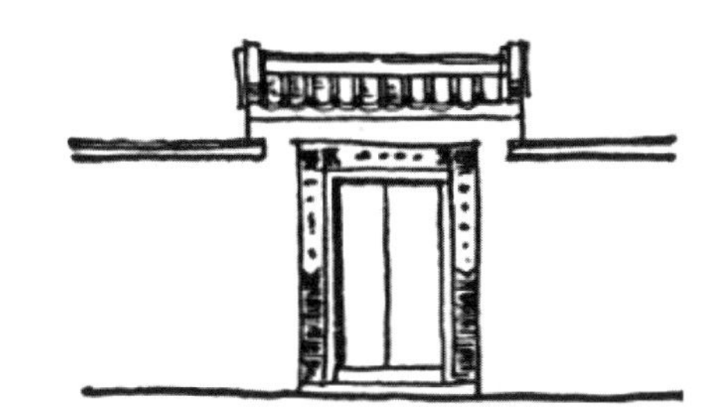

图48　出檐高于围墙的大门

大门（图41）。

2. 山墙

山墙的处理主要在顶部山墙尖部位，当地称为墙头，它在潮汕民居中是比较讲究的，处理方法也很丰富。

墙头有五种形式，即金、木、水、火、土（图49），随着处理的变化，还派生出古木、大北水和大土、火星等几种形式（图49）。墙头压顶的处理，通常用几层凹凸的线条，可以增加阴影变化以加强轮廓线。在墙头线条下面，称为博风部位，当地称为垂带，有采用深灰色的色带，以突出建筑物的立体轮廓，也有采用彩画、灰塑或嵌瓷作为装饰的。其中的嵌瓷有平贴和浮凸两种。采用这些装饰后，墙面有着明显的明暗色彩变化，丰富了民居侧面的艺术效果。有的还在通风小窗周围做成花纹图案（图50），但比较烦琐。

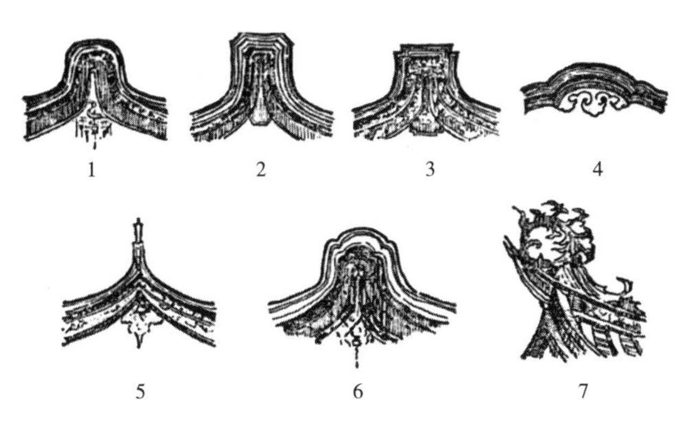

图49　墙斗及垂带处理
1—金式；2—木式；3—土式；4—大北水式；5—火式；6—水式；7—火星式

图50　山墙墙面装饰

3. 照壁

潮汕民居中，几乎每一幢完整的建筑都在大门前设立照壁，它具有一定的艺术价值，并丰富了建筑物的艺术效果。

在封建社会中，照壁分为很多等级，以表现门第显赫，官邸常用“麒麟”作为题材。照壁用砖砌筑，外框矩形，中央为壁心。壁心有用泥塑，也有用嵌瓷做成的。图案有简有繁，有一般花卉、鸟兽的，也有图案、花纹的（图51），这些装饰一般处理成平面或浮凸的形式。还有一些照壁结合地形进行布置，如傍水时，有的把照壁放在水面的对岸，也有的把照壁和建筑物放在水面的一侧，而在照壁上开设漏窗，既能通风，又能通过漏窗欣赏水景。

4. 漏窗花墙

一般在庭院天井中采用，它既有遮阳和遮挡视线的作用，又能增加艺术气氛，故在民居中常采用它。有的只是花墙漏窗，也有的旁边带有月门作为相邻两个天井的通道（图52）。漏窗的窗花式样很丰富，有花纹、有图案，月门有圆形、瓶形、六角形等。

图51 照壁

图52 月门、漏窗、花墙

三、屋面组合

丰富多彩的屋面组合，在潮汕民居中别具一格。

（一）常用的屋面种类和用途

1. 硬山——这是当地民居最常用的一种屋面形式。由于当地雨量多，受台风影响大，屋面做成硬山形式，防风效果好。

2. 悬山——由于屋面悬山部分的木桁条，易被雨水淋湿而造成对木构架的损坏，同时，悬挑部分也易被台风破坏。因此，悬山屋面在潮汕地区很少用，仅在台风影响较少的山区有采用。

3. 歇山——在屋面中是一种比较高贵的形式，一般在屋面要求重点装饰处理时，如拜月亭、过水亭、凉亭、楼阁及门楼等，才做成歇山形式。

4. 卷棚——大多用在走廊、小厅（如南北厅）或拜月亭等处。

5. 圆屋面——用在圆寨屋面上。

此外，还有攒尖式屋顶，一般在祠堂或寺庙中的拜月亭才采用它，这种形式比较庄重、高贵，在民居中极少采用。

（二）屋面组合手法

1. 一般组合法。有垂直组合（图53）、平行组合（图54）、工字组合（图55）等。

2. 重点突出法。平面布局强调中轴线，在立面和屋顶处理上也一样突出，具体手法有：突出门厅屋面（图56）、突出大门入口（图57）、突出中心——拜亭（图58）等。

3. 四点金屋面与从厝、厝包的组合。如图59a是四点金的屋面，图59b是四点金与从厝屋面的组合，图59c是四点金与厝包屋面的组合，图59d是四点金与从厝、落赘屋面的组合，图59e是四点金与从厝、后包、反照的屋面综合组合。

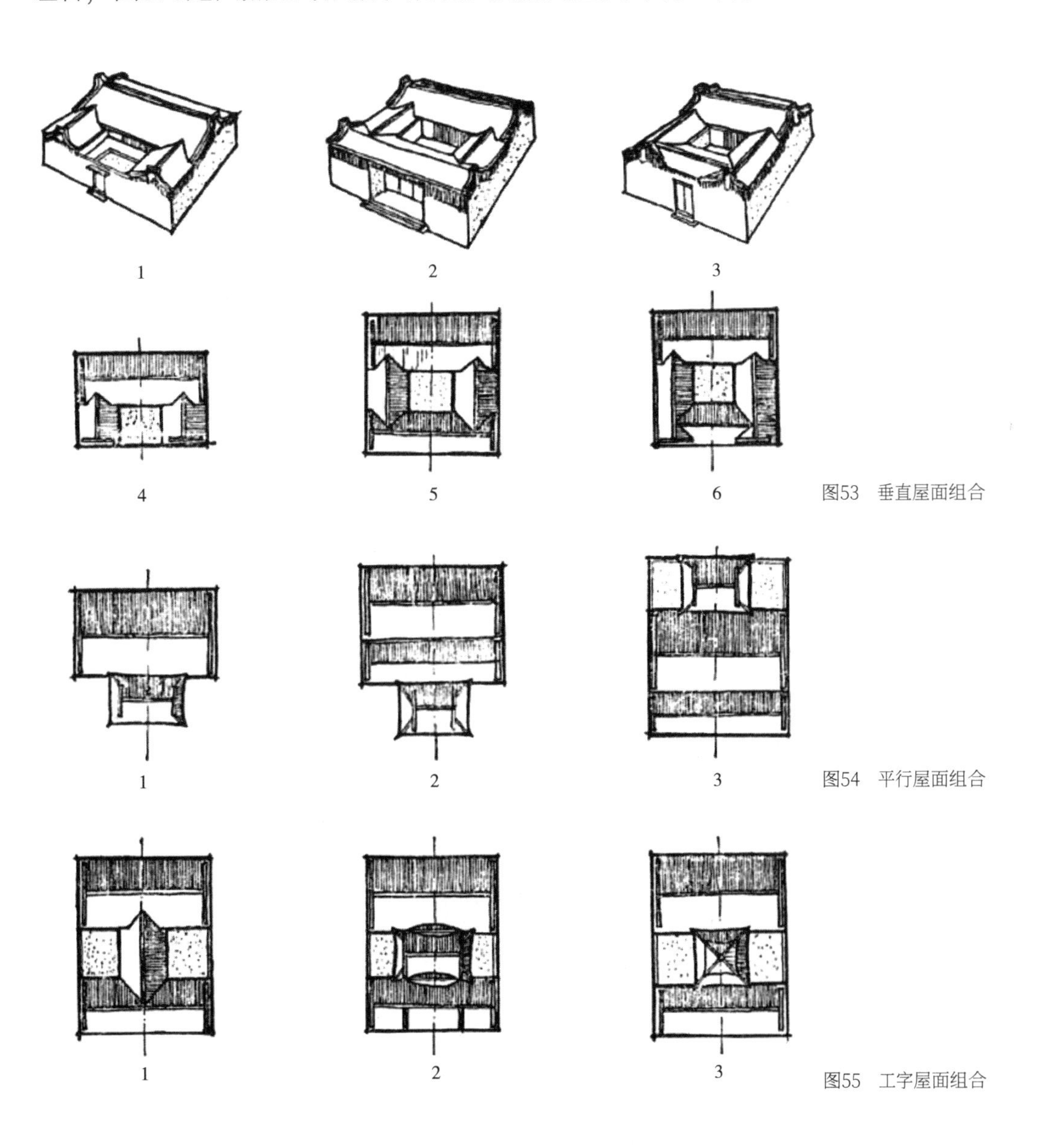

图53　垂直屋面组合

图54　平行屋面组合

图55　工字屋面组合

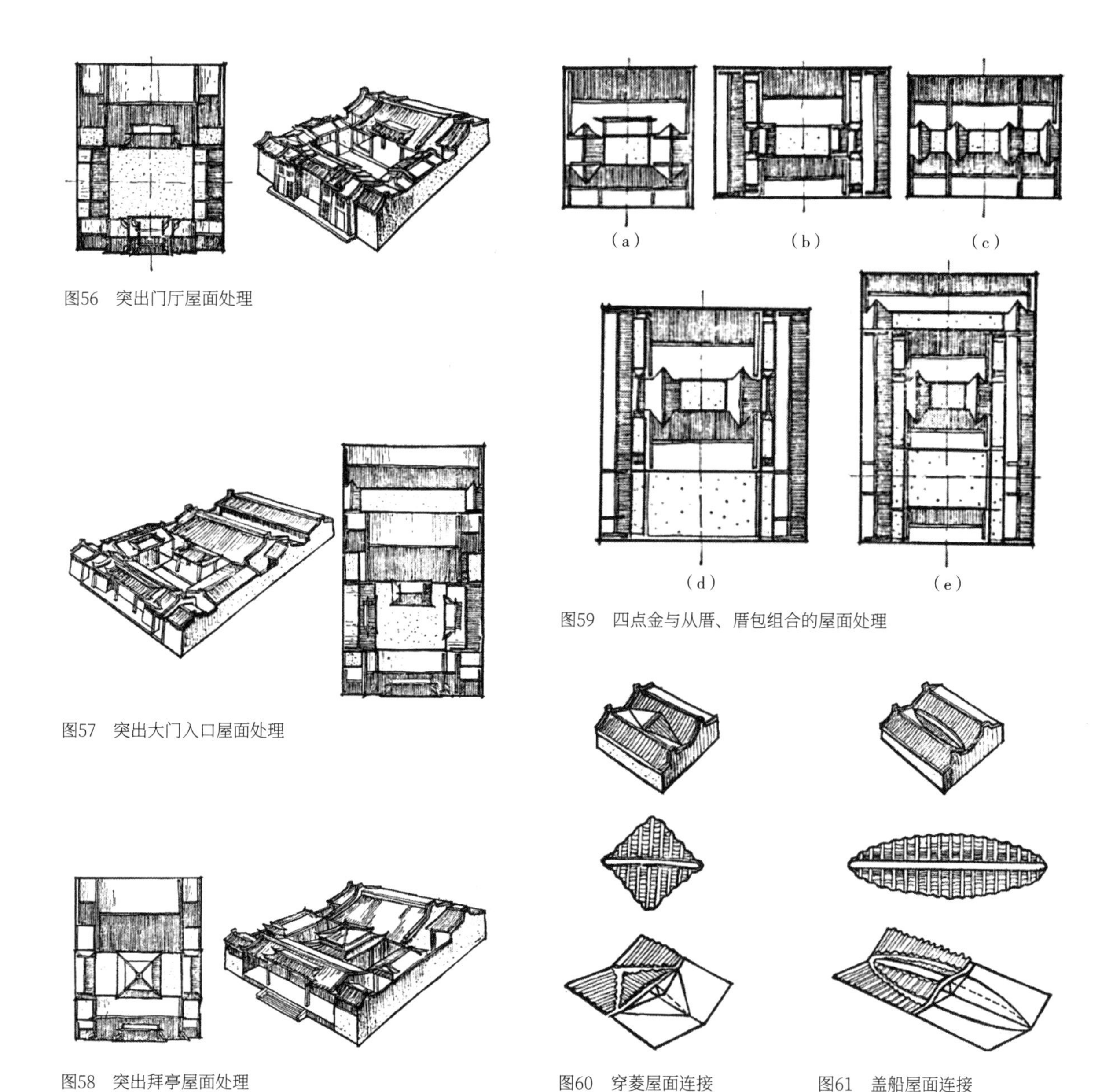

图56 突出门厅屋面处理

图57 突出大门入口屋面处理

图58 突出拜亭屋面处理

图59 四点金与从厝、厝包组合的屋面处理

图60 穿菱屋面连接

图61 盖船屋面连接

4．步步升高法。它主要表现在进深方向的屋面组合上，屋面随着地形的升高而有着起伏变化，形成优美的节奏，使人们的视线随着屋面的逐级升高而走向高潮。

潮汕民居屋面组合还有不少做法，上述手法仅部分实例有所反映。

（三）屋面的连接与过渡

屋面的连接与过渡在结构和构造上是非常重要的一环，它影响到屋面的组合是否合理和经济。该地区民居屋面的连接与过渡常用的一些方法如下：

1．屋面延伸法，它主要采取延长屋面的方法来增加建筑的进深。

2．平行屋面连接法，优点可以减少屋面的矢高。它主要借助于“穿菱”（图60）和“盖船”（图61）两种平行屋面的连接方法。“盖船”和“穿菱”在潮汕民居中是两种特殊的屋面，由于构造精巧和结构合理，并有良好的排水效果，外形又比较美观，因而，在民居中常见采用。

3. 垂直屋面连接法，当地称为斜尾连接法（图52），也即丁字形或工字形屋面连接与过渡。

4. 上下屋面连接法，一般在突出大门、升高门厅屋面时才采用，这是重叠屋面的连接和过渡方法。

5. 当高低屋面连接时，常用垂脊或封檐板作为屋面高低迭落的过渡。

6. 当山墙与门厅屋面连接时，常用装饰带作为过渡构件，有简单线条者，也有用花纹装饰带、图案花鸟、综合式装饰带的。

四、装饰与装修

潮汕民居的立面给人的感觉是严谨、简洁、丰富多彩。产生这种艺术效果的原因之一是，它合理地运用了装饰手段；而室内的艺术效果，则更是与装修分不开。

潮汕民居的装饰装修手法很多，室外如大门、山墙、屋脊、门窗、照壁，室内如梁架、隔断、神龛、屏门等部位，凡是能结合装饰、装修者大多采用之，在艺术处理时一般遵循下列几个原则：

（一）对各种装饰装修手段，根据它们的材料特性，合理地布置在相应的部位上

如屋脊、山墙等部位常用嵌瓷加以装饰。嵌瓷是一种用彩色碎瓷片粘结在灰泥上一种艺术形式，它用红糖水或糯米水作为黏凝材料，粘结后非常牢固，不怕风吹雨打。相反地，经过雨水淋冲之后，在阳光照射或反射下，更凸显它的光泽。在室内的梁架、神龛、屏门等，则都用木雕装饰。

（二）装饰与结构构件密切结合

这是本地民居装饰的特点之一。在梁架和凡柱等结构构件上，都做了精美的木雕装饰，或画上各种优美的图案。这些构件在结构上是必不可少的，而在装饰上又绚丽动人。

（三）各种建筑装饰艺术的综合运用

潮汕民居建筑装饰品种较多，常用的有嵌瓷、石雕、灰塑、彩画、木雕等。由于它们的材料不同和制作方法的区别，产生了在质感、韵味和艺术感染力上的差异。因此，在当地民居中，常综合运用，使各种装饰品种都能发挥各自的特色，这样，组织在同一空间中，相得益彰，倍感丰富。

（四）重点装饰是本地民居中装饰处理的主要手法

民居中，在合理的功能使用前提下进行重点装饰，既符合经济节约的原则，又增加艺

图62　迭落屋面

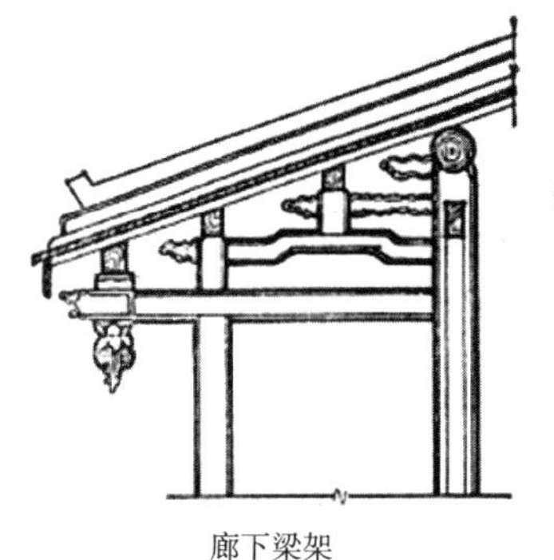

廊下梁架

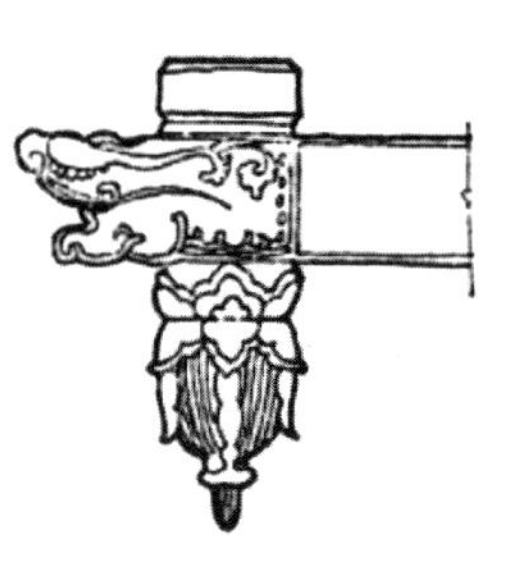

倒吊莲花

楚尾雕饰

图63　廊下梁架装饰

术感染力，并达到功能与美观的结合。因此，这种处理手法已经成为本地民居装饰的一种主要手法。

重点装饰常用在下列三个部位：

（1）在立面上的最显眼部分，也是人们视线最易集中的地方，如大门入口、屋脊、墙头（即山墙尖）、照壁等部位。

（2）在立面上的过渡部分，如两个不同墙面（正面和山墙面）的连接处、垂直线与水平线的连接部位、屋面与屋面的搭接处（图62）。

（3）在细部收口或难处理的部位，如廊下梁架结构中的倒吊莲花、楚尾雕饰（图63）等。

下面介绍几个具体部位的装饰装修手法：

1. 大门

大门，在潮汕民居中独具一格，它用材简单，却优美华丽。一般门框用石造，门框条石经过人工琢磨，有简单而挺拔的线脚。在门框左右的壁面上，有用近方形的石板琢成浮雕的，也有用原来的灰砂墙，外用泥塑或彩画加以装饰的。一般大户住宅，大门门框前左右各加石鼓一个，大门外则加石狮一对。

大门本身一般为木造，漆黑色。贴近大门外有木造格门一樘，作直棂形，两扇，左右开。门扇正中常做成八卦图案装饰，可以遮挡视线。当大门开启时，关着的格门有通透的竖格有利于室内通风。

2. 屋脊

屋脊在远视中是比较醒目的地方，也是建筑构造上较难处理的部位。当地民居中，一般的脊饰处理有三种：一是简单式，它主要是线条的变化，形式简单朴素；二是通花脊饰，用简洁的花纹图案作处理；三是碎瓷脊饰，也叫嵌瓷脊饰，是本地脊饰中的一种特殊手法，做法见前述。题材内容一般用花卉或动物图案，构成一幅美丽的图画。但由于这类脊饰的施工过于烦琐，很不经济，一般只用于大户住宅（图40）。

3. 墙头

这是正座屋面与山墙面连接的部位，在正脊与山墙尖的过渡部位称为墙头。墙头的处理，在细部一节当中已有详述，这里不再重复。

墙头部位对防火、防风、防漏等有实用价值，再加上艺术处理，是民居装饰中实用与艺术的有机结合。

潮汕民居室内装修也是丰富多彩的，其精细和华丽程度有时超过室外。

1. 门窗

一般用格扇或槛窗（图64），活动式，便于装卸，有利于通风。格扇上半部做成图案花纹，下半部做成平板，或做成名种花鸟人物的木浮雕，有的则嵌上纸画。

窗户，向天井内开，做成方形或矩形。一般都在窗户四周边框上加以艺术处理，有线条的，有画上各种图案的（图65），还有用灰塑的。有的在窗楣上部做成半圆形图案，或用彩画，或用半浮雕。

如窗户面对庭园，通常做成特殊形式以组成园景，如用六角形、八角形、圆形、瓶形或葫芦形等。从室内向庭园观看时，既可取得巧妙的构图效果，又可使室内外空间有机结合。

2. 梁架

当地称为“五脏内”，这是潮汕地区室内装修的集中表现。它集中了木雕的一切精华，如一桶、二桶、三桶、瓜柱及其他细部等都加以精致的木雕艺术处理（图66）。一般民居厅堂梁架有少量装饰，大型住宅则比较突出。

3. 神龛

它是祭祀祖先，安放牌位的地方，在潮汕民居中是最隆重的场所。因此，对神龛的装修比较注意，它一般用木雕，边框黑色，内部都涂以金色，反映出精致绚丽，金光闪闪的效果。

图64　木雕槛窗

图65　内天井窗户

图66　厅堂梁架装饰

原文：陆元鼎、魏彦钧，载于《建筑师》1982年，13期，141－163页。

广东潮州民居丈竿法

潮州建筑行业中，分为五行，即木、石、瓦、泥、油漆。木有大木、小木之分，大木即构架，小木包括门窗装修。石即石工。瓦、泥都是泥工，但分为两行，瓦工负责屋面，泥工负责砌墙。油漆自成一行。在五行中，木工起着主要作用，一切工种都要服从于木工。所谓“服从”，就是在营造中的各种尺寸都要以木工所用的“丈竿”为准。同时，也因为各工种工匠手头上的尺子可能有大小不同，为了便于施工，就要统一尺度。“丈竿”正是起到了统一各工种尺度的作用。因此，这种以“丈竿”为标准进行设计和施工的方法就称之为“丈竿法”。

一、木行尺与木尺

潮州营造使用的尺子叫木行尺，它是丈竿法的量度单位。木行尺的刻度为十进位，一尺等于十寸，一寸等于十分。按当地折算，一木行尺等于0.8排钱尺（量布用尺），折合公制，木行尺等于29.8厘米，一般均以30厘米来计算。

研究木行尺的历史，它相当于古时的“曲尺”。《鲁般营造正式》上曾对“曲尺”说明如下:“曲尺者，有十寸，一寸乃十分。凡遇起造至开门高低，长短度量，皆在此上。须当奏（凑）对鲁般尺八寸，吉凶相度，则吉多凶少为佳。匠者但用傚（仿）此大吉。”在《事林广记》一书中也谈到一种尺子，叫“飞白尺”，其长度和刻度与曲尺相同。

以古时的“曲尺”“飞白尺”来与潮州的木行尺相比，完全一样，可见潮州的木行尺是继承了曲尺、飞白尺的传统制度。

在我国古代营造中，还有一种尺子叫“鲁般尺”。《鲁般营造正式》曾有记载说:“鲁般尺乃有曲尺一尺四寸四分；其尺间有八寸，一寸准曲尺一寸八分；内有财、病、离、义、官、劫、害、吉也。凡人造门，用依尺法也。”八字中，分吉星凶星各四星，凡符合吉星者为佳。吉星占四字，即财、义、官、吉。这就是古代的“门尺”。

潮州的“门尺”，当地称为“木尺”，也有称“门光尺”的，它与“鲁般尺”完全相同。潮州木尺，长为1.44木行尺，分为八段，每段一寸八分，以一个字来表示一段。八字的排列与鲁般尺一样，但最后的“吉”字换成“本”字。本地造门窗都用此尺。可见，潮州的“门尺”制也是继承了古制的做法。

二、尺白与寸白

潮州古营造中有“压白”一项，意思就是，在营建房屋的面宽、进深、高度的尺寸数字中，定要符合“白星”数，称为“压白”。

关于“压白”，我国古营造中也有此制，《事林广记》曾记载：“《阴阳书》：一白、二黑、三绿、四碧、五黄、六白、七赤、八白、九紫，皆星之名也。惟有白星最吉。用之法，不论丈尺，但以寸为准，一寸、六寸、八寸乃吉。纵合鲁般尺，更须巧算，参之以白，乃为大吉。俗呼之‘压白’”。“压白”在潮州称为“寸白”，其方法亦同古制一样，即在寸尾数须符合一、六、八者。但在实际调查中，平面尺寸的寸尾数以双数居多，单数极少。

另外，当地还有一项规定，就是尺寸数字还要符合“尺白”。所谓“尺白”，就是在尺的一至九共九个星数中，要符合吉星数。九星者，一贪狼、二巨门、三禄存、四文曲、五廉贞、六武昌、七破军、八左辅、九右弼。其中以一、二、六、八、九共五个星数被认为是吉星。房屋宽、深、高的尺尾数字中，凡符合这五星者，乃算吉利。

当碰不上“尺白”时，怎么办？可以采用“寸白”来补救。本地制度有这么规定，“尺白有量尺白量，尺白无量寸白量”，就是说，当尺尾数字不符合尺白吉星数（一、二、六、八、九）时，就要在寸尾数上用一、六、八“寸白”数来解决。在实际调查中都符合此规定。

此外，有的地区还有一项规定，即单丈双尺、双丈单尺，也即丈尺的数字要采取一奇一偶。有时碰上丈尺同奇数或同偶数者，这时，要用寸白来补救。但有的地区并无此项规定。

在门窗的宽和高的尺寸中，同样要符合“压白”的规定。《鲁般营造正式》曾记载：“单扇门，小者开二尺一寸，压一白，般尺在‘义’上；单扇门开二尺八寸，在八白，般尺合‘吉’；大双扇门，用广五尺六寸六分，合‘两白’，又在‘吉’上……”古制还有记载，官门吉星大都为官府大门所用，义门吉星常用于寺观学舍，而民间宅第则多用财门、吉门，也都属吉星[1]。

潮州的“门尺”制度也一样，如某宅门宽二尺八寸，压八白，高七尺二寸，为二黑，验算之，宽高均合“本”星，乃属大吉。

本地“尺白”“寸白”制的使用还有两个特点：一是住宅高度要符合天父卦的寸白数，可取奇数。平面进深面宽尺寸要符合地母卦的寸白数，故常取偶数。这与天数为阳、取奇数，地数为阴、取偶数的传统观念是一脉相承的；二是“尺白”“寸白”的使用有较大的灵活性。因为，当“尺白”不符合情况下，可以用“寸白”来调整，而丈竿法正是立足于“尺白”“寸白”制度的基础上，因而，它大大地方便了设计和施工。

---

❶ 郭湖生. 关于鲁般营造正式和鲁班经［J］. 科技史文集，1981（7）.

三、浮埕合步制（埕即天井）

潮州古营造制规定："浮埕合宫步，喜单不喜双，四尺半为一步，不可行尽步。"具体来说就是：

（1）天井的深宽要合"步"数，同时，步数要成单。每步为4.5木行尺，合135厘米。

（2）天井的深宽不能"尽步"。所谓"尽步"，就是天井深宽的尺寸刚好成为步的整倍数（当地也有称为"用尽"的）。古制规定，天井深宽，不能"尽步"，但可以比步的整倍数多一些（称为"初步"）或少一些（称为"留步"）。如果一定要"用尽"，则采用"虚步"来处理。所谓"虚步"，即计算时要把厅前的踏阶石延长到与天井面宽一致后，"步"就改从踏阶石前缘算起。

当地还有一个规定，天井进深要与厅堂的宽度相适应，如17坑宽的厅堂，其天井进深为3步，21坑宽的厅堂，其天井进深为5步。

四、丈竿法

丈竿法为潮州古营造之法。它的用法是，取一木杆，长一丈八尺六寸（木行尺），称为一丈竿。这丈杆就是木工营造中丈量标准。也有的地区，丈竿取竿长一丈八尺至一丈九尺之间。

用作丈竿的木杆，宽约20厘米，厚约3厘米。它在长度方向的头和尾都要留出一段长不少于1厘米的小木榫，主要作用是使丈竿的两头不致磨损，以保护丈竿长度的完整性和准确性。

丈竿为什么要取长一丈八尺六寸这个数字呢？推测其原因有二：

第一，潮州民居在设计时，首先考虑的是厅堂的宽度。一般是厅宽21坑[1]，每坑9寸，为符合尺白、寸白制度，也考虑到传统的三二比数等因素，故取丈竿长为18.6尺。

第二，丈竿长度取值一丈八尺左右较为适中，民居中的常用尺度基本可在一个丈竿长度内满足。若取值太小，则有的尺寸要借用两次或三次丈竿来量度，施工时就不方便了。此外，在施工完毕后，用作标准尺度的丈竿就平放在后厅的正脊下，其宽度与厅宽刚好符合，它的用途主要是为将来维修作标准。

在丈竿的正背两个宽面上，通常标注了四个尺寸系列：

(1）民居正立面的尺寸。

（2）纵轴线上的剖面尺寸。

（3）横轴线上的剖面尺寸。

（4）从厝立面尺寸。

以上四个尺寸系列的选定，取决于住宅的坐向卦位，并与尺白、寸白数字相吻合。这

[1] 坑，两瓦之间叫坑。这里的坑是指屋面两瓦中线至中线之间的宽度，一般比瓦宽3%～5%。

几个尺寸系列按比例缩小，以寸当尺，分别在丈竿杆边上标出。其中房屋的坡度不一定按实际的坡度画出，可用较缓的斜线代表，其中只标出有关的尺寸即可。四条边上还有相应的节点大样，常以足尺比例画出。

此外，一幢建筑物只用一条丈竿，这条丈竿上的尺寸也只供该座建筑物使用。当木工师傅确定了丈竿以后（当地称为“落竿”），房屋的全部尺寸都在其中了。

在营建中，除丈竿外，还要有两张图纸。一张是总平面图，本地叫“厝局”；另一张是整座建筑透视图或鸟瞰图，当地称为“厝样”。有了丈竿和这两张图纸，房屋的施工准备就算完成了。

五、丈竿上刻度数字的推算

关于丈竿正背面上的刻度数字如何得来，有没有规律性，这是确定丈竿法具体内容和使用的关键。

在调查中，当地老工匠师傅曾介绍说，丈竿中有八“挡”，每“挡”一尺八寸，至于具体如何计算，就没有再详细介绍。

我们根据大量的实测数据，结合老工匠师傅的介绍，并根据潮州古营造“尺白”“寸白”等制度，分析推算出这条丈竿内应包括下列主要数字（图1）。

这些数字有两个尺寸系列，从左到右是一个数字系列，从右到左又是一个数字系列。它们的组合原则是符合以1.8尺为一挡的规定。在这些数字中，最小单位为“寸”，没有“分”。根据推算和实测资料，这些数字系列就是民居平面设计中纵横轴线上的主要尺寸。

现在，我们用潮州民居中所常用的四点金平面和澄海县三壁莲民居平面实测图来进行校核，看看是否符合。

先看四点金平面图（图2），复核尺寸如下：

（1）后厅宽18.6尺，合一丈竿。厅堂面宽也有小一些的，如16.8尺，它是以1.8尺为一挡作为调整模数的。另外，厅堂在计算时，面宽尺寸数还要与单数瓦坑一致，如厅宽18.6尺，合21坑，厅宽16.8尺，合17坑，因本地古制还规定，厅堂面宽坑数成单，而房宽坑数则成双。

（2）厅旁为上房，上房宽12.6尺，合14坑。既符合丈竿上的推算刻度要求，又符合双坑数。当然，厅与房的宽度尺寸并不恰好等于坑的整倍数，它的计算方法还要加上部分墙厚尺寸作为调整。在两侧的房间则可用部分山墙尺寸作为调节。此外，厅、房的深、宽尺寸数字，除丈竿法规定外，还受到封建迷信之说的影响，其中之一就是要看主人的生辰八

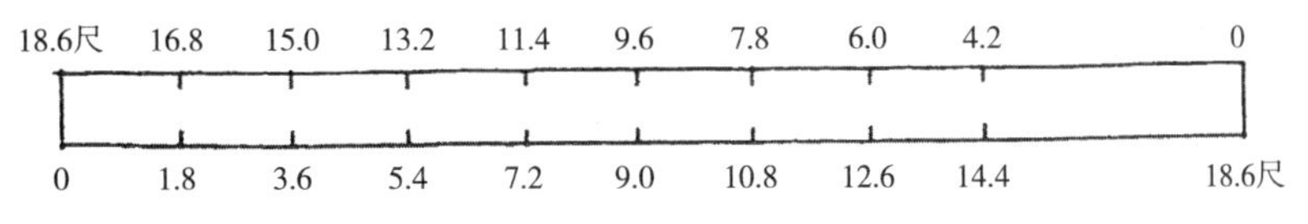

图1　丈竿推算尺寸系列

字、住宅方位，再来调整厅房深宽的尺寸。因此，在数字中有时会比丈竿上的推算刻度大2寸或小2寸，甚至达到差别4寸的现象。

（3）后厅进深22.6尺，等于18.6尺＋4尺。在平面中，后厅进深的后部是作为后库用的，后库与后厅用后库门相间隔。后库门之前放神龛、神台。据调查，后库进深为4尺，故后库门前的厅深为18.6尺，合一丈竿。

（4）后厅廊下（即后厅的前柱廊），深7.8尺。潮州民居中，后厅廊下进深一般有6.4尺、6.9尺、7.2尺、7.8尺共四等尺寸，它们都符合“压白”规定。采用哪一等，则要看后厅进深多少和用檩的大小来确定。一般是，当廊檐进深采取7.8尺时用四檩，进深采取6.9尺和7.2尺时用三檩。

（5）前厅内廊（即前厅的后廊檐），深4.2尺，也有深4.8尺，用两檩。它们的尺寸都符合丈竿推算刻度数字。

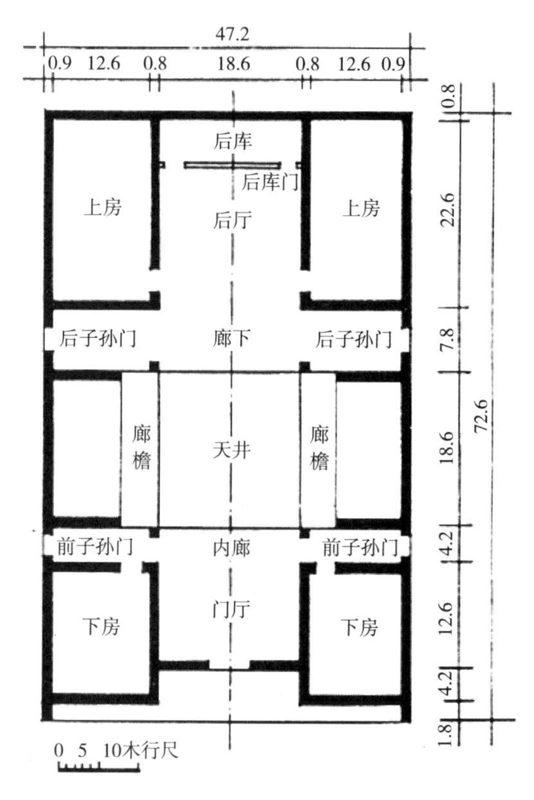

图2　潮州四点金民居平面图

（6）前厅进深12.6尺。

（7）大门内凹肚4.2尺。

（8）大门外凹肚1.8尺。

以上数字在丈竿推算刻度上都能找到。有时进深尺寸会超过一丈竿长，即大18.6尺，这时，可将该数减去一丈竿长后再复核。

在这些数字中，除符合尺白、寸白规定外，一般还要求平面深宽尺寸尾数为偶数，即双数，以符合地母卦。此外，在尺的尾数中一般不用“零”，但“零”在寸尾数也可以用。

关于天井（埕）的进深和宽度，一定要符合单步数的规定。但天井两侧的房间通常作为厅堂使用，称“南北厅”。它的面宽尺寸与天井进深尺寸相同。南北厅属于厅堂，其计算方法也要符合丈竿法和单坑数的规定。故天井进深一般为18.6尺、13.2尺，小者为9.6尺，为21坑、15坑、11坑，合5步和3步。又因南北厅为侧厅，其面宽应小后厅面宽，最多是相同，故天井进深大小（即南北厅面宽大小）必然小于厅堂的面宽，最多也是相同，这时的天井呈横长方形或正方形。

下面再用澄海县实测的一座清末建造的三壁莲集居式民居（图3）来复核。民居正中为一座五开间四点金，两旁各为一座四点金，中间用火巷相隔。再两旁为花巷和从厝，后面为后屋巷和后屋。建筑物前面为阳埕，即门前大院，这是本地一种典型布局手法的集居式民居。

从图3中所列数字，大部分在丈竿推算刻度上可以找到。在丈竿上没有的数字，一般也都符合“尺白”“寸白”规定。数字中也可能有2～4寸的出入，这也是允许的，原因见上述。当然，在实测时也可能存在某些数字差误。

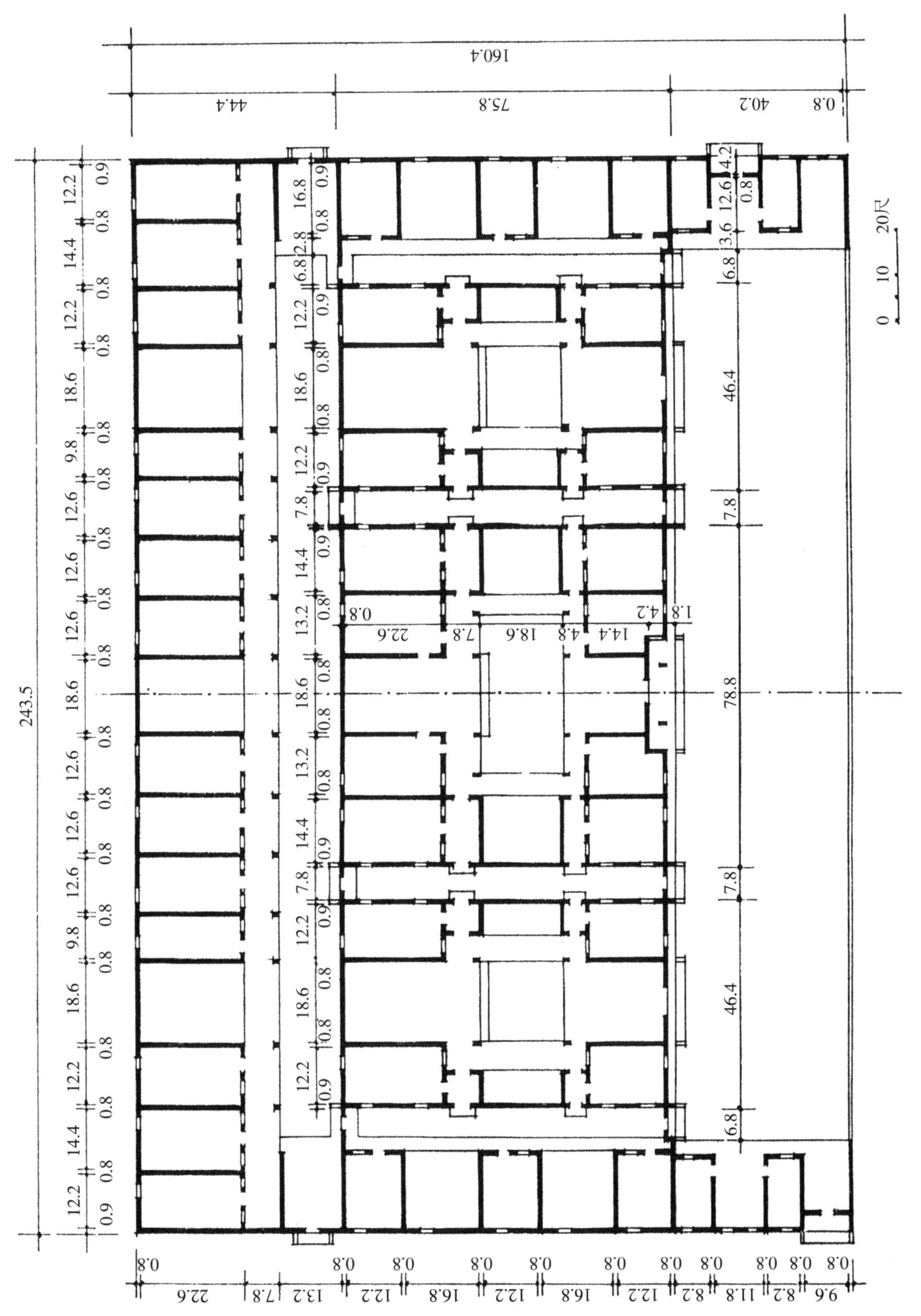

图3 澄海县三壁莲民居平面图

六、平面设计与构图

潮州民居在平面设计中，单座建筑以“间”作单位，“间”的面宽以瓦的坑数来计算。正屋明间为17～21坑，两侧次间为12～14坑，它同时也符合当地厅单房双瓦坑数的规定。

民居的屋面盖瓦一般排列较密。所用的瓦有大瓦、小瓦之分，大瓦宽一木行尺，小瓦宽九寸，按建筑的等级来决定采用大瓦或小瓦，民居多用小瓦。

侧屋、从屋开间的宽度按当地规定不得超过正屋，一般为13～15坑，大者17坑，小者11坑。后屋开间宽度与正屋厅房宽度可以相适应。

潮州民居的平面设计，除继承了传统民居的中轴对称、封闭围墙和院落式布局外，有它自己地区的设计特色。主要是以厅堂为中心，以天井（小院）为枢纽，以廊道（巷道）为交通联系，按照不同功能的要求，把各个小院建筑组合起来，就形成了该地区各种类型的民居。

小院建筑是南方民居的基本组合单元，其形式有三合院或四合院，本地称为爬狮或四点金。小院建筑内，房屋包围天井（庭院），天井面积特别小，厅堂开敞。天井与厅堂相连，是建筑内部空间向外延伸的一个组成部分。因此，天井既是小院建筑的组织核心，又是与其他小院建筑相连的纽带。

因此，在民居设计中，当中轴线上的中心院落建筑被确定之后，抓住天井、廊道（巷道）作为连系纽带，根据使用要求，把周围小院建筑组合起来，这就是潮州民居的设计原则和方法。

关于平面设计中的构图，潮州民居也有它的特点，除对称方整、院落组合有规律外，在平面关系上常用三二比例手法，在数字中又存在着一定的模数关系。

如图2的四点金平面中，用三开间、两廊、两进等就有三二之比的意思。厅宽与房宽之比，即明次间面宽之比为3∶2。后座建筑物总面宽与进深之比也是3∶2，而整座建筑物的总进深与总面宽之比又是3∶2。

在图3的三壁莲大型民居平面中，正座与两次座已寓三二比之意。具体建筑物中，次座四点金平面构图在前面已有分析，也是三二之比。从整座三壁莲民居来看，它的总面宽为243.6尺，总进深为160.4尺，亦为三二之比。而这些数字中，总面宽又恰好等于主座建筑面宽的三倍，总进深等于主座建筑面宽的两倍。

为什么传统建筑中大多采用三二比例数字呢？这与沿袭古制有关。《易·说卦》曾提到“参天两地而倚数”，参即三，三代表多。《老子》学说中也提到：“道生一，一生二，二生三，三生万物。”二代表双，又代表相对事物的两个方面。三二又都是吉利之数，三二相辅相成，即成倚数。《考工记》中城市布局、道路系统、各种建筑尺度，也都与三二两数有关。古代营造制度上也用三二之数，如材栔的断面就是一例。此外，这个比率数字在力学上、美学上也是最佳数值。凡此种种，都说明了这个比率具有实用、经济和美学价值。

至于谈到平面设计中的模数化问题，可以从下列几方面来看。

厅房的模数问题。厅宽要符合单坑数，大厅、小厅面宽的相差应是两坑，每坑9寸，

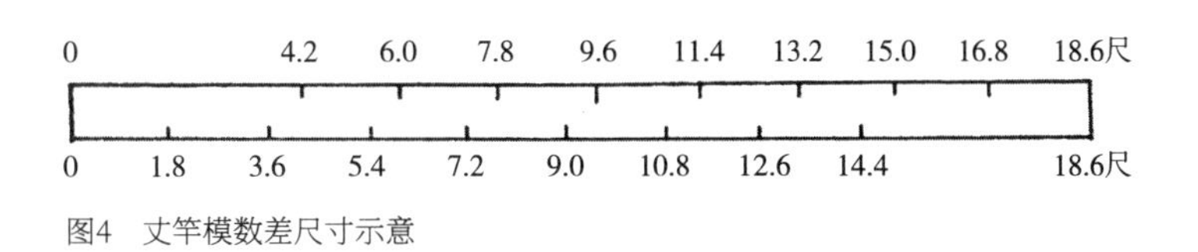

图4　丈竿模数差尺寸示意

即1.8尺。而丈竿上的刻度也是用1.8尺作为一个档次。房宽也是一样，两坑宽为1.8尺。因此，厅房面宽的增减应是1.8尺，称之为平面尺寸模数差。

按上述方法推算，结合“压白”制度，当地民居厅堂宽度尺寸应是18.6尺（21坑）、16.8尺（19坑）、14.8尺（17坑）、13.2尺（15坑）等，房宽尺寸应是14.4尺（16坑）、12.6尺（14坑）、11.2尺（12坑）、8.8尺（10坑）等。

厅房进深的尺寸数字，据调查，后库进深有3.4尺、4尺、4.6尺、5.2尺、5.8尺等数字，也有超过6尺者。据推测，后库以4尺为基敖，以6寸为模数差进行增减。在后厅进深尺寸数字的调查中，大多符合丈竿推算刻度数字。由于丈竿两个系列刻度的排列是相反方向，如按一个方向综合起来排列，求得两数之间的模数差应为6寸（图4），在实际调查中也是符合的。

南北厅属厅堂，其模数差也应是1.8尺。

廊檐在调查中，后厅廊檐有8.4尺、7.8尺、7.2尺等尺寸，前厅的后廊檐有5.4尺、4.8尺、4.2尺等尺寸，模数差为6寸。6寸模数差与1.8尺模数差刚好是1∶3，可以说，6寸是基本模数差，适用于进深，1.8尺是扩大模数差，适用于面宽。

至于天井、巷道的模数问题，因它的计算单位为“步”，但具体尺寸又不能用步的整倍数，故未能定出它的具体模数差。

七、剖面尺寸与“过白”

在调查中，了解到一些剖面数字，举例如下：

前厅高（地面到脊桁上皮）为一丈竿，即18.6尺。当地行话说：“前厅竿头平地起”，即指此意。

后厅比前厅高3尺，即21.6尺。当地也有行话：“后厅竿头借三尺”。

檐高：前厅的后檐高（即滴水高）为12.2尺。后厅的前檐（滴水）比前厅的后滴水高1尺，即等于132尺。

屋脊：脊饰高2.6尺。“过白”可以是1.6尺、1.9尺、2.1尺、2.2尺，这些尺寸都符合“寸白”制度。

地面：阳埕地面要比历史最高洪水位高出约20厘米，即6寸。

正厅地面比阳埕高1.8尺。

正厅地面比前厅高6寸。

前厅地面比内天井高6寸。

廊地面比厅低1寸，找水坡5分。

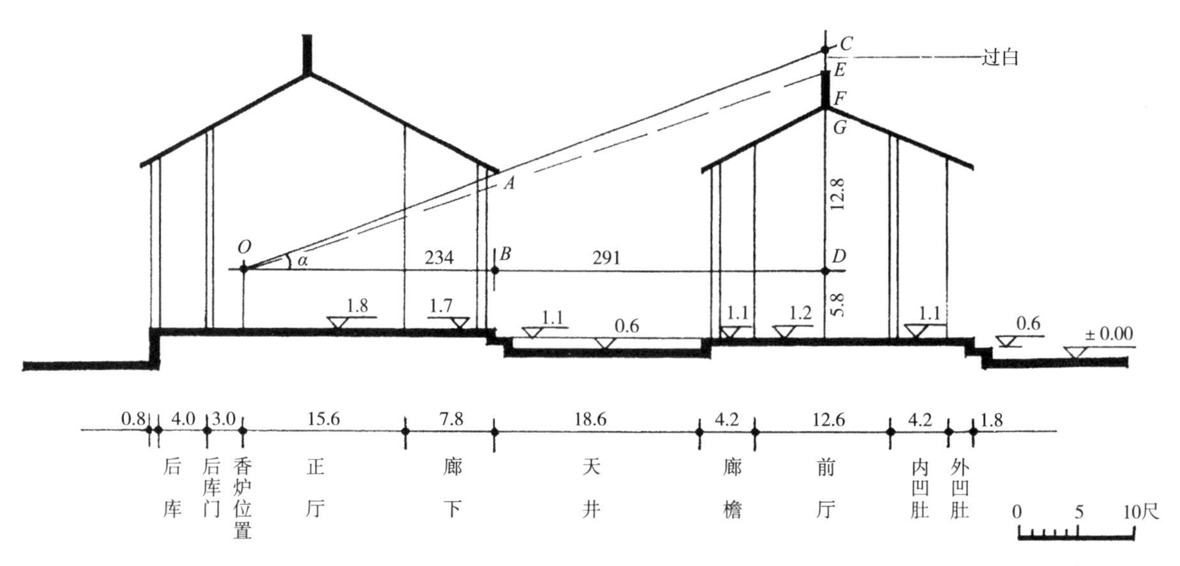

图5　潮州四点金民居剖面与“过白”示意图

南北厅地面与前厅地面同。

根据地面高差画出地面剖线如图5所示。从图中还可以得出，地面基线高差为6寸，这就是地面的模数差。

根据上述尺寸综合，画出剖面图如下：0点为香炉位置，高5.2尺；A点为正厅廊檐高13.2尺；G点为前厅脊桁高18.6尺；EF为脊饰高2.6尺；FG为瓦面厚4寸。

从图中求出CE=1.9尺，该尺寸符合上述1.8～2.2尺“过白”高的数字规定。

这里要提出的，什么叫“过白”？为什么剖面一定要符合“过白”呢？这也是古营造制的规定。就是说，在剖面中，从后厅神台上的香炉顶向前厅望去，要能见到前厅屋脊以上一定高度的天空，这就叫“过白”。古制还规定其具体尺寸必须符合1.8尺、1.9尺、2.1尺和2.2尺四个数字。所谓“过白”，意即使神（祖）与天相通。

在这些数字中，“过白”、前厅脊高、瓦面高、屋高以及后厅廊檐滴水高、香炉高都是已定数。进深尺寸中，后厅深、前厅深、廊檐深也是已定数，有伸缩余地的是，香炉的前后位置和天井进深两个可变数。

香炉离后库门3尺是规定的，可变的是后库进深尺寸。天井进深也可以调整，但它受到“合步”制的约束。

总的来说，剖面的求得要与平面深宽的尺寸综合考虑，它的关键尺寸就是后厅厅堂的深宽，其他尺寸都可随之派生。也就是说，当后厅厅堂的宽深尺寸定出后，上房、廊檐尺寸都可定出。然后，由后厅平面、剖面推算出大厅的平面剖面，再由大厅的平面剖面推算出前厅的平面剖面，整座民居平面、剖面就可以推算出来。当然，这些数字都要符合本地古营造制度的各项规定。

原文：载于《华南理工大学学报》（自然科学版）1987，3期，107-116页。

中国传统民居的特征与借鉴

一、

中国共产党十一届三中全会以来，我国建筑事业取得了巨大的成绩。建筑创作方面，在党的方针指导下，呈现出繁荣多姿的景象。

中共中央关于社会主义精神文明建设指导方针的决议中指出：“建设有中国特色的社会主义，把我国建设成为高度文明、高度民主的社会主义现代化国家，这就是现阶段我国各族人民的共同理想。”建筑事业，作为社会文化和物质建设的一个组成部分，是精神文明和物质文明的重要内容。我国现代建筑创作的任务，就是要贯彻这个方针，创造出我国的社会主义新建筑，具体说，就是要创造出符合我国实际情况的现代化、民族化的新建筑。

建筑现代化的含义，一般比较明确，它主要指建筑功能、建筑技术上的现代化，途径是建筑满足现代化生产和生活需要，采用最新科学技术成就。建筑民族化主要指建筑具有本国家本民族本地区的特色。途径是两条，一条是传统建筑现代化，另一条是外来建筑民族化。

我国传统建筑有两大体系，官式的和民间的。官式建筑如宫殿、坛庙、陵寝、寺庙、苑囿、宅第等，民间建筑如民居、园林、祠堂、会馆等。民居，作为传统建筑内容之一，因其分布面广，数量又多，并且与各地区各民族人民的生活生产密切相关，故具有明显的地方特色和浓厚的民族特色，从民居的历史实践中，总结出它的优秀特征和经验，可以在今天的建筑创作中加以借鉴和运用，对我国社会主义建筑创作的现代化、民族化道路将有着启发作用和现实意义。

二、

民居中究竟哪些是属于优秀的特征和经验呢?

民居中的特征，主要指民居在历史实践中反映出本民族本地区最具有本质的和代表性的东西，特别是反映与各族人民的生活方式、习俗、审美观念密切相关的特征。民居的经验，则主要指民居在当时社会条件下如何满足生活生产需要和与自然环境斗争的经验，譬如民居结合地形的经验，适应气候的经验，利用当地材料的经验以及适应环境的经验等，这就是通常所说的因地制宜、因材致用的经验。

我们知道，民居分布在全国各地，由于民族的历史传统、生活习俗、人文条件、审美观念的不同，也由于各地的自然条件和地理环境的不同，因而，民居的平面布局、结构方式、造型和细部特征也就不同，淳朴自然，而又有着各自的特色（图1）。特别是在民居中，各族人民常把自己的心愿、信仰和审美观念以及自己所希望、最喜爱的东西，用现实的或象征的手法，反映到民居的装饰、花纹、色彩和样式等构件中。如汉族的鹤、鹿、蝙蝠、喜鹊、梅、竹、百合、灵芝、万字纹、回纹等，云南白族的莲花，傣族的大象、孔雀、槟榔树图案等。各地区各民族民居丰富多彩，百花争艳。

历史上，官式建筑都有一套程式化的规章制度和做法，它限制了建筑的发展。而民间建筑却没有那种束缚，它可以自由发挥，可以根据当地的自然条件、自己的经验水平、材料特点，因地因材料建造房屋。它可以充分发挥劳动人民的最大智慧，按照自己的需要和建筑的内在规律来进行建造，因此，在民居中可以充分反映出，功能是实际的、合理的，设计是灵活的，材料构造是经济的，外观形式是朴实的等建筑中最具有本质的东西。特别是广大民居的建造者和使用者是同一的，自己设计、自己建造、自己使用。因而，民居的实践更富有人民性、经济性和现实性，也最能反映本民族的待征和本地的地方特色。

由此可见，民居的特征，主要来自民族的生活习俗、宗教信仰、心理爱好和审美观念，而民居的经验则来自地方的自然环境与气候地理条件。这两者是不可分割，是密切联系的，它们共同组成了民居的民族特征和地方特色。

具体来说，民居特征在建筑上主要反映在下列三个方面：

（一）总体布局和平面组合的特征，它主要来源于社会制度、家庭组织、风俗习惯和生活生产方式，当然，也有自然条件的影响

以汉族民居举例，大型者如多进院落式集居住宅，小型者如三合院式四合院住宅，它们的基本布局都一样，前堂后寝，中轴对称，正厅两房，主次分明，院落相套，规整严谨，外部有高高的封闭围墙，内部则是层层院落，完全遵照封建礼制的一套要求。这种布局方式，北方如此，南方也如此。以少数民族来说，如云南傣族，在封建领土经济制度下，家庭盛行一夫一妻夫权制，年长子女成家后要另立门户，故村落布局中的民居都属独院式竹楼，竹楼内平面是大空间，内部布局以木板相间隔，也只是厅房而已。厅对外，房对内，厅兼作厨房用。这主要是由于家庭生活方式的缘故。傣族人民虽信教，但无家神，寨有缅寺，宅内无供神处，也有见到竹楼内有供神位者，则是受汉族的影响。

傣族中有水傣、旱傣之分。水傣为本地土著傣族，旱傣，又称汉傣，因受汉族生活方式和习俗影响而得名。两类傣族民居在平面布局中稍有不同，水傣为干阑式竹楼，底层外围封闭。

（二）民居的外形特征，也包括它的结构特征，主要来源于当地的自然条件、材料结构方式，以及民族的历史传统、生活习俗和审美观念

下面把调查所得的材料列成图和表的形式（表1、图1）。从图表中可以看出各民族各地区民居中不同的外形细部特征。表中也列举了民居的形成因素以资比较。

中国传统民居外观特征简析 **表1**

序号	民族或地区		气候条件	地理环境	主要建筑材料	外观主要特征
1	汉族	北京平原地区	亚寒带、寒冷干燥	平原	木、土、砖	平面前堂后寝，中轴对称，内部院落相间，规整严谨，为典型的四合院； 外观青砖灰瓦，稳重朴实；室内装饰装修丰富
		东北寒冷地区	寒带地区、寒冷冰冻、日照少	平原	木、土	墙体和屋顶较厚，宅前院落宽阔； 住宅南窗大，内部火炕采暖
		中原黄河流域	亚寒带地区、寒冷干燥	平原	黄土	窑洞民居，建筑内部深厚，构造简单； 外观拱券门窗，凸凹墙面，厚实简朴
		长江下游江南地区	温带地区、夏热多雨、冬寒冷	平原多河	木、土、砖、山区有石	水乡民居特色，建筑与河湖相结合； 建筑内部通透开朗，庭院种植花木； 外观简朴秀丽，体型组合灵活匀称，地方材料质感强
		闽粤南方地区	热带、亚热带地区、湿热多雨、多台风	丘陵地、多河流	木、土、砖、石	平面外封闭内开敞，布局为以小院建筑为组合单元的梳式或密集式； 建筑密切结合气候，组成厅堂、天井、廊道相结合的通风体系； 外形规整朴实，细部轻巧明快，富有南方特色
		川贵地区	温带、亚寒带地区、夏热多雨、冬冷	多山	木、石、土	建筑结合山地，有台、披、梭、拖、挑、吊等多种手法； 外观以披梳顶层台、吊脚结合地形和穿斗式结构为其主要特征
2	藏族		寒冷、少雨、日照少	高原、山多	块石、木	石砌厚壁台阶式平顶建筑； 石条密肋楼板、密肋屋面、布帷幕窗楣、石框梯形窗； 放牧地区则采用方形活动帐篷
3	蒙古族		寒冷、少雨	草原	木条、毡毛	圆顶毡毛穹隆顶帐包
4	维吾尔族		温带、大陆性干旱气候	沙漠、盆地	土、木	封闭性院落住宅，拱廊内院，平台屋顶； 土坯建筑与结构，外形朴实，体型错落； 尖拱和火焰式细部样式，装饰丰富
5	白族		亚热带地区、湿热	靠山、近水	木、土、砖	平面“三坊一照壁”“四合五天井”； 外观由照壁、大门、围墙、两山墙面组成，高低参差，造型匀称多变化； 门楼、照壁、山墙面重点装饰，华丽丰富
6	傣族		热带、亚热带地区、湿热多雨	平原、多水	竹、木、土	独院干阑式竹楼； 敞廊、敞梯、室内开敞通透； 高耸式歇山顶
7	壮族		亚热带地区、湿热多雨	丘陵、多山	木、土	干阑式麻栏建筑，平面多开间，厅堂大空间 外观完整、轻盈简朴； 村寨建于半山腰，沿等高线布置，疏密相同，规整而有序

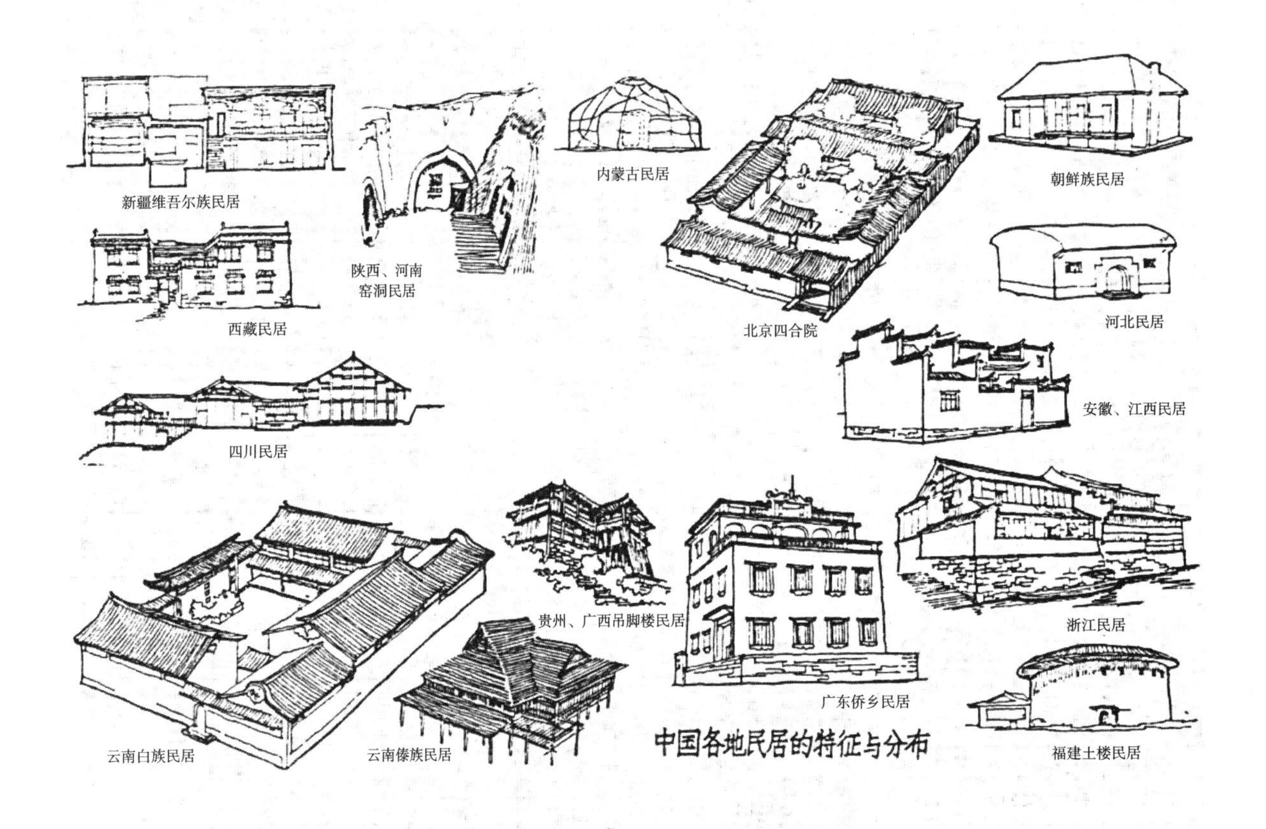

图1　中国各地民居的特征与分布

（三）民居的细部特征，包括装饰、装修、色彩、花纹、样式等，主要来源于民族的习俗、爱好、愿望和审美观念

细部中，最突出的部位是大门，其次是窗、山墙面和某些构件装饰。由于这些构件都位于建筑外表的最醒目之处，它最易被人注目。因而，长期以来就形成民族和地方特征的重要内容。

大门在封建社会是贫富贵贱等级的一个重要标志。在过去社会，不论贫富家庭都竭尽一切财力、物力，为自己的住宅大门进行装饰和美化，目的用来显示自己的门第，大门就成为反映民居经济文化的象征。如北京四合院大门、内院垂花门、云南白族民居门楼、广州民居“躺笼”大门等。人们通过大门布置的方式和形象可以比较容易地识别这些民居究竟是属于哪个民族或哪个地区。

窗户也是反映民族和地区的一个特征标志。窗户是民居中最常见的一种建筑细部。在窗户上，无论是它的大小、式样、色彩，或者是窗棂花纹、工艺，无不反映出人们的喜爱和审美心理，人们从窗户的形式上可以判断出它是属于哪个民族或是哪个地区。如藏族的密肋饰带窗楣和梯形窗，新疆维吾尔族的长条窗、尖拱窗，北方汉族四合院民居的支摘窗，广东民居的满洲窗，中原地区窑洞民居的拱券窗等，都是一些比较典型的实例。

色彩、装饰、花纹以及某些图案，由于当地民居经常使用它，也成为一种独特的艺术表现手段和特征标志，如江南水乡民居喜用灰瓦白粉墙、瓦编漏窗图案、各种植物形图案，南方民居喜用青砖墙面、陶塑脊饰，傣族民居喜用编竹装饰，如大象、槟榔树、孔雀或日月图案装饰等。

这里谈一谈屋顶的问题。

传统建筑中，屋顶是利用当地材料，适应当地气候地理环境条件的一种独特的审美和结构相结合的表现方式。各民族民居由于不同的自然条件、不同的材料和构造方式，以及不同的生活方式所形成的不同平面，导致了结构方式和外形的不同，也形成了各种式样的屋顶，因而，长期以来，这种屋顶形式就已成为各民族建筑的主要特征。民间有句谚语，叫作“山看脚，房看顶”。要区别建筑，屋顶就是重要的标志。如藏族民居的平顶、蒙古族的圆顶、维吾尔族的穹隆顶、傣族的高耸歇山顶等就是一些实例。

以汉族屋顶来说，大部分为坡顶形式，这是因为全国各地民居的结构大都采用抬梁式、穿斗式所致。但不同地区，由于气候、地理、材料、构造的不同，在屋顶方面也存在着差别。这种差别主要表现在屋顶的细部处理上，包括屋坡、起翘、屋檐或山墙面。举例来说，四川民居的穿斗式披梳屋顶是一大特色，可以说是四川民居的主要特征，这是由于四川山区坡地和防震要求而形成的。而浙江山区民居，虽是坡地，但无地震，由于它地处江南水乡地区，气候温和又盛产竹木，故在建筑上就采用比较自由的框架式和不对称坡顶的灰瓦粉墙屋顶，而且在建筑的纵横上下还可以自由凹凸或悬挑进行细部处理。广东、福建的镬耳山墙、波式山墙，江南民居的马头墙则是由于南方人多地少，民居毗连，为防火的要求而形成的。当然，它还和当地人民的习俗、信仰和心理爱好有关。也有的山墙形式反映了人们对“官”“禄”等的向往，如广东潮州民居的五式山墙、白族民居的三级墙等。

三、

民居在新建筑中的借鉴和运用又是怎样的呢？

民居的借鉴，主要指民居特征的借鉴和民居经验的借鉴。前者是建筑创作的借鉴，后者是技巧和手法的借鉴，其中，有“神”的借鉴，也有“形”的借鉴。“神”指精神，“形”指形式。不管是创作或技巧，也不管是神似或形似，两者是不可分割的，经验寓于特征之中。

民居在历史上的实践，有它的特定条件，如社会制度、习俗信仰、生活生产方式，也有自然与环境条件。因此，它所形成传统特征的具体内容，其中某些部分带有封建迷信内容，对今天来说是不适用的，是要坚决抛弃的。但是，其中也有一些传统特征内容，正是各民族劳动人民在长期实践中，根据自己的需要和可能，运用自己的智慧和经验，进行努力创造的结果。它来自群众，来自实践，来自生活，它构成了祖国文化遗产的一部分，因而是有生命力的。今天，我们可以借鉴它、改造它，赋予新的条件，使它获得新的生命，为创造我国社会主义的新建筑服务。

今天，我们国家的社会条件变了，建筑的性质、建筑的对象、建筑的物质基础也变了，人们的心理素质、审美观念也正在逐步改变。民居特征的借鉴要适应今天新的基础和新的条件，就是要适应今天我国社会主义现代化的要求，适应今天使用和生产的要求，这就是传统民居的改进，是进行传统建筑现代化途径的一个组成部分。

中华人民共和国成立以来，特别是近年来，我国建筑界在创作实践中对借鉴和运用民居的传统特征和经验做了不少尝试，归纳起来，有几个方面：

（一）以古建筑整个形式作为蓝本加以借鉴和运用

所谓整个形式为蓝本，即指屋顶、柱廊、台基三部分外观特征而言，其手法是在建筑创作中，材料、结构，甚至内部装修采用现代化，而外观仍用传统式，这是一种比较容易的借鉴方式。我国早期如20世纪50年代就比较盛行，20世纪80年代也有不少实例。广东一些宾馆，山东的阙里宾舍，扬州的绿扬村酒家等都是，其他如南京秦淮河畔新酒楼、贵阳黔灵山弘福寺素餐馆、云南西双版纳州景洪商店等。这些例子在广东较多，它满足了华侨和港澳同胞对祖国的思念和情感。

上述民居建造手法的优点，就是非常直观的中国式建筑，但也感到比较古老，缺乏创新和时代感。如果运用在一些现代低层建筑中，如酒家、别墅、展览馆、旅游建筑等，还是比较合适的。

（二）采用古建筑中某些部件、构件或细部花纹、式样等特征作为蓝本，加以借鉴和运用

对这些部件，有照搬的，也有适当加以改造和运用的，从20世纪50年代已有开始。在20世纪60年代中期有了进一步发展，它开始借鉴中国古代民居和园林中的一些式样或细部手法，到20世纪80年代，这种做法更为广大建筑师所采用。它的优点是，可以看出有中国传统建筑内容，同时也采用了新材料、新结构，但是仍然感到创新感不足。

实例可分为几个方面介绍：

（1）以庭院布局和空间组合作为特征的借鉴和运用，实例有湖南韶山毛泽东故居陈列馆、广州矿泉宾舍、广州白云山庄、广东顺德旅行社、深圳东湖宾馆、深圳银湖宾馆、珠海宾馆、黄山云谷山庄、杭州黄龙饭店等。

（2）以屋顶的样式或局部、细部作为传统特征的借鉴和运用，实例有北京民族文化宫（借鉴传统的攒尖顶）、无锡太湖江苏电业疗养院（借鉴传统民居坡顶）、福建武夷山庄（借鉴闽北、浙江山区民居穿斗梁架、粉墙填壁形式）、汕头特区龙湖宾馆（借鉴民居屋面）、西藏新住宅（借鉴西藏石造平顶台阶式民居）、傣族新民居（借鉴傣族竹楼屋顶）等。

（3）山墙面形式为特征的借鉴和运用，实例有扬州市工商银行营业楼（借鉴江西民居木架白框粉墙和吊脚楼的做法）、无锡支撑式住宅（借鉴民居马头墙）、南京夫子庙商场

(同前)、福建武夷山庄（借鉴闽南白粉山墙)、桂林市桂林宾馆内庭宾舍（借鉴闽南山墙形式）等。

（4）细部、装饰、样式为特征的借鉴和运用，实例有福建武夷碧丹酒家（借鉴柱廊式挑楼)，广西阳朔商店，桂林芦笛岩接待楼（借鉴壮族麻栏民居挑楼)，珠海宾馆客房挑廊背靠，广州泮溪酒家新楼窗式、敞廊与洞窗，广东中山温泉宾馆洞门，西藏新住宅窗式与入门，西藏泽当山南地区新民居（借鉴藏居入门、窗框)，深圳泮溪酒家室内装饰，云南丽江玉泉公园入门新影壁等。

（三）借鉴传统建筑特征而加以改造运用

这种借鉴效果较好，看上去有传统的特征，但又不是照搬传统的形式，可以说是某种神似，但又有形似在内，这种创作方法可以说是比较进了一步。在我国现代建筑创作中，有一些好例子，但为数还不多。而且，这些例子也仅仅是某些局部比较优秀的处理手法，当然，也有一些比较好的例子。

在这方面的实例有深圳东湖宾馆屋脊，深圳银湖宾馆屋面，北京香山饭店内外壁面(即大厅和外观墙面的组合)，广州白天鹅宾馆大厅“故乡水”水石庭，云南大理白族新民居，云南傣族新竹楼，桂林桂山饭店大厅和后楼（借鉴麻栏挑楼、侗族鼓楼)，杭州黄龙饭店（借鉴江南民居山墙、细部和色彩等）等。

上述这些例子是很有价值和前途的，取得成就的原因，我个人认为有两条:

一是坚定树立为创造中国社会主义现代化、具有民族特色的新建筑的愿望和信心，才能下决心进行创作。同时也要明确创作中要以创新为主体，继承传统为基础，吸收古今中外一切优秀成就为我所用的指导思想。

二是深入研究并掌握中国古代建筑的特征和手法，同时深入了解国外建筑的特征及其优缺点，对中外建筑加以分析比较，才能进行创作。一般来说，建筑历史与创作实践的素养是起着明显作用的。

每个国家每个时期的建筑物都会具有一定的风格，它是由无数优秀建筑物的风格所组成的，这些建筑物既有传统的特征，又有时代特征。因为，脱离了时代特征的建筑物都必然走向复古或抄袭；而脱离了传统特征的建筑物，要建筑在自己的国土上就没有生命力。我国社会主义的建筑新风格尚未形成，优秀的、现代化的、具有民族特色的新建筑也未能脱颖而出，原因正如上述。因此，深入总结与了解我国传统建筑的特征和经验，包括官方的、民间的，殊属重要。研究它，总结它，借鉴它，对今天我国新建筑创作有着重要的意义。

原文：载于《中国传统民居与文化》第一辑，中国建筑工业出版社，1991年，1-7页。

中国传统民居的类型与特征

我国历史悠久，土地辽阔，是一个多民族的国家，文化遗产极为丰富。作为建筑文化遗产中最大量的，与广大人民生产、生活密切相关的传统民居，也同样非常丰富。今天，散布在全国各民族和各地区之中的传统民居，虽历经风雨沧桑，仍然为广大人民所使用。其中，不乏优良的传统经验和技艺，仍可以为今天建筑创作所借鉴和应用，因而，这是一笔非常宝贵的财富，亟须总结、继承和发展。

如何总结建筑历史传统经验？一般来说，多从类型着手，它范围小、特征强，比较容易找出它的规律。研究传统民居也是如此，通过不同地区、不同民族传统民居的现状、历史发展、文化源及其特征的表现，经过对比、归纳和分析，然后找出它的形成因素、发展规律和传统经验，特别是具有民族特色和地方特点的传统经验和技艺，更有文化艺术和历史价值。因此，对传统民居如何进行分类，这是民居研究中的一项重要课题。

民居学术界在研究传统民居的分类中，有多种看法，第一种是平面分类法，它以平面形式来划分；第二种是外形分类法，它以民居建筑的外形作为划分标准；第三种是结构分类法，它的依据是建筑的结构方式；第四种是气候地理分类法，它以中国气候分区和地理划分为标准。

从上述民居分类法进行归纳和分析，各有其特点，但它们存在一个共同的问题，就是忽略了建筑是满足社会生产、生活要求而形成的实体。人是生产生活的主宰者，人是在一定社会、民族、信仰和自然条件下生活的。它既有功能使用差别，又有地域差别。

我对传统民居的分类看法是人文、自然条件综合分类法。人文包括生产、生活、习俗、信仰、审美观念等内容，自然条件包括气候、地理、地貌和材料等因素。可以说，在满足生产、生活、习俗、信仰的前提下，充分考虑气候、地理、材料等自然条件是形成传统民居类型的主要因素。其中，人文条件是决定传统民居民族特点的主要因素，而自然条件则是决定传统民居地域差别的主要因素。

这种分类法共分为九类，即院落式民居、窑洞民居、山地穿斗式民居、客家防御式民居、林区井干式民居、南方干阑式民居、游牧移动式民居、台阶式碉房和平顶式高台民居。分类的标准，首先是人文条件，其次是自然条件。分类的依据是上述标准的差别和它的特征表现。

那么，传统民居类型的特征表现在哪里呢？它来自民居特征。民居中的特征，主要是指民居在历史实践中反映出本民族、本地区最具有本质的和代表性的东西，特别是要反映出与各族人民的生产、生活方式、习俗、信仰、审美观念密切相关的特征。民居类型的形成正是由它的特征来决定的。传统民居的特征在建筑上主要表现在三个方面：（1）平面布局和环境特征。它反映了社会制度、家庭组织、习俗信仰和生产生活方式在民居中的体现。不同的生产生活方式决定了民居的不同平面功能，而生产生活方式则制约于社会制度、家庭组织和习俗信仰等人文条件。（2）结构和外形特征。它反映了气候、地理和材料、构造技术等对建筑的影响，可以说，气候、地理、地貌、材料等自然条件因素基本决定了民居的结构方式和建筑外形。（3）装饰装修和细部特征。它反映了文化、习俗和审美意识在民居建筑内部和外观艺术上的表现。中国传统民居建筑的类型正是由上述三方面特征表现形成的，不同的特征形成不同的类型。

举例来说，封建社会儒礼宗法制度下，血缘、亲缘家族体系和农业生产方式决定了汉族人的家庭组织及其生活方式，在传统民居中就出现院落式布局方式，在我国汉族居住地区内的民居类型大多属于此类布局方式。但是，由于南北气候的悬殊，东西地理地貌的差异，北方干寒地区就形成合院式民居，南方湿热地区就形成天井式民居，中原黄土地带就形成窑洞民居，沿海多台风和内陆多地震地区就形成穿斗式民居。

客家是我国汉族中的一支特殊民系，它的民居采用一种集居防御式的特殊类型方式。其历史文化根源来自北方，但因迁移到南方，由于地区和宗族关系以及南方气候地理等自然条件的因素，形成了客家民系独特的传统建筑形式——客家民居。

又如游牧生产生活方式决定了蒙古族民居采用穹隆顶蒙古包；而哈萨克族、塔吉克族民居根据气候地理产生了毡房形式；藏族人民在夏季放牧时则采用帐篷形式建筑。前两者适应于北方和西北地区草原地带，后者则适应于高原草地。

南方热带亚热带地区，气候湿热多雨，当地又多兽蛇和虫害，但山区正好盛产竹、木，因此，在这种具体条件下就产生了干阑式建筑。同样是干阑建筑，又因地域和材料的不同，属于热带多雨炎热的傣族就创造出竹楼民居，居于山区的侗族、苗族、壮族就创造了吊脚楼和麻栏民居。

高山寒冷地区的藏族居民，为了防寒、防兽，就地取材，创造了碉房民居。深山林区伐木工人，利用木材，创造了井干式民居。在西北高原盆地，面对大风沙的威胁，维吾尔族人民利用土沙材料创造出高围墙封闭内院式高台民居，当地人称为“阿以旺”。

根据上述民居的分类，现拟出各民居类型分布与特征如表1所示。

中国传统民居分布类型与特征 **表1**

<table>
<tr><th>序号</th><th colspan="2">民居类型</th><th>民族和地区分布</th><th>气候</th><th>地貌</th><th>生产方式</th><th>生活方式</th><th>主要结构</th><th>平面与外观主要特征</th></tr>
<tr><td rowspan="2">1</td><td rowspan="2">院落式民居</td><td>北方：合院式</td><td>汉族、满族、回族</td><td>寒冷、干燥、日照少</td><td rowspan="2">平原</td><td rowspan="2">农业</td><td rowspan="2">血缘、亲缘生活方式</td><td rowspan="2">木构架、砖墙或土墙，坡顶瓦面</td><td rowspan="2">平面前堂后寝，中轴对称，内部院落（天井）相间，规整严谨；
外观青砖灰瓦，稳重朴实，室内装饰装修丰富，白族民居大门照壁雕饰华丽</td></tr>
<tr><td>南方：天井式</td><td>汉族、白族、纳西族</td><td>湿热、多雨、日照长</td></tr>
</table>

续表

序号	民居类型	民族和地区分布	气候	地貌	生产方式	生活方式	主要结构	平面与外观主要特征
2	窑洞民居（覆土式）	汉族，西北地区	干燥、寒冷	黄土高原	农业	血缘、亲缘、独户式	生土拱券结构	平面内部深厚，构造简单，靠崖或下挖筑成； 外观拱券门窗，线刻墙面，厚实简朴
3	山地民居（穿斗式）	汉族，浙闽沿海及川贵地区	多台风或地震地区	多山和丘陵地带	农业	独户式	穿斗式木构架为主	平面灵活自由，根据不同地形布置； 外观依坡而建，体型错，或台、挑、吊法，或坡、拖、梳法
4	客家民居（防御式）	汉族、闽粤赣及川、台等省	南方山区	山区	农业	同族集居防御	外厚土墙，内木构架	平面有圆形、方形、五凤楼等形式，住户绕院落而建，有单围、二围甚至三围、四围者； 外墙夯实厚筑，高达三四层。外观雄伟朴实，仅小窗透气采光，封闭性防御性强
5	井干式民居（木楞房）	汉族深山区、云南宁蒗摩梭人		深山林区	伐木	独户式	木柱、木架、木板屋面，四围原木或楞木叠筑墙	平面方形、单间，外观朴实； 宁蒗木楞房为院落式民居形式，主屋为两层
6	干阑式民居（支撑式）：干阑	傣族、德昂族	南方湿热多雨地区	平原	农业	独户式	竹、木支柱和构架	独院竹楼、平面开敞通透，敞廊、敞梯，外观高耸轻盈
	麻栏	壮族		山地	农、猎			平面多开间，厅堂大开间，有火塘，底层杂用，三层生活住人； 外观完整，轻盈简朴，环境疏密相间有序
	吊脚楼	侗族、苗族		山地	农、猎			
	矮屋（船屋）	黎族		山区平地	农、猎	原始式生活方式	矮柱，离地50～70厘米，支柱用绑扎式固定，茅草顶	平面直筒形，前厅后房，厅厨合一，外观似船，圆拱形茅屋面
7	碉房民居（台阶式）	藏族	高山寒冷地区，少雨，日照短，日温差大	高原山区	农业	独户式	石条密肋，石楼板，石屋面，石墙，独木柱	平面方形，正中为木柱，柱上部替木承石梁石板，本地称为“方室”； 外观垒石厚壁，台阶式平顶建筑，梯形窗，布帷幕窗楣，体型浑厚壮实

续表

序号	民居类型		民族和地区分布	气候	地貌	生产方式	生活方式	主要结构	平面与外观主要特征
8	游牧式民居	蒙古包	蒙古族	北方寒冷地区，少雨	平地草原地带	游牧	独户式	木骨架，羊毛作毡覆盖于圆顶上	平面圆形，穹隆顶帐包
		毡房	哈萨克族、塔吉克族						
		帐篷民居	藏族		高山草原地带	游牧	独户式	木柱骨架，外拉帐幕用绳索固定于四围地面	平面方形，立中柱两根；外观帐幕，夏季放牧用
9	高台民居	“阿以旺”民居	维吾尔族	大陆性干寒地区（沙漠盆地）炎热少雨	平原	农业	独户式	土坯、土块拱券，木梁平台平顶，也有用砖拱券	平面封闭式院落住宅，拱廊内院，前室带天窗，当地称为“阿以旺”；外观高台起伏，体型错落，堡式围墙，严整朴实，内部尖拱，火焰纹饰丰富
		“土掌房”民居	彝族	亚热带炎热、少雨地区	坡地	农业	独户式	土墙承重，墙上密排木椤，上铺柴草抹泥平顶面	平面有内院式和无内院式两种；民居建于山坡，外观层叠、错落，立体轮廓丰富

原文：载于《民居史论与文化》，华南理工大学出版社，1995年，1-4页。

抢救民居遗产、加强理论研究、深入发掘传统民居的价值

我国土地辽阔、资源丰富，是一个人口众多的多民族国家。不但历史悠久、文化璀璨，而且建筑遗产十分丰富。不仅有雄伟、庄严、雕琢精美的宫殿、坛庙、陵寝和寺观建筑群，还有散布在各地的、为数众多的广大民间建筑，如住宅、祠堂、会馆、书院等。其中最大量的、与人民生活密切相关的就是住宅，为了区别于今天的新住宅，我们把它称为传统住宅或简称民居，它是最原始的，也是最基本的一种建筑类型。

住宅或民居，是为人类生存和生活服务的。满足人类的生产、生活，这是民居的首要功能。生产、生活离不开人，人离不开社会，人具有一定的思想和文化，因此，民居与社会、文化、民族、民俗密切相关。中国传统民居受中国古代社会、文化、习俗的影响，又受到古代各种哲理思想，诸如儒礼、道学、阴阳五行等学说的影响。各个时代的民居都反映了该时代的历史背景和文化面貌，因而，它具有一定的历史价值和文化价值。

中国传统民居遍布全国各地。由于我国地域辽阔，各地区气候悬殊，山川地理条件不尽相同，各地的材料物质资源亦存在很大差别，加上各民族、各地区人民不同的风俗习惯、生产生活方式和审美观念，因而导致了我国传统民居呈现出千姿百态的样式、鲜明的民族特色和丰富的地方风格。

传统民居大量存在于民间。各地各族人民根据自己的生活习俗、生产需要、经济能力、民族爱好和审美观念，结合本地的自然条件和材料，因地制宜、因材致用地进行设计和营造。他们既是设计者，又是建造者、使用者。可以说，设计、施工、使用三位一体。因而，这种建造方式所形成的民宅，既实用简朴，又经济美观，节约用地，并富有民族和地方特色，具有明显的实用价值、艺术价值和文化价值。

鉴于中国传统民居有着丰富的历史、文化和建筑方面的价值，中国建筑学会建筑史学会民居专业学术委员会和中国文物学会传统建筑园林研究会传统民居学术委员会建议，为了继承和发扬中华文化和古代建筑的优秀传统，加强传统民居的理论研究，鼓励和培养青年学者，更好地从事和热爱传统建筑文化的研究工作以及加强海峡两岸青年专家的学术研究和交流，有必要召开一次“海峡两岸传统民居理论（青年）学术研讨会”。经过一年多来的酝酿和筹备，学术委员会和台湾传统住宅研究会、华南理工大学建筑学系、广东省鹤山市建设委员会、北京大地乡村建筑发展基金会等共同联合发起作为会议主办单位，委托华南理工大学建筑学系和鹤山市建设委员会为承办单位，终于在1995年12月11～14日在广州市华南理工大学和鹤山市北湖宾馆召开。

会议确定主题为“传统村镇、民居理论和文化”，包括以下三方面的内容：

（1）传统民居历史、文化和理论；

（2）传统民居营造、设计和艺术、技术理论；

（3）传统民居保护、继承和发展理论。

会议除主办单位代表、特邀代表外，正式代表共50名，其中我国台湾、香港以及美国、马来西亚等地代表共12名。会议代表平均年龄35.5岁，30岁以下的代表9人，30～40岁的代表35人，最年轻的代表24岁，充分体现了会议以青年学者为主的会议宗旨。

会议论文经过遴选，将其中36篇汇编成本论文集。由《华中建筑》以“专辑”出版。这些论文内容丰富广泛、充实，从多方面、多角度、多层次和多种方法来探讨传统民居的诸多方面及其理论问题，归纳起来，涉及六个方面的内容，即：民居理论与文化、聚落研究、各地各民族民居研究、民居营建与技术研究、近代民居考察、民居保护与发展。论文的观念和方法对研究传统民居有一定的实用价值和参考价值，它为传统民居理论的研究和实践提供了有益的建议和帮助。

中国传统民居研究，在中国建筑史学学科研究范围内仍属年轻。因它涉及社会学、历史学、人文学、民族学、民俗学、语言学、地理气候学，以及文化、艺术和建筑学等多学科范畴，是一门综合性较强的学科。它不但具有历史价值和文化价值，而且，大量民居建筑的保护、利用和发展影响到我国传统文化的保护、继承和村镇建设面貌的改变，优秀的传统民居还是我国旅游事业的一笔宝贵财富和资源。因此，研究传统民居的意义重大又刻不容缓。但是，进行传统民居研究，必须深入村镇基层，调查范围既广深、又艰苦，存在不少困难。而民居研究工作者相对来说又比较少。为了弘扬、继承我国优秀传统建筑文化，历史的使命就落在民居研究工作者，特别是青年学者的身上。

展望未来，传统民居研究将遵循下列四个方面深入展开。

第一，抢救民居遗产，加强民居的保护和利用。

传统民居是历史文化遗产的组成部分。优秀的传统民居，不但具有历史价值、文化价值，而且还有技术价值、艺术价值，对今天的建设和旅游具有借鉴和实用价值。因此，要保护它、改造它、发展它。

保护传统民居有很多方法，最好的方法是就地维修保护，可是经常遇到困难。因建设的需要，须拆旧建新，在农村或一些城镇中，则因缺乏经费而无法维修。为了保护这些优秀的遗产，目前采取一种比较好的方法，就是“易地迁建”。如江西景德镇的明园、清园民居群，安徽徽州潜口区民居群就是较好的实例。迁建后的民居形成一个新的建筑群体，既供考察，又是旅游景点，从而产生新的价值。

此外，为了避免不应有的拆毁旧民居的遭遇，作为民居研究工作者，在力所能及的范围内要尽力抢救民居遗产。当前要及时、迅速、全面地对传统民居进行测绘普查，保存资料，我们呼吁领导部门给予重视和考虑。

第二，进行民居研究，要与形态、环境结合。

民居形态包括社会形态和居住形态。社会形态指民居的历史、文化、信仰、习俗和观念等社会因素所形成的特征。居住形态指民居的平面布局、结构方式和内外空间、建筑形象所形成的特征。

民居的分类是民居形态研究中的重要内容和基础，是民居特征的综合体现。多年来，各地专家学者进行了深入的研究。目前，已形成的有“平面分类法”“结构分类法”“外形分类法”“气候地理分类法”“人文、语言、自然条件分类法”“文化地理分类法”等各种学说。由于民居的形成与社会、文化、习俗有关，又受自然条件影响，还受匠人设计、营造、材料运用和自己的技艺、经验的影响，因而，民居特征及其分类的形成是综合的。

民居环境指民居的自然环境、村落环境和内外空间环境。民居环境还有大、小之分。村落、聚落、村镇属于大环境；内部的院落（南方称天井）、庭园则属于小环境。民居处于村落、村镇大环境中，才能反映出自己的特征和面貌。民居建筑中的空间布置，如厅堂与院落（天井）的结合、院落与庭园的结合、室内与室外空间结合，这些处理使得民居的生活气息更浓厚。

第三，研究民居要重视设计和营造。

民居的建成离不开社会条件，包括历史、文化、宗法制度、习俗、哲理观念等，这是民居形成的一般规律。民居如何设计和营建，这是民居形成的自身特殊规律。民居的营造，过去在史籍上甚少记载，匠人的传艺主要靠师傅带徒弟的方式，有的靠技艺操作来传授，有的用口诀方式传授。匠人年迈、多病或去世，其技艺即失传。因此，总结老匠人的技艺经验是继承传统建筑文化的一项重要工作，也是传统民居研究中的一项重要任务。

第四，深入进行民居理论的研究和探索。

史料、实物调查、经验、做法都属现象，要上升到理论，找到规律性，才能有效地指导实践。作为传统文化研究的民居学科除了为历史、文化服务外，也要为现代建设服务。例如民居的地方特征、地方风貌的研究，对今天新建筑的地方特色表现有一定关系。因此，要探索新建筑的地方特征，深入到民间，到传统村镇、民宅中去调查考察，吸取其精华，不失为有效途径之一。

此外，研究民居不能局限于一村一镇或一个聚落，而要扩大到一个地区、地域，我们称之为一个民系的范围中去研究。把民系和研究民居结合起来，不仅使民居研究在宏观上可以认识它的历史演变，同时可以了解不同区域（民系）民居建筑的特征及其异同，为我国创造有民族和地方特色的新建筑提供有力的资源。

原文：载于《华中建筑》，1996年，4期，1–2页。

中国民居研究的回顾与展望

中国地大物博、人口众多，又是一个多民族的国家。长期以来，广大先民在这块广阔的土地上，在与大自然的斗争中，通过不断的实践和经验积累，创造了为满足人类生活和生产需要的各类建筑物。其中，居住建筑——称为传统民居，或简称民居，是最原始也是最基本的一种建筑类型。

民居，首先要满足人类生活和生产的需要，这是民居的功能使用要求。生活生产离不开人，人是民居使用的主宰。人生存于社会，具有一定的思想和文化，因此，民居与社会、文化、民族、民俗密切相关。中国民居受到中国古代社会、文化、习俗的影响，同时又受到古代各种哲理思想，诸如儒礼、道学、阴阳五行等学说的影响，这是民居组成的首要因素。

其次，民居遍布各地。过去在自然经济条件下，民居在建造过程中一直受到气候、地理、地貌以及材料等自然和物质因素的限制。但是，由于中国南北气候悬殊，东西山陵河海地理条件各不相同，材料资源又存在很多差别，加上各民族、各地区不同的风俗习惯、生活方式和审美要求，就导致了我国传统民居呈现出鲜明的民族特色和丰富的地方特性。

此外，传统民居大量存在于民间，它与人民生活息息相关。各地各族人民根据自己的生活习俗、生产需要、经济能力、民族爱好和审美观念，结合本地的自然条件和材料，因地制宜、因材致用地进行设计和营造。他们既是设计者，又是建造者，同时也是使用者。可以说，设计、施工、使用三位一体。因而，这种建造方式所形成的民宅，既实用、简朴，又经济、美观，并富有民族和地方特色。可见，具有实用价值、艺术价值和文化价值的传统民居在建筑学科中应占有一定的地位。可惜，长期以来没有得到应有的重视，蕴藏在广大民间的传统民居建筑及其文化没有得到应有的发扬。

优秀的传统民居建筑既具有历史价值、文化价值，同时又具有实用价值和艺术价值。今天要创造有民族特色和地方风格的新建筑，传统民居可以提供最有力的原始资料、经验、技术、手法以及某些创作规律，可资借鉴，因而研究它就显得十分重要和必要。

一、中国居民研究发展回顾

1. 第一阶段：20 世纪 40 年代（民居研究的开拓时期）

中国建筑史学家刘敦桢教授早在中国营造学社工作时，与同仁们在1940～1941年对我国西南部云南、四川、西康等省、县进行了大量的古建筑、古民居考察调查后，撰写了

《西南古建筑调查概况》学术论文[1]，这是我国古建筑研究中首次把民居建筑作为一种类型提出来。

早在20世纪30年代，中国建筑史学家龙庆忠教授结合当时考古发掘资料和对河南、陕西、山西等省的窑洞进行了考察调查，写出了《穴居杂考》学术论文[2]。1941年中国建筑史学家刘致平教授在调查了四川各地传统建筑后，写出了《四川住宅建筑》学术论著稿。由于抗日战争未有刊印，该书稿直到1990年才得以发表[3]。

以上这些，都是我国老一辈的建筑史学家对民居研究的开拓和贡献，他们为后辈进行民居研究创造了一个良好的开端。

2. 第二阶段：20世纪50年代（1953～1958年）

1953年当时在南京工学院建筑系任教的刘敦桢教授，在过去研究古建筑、古民居的基础上，创办了“中国建筑研究室”。他们下乡调查，发现在农村有很多完整的传统住宅建筑，无论在建筑技术或艺术上都是非常丰富和有特色的。1957年刘敦桢教授写出了《中国住宅概说》一书[4]，这是早期比较全面的一本从平面功能分类来论述中国各地传统民居的著作。过去，由于中国古建筑研究偏重在宫殿、坛庙、陵寝、寺庙等官方大型建筑，而忽视了与人民生活相关的民居建筑。现在通过调查，发现民居建筑类型众多，民族特色显著，并且有很多的实用价值。该书的出版把民居建筑提高到了一定的地位，民居研究由此引起了全国建筑界的重视。

3. 第三阶段：20世纪60年代前期

本阶段的特点有二：一是广泛开展测绘调查研究。这时期民居调查研究之风遍及全国大部分省、市和少数民族地区。在汉族地区有北京的四合院、黄土高原的窑洞、江浙地区的水乡民居、客家的围楼、南方的沿海民居、四川的山地民居等；在少数民族地区也广泛开展了调查，如云贵山区民居、青藏高原民居、新疆旱热地带民居和内蒙古草原民居等。通过广泛调查，发现在广大村镇中传统民居类型众多，组合灵活，外形优美，手法丰富，内外空间适应地方气候地理自然条件，有很大的实用价值。在调查中，参加的人员，既有建筑院校师生，又有设计院的技术人员，以及科研、文化文物部门的科研文物工作者，形成了一支浩浩荡荡的队伍。二是调查研究有明确的要求，即要求有资料、有图纸、有照片；资料包括历史年代、生活使用情况、建筑结构、构造和材料、内外空间、造型和装饰、装修等。

本阶段的成果，以中国建筑科学研究院编写的《浙江民居调查》为代表。它全面、系统地归纳了浙江地区有代表性的平原、水乡和山区民居的类型、特征和在材料、构造、空间、外形等各方面的处理手法和经验，可以说是一份比较典型的调查论著。

---

❶ 刘敦桢，龙庆忠．中国营造学社汇刊第1～6卷．

❷ 同上。

❸ 刘致平．中国居住建筑简史［M］．北京：中国建筑工业出版社，1990．

❹ 刘敦桢．中国住宅概说［M］．北京：中国建筑工业出版社，1957．

分析当时调查研究的指导思想，主要是将现存的民居建筑测绘调查，从技术、手法上加以归纳分析。因此，比较注意平面布置和类型、构造材料做法以及内外空间、形象和构成，而很少提到传统民居所产生的历史背景、文化因素、气候地理等自然条件以及使用人的生活、习俗、信仰等对建筑的影响，这是单纯的建筑学范围调查观念的反映。

4. 第四阶段：20世纪80、90年代

民居研究有较高的成就，主要反映在三个方面。

一是民居研究者组织了自己的民间学术团体——中国民居学术委员会。1988年以来，该学术委员会已主持或联合主持召开了七届全国性民居学术会议；1993年8月召开了中国传统民居国际学术会议；1995年12月召开了海峡两岸青年学者传统民居理论学术会议。民居研究已进入到多方位、多学科的综合研究，已经从单纯的建筑学范围扩大到与社会、历史、文化、民族、民俗、语言、美学等学科结合在一起来进行的研究。在各次学术会议后，都出版了会议论文集，共有《中国传统民居与文化》四辑[1]，《民居史论与文化》一辑[2]，并在1996年年底由《华中建筑》刊印海峡两岸传统民居会议论文专辑。

二是有组织、有计划和更广泛、更深入地进行民居的综合性调查，并出版论著。近十多年来，中国建筑工业出版社为弘扬中国优秀建筑文化遗产，有计划地组织全国民居研究专家编写《中国民居丛书》[3]。到目前为止，该社已出版的专著，综合性的有《中国美术全集》丛书之一的《民居建筑》[4]《中国居住建筑简史》[5]；全省性的民居丛书有《浙江民居》（中国建筑科学研究院编，1984）、《吉林民居》（张驭寰著，1985年）、《云南民居》（云南省设计院编，1986）、《福建民居》（高珍明等著，1987）、《广东民居》（陆元鼎，魏彦钧著，1990）、《云南民居续篇》（王翠兰，陈谋德著，1993）、《陕西民居》（张璧田，刘振亚著，1993）、《新疆民居》（严大椿编，1995）；地区性的有《窑洞民居》（侯继尧著，1989）、《桂北民间建筑》（李长杰著，1990）、《苏州民居》（徐民苏等著，1991）、《上海里弄住宅》（沈华著，1993）、《北京旧城与菊儿胡同》（吴良镛著，1994）、《湘西民居》（何重义著，1995）、《北京四合院》（陆翔，王其明著，1996）等。

此外，由各地出版社出版的民居书籍有《丽江纳西族民居》（朱良文著，1988）、《广西民族传统建筑实录》民居部分（广西民族建筑编委会主编，1991）、《闽粤民宅》（黄为隽等著，1992）、《中国民居装饰装修艺术》（陆元鼎，陆琦著，1992）、《四川藏族住宅》（叶启燊著，1992）、《四川小镇民居精华》（季富政、庄裕光著，1992）、《湖南传统建筑》民居部分（杨慎初主编，1993）、《福建传统民居画册》（黄汉民著，1994）、《中国传统民居

---

[1] 陆元鼎，李长杰，黄浩［M］. 中国传统民居与文化（第1～4辑）［M］. 北京：中国建筑工业出版社，1991—1996.
[2] 陆元鼎. 民居史论与文化［M］. 广州：华南理工大学出版社，1996.
[3] 中国建筑工业出版社. 中国民居丛书［M］. 北京：中国建筑工业出版社，1984—1996.
[4] 陆元鼎，杨谷生. 中国美术全集·建筑艺术编·民居建筑［M］. 北京：中国建筑工业出版社，1988.
[5] 刘致平. 中国居住建筑简史［M］. 北京：中国建筑工业出版社，1990.

建筑》(汪之力，张祖刚主编，1994)、《湘西城镇与风土建筑》(魏挹澧著，1995)等。

有关民居和村镇建筑的论文，据不完全统计，到1995年底为止，大约有400篇左右。论文内容涉及建筑、村镇、营造和历史、文化、民族、民俗等各个方面。此外，各校博士、硕士研究生以民居、聚落为题材的论文数大约有50篇以上，资料十分丰富，研究是宽广和深入的。

当然，这些论著仅仅是在大陆统计，因资料不足，没有把台湾、香港澳门地区出版的民居研究论著包括在内。

三是民居研究队伍不断扩大，传统民居建筑文化交流进一步加强。过去老一辈的建筑史学家开创了民居建筑学科的研究，现在，中青年学者继续参加了这个行列。他们之中，不但有教师、建筑师、工程师、文化文物工作者参加，而且还有不少研究生、本科生参加。他们发挥了自己的特点和专长，在观念上、研究方法上进行了更新和创造，在研究的深度、广度上都有所加强和突破。他们是民居研究的新生力量，后继有人，这是十分可喜的现象。

二、中国民居研究现状

当前，中国民居研究正在从下列四个方面进行。

(一)民居研究与社会、文化、哲理思想结合

民居与社会、习俗、生活、生产、文化息息相关。中国传统民居又与儒学、礼制、宗法紧密联系。古代农村中，民居与家庙、祠堂布局在一起。古代盛行的天命观、家族观、等级观和阴阳五行思想，对民居的选址、择位、定向、布局以及建筑的正面、大门、山墙、墙尖、屋脊、装饰装修等都产生明显的影响。近十年来在这方面已做了很多的研究工作，并有大量论著发表和出版。

民居发展史是民居研究中存在困难最大和工作量十分艰巨的一项课题。由于史料少，实物遗存也少，因此，有关民居史的论著也少。刘致平教授在20世纪50年代写成、于1990年正式出版的《中国居住建筑简史》是一本比较全面论述住宅发展史的著作。该书的优点是比较全面和系统地对帝王、贵族、官僚、富商和一般的住宅进行综合介绍分析，同时，把住宅和园林结合在一起论述。该书史料丰富，由于写作时间较早，故对广大村镇民居建筑叙述不多。

(二)民居研究与形态、环境结合

民居形态包括社会形态和居住形态。社会形态指民居的历史、文化、信仰、习俗和观念等社会因素所形成的特征。居住形态指民居的平面布局、结构方式和内外空间、建筑形象所形成的特征。

民居的分类是民居形态研究中的重要内容和基础，因为，它是民居特征的综合体现。

多年来，各地专家学者进行了深入的研究。目前，已形成的有“平面分类法”[1]“结构分类法”[2]“外形分类法”[3]“气候、地理分类法”[4]“人文、语言、自然条件分类法”[5]“文化、地理分类法”（蒋高宸《四大谱系说》）等各种学说。

由于民居的形成与社会、文化、习俗等有关，又受到气候、地理等自然条件影响，故民居由匠人所设计、营建，并运用了当地的材料和自己的技艺及经验。这些因素都对民居的设计、形成产生了深刻的影响，因而民居特征及其分类的形成是综合的。目前，学者们准备从理论上再深入探讨民居特征形成的基础和表现，使民居的分类研究更切合实际。

民居环境指民居的自然环境、村落环境和内外空间环境。民居的形成与自然条件有很大关系。由于各地气候、地理、地貌以及材料的不同，造成民居的平面布局、结构方式、外观和内外空间处理也不相同。这种差异性，就是民居地方特色形成的重要因素。此外，长期以来民居在各地实践中所创造的技术上或艺术处理上的经验，如民居建筑中的通风、防热、防寒、防水、防潮、防风（台风）、防虫、防震等方面的做法，民居建筑结合山、水地形的做法，民居建筑装饰装修做法等，在今天仍有实用和参考价值，值得总结和探索。

民居建筑有大环境和小环境。村落、聚落、村镇属于大环境，内部的院落（南方称为天井）庭园则属于小环境。民居处于村落、村镇大环境中，才能反映出自己的特征和面貌。民居建筑中的空间布置，如厅堂与院落（天井）的结合、院落与庭园的结合、室内与室外空间的结合，这些处理使得民居的生活气息更浓厚。

近年来，在民居环境理论研究方面，较多学者比较关注民居与村落、村镇和聚落的研究。在最近的几次民居、人居环境和中国建筑史学术会议上就有不少有关村镇和聚落的论文发表。由于传统民居研究，也包含村落、村镇和聚落研究在内，涉及社会学、历史学、文化地理学、人类学、考古学、民族学、民俗学、语言学、美学等人文、社会科学领域，因此，研究传统民居不仅仅是建筑学科本身范畴，相反，只有把它放在大环境中，在各学科的配合下进行综合研究，才能把传统民居的历史背景、演变发展、文化内涵、特征弄清楚。

（三）民居研究与营造、设计法相结合

民居的建成离不开设计和营造，它有着一套制度。除宗法等级制度外，还有民居自身形成的一套规定和做法，这就是民居营造的规律。

---

[1] 刘敦桢. 中国住宅概说［M］. 北京：中国建筑工业出版社，1957.

[2] 刘致平. 中国居住建筑简史［M］. 北京：中国建筑工业出版社，1990.

[3] 龙炳颐. 中国传统民居建筑［M］. 香港：香港区域市政局，1991.

[4] 汪之力，张祖刚. 中国传统民居建筑［M］. 济南：山东科学技术出版社. 1994.

[5] 陆元鼎主编. 民居史论与文化［M］. 广州：华南理工大学出版社，1996.

民居生存在社会之中，它的形成离不开社会条件，包括历史、文化、习俗、信仰等，这是民居形成的一般规律。民居如何设计和营建，这是民居形成的自身特殊规律。民居营造，过去在史籍上甚少记载。匠人的传艺，主要靠师傅带徒弟的方式，有的靠技艺操作来传授，有的用口诀方式传授。匠人年迈、多病或去世，其技艺传授即中断，因此，总结老匠人的技艺经验是继承传统建筑文化非常重要的一项工作，是研究传统民居的一项重要课题。

对这方面的研究工作，除史籍中有宋《营造法式》、清《工部工程做法》外，中国建筑史学家梁思成教授、林徽因教授撰写了《清式营造则例》专著。地方营造论著有1959年姚承祖原著、张至刚增编的《营造法原》一书。近年来，《古建园林技术》杂志对推动传统建筑的营造制度、营建方法、用料计算等传统技艺、方法的研究和支持论文刊载做出了贡献[1]。

至于对地方营造制度、传统民居、民间建筑营造和设计法的研究，在传统民居研究中是一项比较薄弱的课题。近十多年来，已发表的论文主要有《关于鲁班营造正式和鲁班经》（郭湖生，1981）、《广东潮州民居丈竿法》（陆元鼎，1987）、《广东潮州许驸马府研究》（吴国智，1991），《广东潮州浮洋佃氏宗祠勘查考略》（吴国智，1996）等论文。目前，各地老匠人稀少，技艺濒于失传，民居营造和设计法的研究存在较大困难。在这方面的研究，我国台湾学者做了较深入的工作，如1983年徐裕健撰写的《台湾传统建筑营建尺寸规制的研究》和1988年李乾朗撰写的《台湾传统营造匠派别之调查研究》等论著，都是以老匠人口述史料为基础而进行总结的有代表性的论著，对今后进一步研究和交流传统民居和民间建筑的营造、设计方法是很有启发和帮助的。

（四）民居研究与保护、改造、发展相结合

传统民居是历史文化遗产的组成部分。优秀的传统民居，不但具有历史价值、文化价值，而且还有技术、艺术价值，它对今天的建设和旅游还有参考、借鉴和实用价值。因此，我们要保护它、改造它和发展它。现存的北京四合院，山西丁村明，清民居和村落，安徽歙县、黟县，江西景德镇等地的明、清民居建筑群，云南丽江纳西族大研镇民居群等都是一些保护得比较好的和完整的实例。

保护传统民居有很多方法，最好的方法是就地维修保护，可是经常碰到困难。由于建设的需要，须拆旧建新。在农村或城镇，又存在缺乏经费而无法维修的情况。为了保护这些优秀传统民居的完整性以体现其历史、文化价值，目前采取一种比较好的方法就是“易地迁建”，如江西景德镇陶瓷博览区的明园、清园民居，安徽徽州潜口区民居群等就是比较好的实例。迁建后的民居形成了一个新的群体，既供考察，又能作为旅游景点，从而产生新的价值。

[1]《古建园林技术》杂志. 1991～1996.

至于民居的发展，主要是指如何继承、发扬传统民居的特色和经验，把它运用到今天的新建设中去，如北京、苏州等地都有不少实践案例。还有各地的一些新建筑、度假村、住宅小区等，都相应地采用了传统民居的某些符号或手法，经过提炼，运用到新建筑中去，效果良好。可见，传统民居与现代建设结合起来后，不但保护了民居，恢复它的历史文化面貌，而且，还可以丰富新建筑的民族特色和地方特点。

从今天建设需要出发来研究传统民居，取其精华，弃其糟粕，将使传统民居研究获得新的活力，登上新的台阶。

三、民居研究的展望

展望未来，除上述民居研究现状所提出的四个方面外，目前应着重在下列两个方面展开深入研究。

（一）抢救民居遗产，加强民居的保护和利用

国家建设发展需要建造大量的新建筑。传统民居建筑，由于自然淘汰或者新建设的需要正在逐步被毁而减少。有些是难以避免的，但有些是遭到不应有的拆毁，令人痛心。为此，作为民居研究者，我们要尽自己的能力，在力所能及的范围内尽力抢救民居遗产，即尽快尽早地进行测绘、调查、实录，做到先保存资料。同时，为了弘扬传统建筑文化，为了抢救民居遗产，也为了深入展开传统民居的研究，全面地对传统民居进行一次普查是非常必要的，我们呼呼领导部门给予重视和考虑。

对民居的保护、利用和发展，其中“易地迁建”是一种方法，目前经过实践很有效果，今后仍然可以采用。此外，民居的保护、利用要与建设旅游部门结合起来，使保护、利用和开发结合，例如安徽黟县宏村、苏州昆山周庄镇等就是较好的实例，它们由农民和当地政府联合组织维修和开发，既达到了保护目的，又促进了旅游，还改善了农民生活。

至于传统民居在建筑实践中的经验和手法对今天建设仍然有用。我们建议要用现代科学的方法对这些传统经验进行测定，取得数据，为创造具有特色的新建筑的借鉴与运用提供依据。

（二）深入进行民居理论的研究

史料、实物调查、经验、做法都属现象，要上升到理论，找到规律性，才能有效地指导实践，理论研究的目的是为今天所用。带有人文、社会学科性质的传统建筑学科，既要为历史、文化服务，也要为今天的建设服务，民居研究也不例外。例如，民居发展史研究就属于前者，民居的经验地方特性、设计规律等就属于后者。

民居发展史，包括各时期民居的发展、特征等的研究是一项重要而又十分艰巨的课题，但这是一项需要及时进行的任务，我们要在前人成果的基础上争取有所前进。

传统民居建筑的地方特征和地方风貌与今天新建筑的地方特点有一定关系，即继承和发展的关系。地方特征来自地方建筑，因此，要探索新建筑的地方特色，深入到民间，到传统村镇村落、民居中去调查考察，取其精华，不失为有效途径之一。此外，研究民居不能局限在一村镇或一个群体、一个聚落，而要扩大到一个地区、一个地域，即我们称之为一个民系的范围中去研究。我国现在有七大民系，北方两个，按方言来分，属北方官话与晋语地区；南方五个，即江浙吴语民系、福建闽语民系、广东粤语民系、湘赣语民系和客家民系。民系的区分最主要的是由不同的方言、生活方式和心理素质所形成的特征来反映。因此，从民居、民系中寻找建筑的地方特征也是有效的途径之一。

研究民居与民系结合起来，不仅使民居研究在宏观上可认识它的历史演变，同时也可以了解到不同区域（民系）民居建筑的特征及其异同，为我国创造有民族特色和地方特色的新建筑提供有力的资源。

原文：载于《华南理工大学学报》（自然科学版），1997年，1期，133–139页。

广东潮安象埔寨民居平面构成及形制雏探

象埔寨位于广东省潮安县古巷镇古一乡，距潮州市城西约10千米，有公路直接达到，交通方便。

本地气候条件属亚热带海洋气候。全年平均气温21.4℃，夏季最高气温34～37℃，冬天最低气温10℃左右。夏季炎热，冬季温和。全年平均降雨量1668.3毫米，多集中在4～9月间。雨量充沛，湿度较大。太阳辐射量大，日照年平均为1996.6小时。主导风向：春、夏、秋季为东南风，冬季为偏北风。

本寨人口，据1991年统计有1332人，共317户。村民主要务农，农闲时则外出各谋其业，其中陶瓷行业最多，其次有加工凉果、刺绣，少数人挖矿（以锡矿为多）、种植果园、经商等。农业生产品种主要有水稻、甘蔗、红薯等。

象埔寨为一座近方形的大寨，其方位为坐西朝东偏北30°（图1）。相传始建于宋代，从建筑上看，有明、清等不同年代的建筑物。陈氏大宗祠位居于寨中的后部中央，为明代建筑，其两侧的宗祠则为清代所建。

寨总面宽经测绘为162.4米，总进深为154.4米。建筑布局严谨规整，布置有“三街六巷七十二厝”（厝即房屋）。住户全属陈氏家族。寨门上有匾额“象埔寨”，并有落款，上款为“壬戌之秋”，从建筑形制及构造材料看，估计乃清代后期重修而立。下款为“颍川郡立”，说明本寨陈氏祖先乃从河南中原南迁而来。全寨由东大门进出。进门后有通道直

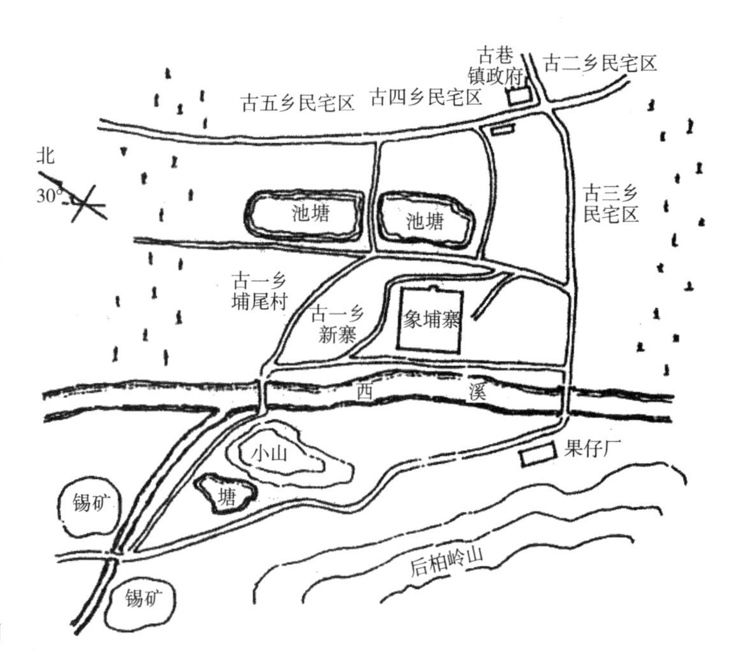

图1　潮安象埔寨村落位置图

通后面的陈氏大宗祠，这条通道长约110米，宽5.9米。在通道的两则，各有三条平行的巷，每条长140米，宽2.3米。从寨门到后面的大宗祠，共有南北横贯的三条街，长157米，其宽度从东到西分别为2.7米、3.7米、1.5米。寨门为石拱结构，高2.45米，宽1.5米。四周为围墙，除东门为进出口外，其余三面都不设门。

象埔寨民居类型很多，按平面分可有19种类型。实际上，按面宽开间来说，只有五开间、三开间两种形式，但最基本的是五开间形式。按进深来说，基本上只是四点金、爬狮和从厝等三种形式。不同面宽、不同进深，加上不同房间尺寸以及建筑平面内部的不同组合，就组成了丰富的平面类型。

一、平面类型

（一）由五开间四点金平面形式派生出来的

①四点金带前天井者，见图2（A、A_1）；②四点金前带天井，后带内巷道，见图2（B、C、C_1、D）；③纯四点金形式，见图2（E、F）；④四点金前带内巷道者，见图2F_1。

但同一类型，也有不同的平面布局，主要有：插山房、插山厅和天井的位置不同；大门位置不同，这是看民居面向寨内的街或面向巷而定；进深或面宽尺寸的不同。

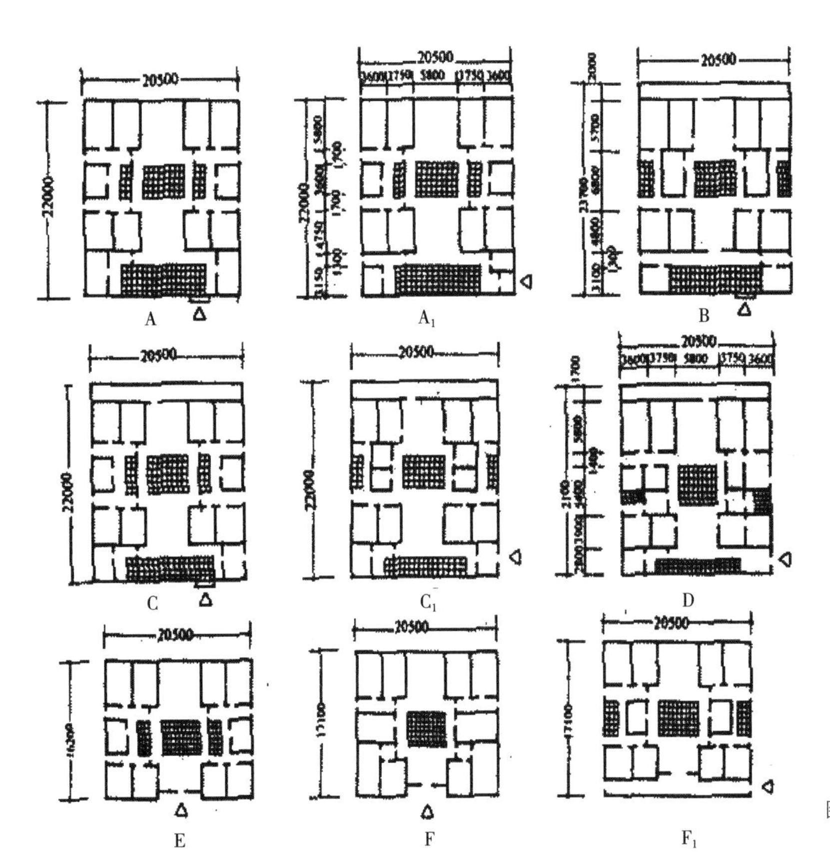

图2 由五开间四点金平面形式派生出来的平面类型

（二）爬狮式平面形式派生出来的

①五开间爬狮式平面，见图3（G、G_1、H、I、J、K）。其K形平面应为五开间，其中一间已毁，现存四开间；②三开间爬狮式平面，见图3（L、M）。但同一类型平面中，也有不同的平面布局，除开间不同外，主要区别在：天井与侧屋的位置不同，侧天井与隔墙的位置不同，大门的位置不同，民居进深具体部位的尺寸不同。

（三）从厝式平面类型（图4）

这两种不同平面类型，主要区别是布局不同和开间尺寸不同。此外，寨内由于两条边巷不同位置，导致N和N_1平面类型的大门方向也有不同，或南向，或北向。

除民居类型外，寨内还有两进祠堂四座。其中，寨后部中央为陈氏大宗祠及两侧祠堂，共三座。清代营建时两侧祠堂的面宽尺寸加大，并在祠堂大门前辟有封闭式前庭。祠堂之间则用巷道相隔。大祠堂前南侧又有一座进深较小的祠堂，形制与正中祠堂相同（图5）。

寨内除民居及祠堂外，没有其他公共房屋，这是典型的农村居住村落。封建社会里以小农经济为主的广大农村村落，其功能主要是居住。因而，在村落中，没有商业、没有作坊。凡生产、生活上有需要时，购买和交换就要依靠附近的集墟来解决。

祠堂是家族内祭祀祖先、天地和族内集会、处理家族内部事务的公共场所。这在封建社会制度下是非常重要的场所，现已没落。本寨的祠堂内部现已改作陶瓷作坊和仓库。

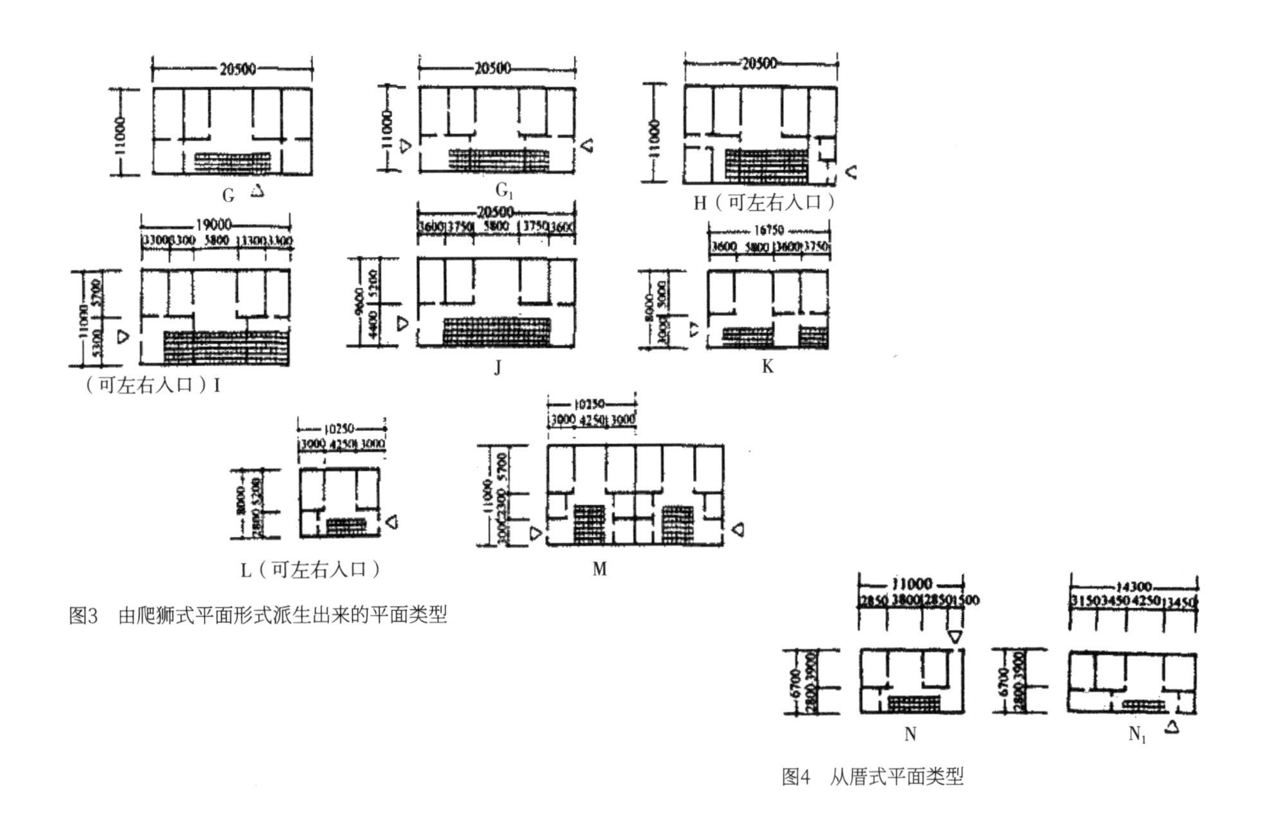

图3　由爬狮式平面形式派生出来的平面类型

图4　从厝式平面类型

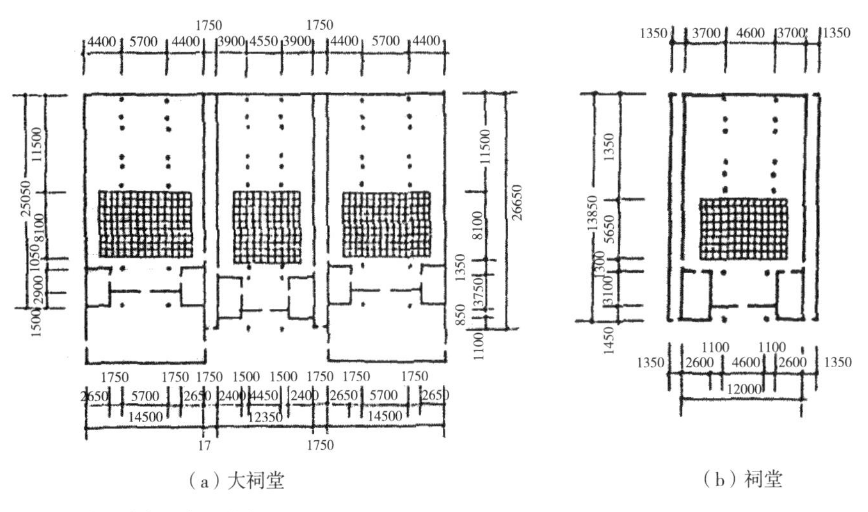

（a）大祠堂　　（b）祠堂

图5　潮安象埔寨祠堂平面图

二、象埔寨在规划和建筑中的特点

象埔寨在规划和建筑中的特点有：（1）全寨是经过周密规划而建成的，道路整齐，交通方便；（2）建筑规整，平面类型丰富，组合模数化；（3）寨内地势前低后高，排水系统畅通。喝水靠水井，每家都置有水井。寨内四角各有水井一口，供公用。据说全寨共有水井76口。（4）建筑外观统一、朴实，但门楼高出，有一定的雄壮和严肃感。寨后围墙正中也建有楼，与寨前门楼相呼应。从后柏岭山俯瞰全寨，只见寨屋整齐排列，十分壮观。

三、象埔寨规划与建筑平面构成形制的规律

（一）单体民宅平面构成

从测绘数字中，按当地潮州地区营造用1木行尺=29.8厘米来折算，单体民宅的面宽和进深尺寸如图6所示。对照潮州典型四点金民居平面尺寸（图7），在民宅中可以看出，如后厅净宽18.6尺，合1丈杆❶。子孙门巷道即廊下进深，一般大宅为7.8尺、7.2尺，小宅为4.8尺、4.2尺，寨内民居均符合此数。后天井进深18.6尺，合5步，符合单步数（每步4.5尺）。前天井进深10.8尺，合3步，符合单步数。也有前天井进深为12.8尺、9.8尺和9.2尺者，合3步，4.2尺者，合1步，都符合单步数。

表1、表2所示，象埔寨各类型民居平面尺寸都符合地母卦数字，并多以2、6、8寸为尾数。这些数字在潮州古营造制度中属吉星数字。

从表中象埔寨单体民居平面尺寸构成来看，是符合潮州古营造尺白、寸白、浮埕合步等制度的，它说明了象埔寨在重建民宅时，采用了当地的丈杆法民间营造制度，同时也说

❶ 进深尺寸根据测绘数字折合木行尺及推算而定，1丈杠=18.6尺。

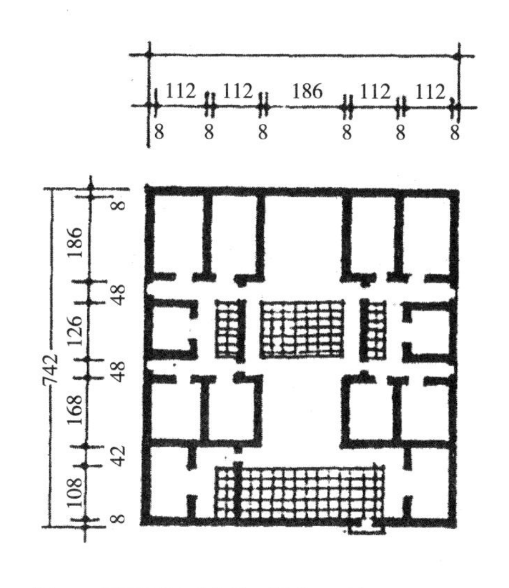

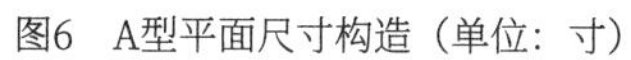
图6　A型平面尺寸构造（单位：寸）

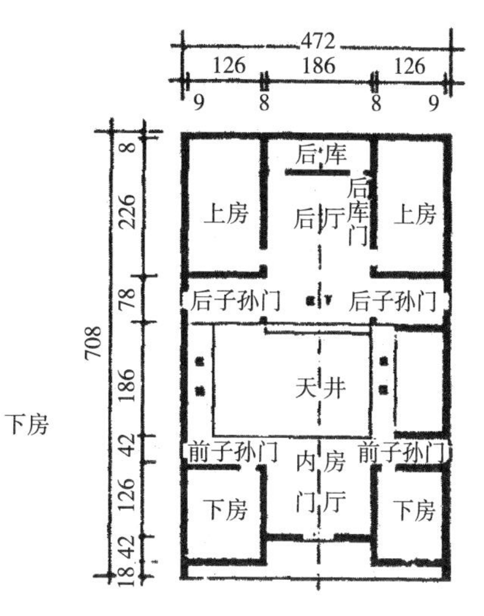

图7　潮州四点金民居平面尺寸构造（单位：寸）

象埔寨民居各类型平面面宽尺寸表*（单位：寸）　　**表1**

平面类型	开间数	厅房面宽尺寸												备注
		墙厚	房	墙厚	房	墙厚	厅	墙厚	房	墙厚	房	墙厚	总面宽	
A、A_1、B、C、C_1、D、E、F、F_1、G、G_1、H、J	五开间	8	112	8	112	8	186	8	112	8	112	8	682	
I	五开间	8	102	8	102	8	186	8	102	8	102	8	642	
K	现存四开间			8	112	8	186	8	112	8	112	8	562	已毁一开间
L、M	三开间（并连）			8	90	8	132	8	90	4	巷道		682	
N	从厝			8	86	8	112	8	86	8	48	8	372	
N_1	从厝	8	92	8	106	8	132	8	106	8			476	

象埔寨民居各类型平面进深尺寸表*（单位：寸）　　**表2**

平面类型	进深尺寸													备注
	前围墙	前天井	前巷道	前厅前廊下	前厅进深	前厅后廊下	天井	后堂前廊下	后堂进深	后堂墙厚	后巷道	后围墙	总进深	
A、A_1	8	108		42	168	48	126	48	186	8			742	
B	8	98		42	168	48	126	48	186	8	58	8	798	
C、C_1	8	98		42	126	48	126	48	168	8	62	8	742	
D	8	42		42	128	42	126	48	186	8	48	8	686	

续表

平面类型	进深尺寸													备注
	前围墙	前天井	前巷道	前厅前廊下	前厅进深	前厅后廊下	天井	后堂前廊下	后堂进深	后堂墙厚	后巷道	后围墙	总进深	
E					126	42	126	48	186	8			536	
F					126	42	168	48	186	8			578	
F_1	8		58		126	42	126	42	168	8			578	
G、G_1	8	128						42	186	8			372	
H、I														
J	8	92						42	168	8			318	
K、L	8	42						36	168	8			262	
M	8	128						42	186	8			372	
N、N_1	8	42						42	128	8			228	

* 进深尺寸根据测绘数字折合木行尺及推算而定，1 丈竿 =18.6 尺。

明很可能是直接请当地匠师主持民宅的营造。

（二）总体规划平面尺寸构成

从图8可以了解到象埔寨总体规划中建筑物及街巷道路的纵横尺寸。从这些尺寸构成中可以看出，如进深方向，它基本上采用了以37.2尺为基数，凡G、G_1、H、I、M等类型平面的总进深都属此数，它刚好符合2丈杆。

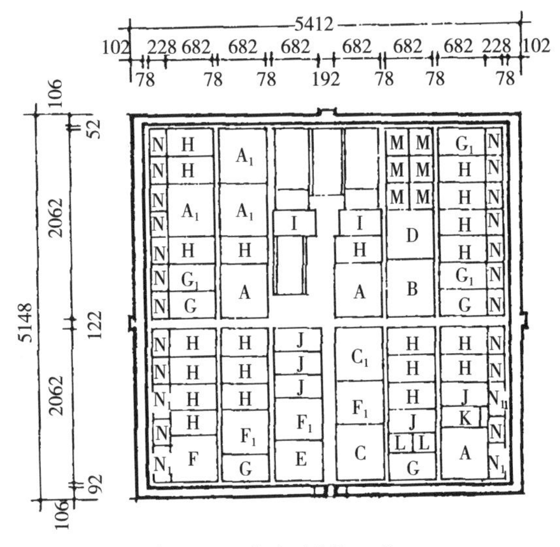

图8　潮州象埔寨总平面尺构成（单位：寸）

A、A_1、C、C_1类型平面总进深为742尺，刚好是基数37.2尺的2倍，合4丈杆。其他类型平面的进深尺寸也都符合丈杆上刻度数字，其中以1丈杆为计算单位，1.8尺是平面组合尺寸中的模数差。

此外，在平面构成中，有些尺寸不一定刚好符合丈杆的刻度数字及模数差，主要原因是为了避去尾数4，以求吉利。同时，尺寸构成中也尽量用整尺数。进深面宽尺寸都是如此。

四、结语

象埔寨的总体规划，很像过去的闾里。古代的闾里，是指城邑周围的居住区，它包含了贵族官僚聚居地和一般居地的居住区。这种闾里制度的布局是平面长方形，里内十字街巷，很规整。里的四周有围墙，围墙面临干道，正中设里门。里内辟巷道通向里门，里门有堂塾，管理居民的出入。这种封闭的闾里制度一直延续到宋代才逐渐解体。这是由于工商业的发展和繁荣，导致围墙拆除而逐渐变成沿街设肆的街坊布局。

农村村落和民宅的布局在古书中甚少详细记载。只是在某些书中偶有提及，也多属文人所描述。在历代一些名画中有一些零星民宅的描绘，至于村落则很少叙及。

象埔寨为陈氏家族聚居之地，其祖先世居河南中原颍川郡。象埔寨这种“三街六巷七十二厝”的总体平面形制，在潮州地区其他村寨未有发现。因而可以推测，它是从中原南迁而带来的古制沿袭做法。

象埔寨的建筑及其形制，对研究民居发展史和民宅的演变、交流和融化很有启发和研究价值。由于目前资料仍感不足，需要进一步详细测绘和补充调查才能得到更完善的结论，待各位专家、学者深入探索研究。

参考文献

[1] 陆元鼎. 广东潮州民居丈竿法 [M] //中国传统民居与文化. 北京：中国建筑工业出版社，1991：189-197.

原文：陆元鼎、魏彦钧，载于《华南理工大学学报》(自然科学版)，1997年，1期，33−39页。

从民居到民系研究

几十年来，我国传统民居研究虽然取得一些成果，但是，无论从广度、深度以及观点、方法上还未能满足本学科研究发展的需要，还未能把中国传统民居的历史价值、文化价值，艺术价值、技术价值及其成就、经验发掘出来。

我从事传统民居研究是在20世纪五六十年代。当时我在研究中，如测绘调查是采用了一种就民居调查民居的方法，如平面、立面、构造材料、细部、装饰装修等。另外，在调查中我比较注意民居建筑中的营造方式和尺寸。这种调查方法有它的优点，调查比较全面、细致。但也存在缺点，就是按实物测绘，没有联系到社会制度、历史、文化及其对民居的影响。这样做的结果，只能看到民居的建筑现象，而没有从民居的社会、人文、形制这些问题上去进行研究，还是单纯的建筑观点的反映。

第二阶段是20世纪70～80年代。

这一阶段，经过了十多年来带领学生下乡进行民居的考察和调查后，除积累了不少资料外，在观念上有两方面的提高，一是传统民居的形成与社会制度有关，与民族的历史、文化包括习俗、爱好、生活方式、审美观念有关；二是传统民居的形成与当地的自然条件（气候、地理、地貌、材料等）有关。例如岭南建筑，属亚热带地区，就与南方气候和沿海地域有关。可见，建筑是离不开自然环境的。

民居生存在社会之中，它的形成离不开社会条件，这是民居形成的共同规律。民居如何设计和营建，这是民居建筑形成的自身规律。单纯从民居建筑自身出发来研究民居，难以反映民居的产生、形成、发展以及它的历史、文化背景。而离开了民居建筑产生的物质条件和自然条件，把民居作为社会、人文因素的产物，也难以反映民居的真实面貌及其特征。只有以建筑学观点为主，并与社会学、历史学、人类学、气候地理学、民族民俗学等学科结合在一起综合进行研究，才能正确地反映民居的发展、特征及其价值。

通过本阶段的调查研究，发现有不少优秀的传统民居建筑，它反映了一定的历史价值和文化价值，同时，也发现一些传统民居建筑有较高的艺术价值和技术价值。此外，传统民居建筑中还有一定的经验和理论，如通风、隔热、防寒、防潮、防水、防震、防风防虫以及营造法、设计法等，可供我们总结和借鉴。

20世纪90年代，民居研究进入了一个新阶段。

本阶段研究中最主要的收获有两方面：一是把民居研究扩大到民系更大的范围中去进行研究；二是深入实践，发现并了解到语言（方言）的作用，即研究民居要综合运用人文、方言和自然条件相结合的观点和方法。

什么叫民系？民系的含义是指一个民族内的部分人在某个特定区域内共同生活所形成

的一个民众集体。从人类文化学角度来看，这个集体具有三方面的特征:（1）共同的方言；（2）共同的地域；（3）共同的生活方式和共同的心理素质。这三点是相互联系的一个有机的整体。

根据地域分布，我国汉民族可分为七大民系，除北方两大民系外，南方有五大民系，即越海民系、闽海民系、粤海民系、湘赣民系和客家民系。每一民系所在区域因方言流通范围、习俗等的不同，有的包含在一个省内，有的跨两个省甚至多个省份，它不以行政区域来划分。例如，客家民系的最主要区域是在粤、闽、赣三省接壤边区。

民居是民系地域中民众最集中聚居的场所。由于共同的方言、习俗使得文化、技术得以互相传播和交流。从而促进了各地民居建筑的形成和发展。民居建筑在技术上的共同做法和在艺术表现上的格调形成了民居建筑的地方特征和风格。可见，民系、民居和地方特征的关系是非常密切的。

从民系角度来研究民居还有两方面的意义。

一方面，扩大了民居研究的广度和深度。从民居的宏观——民系的角度出发进行研究，既增加了民居调查的普遍性，可以避免在单一地区或单一建筑研究中所造成的片面观点。同时，在民系中，建筑的共同特征、风貌、布局方式、环境，甚至居住模式都能通过深入调查研究、分析比较而获得。如南方村落和民居建筑中的祠宅合一形式，在潮州民居建筑中住宅、庭园、书斋相结合的布局方式等特征的求得，就是明显的例子。

对于居住方式而言，每个民系都有一种代表性的居住布局方式，也可以说是一种居住模式，如粤海民系的三间两廊式民居和梳式村落布局方式、闽海民系沿海地带的带厝式民居和密集式方形布局方式、客家民系聚居式民居和防御式围屋布局方式等，这些居住模式在满足当地民众的生产生活，适应当地的气候、地理自然条件都是有效的，因而很有参考价值。

另一方面，传统建筑中的地方特色、地方风格实质上是由地方建筑，主要是由民居、民间建筑的共同特征所形成的。这些特征可以到民系、民居、民间建筑中去找寻。因为，建筑中的特色、特征寓于建筑实体，实体寓于类型，也就是要到与民众生活最密切相关的建筑类型中去找寻，即民居、庭园、祠堂、会馆、书斋等建筑。以往研究建筑的地方特征和风格，没有深入到民间建筑中去，没有从民系角度上去总结、探索、借鉴。现在，经过多年的调查，从民系民居中去探索是可以有成效的。

当然，传统建筑中的地方特征、地方风格不等于今天的建筑特色与风格。但是，它毕竟积淀着不同历史时期的建筑文化。我们要根据时代的要求，从现代需要出发，充分运用新时代的技术，借鉴传统建筑中的优秀文化和地方特征创作经验，采用古为今用原则，去芜存菁，不断实践，不断创新，一定能创造出适合我国国情的地方建筑特色、特征和新的村镇居住模式。

原文：载于《建筑百家言》，中国建筑工业出版社，1998年，192-193页。

南方汉族民居

一、概论

（一）南方汉族民居研究的范围

我国是一个多民族国家，人口分布中，汉族占大多数。以传统民居来说，无论在数量上、地域上都占有主要地位。汉族民居，从地理上看，可以分为北方、南方两大区域，一般划分是以长江为界，当然也有某些区域是跨江的。

在南方，还可以分为五个区域带，即汉族亚文化地域带：（1）以吴语为主要流通方言的江浙地域带；（2）以赣湘语为主要流通方言的赣湘地域带；（3）以闽语为主要流通方言的福建地域带；（4）以广府白话为主要流通方言的岭南地域带；（5）以客家话为主要流通方言的粤闽赣三省交界处的客家地域带。它们的区分是根据各地气候地理自然条件以及方言、习俗、人文特征等条件，即按照民系的概念来区分的。民系的组成，一般有三个基本条件，一是共同的方言，这是交流、沟通思想的最基本手段；二是共同的生活方式和习俗，这是人们共同活动和生产的基础；三是共同的心理素质、信仰，这是共同文化、性格的表现。当然，也不排斥某些特殊的习俗和观念的存在。至于四川地区，应属于北方官话语系中的西南地域带，即西南官话区域，因划入本文研究范围之内，故列入之。

（二）南方汉族民系的形成

1. 汉族的形成

先秦以前，相传中华大地上主要生存着华夏、东夷、苗蛮三大文化集团，经过连年不断的战争和较量，最终华夏集团取得了胜利，上古三大文化集团基本融为一体，成为一个强大的部族，历史上称为夏族或华夏族。

春秋战国时期，在东南地区还有一个古老的部族称为“越”或“于越”，当时比较强大的一支是会稽越国，以后东南越族逐渐为华夏族兼并而融入华夏族。

秦统一各国后，到汉代，我国都用汉人、汉民的称呼，当时，它还不是作为一个民族的称呼。直到隋唐，汉族这个名称才基本固定下来。

历史上的汉族与我国现代的汉族含义不尽相同。历史上的汉族，实际上从大部族来说它是综合了华夏、东夷、苗蛮、百越各部族而以中原地区华夏文化为主的一个民族。其后，魏晋南北朝时期，西北地带又出现乌桓、匈奴、鲜卑、羯、氐、羌等族，南方又有山越、蛮、俚、僚、爨等族，各民族之间经过不断的战争和迁徙、交往达到了大融合。到明清时期，除汉族以外，还存在着很多其他民族，较大的有藏、蒙古、维吾尔、回、壮、满、彝、苗以及西南地区的白、傣、侗、瑶、纳西等民族。现在的中华民族是包含了汉族和其他55个少数民族在内的一个大民族，本文所指的是明清以来汉族的概念和范围。

2. 南方汉族的形成

东汉—两晋时期，黄河流域长期战乱和自然灾害，人民生活困苦连天。永嘉之乱后，大批北方汉人纷纷南迁，这是历史上第一次规模较大的人口迁徙。当时，大量人口从黄河流域迁移到长江流域，他们常以宗族、部落、宾客和乡里等关系结队迁移，大部分定居在江淮地区，部分迁至太湖以南地区的吴、吴兴、会稽三郡，也有一些迁入金衢盆地和抚河流域。

当时的迁移路线大致可以归纳为三条：

（1）居于今陕西、甘南、山西的一部分士民，当时称为“秦雍流人”。他们起初沿汉水流域顺流而下，渡长江而抵达洞庭湖区域。其远徙者，再经湘水转至桂林，沿西江而进入广东的西部和中部。

（2）居于今河南、河北的一部分士民，当时视为“司豫流人”。他们渡长江后，分布于江西的鄱阳湖区域，或顺流西下，到达皖、苏中部，有一小批人则沿赣江而上，进到粤闽赣交界地。

（3）居于今山东、江苏及安徽的一部分士民，当时称为“青徐流人”。他们初循淮水而下，越长江而布于太湖流域；其更远者，有达于浙江、福建沿海的。

隋唐统一中原，人民生活渐趋稳定和改善。但到了唐中叶后，北方战乱又起，安史之乱后，出现了比西晋末年更大规模的北方汉民南迁。当时，北方田地荒芜，人口锐减，到唐末，全国的经济重心已经转移到了南方。

北宋末年，金兵骚扰中原，中州百姓再一次南迁，史称靖康之乱，这次大迁移为历史以来规模最大的，估计达到三百万人南下。其中，一些世代居住在开封、洛阳的高官贵族也陆续南迁。

历史上三次大规模的南迁对南方地区的发展具有重大意义。东晋移民中，大多为宗室贵族、官僚地主、文人学者，他们的社会地位、文化水平和经济实力较高，到达南方后，无论在经济上、文化上均使南方地区获得了较大的提高和发展。

到了宋代，南方五个民系都已相继形成。当然，民系的形成不是一朝一夕能达到的，而是经过相当长的时间，由北方移民和南方本地土著人民不断地融洽、沟通、相互吸取优点后而共同形成的。这五个民系的地域，就是上述五个区域带的范围。不同民系地域，虽然同样是汉族，由于地区人文、习俗和自然条件的差异，给民居都带来了不同程度的影响，从而也形成了各地区民居不同的居住模式和特色。

（三）地方民居形成的因素

地方民居，也即民系民居，它的形成有下列几个因素：

1. 社会因素

中国封建社会的制度是形成民居平面布局的首要因素。封建制度的核心是等级制和儒礼宗族制。大、中型民居的院落式平面布局就是这种形制的产物。封建制度等级森严，无论建筑的规模、大小、开合、进深以及屋顶形式，甚至装饰、装修、色彩，都有严格规定。例如民间宅居不得超过三间，色彩规定黑白素色，而大型宅第就可以多进、多院落、甚至多路建筑布局，并且可以带书斋、带园林。从民居的平面布局就可以看到社会制度对建筑的影响。

2. 经济因素

这是民居形成的物质基础。民居的营建需要材料，并以一定的构造方式建造起来，民宅所用材料的多少、贵贱和营造、结构方式决定着民居建筑的规模、质量和等级。富有者可在建筑的大门、屋顶和室内进行华丽的装饰装修，而贫穷者只能以泥墙挡风雨，薄瓦以蔽身。经济条件是民居形成贵贱、等级的重要因素。

当然，劳动人民的智慧是无限的，长期的实践和使用、设计、施工三位一体的营建方式，使贫苦的庶民在一定的经济条件下，也能创造出功能比较实用、形象比较美观，并能结合地形的合适民宅。

3. 自然条件

民居的建造是在一定的地点范围内和在一定的地理、气候条件下完成的。北方的天气干燥、寒冷，南方的气候闷热、潮湿，导致南北民居建筑的处理方式、手法都不一样。以地理环境来说，有坡地、平地、河流、小溪、有山、有水，民居建于坡地或平地上，或建于水畔，其景观效果都不一样。特别是气候因素对民居建筑的平面布局、建筑造型以及内部空间影响更大，这也是不同地区民居形成不同模式、不同特色的重要原因。

4. 人文条件

人文条件包括民情、民俗、生活、生产方式以及文化、性格、审美观等内容。例如，小农经济生产方式产生出封闭性农村民宅及其村落布局；士大夫、文人的性格与文化特征形成园林式和书斋式民宅；商人住宅中，前铺后宅和下铺上宅的布局方式，既满足生产—商业需要，又满足生活—居住需要；要防御又要聚居，就形成了客家围楼的居住方式。特别在一些民宅的装饰装修中，更深刻地反映了民居建筑的人文色彩。

民居建筑的形成综合了各方面的因素。社会制度、经济条件是民居建筑形成的基本因素，而自然和人文条件则是民居建筑形成不同平面类型、不同居住模式以及地方特色的重要因素。

二、南方汉族民居的特征

（一）社会特征

中国在历史上长期以来是一个以宗法制度为主的封建社会，家庭经济以自给自足的农业生产为基础，以血缘纽带为联系。而维持社会稳定的精神支柱则是儒家理论道德学说。这种学说提倡长幼有序、兄弟和睦、男尊女卑、内外有别等道德观念，并崇尚几代同堂的大家庭共同生活，以此作为家庭兴旺的标志。对民居建筑来说，它对内要满足生活和生产的需要，对外则采取防止干扰的做法，实行自我封闭，尤其对妇女的活动严格限制在深宅内院之中。宗法制度的另一重要内容则是崇祖祀神，提倡家族或宗族祖先的崇拜和祭祀各种地方神祇。这种宗法制度和道德观念对民居的平面布局、房间构成和规模大小有着深刻的影响。

以经济来说，南方地区的经济较之北方更为繁荣和发达。据史载，唐宋以来，我国南方人口不断剧增。如江南地区，宋史所载“平、江、常、润、湖、杭、明、越，号为士大夫渊薮，天下贤俊多避地于此。”贵族、文人、士大夫长期居留在江南，正是本地经济、文化发展快速的重要原因之一。

明清时期，农业生产技术的进步为手工业生产的繁荣打下了基础，也为社会分工的扩大提供了条件。作为建筑手工业生产如木工、砖工、瓦工、石工等营造技术得到不断提高，特别是作为装饰手工业，如木雕、砖雕、石雕、灰塑、陶塑、彩绘等工种，不但匠人技艺日益精湛，而且门类众多，它为南方传统建筑的艺术表现增添了光彩。

以苏州为例，早期的平江府是宋代有名的府城，它比较典型地反映了我国对封建社会的特征。城内有着棋盘形的街道和排列整齐的民宅。民宅前临街巷，后有小河，水陆交通和用水十分方便。城外民宅更是遍及各乡各村，它与江南环境结合，表现出浓厚的水乡特色。

（二）气候地理特征

我国南方地区夏季炎热、潮湿、多雨；湘赣、江浙、四川地区冬季寒冷，并有霜雪；而东南沿海地区则比较温和，有的地区终年不下雪。每年夏秋季，东南沿海地区常有台风侵袭，台风来时带有暴雨，对人畜、建筑伤害极大。江南沿海地区则台风较少，春季虽潮湿多雨，但夏秋以后，气候干爽凉快，有利于居住生活。这种不同的气候条件是各地民居形成不同布局的重要原因之一。

人们在生活中需要有一个舒适健康的环境，这就要求住宅有良好的朝向以获得充足的阳光。在潮湿的春天和炎热的夏天则要求住宅有良好的通风条件，同时，要避免阳光直射，以防止室内温度过高。特别在东南沿海地区更要防御台风、暴雨的侵袭，以保护民宅的安全。

在地理方面，南方多丘陵地带，山多水多，有些山岭多石山、悬崖、峭壁，但风景优美。水则除江湖外，其支流密布于南方诸省。山瀑倾泻、小溪曲流、泉水上涌以及浓密的林木等都构成了南方大自然山水的特有景色。此外，遍布南方各地的丘陵坡地和溪流湖泊，给南方建筑结合自然带来了天然的素材和优美的环境，并丰富了南方民居的浓厚生活气息。屋前有塘有坪，屋旁有竹有林，村前河流贯通，村后有山为屏，构成了传统民居和村落结合地形地貌的布局模式。

山水地理特征也给城镇民居带来了布局内容。望族世家和士大夫阶层住在城中，又想欣赏大自然的野外景色，于是，采用把自然山水景色浓缩和提炼的手法移植到城镇宅居之中，这样，就产生了带园林的宅第形式。在江南地区就有一些著名的宅第园林实例，明显地反映了江南水乡特色。

（三）文化特征

在南方褚省中，江浙地区是南宋王朝直接统治的地区，以后延续到明清时期，望族世家、官僚士大夫阶层长期居留在此地。他们居住的宅第规模大、占地广，而且还带有私家观赏的园林。而广大农村，在封建等级制度下，住宅就只能三间寒舍，不得超越。

崇天敬祖思想对民居的影响也非常大，人居住在住宅中必须尊崇天地、尊敬祖先、敬仰神仙，包括天神、地神、鬼神。因此，在民居设计中，祠堂、祖堂是建造时首先考虑的内容。古制规定“君子将营宫室，宗庙为先，殿库为次，居室为后”，地方上的家庙、祠堂也是如此。宋朱熹所著《家礼》一书就有“立祠堂之制”，规定“君子将营宫室，先立祠堂于正寝之东，祠堂制三间或一间”，说明古制对祠堂之重视和限制。

在祀宅合一的民居中，建造时也是以祀为主。它在考虑设计时，先将供祀祖先、天地的场所作为祖堂，位置在整个宅第最后一进的正中厅堂，称为后堂，亦称祖堂。后堂的开间、进深和脊高、檐高都有一定的尺寸规定，甚至神龛、神案、香炉的位置、高度也有所规定，不得随意更改。

崇天思想在民居建筑中还反映在天井进深、堂高、檐高、脊高的尺寸和做法上。祖堂中，祖先、神祇向前仰视观天，其视线必高出前堂正脊的高度，在民间营造中称为“过白”。此外，在民宅营造尺寸中，常要求屋高、檐高等竖向高度符合天父卦，其尺寸数字要用单数、奇数即阳数；而平面布局中面宽和进深尺寸则要符合地母卦，其数字要用双数、偶数即阴数。说明数字的奇偶、单双也成为天地观念在民居建筑中的一种反映。

影响民居建筑的还有一种思想即风水观念。

风水观，古称堪舆学，它来源于阴阳五行学说，原是古代在择位定向中考虑气候地理环境因素的一门学说。传统的风水观念认为，民居选址应取山水聚会藏风得水之地。山是地气的外来表现，气的往来取决于水的引导，气的终始取决于水的限制，气的聚散则取决于风的缓急。故平原地带的宅基由于水的瀛畅，高地以得水为美，而山地丘陵则重于气脉，其基址以宽广平整为上。

例如，在农村，对民宅的选址一般已形成一种比较固定的模式，即村前要有流水，村后要有高山，房屋坐北朝南，地形前低后高。从现代观念来分析，这种布局原则还是有其科学性的一面。譬如村落面靠流水，这是食水、交通、洗濯的需要。村后高山作屏，可抵御寒风侵袭。地形前低后高，说明坡地上盖房子既要求干燥又要易排水，对居住及人体健康有益。

风水观中还有一种象征思想，如江南、皖南一带民宅喜用马头墙。所谓马头墙，就是在山墙墙头部位做成台阶式盖顶，在盖顶之前沿部位，为美观形象而做成马头形状，称为马头墙。据当地老人讲，山墙做马头形状，说明该户家族中曾有人中举、有朝官的一种用建筑表现的炫耀方式；而老百姓家只能用双坡屋面。

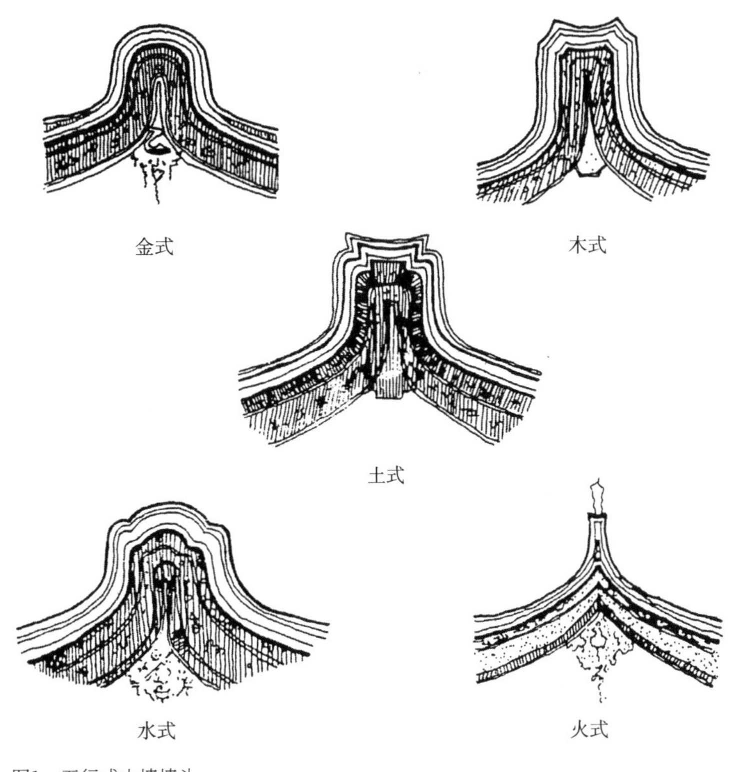

图1　五行式山墙墙头

广东潮州民居的山墙墙头部分有做成金、水、木、火、土五行方式也是同样的道理（图1）。在实际调查中。民居建筑通常用两种山墙：一是曲线形，称水墙；另一种是金字形，称金墙。其目的和意图都是为了压火、防火。古代建筑因是木结构营造，最怕火灾，建筑一旦失火，无法可救，但当时科技水平有限，无法采取有效的防火措施，于是采用这种祈望吉祥平安的心理手法，从而可见天地观念对民居建筑的深刻影响。

（四）建筑特征

1. 平面布局特征

南方汉族民居与北方汉族民居一样，它的平面布局都是院落式。但是，南方地区由于气候湿热多雨，地理环境多丘陵和多河流，加上人口稠密，土地资源紧张，因而，民宅占地少，布局比较密集紧凑。不像北方的院落那么宽敞。南方民居建筑只能是小院落，我们称它为天井式民居。

南方民居建筑虽属多进院落式系统，但有它自己的特征，如：

（1）小天井

南方民居开间窄、进深又浅，是因为它受到土地紧张和气候条件的制约。南方气候炎热，要求有日照阳光，但又怕太多辐射热，特别是西晒的强烈阳光。而天井是通风、换气、采光、排水的地方，是传统民居中必不可少的元素，又是交通汇合之处。因此，采用小天井是很好的处理办法。

小型民居三开间一座，大型民居则有多座房屋并加以组合。房屋之间围以院子，即天井，一组房屋一个天井，多组房屋多个天井。天井因位置不同而有大小、深浅、宽窄以及朝向不同之分，但总的特征还是小天井。

（2）多巷道

民居建筑中，单座组成院落、院落组成建筑群。建筑群的交通主要靠巷道来解决，统称巷道。

民居的巷道有几种，露天的称巷，在室内的称廊。可见到天空的廊称檐廊、敞廊，见不到天空的称内廊。也有把内廊称为巷的，如广东潮州民居中的内廊都称子孙巷，各地名称不一。

南方民宅平面布局乃多进院落和辅助用房组成，因土地和气候关系，建筑都紧密相连，故其交通必然依靠廊道、巷道。院落之间有巷道，宅与宅之间也有巷道，称火巷。多巷道是传统民居平面布局的特征，它不但有交通的功能，还有防火和通风作用。

（3）敞厅堂

厅堂乃民宅中最重要的和必不可少的公共活动场所，又是传统家族文化的核心，一般位于中轴线上，因功能不同而分为上堂、中堂和下堂。此外，有的宅居中的厅堂还具有交通作用，即在厅堂中央偏后处设屏风或屏门，人们进厅堂通过屏风两边到屏后，出厅堂后门再进入后院。厅堂两旁为住房，住房的门口可经厅堂两侧出入，也可在檐廊下出入。

民居厅堂特征有三：一是其面积为全宅房间中最大者；二是位于全宅最中心的位置；三是采用开敞的形式。

厅堂前后开间部分都由隔扇组成，采用活动式，可启可闭。家有重大事情而需集中众多人口时，较大的厅堂空间可以容纳大家在一起。如遇婚丧喜庆人员再多时，则把所有厅堂隔扇全部打开，用天井连通前后厅堂和两厢侧厅，变成一个大空间。

2. 组合特征

南方民居除上述特征外，当进行组合而成为大型民居时，它还具有下列特征：

（1）类型丰富、组合灵活

传统民居平面布局一般都是规整、中轴对称的。但它在规整的平面中也有不规则的处理手法，在对称的平面中也有不对称的处理手法，又如结合地形来说，有傍山民宅、坡地民宅，也有畔水民宅、临水民宅等，还有的把水引入宅内组成庭园，有山有水，有花有木，建筑有高有低，组合就更丰富和灵活了。

（2）外封闭、内开敞

在封建社会下，民宅为了安全，外墙通常做得很高，又森严，不开窗户或开小窗。但是，南方的天气炎热潮湿，人生活在室内又闷又热，因此，在封闭的围墙内只能采取厅房向内开敞的办法，这是当时民居建筑解决厅房纳阳、通风、采光的最好方法。

（3）密集方形的平面布局

南方民宅大多采取密集方式，在东南沿海的城镇和农村的民宅，其平面除密集外，还组合成接近方形的形式。研究它的原因有三点：一是历史和传统习俗因素，民宅要适合大户人口的居住需要；二是沿海城乡人口稠密，密集方形的平面布局对节约用地有利；三是南方地区太阳辐射热强，建筑密集可减少阳光对墙面的辐射热量。同时，方形平面对各个方位抵御台风、寒风的侵袭都有利，方形平面的建筑体量最具稳定性。

（4）厅堂、天井、廊巷组成的通风体系

根据人体的生理原理，人在室内工作与生活，需要有一个舒适环境，即温度合适、空气新鲜。对南方建筑来说，既要求有良好的自然通风，把室内多余的热量尽快地排出室外，同时，也要隔热好，不使外界高温热量传入室内。

根据降温原理，对于南方气候来说，防止辐射热传入，仅能保持室内温度的稳定，仍然不能达到降温目的。只有通过室内外空气对流，加速室内辐射热的散发，带走人体皮肤热量，便于人体热平衡，才能达到室内降温、有利于居住和生活的目的。因此，组织好建筑内部的自然通风是南方建筑和民宅首要考虑的问题。

南方民居天井多，分布于宅内前后和左右，同时，巷道也多。天井是进出风的主要部位，巷道除交通作用外，又是空气即风的流通要道。在民居建筑中，天井、厅堂、廊巷就组成了民居的通风网。前天井是进风口，后天井是出风口，中天井既是进风口也是出风口，兼有两者功能。天井之间的通风主要靠开敞的厅堂联通。廊巷同样也具有出风、进风双重作用。

南方中型民居建筑的典型平面布局通常是三进院落式，两旁有侧屋或从厝，福建沿海和粤东民居都有这种类型（图2、图3）。江南一带的民宅，其布局通常是，多进院落式为一组民宅，几组民宅并列布置，中间靠巷道（称为火巷）相隔（图4）。这两种布局方式对通风很有利，当正常情况下，风从东南方向通过大门、天井吹到各厅房。当夏季天气酷热时，建筑处于炎热和静风状态下，这时，天井和屋面热空气上升，而处于低温状态的巷道

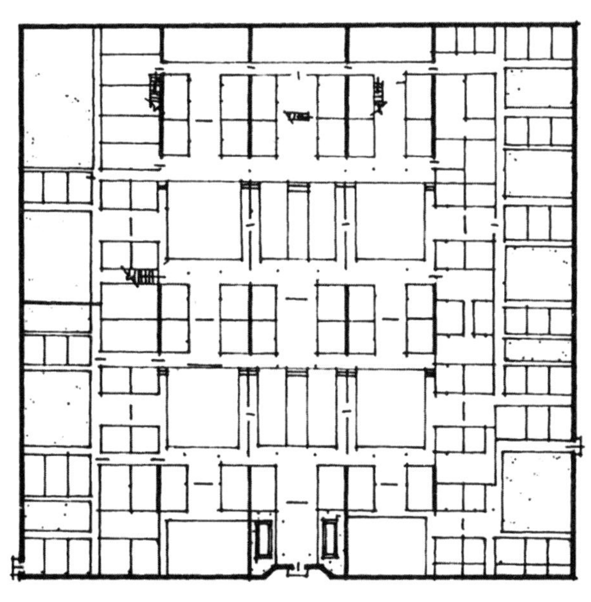

图2　福建福鼎白林村洋里大厝

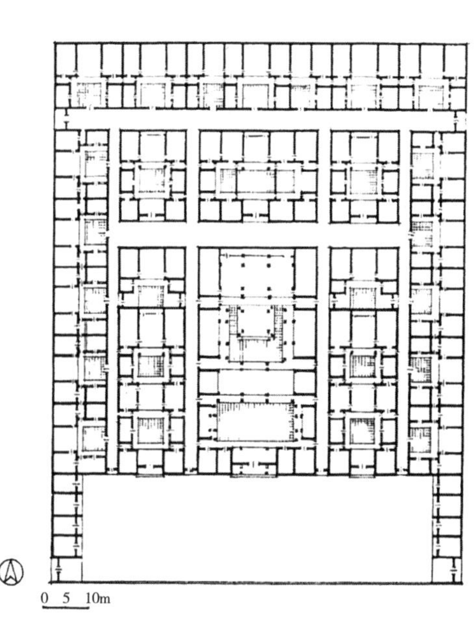

图3　广东普宁洪阳新寨

冷空气就从廊道、巷道不断地补充进入厅堂和天井，形成冷热空气的对流。因此，不论在有风或无风情况下，这种南方民居平面布局的通风体系都是十分有效的。

3．类型特征

南方民居建筑类型丰富，除了提供居住功能外，根据户主的不同需求而产生了各种不同类型的民居。

一般类型民居有小型和大型之分，小型民居是简单的，也是广大城乡最普遍采用的三开间式民居。它只是供给独户使用，是民居中最基本的单元。三间民居加上两厢辅助用房，中间圈起一个小院子，就成为三合院。如果在前面再加上一座三开间建筑，就成为四合院。由三合院、四合院延伸、组合就形成多进院落式民宅，把多进院落式民宅通过巷道、廊道相连再组合就形成大型宅第。无论大型民宅、中型民宅都由三合院、四合院进行组合而成，这些民宅的功能只是为了居住和生活而已。

特殊类型民居，主要是因户主使用功能不同而划分，有供望族世家、文人士大夫所用，有供商贾人士所用，有为防御需要而形成的一种民居，还有一种祀宅合一式的民居等：

（1）供世家、文人、士大夫所用的民居建筑

通常又分为三种类型：一是宅旁设书斋，也有书斋单独设立者，自成一种类型，称为独立式书斋（图5、图6）。它的平面特征是以三间或多间民居为主体。将厅堂向前延伸为长厅，长厅突出部分左右两旁各设一个小天井，天井内种植纤细、挺秀的竹木或堆置少量

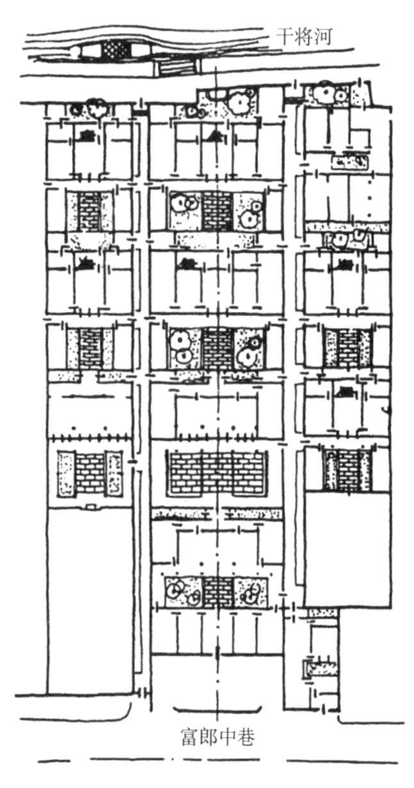

图4　苏州富郎中巷陈宅

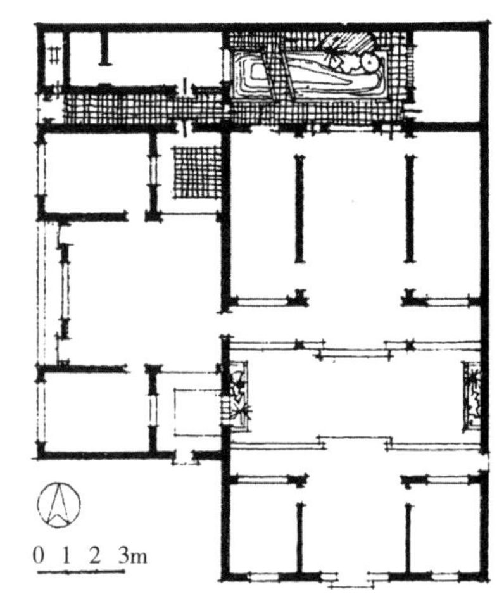

图5　宅旁书斋

奇石花草，使主人书斋左右都有庭院绿化，加上长厅两边都开了较大的窗户，因而，这种书斋面积虽小，环境却清静幽雅。

二是宅旁设园林，园林独立设置，自成一种类型，这种类型以江南、岭南地区较多见。它的布局特征是，在园内不设宅居，而以观赏为主。宅园毗邻，有门相通。园林平面设计中，以厅馆为中心，四周辅以山石、池水、花木、草卉，并用廊、墙、桥或山或水等作为间隔，划分成各个景区，并采用组景、对景、借景等手法组成园内丰富的景色。

三是住宅与书斋、庭园组合在一起。这种类型的主人通常是士大夫、文人或书香子弟，由于宅地面积小，而户主又希望宅居的同时具有住家、庭园、书斋三者功能。于是产生了这种三结合式的民居建筑。它的平面布局特征为，以住宅为主，书斋、庭园为辅，宅内具有一个宁静的环境。大型者如江苏吴江县同里镇退思园，小型者如广东揭阳太和巷蔡宅较为典型（图7）。

（2）供商贾人士使用的宅居

这种住宅在城镇中较多见，它布置比较豪华，因为户主有丰厚的经济条件。这种类型的民居，往往设计灵活，不拘泥于传统的做法和形制，而是根据户主的需求而加以变化，有的增加楼层，有的强调装饰手段等，如安徽一些盐商在皖南所建的宅居就是明显的例子。在墟镇，商人使用的宅居更多见，一般都在街巷的两边。他们先建起了店铺，沿街营业，店铺后面作为住家。后来，地价昂贵，铺改为楼房，这样，楼下开铺子，楼上做住家。这种前铺后宅、下铺上宅的做法逐步为城镇所吸取，而演变成今天的马路和商店，在南方的一些城镇就形成骑楼（图8、图9）。

（3）防御式民居

以客家围屋为代表，它包括了广东梅州的围龙屋（图10）、福建西南地区的土楼（图11、图12）和江西南部山区的客家围子（图13）。防御式民居在广东沿海一带还有一种称为寨的宅居形式，有圆形、方形、八角形、椭圆形等，这些类型宅居在明末已经形

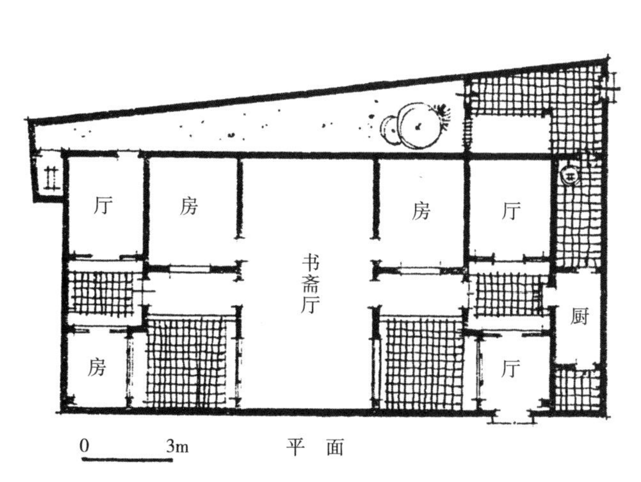

图6 独立式书斋

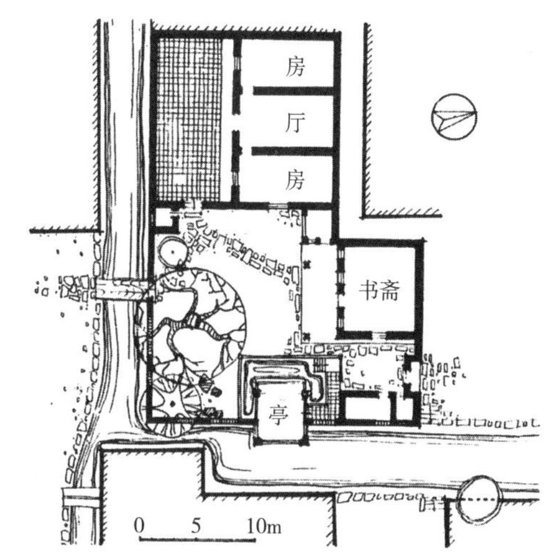

图7 广东揭阳太和巷蔡宅

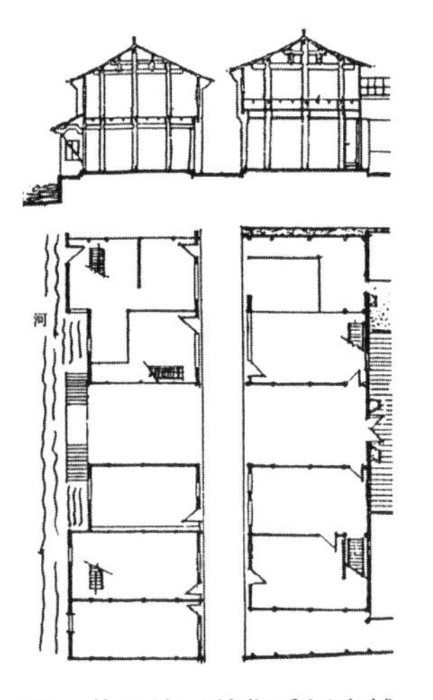

图8　苏州地区前街后河商铺骑楼

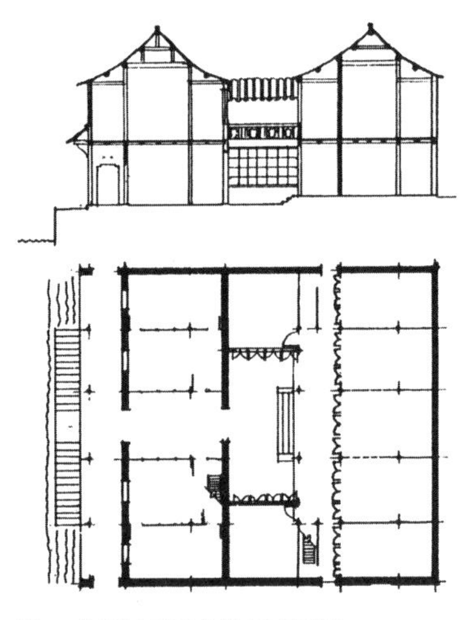

图9　苏州地区下宅沿河式民居

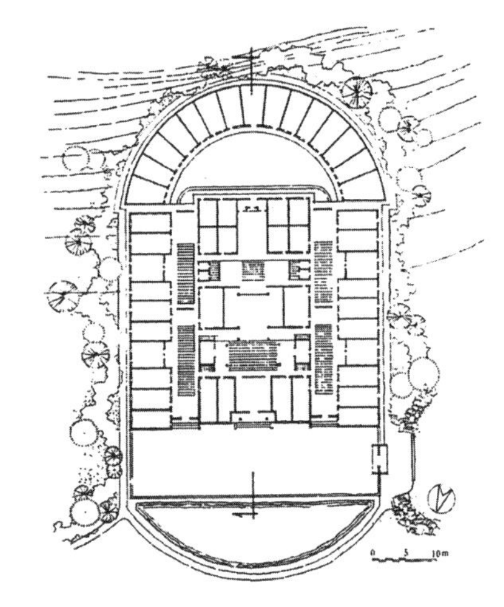

图10　广东客家围龙屋

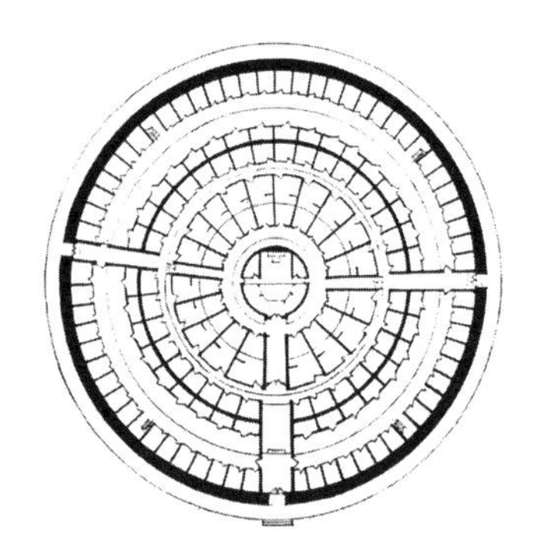

图11　福建客家圆形土楼

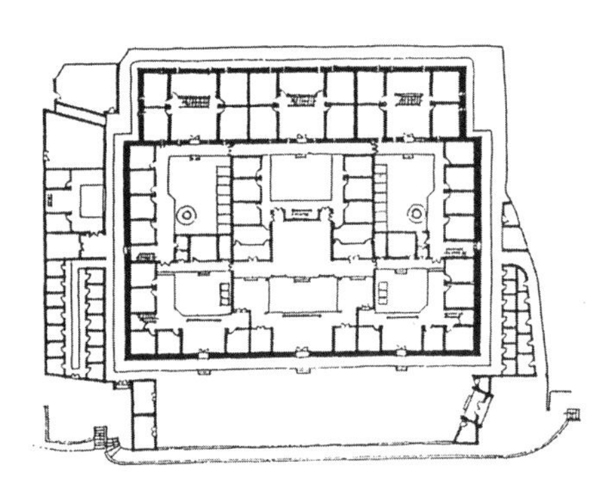

图12　福建客家方形土楼

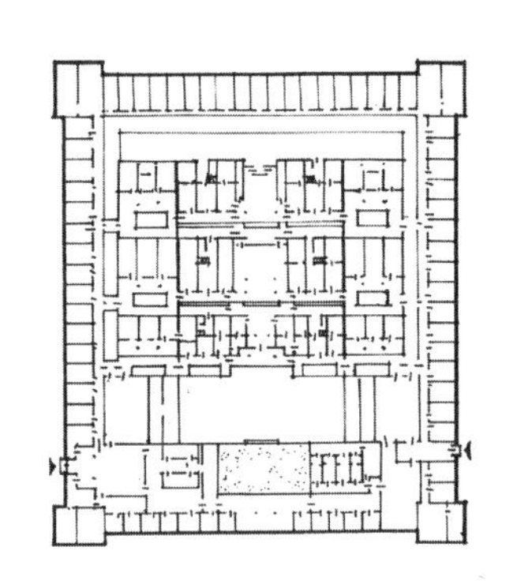

图13　江西客家关西新围

成，它的作用是防御当时东南沿海倭寇的入侵和骚扰。

防御式民居最大的特征是聚居和防御。其外形特征是，有高大深厚的围墙，单独的大门出入口，一般在南向，也有的增加西向小出入口，据调查是供灵柩出围之用。围楼一、二层不设窗户，三、四层开八字形平面小窗，供瞭望用。

祠堂安置在围楼之内，独立设置，围楼设计时仍然以祠堂为中心，各住家建筑环祠而建。广东梅州客家围龙屋则采用祠宅合一的建造方式，三进院落式宅居的后堂作祖堂，祠堂整座建筑群仍然以祠、祖堂为中心。

围内住户按辈分平均分配使用面积，一般在二楼以上，杂物牲畜间也一样平均分配，位于底层。顶层内围每户都设柱廊，用木板相隔，如遇外界侵犯时，则把廊子间隔木板打通，变成跑马廊形式，把周围各户贯通相连，有利于保卫和防御。

（4）祀宅合一的民居。在闽南粤东的一些大中型宅第中都采用这种形式，一般在城镇中较多见。它的特征是：三进的院落式宅居，将后堂作为祭祖先、祭天地的场所。府中喜庆大事在大厅即中堂举行，而祀祖、祀天地以及丧事则在后堂即祖堂进行。在广东潮州宅居中，甚至在后堂安置神龛一座。把历代祖先的神主牌位按辈分置于在龛内，实属罕见。当然，除了上述类型民居外，还有根据不同地形而形成的水乡民居、坡地民居等，其主要特征是，前者是以水为主，当民居建造时，或傍水，或临水，或跨水，或引水入宅。后者是建筑结合地形，因地制宜，其做法有“台”“挑”“吊”“拖”“坡”“梭”等，在四川省这种类型民居较有代表性。

4. 结构特征

南方民居建筑都采用木材作为结构骨架，形成了木结构构架体系。它有两种构架方式，一种是抬梁式木构架，另一种是穿斗式木构架。前者在民宅中较普遍使用，是民居建筑的主体构架体系，后者通用于沿海台风地区和地震地区。

抬梁式木构架的优点是，由于梁柱承重的关系，柱与柱和构架与构架之间有宽阔的空间，方便使用。特别是厅堂作为众多人员聚会、议事或宴客的场所更是需要。

穿斗式木构架的优点是，柱密，木材断面小，屋架的重量可以由多柱承重而直接传递到地面上。柱之间用横木相串联，整个构架上下左右连成一个整体，对抗风抗震有利，东南沿海地区和四川地区的宅居都有采用。

有的地区的宅居，在一座宅屋中同时采用抬梁式和穿斗式木构架。厅堂用抬梁式构架，两侧山墙用穿斗式构架，并用墙体围护之。它的优点是，厅堂乃公共场所，使用时要求空间大，用抬梁式构架比较合适，而穿斗式构架用于山墙部位，既抗风、抗震，又不影响使用。

民居建筑也有用石头建造的，主要用于墙体和饰面，在福建惠安、莆田一带较多见，主要原因是当地盛产石材，故用之。惠安地区使用石材时，可以做到石础、石柱、石墙、石梁、石楼以及各种石雕，充分说明当地匠人用石技艺之高超。

民居中还有用砂土建造的。它只用于墙体，其余屋面部分仍用木构架，如有楼房时仍有木桁、木板、木梯。砂土墙的材料主要成分为石灰、砂和泥土，按一定比例加水夯筑而成。沿海地区则以贝灰来代替石灰，目的是可以防止海风酸性腐蚀。这些三砂土墙体，历经数百年而仍能保存至今，说明其墙体密实、高强度。有人用铁钉打墙仍打不进去。

5. 形象特征

传统民居，由于采用多进院落式，其平面布局是向纵深发展。而从外表看，只见高大封闭的围墙，漆黑、森严的大门，其外形虽然简朴，但感受是深沉的。

实际上，我们观察民居形象不能仅限于简单的外表，即单座建筑和围墙。民居建筑是由组、群、街、巷，甚至村、围、墟、镇整个建筑群组成的。民居是一个建筑群体，这是中国传统建筑的特征所形成的，只有从民居整个建筑组群中观察，才能了解它的艺术形象特征。

传统民居建筑使用的是地方材料和一般的结构方式，因而，多数建筑是单层平房，在城镇和围村中则有楼房。当人们观察民居建筑的艺术形象时，应该从整体出发，先观察门厅建筑形象、围墙和周围环境，然后进入大门，跨过各个院落天井，统观全部厅房建筑、空间直至结构、细部、装饰、装修，最后加以综合、分析、评论，这时所得到的建筑形象艺术特征才能是比较真实的。

综合南方民居建筑形象，其艺术特征可以归纳为下列几点：

（1）中轴对称、主次分明

传统民居一般为三开间，也有五开间的大、中型民宅。其布局为大门居中，两旁为侧巷、侧门，再旁为侧座即侧屋，或称从屋、从厝，它们组成了一般中型民宅的典型立面形象。从外表看，中轴对称和主次分明的艺术形象特征是非常明显的。

（2）体型不大、外形简朴、和谐

民居建筑的体型是下有台基、中有墙体、上有屋面，一般为单层，故其体型不大。在城镇中有两层楼房，其体型仍然不大，但外形简朴。在水乡，如绍兴的民宅，它结合小河、小桥而形成的一些沿河民家、桥畔民宅，采取了不对称的手法，其建筑形象十分优美，与周围环境配合十分和谐协调。在结合地形中，如浙江山区、四川山区民居都有一些建筑形象优美的实例。

（3）重点部位装饰装修

传统民居受经济条件限制，大多就地取材选用当地常见的材料。如土、木、竹、石、砖、瓦等，它形成简朴的民居外貌。封建社会形制规定，庶人不得用彩绘，因而，民间宅居外貌大多是白墙、灰瓦，黑漆大门。富有者的外墙则用青砖砌筑，楹柱用褐色。局部可施以彩绘。

一些世家大户为了显示其财富与地位，常采用下列手法：一方面采用加大建筑体型的方法，如加大前厅规模、加高大门和门楹等手法；另一方面则在宅内厅堂，或屋脊、山墙面等易被人看到的部位进行装饰处理，以显示其地位与家族的财富。

传统民居装饰的目的和特征，一是夸耀其财富与地位，二是采用器物、花鸟、动植物等题材，用象征、寓意、祈望等手法，用于建筑重点部位进行装饰装修，其目的就是使宅居平安、兴旺和吉祥。

三、南方汉族民居的建筑艺术表现

民居建筑的艺术表现主要反映在群体布局、单体建筑形象、空间组合、细部处理和装饰装修等方面。

（一）群体布局

中国传统民居布局的特点不是单座而建，而是几座合成一院，几院合成一宅，宅合成巷、街、村，再合而形成镇、城。民居建筑的形象表现不是一座建筑所能反映的，而要通过一个院落、一条巷、一条街，甚至一个村落、一个墟镇，直至一个城镇的整个建筑群体才能反映的。

南方平原地区城镇中，因人口密集，民居建筑大多集中布局，相互比邻。排列整齐，四周街巷围绕，表现出严整、封闭的特点。农村中的民居考虑到便利生产，又要节约农田和方便交通，常在沿路和坡地分散建造，建筑有良好的朝向，并表现出一定的规则性。

在山区或丘陵地带，民居建筑常沿等高线布置，有的沿山腰布置，也有的在山脚布置。它的特点是自由灵活、高低错落，与自然环境协调。在客家山区建造的防御用围楼，有单座建造，也有多座建造，有圆形，也有方形，还有两个方形土楼交错连接的，反映在群体外貌上体型巨大、稳重，气势豪放、粗犷。

河湖地带的民居建筑则充分利用水面，或沿河布置，或临靠水面。特别在江南地区，民宅临街背水，建筑与道路、河流走向相适应，创造了方便生活的优美环境，充分反映了江南水乡特色。

在炎热多雨的粤中地区村落，民居建筑像梳子一样密集排列。规则而整齐，称为梳式布局。它前面常设鱼塘，后面种植竹林，禾埕旁又栽植了一、二棵大榕树。民居与周围稻田结合，反映出村落民居建筑的简朴、自然和一派农家田野风光。

（二）单体建筑形象

单体传统民居一般都是单层建筑，三开间，坡屋顶、白墙灰瓦，其形象比较简朴，在农村和城郊中居多。也有民居建筑为二层，大多在城镇人口密集的街巷，其形象也是比较简朴。但有的民宅在大门、门窗或山墙，墀头部位偶尔做一点装饰处理，表示美化。在山区和坡地的一些单体民居建筑，因结合地形，布局比较自由灵活，其外形简朴中带有轻巧。

在民居单体建筑形象中，最显眼的部位就是屋顶。一般做法是，规整的方形平面砌墙后，上面加两坡屋顶。为防止风雨侵袭，常在山墙处加披檐。也有将山墙高出屋面做成风火山墙，既防火又丰富单体建筑形象。还有将屋面延长，做成前后廊檐，在檐下形成大片阴影，既防晒防雨，又增加空间深度，具有使用和美观的双重效果。

二层或二层以上的坡顶民居，有的每层都设廊或向外出挑，有的则利用体型组合和挑檐，形式多样。

四川山区和坡地地带的民居则顺坡而建，或建筑顺着地势层层抬起，屋面也做成层层升起的形式，富有韵律感。

（三）空间组合

民居建筑空间分为外部空间和内部空间两部分，外部空间指环境。

民居的艺术魅力有时不是单纯依靠民居建筑本身的表现来得以呈现，通常还要依靠民居建筑所在的周围环境来表达。山腰茅屋因挺拔的高山才显得其清秀、宁静；河畔宅居因潺潺的流水才显得其潇洒自在；坡地民居因建筑结合地形才显得灵巧、稳定。

民居的内部空间艺术主要表现在两方面：一是庭院天井室外空间，二是厅房内部室内空间。

1. 庭院天井

南方民居庭院较小，称为天井。也有稍大的庭院，通常称为园林与书斋。

小型天井或庭院一般不栽树，因树大、干粗、叶密，遮挡阳光且不通风，为此，有时栽种一、二株单株细木或栽竹，也有置盆景者，总体以绿化为主，有侧院或后院者也采用这种方式。

中型庭院可植树一株，并辅以假山或绿化，它与建筑檐廊相连接，形成宁静、安逸的气氛。

大型庭院可置假山、池水、花木，再建楼阁，或亭台，或舫榭，它与宅居相连，组成一组比较完整的住宅园林。园林中，引入大自然山水景色，划分大小不同的景区，再运用对景、借景手法，这样，就可以在有限的空间内，获得可居、可游、可行、可望的无限的艺术享受。

2. 厅堂内部空间

一是门窗、隔扇，这是厅堂直接面向庭院天井的部位。隔扇的花纹图案非常丰富，在民居中是最富于艺术表现的部位之一。在大型民居建筑中，开窗隔扇的棂格常用木条拼成方格纹、井字纹、回纹、藤纹和锦纹，也有雕人物花鸟者。有的在槛窗下半部另加罩格，作遮挡视线用。它通过大面积的图案、纹样和通透光影的对比来取得装饰装修艺术效果。在小型民居建筑中，往往采用窗下突出宽窗台，窗上加楣檐，临水突出窗栅，或在楼层挑出栏杆等手法，来增强建筑外观上的凹凸变化和虚实对比，既符合使用要求，又增加艺术气氛。

二是在厅堂和房间内部为了分隔空间，通常采用屏、罩、隔断等木制构件，其雕刻技术与图案之精美，很有特色。

三是厅堂或廊檐的梁架及其附属构件，如柁墩、梁头等，在不影响其结构性能下施以雕琢，丰富了空间艺术效果，也增加了美化作用。在做法上，一般是在木质梁、枋、童柱或柁墩上雕出各种飞鸟、花卉、卷草、云朵等纹样，或雕成瓜果式样，在江西、广东、福建等地这种雕刻做得非常精致，并用金色油漆涂饰。也有在整个梁架上进行雕饰处理者，在广东潮州民居中比较多见，如潮州某宅拜亭木构架（图14）就是一例，其雕饰比较丰富，但结构性能有削弱之忧。

四是匾额、楹联，这是厅堂空间中不可缺少的内容。我国古代中原的世家贵族，南迁后仍然保持着家族的历史传统，其文字记载用族谱，其建筑物则用堂号来表达，一般都把堂号名写在匾额上悬挂在厅堂正中或门楣上。此外，也有在厅堂明间金柱上挂上对联，称为楹联。此外，在园林中的馆、轩、楼、阁内也大多设置有匾额、楹联，不但增加了园林的文化气息和诗意，同时，也丰富了园林空间的艺术特色。

五是家具、陈设，它是厅堂和住房中必不可少的用具，也是丰富室内空间的重要手段。例如，厅堂中，为了接待宾客而设置了桌、椅、案、几；为了祭祖祀神而设置了神案、神龛；夜晚为了照明而设置了吊灯、灯笼。在住房中则设置了供生活使用的木床、木橱、木柜和桌椅。这些用具，不但具有实用价值，而且雕镌精致，富有艺术和民族特色。

（四）细部处理

细部处理在民居建筑的艺术表现中占有重要的地位。其目的主要是为了强化建筑整体或局部的艺术效果。它一般都在实用部位上采用，特别是人眼可以直接看到，人手可以直接摸到的地方更是细部处理的重要着眼点。南方民居建筑较多表现的部位一般都在大门、墙面、地面，房屋的梁架、柱枋、楼梯、柱础、栏杆、台阶等。

民居建筑的大门，历来是户主显示其社会与经济地位的标志，因而，许多地区都对大门的式样、用料、工艺、装饰、色彩精心经营，以达到突出门第的作用。

江南地区一些富裕大户或文人、士大夫宅第常用牌楼作为大门，门楣上加以题祠、门檐做成挑檐式，并用青砖砌筑和精致刻砖雕饰，以显示其高贵与文雅。皖南地区的一些古老村落，有的用牌坊作为进村的大门，如安徽歙县棠樾古村。入村前先看见牌坊群就是一例。有的地区一些民居大门做成凹入形，称凹斗门，既防雨、又避晒。粤中地区城镇民居则采用一种名叫“趟栊”形式的木制门。它是在黑漆双扇大门外，加上用木横条组成的一种栅门。当大门敞开时，关闭趟栊门，目的是通风，又防盗。有的在外面还装上半截四扇装木制通风栅门，更可达到通风和遮挡视线的效果。这种栅门木质坚固，图案优美，艺术与实用于一体。

民居建筑中，除大门外，还有二门，这是封建制度下区别内外的标志，在富裕大户中对此要求比较讲究和严格。此外，还有一种洞门，多数在庭园、园林中采用，作为一种侧门，其手法比较轻巧、自由，外形可做成月形、圆形、瓶形、壶形等。

墙面处理也是民居建筑细部艺术处理的重要手法之一，它是依靠所用材料本身的质感来取得对比效果的，例如江南和川东地区用栗色木柱和龙骨划分白色粉刷墙面取得素雅的效果。在闽南泉州一带，则用块石和红砖插花砌筑，或在红砖墙上镶嵌石刻花边和深浅色砖砌图案以取得质感对比的艺术效果。广东潮州地区民居建筑，将山墙高出屋面，在墙尖下垂带部位做成层层跌落的线条，以变化的轮廓线来取得装饰性艺术效果（图15）。

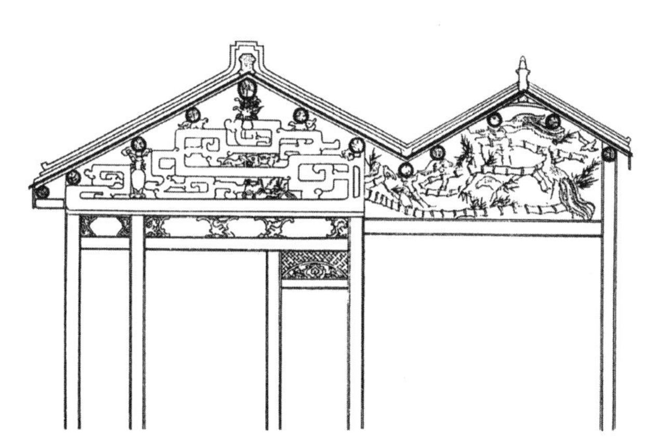

图14　广东潮州民居拜亭梁架

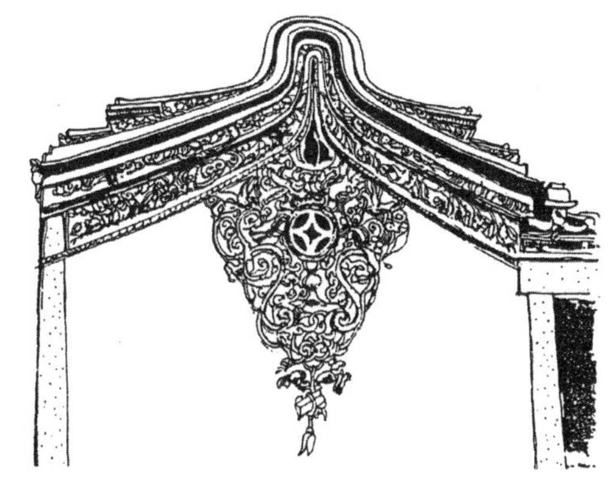

图15　潮州民居山墙楚花装饰

福建泉州杨阿苗宅中的小院墙面上，有圆形砖雕一幅，在壁面上部又有砖雕楣檐一幅，图案优美，雕技精湛。

民居建筑中，院落地面和房屋檐廊地面常用砖、瓦、石材铺砌，有的还在石材上施以雕刻，有的用卵石拼砌出各种图案，起到美化作用，特别在庭园、斋轩等建筑中较多采用。

柱础有承重和防潮、防水作用，也是装饰部位之一，它常做成鼓形、瓜形、筒形、瓶形、斗形、八角形等。有做成单层的，也有做成双层的，在柱础的表面上通常进行雕刻，有雕花卉鸟兽的，也有雕几何图案的，其工艺和题材，都有鲜明的地方色彩。

栏杆有木制、石造两种。木制栏杆较多用于室内，如廊下、楼梯、二楼柱廊，或楼层悬空周围部位如楼井等，一般位于室内，可蔽日晒雨淋。其处理原则是实用为主，并与艺术相结合。栏杆的实用就是安全，其艺术处理是不要违背木材的结构性能，而应崇尚朴实和线条为主，应当加以浮雕或浅雕装饰。

石造栏杆主要用于室外临水部位。由于民居建筑内部水面空间不会太大，有跨水之桥，其体量也不会太大，因此，石造栏杆宜矮、宜小且坚实稳重，甚至有的园林中临水栏杆可用条石做成，人在过桥中还可以在石造栏杆上休憩，遥望池水彼岸景色，也是一种艺术享受。

台阶、台基位于地面上，有防水防潮的作用。它虽在低处，但当人们走过时，常怕摔倒而特别注意。因此，在台阶、台基上一般不做细部处理，还它自然面貌。如需处理，也是简化，略做线条加工而已。

（五）装饰装修

装饰是附加在构件上的一种艺术处理，如屋面上的脊饰、大门装饰、外檐装饰、山墙墙面装饰、室内梁架装饰等，它们有一定的实用价值，也不影响建筑物的使用和结构，目的是为了美化建筑物，在封建社会中它还是显示户主地位和财富的标志。

装修也称小木作，主要指室内布置和陈设，它包括门窗、隔断、屏罩、陈设和家具等，有实用价值，也有欣赏价值。

装饰是建筑艺术表现的重要手段之一，其特征在于充分利用材料的质感和工艺特点来进行艺术加工，以达到建筑性格和美感的协调和统一。

装饰的工艺特征则是充分运用刀、锤、凿、斧、钻、锯等工具，直接在材料上进行构图和艺术加工，根据不同的材料采取不同的加工方式，从而形成不同门类装饰的艺术表现和风格。

装饰还有一个明显的特征就是意匠特征。它的艺术表现是充分运用我国传统的象征、寓意和祈望手法，将民族的哲理、伦理思想和审美意识结合起来。这种象征性手法在民居装饰中较多采用，通常是用形声或形意的方式来表达。形声是利用谐音，通过借假某些实物形象来获得象征效果，如用莲、鱼表示连年有余，蝙蝠、梅花鹿、仙桃表示福、禄、寿等。形意则是利用直观的形表示非本身意义的内容，如松鹤表示长寿、牡丹表示高贵、莲花表示洁净、梅竹表示清高亮节。也有将形声和形意合在一起使用的，如在宝瓶上加如意头寓意为平安如意。这些图案花纹大多反映了人们的吉祥愿望，是一种具有民族特色的文化传统和美学观念的体现。

在民居中，装饰手法非常丰富，一般来说，它贯彻了三个原则：一是实用与艺术相结合，二是结构与审美相结合，三是综合运用其他艺术品类如绘画、雕刻、书法以及匾额、楹联等民族文化艺术的特长。这样，就增加了装饰艺术的民族特色和它的特殊感染力。

此外，装饰装修艺术表现手法还有下列特点，即构图形象上的丰富和统一，题材内容上的多样化，既可用历史人物，也可用动物、植物和花草，不拘一格。在色彩处理上，以典雅朴实为主，重点部位则稍加突出。

民居装饰在部位安排上分为室外和室内，室外以大门、屋脊、山墙和照壁为主，室内包括门窗、隔扇、梁架等。以类别来说，分为雕和塑两大类，包括木雕、砖雕、石雕、灰塑、陶塑、泥塑，粤东沿海一带喜欢用嵌瓷装饰，它对防海风侵袭很有效果。

综合上述南方汉族民居建筑的主要内容和艺术表现手法来看，它的总特征可以归纳为下列几点：

（1）布局上的规整性、类型上的丰富性和组合上的灵活多样性。

（2）民居在适应气候、地理、地貌、材料、结构等自然条件下因地制宜，就地取材，因材致用的做法是非常突出的。这是因为民居来自人民，设计者是人民，施工者是人民，三位一体。我国封建社会下大部分是农民和城市庶民，户主的经济和民居的功能使用要求决定民居建筑一定要走因地制宜的道路。

（3）外形朴实、群体和谐、装饰装修丰富。我国封建社会在“藏而不露”思想的支配下，民居外形是朴实的。民居的艺术表现难于在单体建筑中表达，而只有在群体中才能得到体现。古代“中和”思想在民居建筑中也深受影响，例如平面布局中的中轴对称，地形处理中的前低后高、前水后山、左右环抱，在形象造型中的大小对比、稳定平衡等，都明显地表现出“和谐”的特点。由于民居使用者的经济和地位的不同，文化素质的差异以及居住在城乡地域不同等因素，建筑的等级制度除了规模、体型、开间等标志外，很大程度上是用装饰装修和细部来表达的。我国匠人高超、熟练的工艺技巧水平给建筑装饰装修表现提供了可能。民居装饰装修的品类齐全，构思独特，题材广泛，手法多样，它为民居建筑艺术表现增加了无限的光辉和特色。

参考文献

[1]（汉）司马迁. 史记（第二版）[M]. 北京：中华书局，1982.
[2] 中国史稿编写组. 中国史稿 [M]. 北京：人民出版社，1983.
[3] 葛剑雄、吴松弟、曹树基. 中国移民史 [M]. 福州：福建人民出版社，1997.
[4] 周振鹤、游汝杰. 方言与中国文化 [M]. 上海：上海人民出版社，1986.

[5] 陆元鼎，杨谷生. 中国美术全集·建筑艺术篇·民居建筑［M］. 北京：中国建筑工业出版社，1988.
[6] 陆元鼎，陆琦. 中国民居装饰装修艺术［M］. 上海：上海科学技术出版社，1984.
[7] 中国建筑技术发展中心建筑历史研究所. 浙江民居［M］. 北京：中国建筑工业出版社，1984.
[8] 陆元鼎，魏彦钧. 广东民居［M］. 北京：中国建筑工业出版社，1991.
[9] 徐民苏等. 苏州民居［M］. 北京：中国建筑工业出版社，1991.
[10] 黄为隽等. 闽粤民宅［M］. 天津：天津科学技术出版社，1992.
[11] 本书编委会. 福建传统民居［M］. 厦门：鹭江出版社，1994.
[12] 汪之力，张祖刚. 中国传统民居建筑［M］. 济南：山东科学技术出版社，1994.
[13] 徐旭生. 中国古史的传说时代［M］. 北京：文物出版社，1985.
[14] 陈育宁. 民族史学理论问题研究［M］. 昆明：云南人民出版社，1994.
[15] 谭其骧. 晋永嘉丧乱后之民族迁徙［J］. 燕京学报，1934（15）：6.
[16] 张卫青. 客家文化［M］. 北京：新华出版社，1991.
[17] 陈正祥. 中国文化地理［M］. 北京：生活·读书·新知三联书店，1983.
[18] 吴松第. 中国移民史第四卷. 福州：福建人民出版社，1997.
[19] 李心传. 建炎以来系年要录卷二十［M］. 北京：中华书局，2013.

原文：载于《中国建筑艺术全集21卷 宅第建筑（南方汉族）》，中国建筑工业出版社，1999年。

粤闽赣客家围楼的特征与居住模式

一、客家民系的形成

客家民系形成的原因可归纳为外因、天时和内因。外因即外部作用，战乱将部分人推出了汉民族文化核心区，为民系发展提供了时空条件；天时即自然的作用；内因即文化与社会凝聚力。

迁徙、流动、定居、繁衍是人类发展的基本模式。汉族人的历史拓展也是依据这样的模式进行的。由于汉族文化区北部民族的强大、彪悍，他们自北向南不断侵扰，多次入主中原，因此造成了汉族人的不断南迁。此外，汉民族在其南部未遇到强大的敌人，而那里地广人稀，加上东海和南海的天然屏障，汉族人就非常迅速地在那里完成了政权建立和安家工作。

汉民族第一次大迁移于西晋“永嘉之乱”，其后又经过唐代“安史之乱”和宋代的“靖康之难”，中原古汉民历经了三次大规模的迁徙，南方人口逐渐增多，超过了北方。其中有一支中原先民进入了赣闽粤地区，就形成了客家地区。

汉族人在这个地区进行共同开发、垦殖生产，他们精诚团结，艰苦谋生，久之，就形成了一个独立的民系社会——客家民系。客家人使用客家话，它源于中原古唐音。其形成原因：客家先民从南迁到定居所经历的时间最长，遇到的困难最大，定居的环境最恶劣，因此，怀旧情绪也必然最深沉；其他四个民系定居区域均有古代建国历史，故有一定的方言基础，而客家定居于深山老林，无所依托，其根源自然要归结于中原了。

民系是民族内部文化区域传播的独特结果。从文化人类学的观念来看，它具有以下三点内涵和特质：共同的方言；共同的地域；共同的生活方式和共同的心理素质。这三点是一个有机的整体，通过民系的物质文化和精神文化的特点表现出来。

客家民系是汉民族中以客家方言为主要交流媒介，有着中原血缘历史和地缘历史渊源，并以共同的生活方式、习俗、信仰、价值观念和心理素质紧密结合的人类社会群体。客家民系的形成与汉民族的历史发展密切相关，民系是民族内部交往不平衡的结果，每个民系都有自己的方言、相对稳定的区域和程式化的风俗习惯及生活方式。汉民族发源于黄河中下游流域，后因种种原因向四面八方扩展，在与当地土著居民的不断融合过程中，经历了无数次裂变和组合，以后在不同地域逐步发展演变成各自独立的民系。

一个民族有民族的共同心理素质，一个民系也有民系的共同心理素质。所谓民系的共同心理素质，即民系性格，是在民系的形成和发展过程中逐步形成的，它表现了民系的文化特点和心理状态。民系共同心理素质的基础是共同地域、共同经济生活及共同价值观念和宗教信仰，它是通过民系的物质文化和精神文化来表现的。建筑艺术与风格是民系共同心理素质表现形式之一且客家人在自己民系的形成过程中，逐渐意识到它们不仅从属于一个民族，而且还从属于一个民系。他们都热爱本民族历史和文化传统，有着自己的习俗、生活方式，并关切它们的存在和发展。客家人的这种民族感情二重性构成了客家民系的基本特征之一。它对建筑的影响是极为深远的。

客家人的习惯行为是非常模式化的，它往往遵守一种类型或规范。这些模式在人们的思想和行动上是相互联系的，它们来自其历史的变迁。他们共同创建了一个互为制约的行为模式。特别是对于同住一个土楼、一个围子的人们来说，频繁的互动与同一的行为规范互为因果，进一步加强了这种模式结构的稳定，这就是客家民系客家人的凝聚力量。

二、客家民系的特征

汉族文化的核心是“礼”。它要求建立一个社会秩序和家庭秩序，客家社会继承了“礼制”文化。他们注重“礼制”文化中群体秩序的表现，它与客家人生存的环境因素有关。由于外界的对抗使他们产生内聚力，由于条件的艰难使他们产生怀旧情结。内聚性与怀旧性是客家文化的本源，一切客家文化现象都是由此而引发出来的。

因此，客家民系具有以下几个基本特征：

（1）客家民系与古中原汉民族有直接的血缘和历史地缘关系，与古中原文化一脉相承，具有强烈的宗法礼制观念，注重望族门阀、族谱、祖祠。

（2）客家民系具有浓厚的怀恋中原意识。在其核心区，大家以共同的习俗、信仰和观念紧密结合，使用同一种方言，表现出极其强烈的地域性。

（3）客家民系特别强调家族聚居，不仅家族有族长，还往往有严密的村社组织，维护乡土社会的和谐秩序。他们强调尊祖敬宗，注重伦理道德。

（4）在文化上客家民系特别强调“耕读传家”，重视文化教育，人文昌盛，人才辈出。

（5）在道德观念上，客家民系特别强调儒家正统观念，重礼仪道德，轻佛、道等宗教观念。他们重名节、薄功利，重孝悌、薄强权，重文教、轻无知，重信义、轻小人，就是重视礼儒的具体表现。

（6）在性格上，客家民系崇尚豪爽、粗犷、诚恳、实在、不伪饰，说到做到，有信义，行为上坚忍不拔、刻苦耐劳、团结、勤奋、好学和勇于开拓、冒险的精神，这都是客家人崇高的美德。

三、客家村落、民居的分布、类型与特征

（一）客家村落

客家人一般生活在山区，有“无山不有客”的说法。客家人和山区环境密不可分，这

是特定的社会背景所造成的，是动乱的历史环境，迫使他们避居于偏远深邃的山区之中，过着小盆地农耕经济的生活。在这种环境下，客家先民既要考虑到自己的传统风俗习惯，又要考虑到适应当地的气候、地理等自然条件。他们沿着《宅经》所言："宅以形势为身体，以泉水为血脉，以土坡为皮肉，以草木为毛发，以屋舍为衣服，以门户为冠带。"在这种山区环境的苛刻条件下，创造了客家村落聚居样式，如粤东北的围垅屋，闽西南的土楼、五凤楼，赣南的围子等。

客家村落和民居，通常是以家族为组合单位，采用聚居方式。它一方面为了生活、生存而采取这种既聚居又防御自卫的组合方式；另一方面也考虑到山区特定的自然环境条件，如多山而少平地，故建筑只能组团和分散布局。

客家村落和民居建筑的选址，其中最重要的一条，就是建筑和村落要以山作为它的后部的依托物，有山靠山，无山则靠岗，或借远山作背衬。村前则有水，或有池塘。这样的布局，就认为可以上应"苍天"，下合"大地"，达到"吉祥"的目的。实质上，客家村落选址，虽然有着深刻的传统观念，但它在满足生产、生活、适应当地气候地理、方便交通及加强防御自卫等性能上还是能达到坚固、实用的目的。

客家村落聚居建筑的平面形式有方形、圆形、椭圆、八角、马蹄和环形等多种。它的布局一般是按姓氏宗族组团，或一村一围，或一村三五围，各围可邻近，也可分散，视地形而定。由于自然条件的差异，故村落布局各式各样，富有特色。

（二）粤东北客家民居

粤东北包括梅州和韶关地区，民居平面形式多样，组合灵活。其基本类型有：

（1）门楼屋，也称一堂屋或单栋屋，即三合院式。

（2）锁头屋，平面像古代锁头形状，故得名。

（3）堂屋，这是以厅堂为中心，对称组合而成的民居平面。两进称二堂屋，三进称三堂屋，当地也称"三厅串"。

客家民居的组合类型是由正屋和横屋进行组合而成，大型的民居在后面再加上半圆形围屋或枕头屋，如：

（1）门楼屋和横屋组合而成者，如单一楼一横屋、单门楼双横屋。

（2）以锁头屋为基本单元组合发展而成的有合面杠、茶盘屋。再增加横屋，称之为三杠屋或四杠屋，甚至六杠屋。

（3）双堂屋或三堂屋与横屋组合而成者，如双堂双横屋、三堂四横屋等。

客家民居中有两种特殊类型，一种叫楼，另一种称围垅，是属于集居防御式民居类型。

（1）楼：因平面方形，故称为方围，有的客家地区称为四角楼。最早的楼见于紫金县龙安区桂山乡，称为"桂山老石楼"，共五层，乃清初所建。

方楼的平面，实际上是由堂屋为主体进行组合、发展而成的一种大型方形建筑群。外墙厚为1～2米，外观封闭、坚实、稳固。有的楼开窗，为一般方楼。真正的碉楼则不开窗，如开窗，则为炮眼窗。楼的内部有回廊相通，外围设壕沟，通风采光靠天井。这种楼的特点主要是四角有微凸的碉房，作防御用。

（2）围垅：也称围垅屋，是广东客家最有代表性的一种集居式住宅，主要建于山坡上。它分为前后两部分，前半部是堂屋与横屋的组合体，后半部是半圆形的杂物屋，称作围垅屋。围垅屋房间为扇面形，正中间称为垅厅，其余房间称为围屋间。

围垅的发展是，它以堂屋为中心，一般为二堂屋、三堂屋，然后在两侧加横屋，后部加围屋组合而成。横屋数量不拘，视家族人口而定，但一定要对称。后围数量与横屋相呼应，平面布局完整。有的围垅屋把门前禾坪周围砌上高高的围墙，在两端各开一个大门，称作“斗门”，形成一个封闭的院子。围垅组成后的形式有双堂双横加围屋、双堂四横加围屋、三堂双横加枕屋等。此外，还有后带双围、三围甚至五围者。

围垅屋在艺术造型上很有特色，当地称它为“太师椅”。它比喻建筑坐落在山麓上稳定牢靠。同时，它配合山形得体，前低后高很有气势。在侧立面处理上，半圆体与长方体结合别有风味，构图上前面半圆形的池塘和后面半圆形的围屋遥相呼应，一高一低、一山一水，变化中有协调，在艺术处理上很有特色。

在粤北山区中，还有一种堂横式民居。它有两进或三进房屋，最前面的是门厅，最后面的是后堂，是祭祀祖先用的。建筑的特点是天井两旁有廊而无厢，在前厅、中堂、后堂的两侧可毗连建造住房，供族人居住。这样，就形成“工”字形或“王”字形的平面，在粤北客家山区民房很多见。

（三）福建客家民居

福建客家民居有小型、大型之分，小型民居与广东基本相同，大型民居以土楼为代表。

福建客家土楼主要分布在闽西、闽南一带，如永定县的坎市、抚市、古竹、湖坑、岐岭、下洋、高陂，龙岩的适中，南靖县的书洋，平和县的芦溪、九峰，诏安县的秀篆等乡。而在客家人密布的宁化、武平、连城、长汀、上杭等县却分布极少。

土楼的规模，可用圆楼作为代表。据调查，最小的圆楼是永定县湖坑乡洪抗村的“如升楼”，只有12个开间；最大的圆楼为平和县芦溪乡芦丰村的“丰作厥宁楼”，直径77米，有72个开间。小型的圆楼很少见，特大的圆形土楼也不多见，大量存在的是中型土楼。

客家土楼的形态特点为：

（1）平面是方形或圆形的规整平面形式，一般为直径或边长在30～60米的围合建筑。

（2）层数在两层以上，通常为三至五层的居住组合体。

（3）外墙为生土夯筑的墙体，内部构造为木构架。

（4）在中轴线上有全家进行节庆活动的堂屋、天井和祖堂。

（5）一层为厨房、餐室，二层为仓库储藏，三层以上为个人活动空间的卧室。

（6）在外部有学堂等附属公共房屋。

客家土楼的优点如下：

（1）就地取材、施工方便、节约能源、不占农田、经济实用和适应生产。

（2）堡垒式封闭厚墙，便于防卫。

（3）有内部通风、采光、抗震、防潮、隔热和御寒等多种功能，在内居住舒适方便。

（4）明显的中轴对称和以厅堂为中心的布局，适应中国传统的宗法观念。

此外，圆楼还有下列特点：

（1）房间没有主次向，有利于家族内部分配。

（2）构件尺寸统一，用料统一，施工方便。

（3）对风的阻力小。圆楼无角，刮山风以至台风时容易分流。

（4）抗震力强。从抗震的角度看，圆楼能更均匀地传递水平地震力。

当然，圆楼也有缺陷，房间呈扇形不利于家具布置。

典型圆楼实例有承启楼、丰作厥宁楼、怀远楼等，典型方楼实例有遗经楼、长源楼、振德楼等。

除圆形、方形土楼外，福建客家民居还有一种形式叫五凤楼。它沿坡而建，前低后高。正中为三进堂屋，两侧横屋沿坡逐级而建。它后屋有单层者，也有多层者。它背靠大山，前有禾坪和半圆池塘，环境优美。五凤楼的屋顶因地形起伏显得非常优美，好像五只大鸟飞舞而起，当地人称之为五凤。其实，五凤名出《小学绀珠》："五凤，赤者凤，黄者宛雏（鹓雏），青者鸾，紫者鸑鷟，白者鹄。"以东西南北中配五色五凤，故以此命名。

五凤楼的户主属同族大户独家所有，祖先是有功名或做大官的大户，其大门上有匾额，如"大夫第"。这种建筑类型虽然聚居，但人数不多，因其有地位限，与土楼相比，其防御性就不显得那么重要。其典型的实例有大夫楼、福裕楼、永隆昌楼等，此外还有椭圆楼、八卦楼、环形楼、多边形楼等。

（四）赣南客家民居

赣南，是指今江西南部。其大型民居类型主要以围屋为代表，当地称围子。围屋主要分布在龙南、定南、全南县以及安远和信丰县的南部乡镇，往北赣南各县只有少量发现。龙南县的围屋数量最多，形制最全，除方的外，还有八卦形、半圆形和不规则形等。形式最齐，既有三合土、河卵石构筑的，也有青砖、条石垒砌的。既有赣南最大的屋——关西新围，也有最小的围屋——里仁白围子，俗称"猫柜围"（形容其小如养猫之笼），其典型代表有关西新围、杨村燕翼围、桃江龙光围等。定南县围屋有个特征，大部分围屋是用土夯筑的，因此，屋顶形式用悬山，这在别县是少见的，典型围屋有龙塘胜前围、鹅公田心围、月子下圳围等。寻乌县因地理上受梅州文化的影响，故这里多分布围垅屋，安远有一些是组合型民居与炮台的结合型，可视为赣南围屋民居分布的特殊类型。

赣南屋的特征，除一般聚居、防御、中轴对称、封闭厚墙高围屋外，典型的赣南方形围屋，其四角还建有向外凸出1米左右的炮楼（碉堡），炮楼又高出两边一层；顶层设有一排排枪眼、炮孔，以下各层不开窗。有些炮楼不落地，而是在抹角处悬空横挑，这样，就具有被动防御和主动攻击的双重功能。其二，加强大门的防御。首先大门位置设在角楼侧，以利于对方侵近大门时，就可以从两侧屋和炮楼上夹击，其次门墙特别加厚，门框由巨石制成。许多门框上还备有横竖栏栅，俗称“门插”，以防不测。厚实的板门上包钉铁皮，门后再置粗大的门杠，第一道门后还设有闸门，闸门后还有一重便门。为防火攻，门顶上许多围子还设有水漏。同时围门一般只设一道。其三，围屋顶层设通廊防卫，即在外墙内侧取三分之二墙体，作环形夹墙走廊称为“隐通廊”，使整个顶楼间相通，以利于战争时相互支援。因此，一些战备设施也多在此楼，如监视孔，外小内大的枪炮口，夜战时的放灯壁龛等。如沙霸围，还在底层之下据有一人高的局部环形地道。此外，挖掘水井设置，粮草储备房间也都是防御的措施。

赣南围屋平面形式绝大部分为方围。方围基本有三种形式，即口字围、国字围和复杂的套围。

口字围的外边为一圈封闭的围屋，四角或对称两角设堡，中间为一天井或大院。这种围子规模较小，例如前面提到的“猫柜围”。

国字围是在封闭的一圈屋中设一祖屋，因祖屋多是“王”字形平面，整体上像一个国字。当然，这种包心的祖屋还有非常复杂的形式，如龙南关西新围中祖屋就是一栋壮观的三列（每列三组三开间）14个天井的豪华大宅。与大宅配套还有花园、杂房等，其间以廊、墙、甬巷连通或屏隔，使整个围平面丰富多彩而又序列分明。

复杂的套围只是在外围内套建着一至两圈封闭的或半封闭的内围，其中心都建有祖屋。这种形式的平面更为自由和注重功能。最有代表性的是全南县乌柏坝在岳沙丘段的“袁氏围”（江东围）、安远镇岗乡老围村的“东生围”等。

（五）客家民居特征

综合上述，客家民居主要特征可集中归纳为：

（1）聚居建筑，是以宗族、血缘为基础的大家庭聚集而居的建筑。

（2）防御性突出的住宅建筑，这是为生活、生存而产生的建筑。

（3）祠宅合一。它以祠堂为中心，住宅环绕祠堂而建，祠堂代表家族、祖先，是所有后辈必须尊敬和祭拜的，因此，祠堂居中，规模最大，规格最高。一个围屋，围楼只能一个堂，居室可布置在周围，或环形，或在两侧。为达到族内同辈平等，故居室都采用同一规格，不分等级。

这种聚居与防御相结合、祠堂与住宅相结合的建筑特征就是客家民居最显目的特色，围楼、围屋、围垅就是客家民居的典型代表性建筑（表1）。

粤闽赣客家围楼特征分析 **表 1**

	粤东北	闽西南		赣南
典型平面				
名称	围垅屋	土楼（方圆）	五凤楼	围子
平面特征	以堂为中心，堂横组合。中轴对称，前有禾坪，塘后有垅屋或枕屋	以堂为中心，宅屋环堂而建，可方可圆。周围多层房屋包围，有圆楼也有方楼。方楼中轴对称，圆楼以祖堂为中轴	以堂为中心，堂横组合。中轴对称，前有禾坪、月半塘，背靠高山或山冈	以堂为中心，宅屋两翼延伸。中轴对称，宅屋两进两排，也可三进三排，即“王”字形、“工”字形平面形式。周围由多层厚墙房屋包围，四周有碉楼
组合特征	大型者有多横多围，如双堂双横带一围，三堂四横带二围等。一姓一围屋	以土楼为一组合，可多个圆楼（方楼）组合，也可圆方楼相邻结合	建于坡地，横屋可分级而建。屋顶逐级升高	范围内带“王”字形堂屋廊屋组合体。 大型者方围内有三组三列堂屋廊屋组合体
功能特征	聚居：半封闭、半防御；祠宅合一	聚居：封闭、防御；祠宅合一	聚居：半封闭；祠宅合一	聚居：封闭、防御；祠宅合一
朝向	背山面水，多数南北朝向	背山面水，方楼南北向为主，圆楼无朝向，大门东开或南开	背山面水，南北朝向	背山面水，南北向为主
材料与构造	土墙或砖墙、木构架；石础	夯土厚墙木构架；石础	土墙、木构架；石础	夯土厚墙木构架；石础也有石墙石卵墙
层数	一层	土楼三至四层、堂屋一层	大门大堂一层、横屋可逐层建造，堂屋可建三层	多层围屋，一层堂屋
地形与环境	少占农田，建于坡地	少占农田，建于坡地	少占农田，建于坡地	少占农田，建于坡地
地理特征	丘陵地	山区	丘陵地	山区
气候特征	湿热多雨、多台风	湿热多雨、多台风	湿热多雨、多台风	春夏季内陆闷热，多雨潮湿，冬季寒冷
气候与建筑	以解决通风为主，形成以厅堂、天井与廊巷三者组合的通风体系	要求厅堂通风，冬季防北风。厅房要求多阳光	以解决通风为主，形成以厅堂、天井与廊巷三者组合的通风体系	要求厅堂通风，冬季防北风。厅房要求多阳光。廊道通畅，既通风又纳阳。天井进深小、面积小
外观特征	外观如太师椅，稳重庄严	外观坚固、朴实、浑厚	外观庄重	外观森严、坚实

四、闽客家围楼的形成及其居住模式

综观上述，三个地区的围楼也有它的不同之处，其原因有：

（1）地理环境因素。在深山地区，人烟耕地稀少，在盗患较多、安全难以保障的情况下，封闭高墙围楼是当时最好的建造方式和聚居形式，闽西土楼、南土围子就是具体的实例。而粤北梅州地区和闽西客家平原盆地和丘陵地区，人口比较稠密，在安全保障还可以的条件下，其建筑就采取半封闭、半防御的聚居建筑形式，如围垅屋、五凤楼就是代表性实例。

（2）气候不同，其居住模式也不同。粤闽沿海地区湿热多雨多台风，建筑平面布局采取多天井厅堂带横屋（可称为护厝式）和密集方形的平面布局形式，这种平面春夏通风好。夏秋防台风，冬季防寒风。密集方形平面组合体对防风（台风、寒风）十分有利。山区寒冷，围楼夯土厚墙，室内冬暖夏凉。围楼内部庭院空间大，对纳阳有利。

（3）在一个地区，并不只有一种聚居模式，也可以有多种形式，或大型或中型。其规模大小，视同族居住人数多少而定，其布置方式则视地理地形环境而定，但其格局则基本相同，称之为居住模式，上述三省边区四个平面形式就是典型居住模式的例子。

但是，由于移民的先后、住户祖籍和堂号的不同，其生活方式、习俗和审美观念也有差别，加上地理、气候等自然条件的差别，以及相邻地区文化、居住方式、材料、构造和工匠技艺水平的交流和影响，也使本地区居民的居住方式和营造做法产生某些区别，或出现一些新的类型，这就是各个地区民居丰富多彩的原因。

通过粤闽赣三省客家围楼特征的分析，我们可以得到下列启示：

（1）围楼的形式不是短时间所能形成的，它是客家人几个世纪以来，通过集体的劳动与智慧，在与自然和生存斗争及长期实践过程中逐渐形成的。他们具有刻苦勤劳、团结互助、尊祖敬宗、耕读传家、慎终追远、重理崇德的精神，在围楼民居中得到了充分的体现，它说明了成熟的民系民居模式的形成。民系精神包括文化教育、习俗爱好、性格、道德观和审美观等。客家居住模式所反映出客家文化特征，如民族性、历史性、地域性，这就是客家民系成熟的标志。

（2）客家居住模式的一大优点，既有聚居，又有独门独户。从今天来看，改变它的防御性能和改造传统手法的封建布局色彩，增加现代必要的功能和设施，在现代居住小区中如何继承改造，既保留聚居的优点，又使每户形成独立居住单元又互不干扰，并形成组团形式，结合自然环境进行组合、分区和联系。客家居住模式为我们提供了十分有益的借鉴，必将有利于创造有传统特色的现代住宅小区。

参考文献

[1] 陆元鼎，魏彦钧．广东民居［M］．北京：中国建筑工业出版社，1990.

[2] 黄为隽等．闽粤民宅［M］．天津：天津科学技术出版社，1992.

[3] 黄汉民. 福建土楼[M]. 台湾：台湾汉声出版社，1994.
[4] 万幼楠. 赣南客家围屋研究[J]. 空间（台湾）. 1995（69）：64-73.
[5] 陆元鼎，陆琦. 中国美术分类全集·中属建筑艺术全集·宅第建筑（二）（南方汉族）[M]. 北京：中国建筑工业出版社，1999.

原文：陆元鼎、魏彦钧，载于《中国客家民居与文化》，华南理工大学出版社，2001年，1–7页。

中国民居建筑简史

——唐宋时期

本时期包括魏晋南北朝、隋唐、宋辽金时期，这是中国封建社会最鼎盛的时期，也是中国古代建筑发展最辉煌和成熟的时期。对民居建筑来说，是住宅生活方式转型、民居聚落和类型增多和民系民居基本形成的时期。

一、魏晋南北朝民居建筑

魏晋南北朝，北方战乱频发，灾害连年。由于经济衰退，社会动荡不安，大型庄园中出现以同一宗族为核心主体的坞、壁、营、堡。地方豪强也修筑坞壁，聚族自保。坞壁也称坞堡，如酒泉、嘉峪关出土的魏晋壁画墓里画有很多城堡，堡内有望楼。敦煌壁画北魏第257窟的“须摩提女缘品”放事画中，有一座富豪家的宅院（图1），概括表示宅院门、堂、寝、园的布置这个宅院正是魏晋南北朝时期的坞堡形象，城堡的高墙上有阶梯状的雉堞城垣、望楼、雉堞、墩台等防御设施，便是《魏书》记载敦煌当时“村坞相属”坞壁的写照。

而一般的寒士贫农等则结草为“蜗庐”（图2），凿坯为“窟室”，过着“农夫餔糟糠，蚕妇乏短褐”[1]的生活。永嘉之乱，大批北方汉人纷纷南迁，从黄河流域迁移到长江流域，

图1　敦煌壁画北魏第257窟的“须摩提女缘品”故事画中的豪宅

图2　高平开化寺宋壁画中的草庐

[1]《北史・韩麒麟传》。

他们常以宗族部落、宾客和乡里等关系结队迁移，大部分仍居住在江淮地区，部分迁至太湖以南地区的吴、吴兴、会稽三郡，也有一些迁入金衢盆地和抚河流域，这就是历史上第一次规模较大的人口南迁。

当时的迁移路线，大致可以归纳为三条：

一是居于今陕西、甘肃、山西的一部分士民，当时称为“秦雍流人”。他们起初沿汉水流域顺流而下，渡长江而抵达洞庭湖区域。其远徙者，再经湘水转至桂林，沿西江而进入广东的西部和中部。

二是居于今河南、河北的一部分士民，当时称为“司豫流人”。他们渡长江后，分布于江西的鄱阳湖区域，或顺流西下，到达皖、苏中部，有一小批人则沿赣江而上，进到粤闽赣交界地。

三是居于今山东、江苏及安徽的一部分士民，当时称为“青徐流人”。他们初循淮水而下，沿长江而分布于太湖流域；其更远的，有达于浙江福建沿海的。[1]

隋唐统一中原，人民生活渐趋稳定和改善。但到了唐中叶后，北方战乱又起，安史之乱后，出现了比西晋末年规模更大的北方汉民南迁，当时，北方田地荒芜，人口锐减，到唐末，全国经济的重心已转移到了南方。

二、隋唐民居建筑

隋唐时期尚无住宅实物遗留下来，但有一些出土文物和敦煌壁画、传世卷轴画提供了形象资料。另外，中国古代的文献史籍与典章制度也是非常完备的，有一些典章、律令、诗文、传记涉及宅第的记述，通过这些可以大体了解当时宅第的粗略概况。

（一）严密等级制度

唐宋时期营缮制度已很严密。“凡宫室之制，自天子至于庶上各有等差。”[2] 唐《营缮令》规定：王公以下舍屋不得施重拱藻井。三品以上堂舍不得过五间九架，厅厦两头。门屋不得过三间五架。五品以上堂舍不得过五间七架，厅厦两头。门屋不得过三间两架，仍通作乌头大门。勋官各依本品。六品、七品以下堂舍不得过三间五架，门屋不得过一间两架。非常参官不得造轴心舍及施悬鱼、对凤、瓦兽、通栿、乳梁装饰……其士庶公私宅第皆不得造楼阁，临视人家……又庶人所造堂舍，不得过三间四架，门屋一间两架，仍不得辄施装饰。[3]

建筑形制成了一种国家的基本制度，当宫殿建筑已成为一种标准的建筑模式之后，又同时制定出有关诸侯、大夫、士人甚至平民等的房屋制式。从《营缮令》可以看出：宅第

[1] 张卫东．客家文化［M］．北京：新华出版社，1991.

[2]《唐六典》卷二十三。

[3]《唐会要·舆服志》卷三十一。

规制重在控制主体堂舍和门屋。堂是住宅的核心，是接待宾客、举行各种典礼的场所，门屋则是全宅的门面所在，这两部分均涉及礼仪的重点，即“门堂之制”。但是，等级规定虽然对堂舍、门屋的形制规定很严，但对于堂舍和院落，在数量上却未加控制，这样就给宅第的总体规模提供了较大的伸缩余地。

（二）城市坊里制度

从汉到唐，都城宅第均为坊里布局，坊里设有坊墙、坊门，早晚按时关闭，唐制非三官以上的宅舍都封闭在坊里之内，必须由坊门出入。只有三品以上的高官显贵的府第才能门当大道，出不由里，曹魏时期的邺都就形成了官与民居分区明确、整齐规划的城市锥形，唐代的长安是隋代建的大兴城，城市方正对称，划分出108个里坊，为当时东方最大的城市。每一里坊有围墙环绕，城中的大街实行宵禁。里坊制是一种封闭的管理空间，便于控制。

敦煌石窟晚唐第85窟北顶的华严经变里将华严城画在莲花中（图3），周围有城墙与门楼，城内划分成棋格状，每一格即为一里坊，第85窟的壁画为我们提供了城市里坊制度形象的资料，同时也反映了古代中国人将凡俗世界映射到佛教世界的思维习惯，即所谓的“天上人间”，这也是我们将佛教经画作为研究中国传统建筑素材的一个重要依据。

（三）合院布局的演变与发展

隋代敦煌壁画中的故事画、经变画等描绘了多种民居，描绘的大片民居宅第纷繁多变。如第423窟窟顶人字坡的东坡随着须达拿太子的活动情节，画了八个宅第，布局繁简不一，但没有一座雷同。这些宅第堂阁高耸，廊庑曲折连绵，令人眼花缭乱[1]（图4）。

图3　晚唐莫高窟第85窟北顶的华严城

[1] 有关敦煌壁画的内容和彩画参见孙儒僩、孙毅华《敦煌石窟全集》(21卷. 建筑画卷)，香港商务印书馆，2001.

第419窟窟顶人字坡上，画出许多民居、殿堂以及斗帐车马等，每一建筑物周围有起伏的山丘和茂密的林木环绕，丰富了画面的艺术情趣，壁画在表现多种宅院的同时，还将建筑结构画得很清楚（图5）。还有的大院有门楼，门楼两侧有曲折的廊，围合成庭院，院中有堂，堂后有寝；有的还设后门或侧门，有的堂两侧有厢房，如第420窟在窟顶覆斗形的四个坡面上，画出了法华经变中的大宅（图6）。

西魏壁画的居住建筑已有曲折的围墙，隋代将其发展得更加曲折。宅院之间以树石山林、莲池流泉等表现出生动细腻的空间环境；并用以分隔不同情节的画面。仔细分析纷繁的画面，可以了解当时宅院的多种平面布局形式：

（1）一门一院一堂（图7）。长方形院落，前有门楼，后有堂屋，外有廊庑或围墙一

图4　莫高窟第423窟窟顶人字坡东坡的宅第

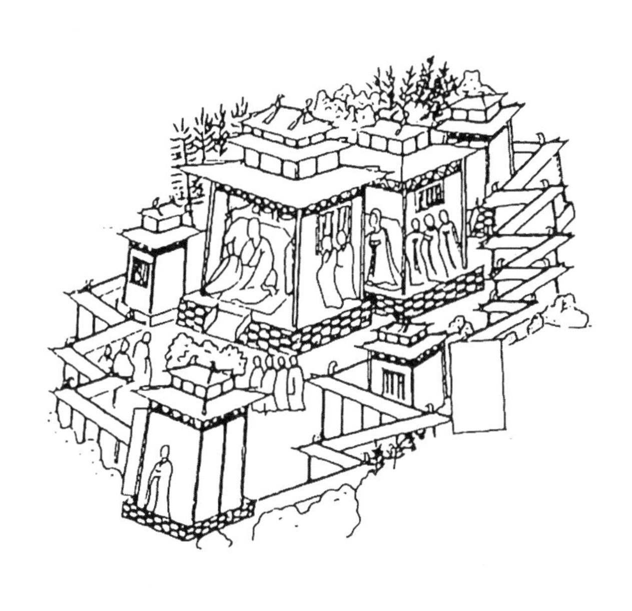

图5　莫高窟第419窟窟顶人字坡上的民居宅院和建筑结构

图6　莫高窟第420窟在窟顶覆斗形的四个坡面上的大宅

图7　一门一院一堂的宅院（莫高窟第423窟）

周，门与堂均在轴线上。这种规矩的院落在隋代壁画中表现不多。

（2）一门两院一堂一室。前有门楼，后有堂阁，一周是曲折的廊庑，形成主院，其左侧有室，曲折的廊庑绕在左边，形成偏院（图4）。

（3）一门一堂一楼（图8），法华经变中表现的宅院廊庑曲折，前有门楼，庭院中建堂，堂后有楼。

（4）二门一堂一室二厢。堂前有左右两厢，院的最后设后门，庭院中的前堂内坐男主人，堂后的寝或室中有女主人端坐。图6的规模更大，堂上有重檐，庭中树木茂盛，表现出宅第的非凡气派。

上述几种宅第的布局均由廊庑围成院落，形成单进或几进庭院，轴线对称布置成前堂后室，这是中国封建宗法社会中长期形成的布局规律，隋代的宅第也不例外。

廊庑环绕的廊院式宅第布局，在唐代还在继续，但是已经出现了在庭院东西两侧布置东西厢的三合院、四合院形式。“门”和“堂”的变化不大，只是“廊”由虚空的“廊庑”变成了实体的“厢房”，提高了使用率，也加强了封闭性。关于“堂”，在壁画中经常可见一种构造——障日板，如隋代莫高窟第303窟西坡的堂（图9），堂前有台阶，台阶上是直棂栏杆，檐下有连续的人字叉手，檐边有一板高高撑起，作遮挡阳光之用，故名之为“障日”。堂的周围悬挂帐帷，有一长者踞坐在堂内。

敦煌莫高窟唐代壁画中的院落住宅画面，有许多幅都是呈现廊院式的形态。盛唐第23窟南壁法华经变的“化城喻品”中，画了一座典型的北方民居大院（图10）。

图8　一门一堂一楼的宅院（莫高窟第420窟）

图9　煌石窟第303窟（隋）中的堂上“障日板”

图10　煌石窟第23窟（盛唐）中的北方大院

在夯土院墙之内，另有廊庑围合的内院，正中堂屋三间，两侧各有夹屋三间，堂屋之内均有床。与堂屋相对也有房屋，犹如北方四合院里与大门平列的倒座。宅院的门不在轴线中间，而偏向一侧，与北方四合院的宅门在东南角相同。夯土院墙的一侧有乌头门的院门。壁画中反映的是当地流行的一种宅院布局。古时西北地区农村中上人家的民居，住宅多用土墙作外围墙，正面有便于车马出入的大门，称为车门或大车门。车门里为一停车小院，之后才是住宅院墙和院门。

从中晚唐开始，民居形象不仅见于故事画和法华经变中，在维摩诘经变中也出现了很多建筑形象。其中晚唐第85窟为法华经变的“穷子喻品”，画中院落住宅表现得最为完整（图11）。宅院为前后院，前院横扁，主院方阔，四周由廊庑环绕。前廊、中廊正中分设大门、中门，大门为两层，中门为一层。

后院正中建两层高的主屋。居中的大门、二门与主屋形成了主轴线，构成主轴院落左右对称的规整格局。在主轴院落的右侧，住宅旁有一偏院作为厩舍，宅院后画有农耕的场面，表现出浓厚的生活气息。厩院由版筑墙围合，并由一道带券洞门的版筑墙将厩院隔成前后两院，厩院后部畜马。入口用木板大门，作乌头大门❶。这幅画面真切地反映了盛行畜马的唐代官僚地主的廊院式宅第布局。

而北魏宁懋石室壁面雕刻着带厢房的宅院，表明合院式住宅最迟在6世纪初已经出现。西安中堡村盛唐墓中出土的三彩住宅模型和长治王休泰墓出土明器住宅（图12）是反映唐代院落布局空间特色的最好实例❷。它们均有明显的中轴线，布局上左右对称，主体建筑居中轴线上，附属建筑侧立两旁，围成院落。建筑单体均坐落在普通台基上。王墓宅第明

图11　敦煌石窟第85窟（晚唐）富家宅院

❶ 萧默. 敦煌建筑研究［M］. 北京：文物出版社，1989.

❷ 秦浩. 隋唐考古［M］. 南京：南京大学出版社，1992.

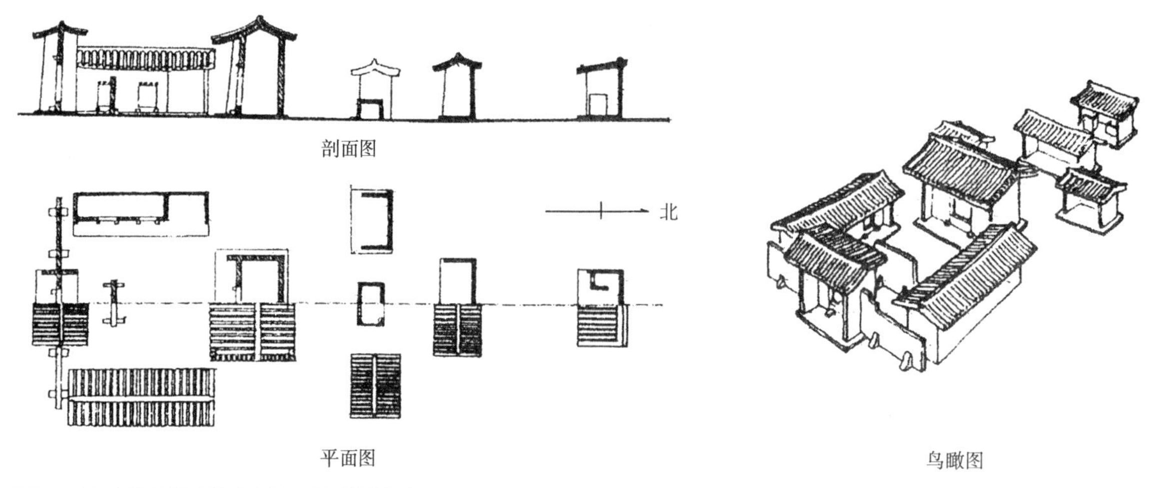

图12　山西长治王休泰墓出土的唐大历明器住宅

图13　盛唐莫高窟第445窟的北壁画中的心形

器呈三进院，前院有门、堂、照壁和东西厢，中院有后室和朝南方位的东西厢，后院另有后房。王墓年代为唐大历六年（公元771年），是明确地显示盛唐期不是很完整的合院布局的珍贵史料。另外，在莫高窟第445窟（盛唐时期）的北壁画中有天宫中的一些心形庭院（图13）。后部为半圆形，前部为两重半圆形廊围成的庭院，中间轴线上依次为中门、过厅和后堂，这可以看作两进院落的一种变体。

这些史料表明，从隋代到晚唐，民居形制呈现出廊院式与合院式交叉过渡的状态，从盛唐起，宅舍的合院就已在推行。合院式的民居，虽然反映了宗法社会封闭性的一面，但在使用功能上确有其不可否认的优越性，这种由回廊或是廊房合围成的庭院空间，是中国传统建筑的精华。庭院是室内生活的补充，又是室外生活向室内生活的过渡。在庭院中既可享受户外生活的舒畅，又能保持内庭生活的宁静。

（四）山居和宅园

承继魏晋以来崇尚山水自然美的趋向，在封建社会鼎盛期的唐代公卿贵戚和名士文人都纷纷建造宅园、庭园和山庄、别墅，形成一股宅第与林木山水相互渗透的热潮，尤以长安、洛阳两地最为集中❶。

唐代宅园大兴，一般有三种形式。

一种是以山居为主的宅园形式，以自然为依托。山居以白居易的“庐山草堂”为代表。草堂选址于庐山北麓遗爱寺之南，面峰腋寺筑造一座“三间两柱、二室四牖”的房舍，“木，斫而已，不加丹；墙，圬而已，不加白；槭阶用石，幂窗用纸，竹帘纻帏”，完全是山野村舍风貌。草堂的环境极佳，堂前有平台，台南有方池，环池有山竹野卉，周围有石涧、古松、老杉、灌丛、飞泉、瀑布，可以“仰观山，俯听泉，旁睨竹树云石，自辰及酉，应接不暇”，充分表现出文人雅士对于山居环境朴野、幽寂生活的追求。

另一种是宅园，它将山石、园地、竹木融入宅第，构成人工山水宅园。在城内，则为前堂后室、后置花园的基本格局，或因地形制约，将花园设于堂室之侧，宋李格非在《洛阳名园记》中提到：“方唐贞观、开元之闲，公卿贵戚开馆列第于东都者，号千有余邸。”这些大宅都布置了“池塘竹树”“高亭大榭”，营造私园之风盛极一时。白居易自称为小园的洛阳履道坊宅园，宅与园的面积达17亩。其中，宅占三分之一，水占五分之一，竹占九分之一。这个宅园“有堂有廊，有亭有桥，有船有书”❷，以山竹称性，情趣高雅。

第三种是规模较小的院庭形式，一般它在内部点缀竹木山地，构成带园林气息的小庭院，逐步形成宅园小型化的趋势。它衍化出对景物近观、细品的喜好，促成了宅第小庭园的发展。住宅庭院内常常凿池堆山、莳花栽竹，构成山地院、水院、竹院等等。杜牧《盆地》诗“凿破苍苔地，偷他一片天。白云生镜里，明月落阶前”，生动地展示出这种小庭园的景观意蕴。白居易说自己从小到老，所居住处，不论是白屋、朱门，“虽一日二日，辄覆篑土为台，聚拳石为山，环斗水为池，其喜山水病癖如此。”❸可见当时文人雅士对宅第庭园的热衷。从西安郊外出土的唐三彩住宅明器上，可以看到后院布置假山、水池和八角小亭的形象，可以遥想“桃李夏绿，竹柏冬青”的景象❹。这种趋势宋代继续延承，宅园和庭园细致精巧的风格更趋成熟。

三、宋辽金民居建筑

宋代是我国封建社会前期向后期过渡的阶段。在农村，发展了大土地所有制和佃户制；在城市，北宋中期开封的坊制、市制的崩溃也波及地方州县城，随着市场制度的崩溃；“行”的内容从“同业商业之街”变化为“同业商公会”❺……这诸多方面对宋代的乡村和城市住居形态产生了直接的影响。

---

❶ 侯幼彬，田健．中国建筑艺术全集20宅第建筑（一）（北方汉族）［M］．北京：中国建筑工业出版社，1990.

❷ 白居易《池上篇》。

❸ 白居易《庐山草堂记》，《四部丛刊》本《白氏长庆集》卷二十六。

❹（北魏）杨衒之撰，韩结根注．洛阳伽蓝记［M］．济南：山东友谊出版社，2001.

❺（日）山根幸夫主编．中国史研究入门（上）（第二版）［M］．北京：社会科学文献出版社，2000.

（一）宋代民居典章制度

公元960年，宋朝建立，结束了半个世纪的混乱和分裂的局面，国家得到统一和繁荣。城市和宫殿、宗教形态和寺庙，都走向一定的形制模式。就住宅来说，四合院的形式得到了进一步的完善和定型，建筑形式也走向统一的格局。

但是宋代的住宅等级制度依然如唐代一样严密，《宋史》卷一百五十四《舆服六》所载："六品以上宅舍，许用乌头门，父祖舍宅有者，子孙仍许之。凡民庶家，不得施重拱、藻井及五色文彩为饰，仍不得四铺飞檐。庶人舍屋，许五架，门一间两厦而已。"

景祐三年（1036年）八月又做了详细规定，诏曰："天下士庶之家，屋宇非邸店、楼阁临街市，毋得为四铺作及斗八，非品官毋得起门屋。非宫室、寺观毋得绘栋宇及间朱黑漆梁柱窗牖，雕镂柱础。"❶

宋代还由将作监编修《营造法式》，建筑等级制度进一步通过营缮法令和建筑法式相辅实施，营缮法令规定宅第的等级形制，建筑法令规定具体的工程做法，宅第等级限制达到相当周密的程度。

（二）坊里制的解体与街市商铺

唐代的坊里制与封闭式的城市街道，同日益发展的商品经济产生矛盾，更缺乏生活气息和人情味，街坊布局势必向密布店铺的商业街方式发展。从后周开始，"定街巷、军营、仓场诸司公廨院务，即任百姓营造"❷。到了宋代，就基本上完成这一变化。如北宋的开封府，坊里制已不复存在，名字上虽有某某坊之称，实际上只成为地名。到宋贞宗时，不得不宣布施行厢制。

随着北宋东京集中式、封闭式的"市"的淘汰和以"行市"为中心的街市的形成，市肆商业不再限定在特定的"市"内，宅第的里坊布局演变为街布局，住宅可以沿街布置。"行"的内容也发生了转变，市肆商业与居住街坊混杂，沿街开店，形成熙熙攘攘的线性商业街，奠定了封建社会后期城市住宅布局的基本格式。

张择端的《清明上河图》为我们留下了北宋京都开封街坊风貌的生动记录。这幅画描写了汴河上的汴梁这个商业城市的街市，以及各种商业、手工业等情景。这里有酒楼、药铺，以及十字路口的茶馆、酒肆等，还有门前挂着"解"字的当铺，木匠、铁匠、卖花人及各种摊贩也穿插其间，街道上人物形形色色，车马熙熙攘攘，一番热闹的景象。画中还满布着各行业——"正店"、"香"和卖羊肉的"孙羊店"，卖药的"久住王员外家"，卖布匹的"正帛铺"，还有"李家输卖×""杨家应痞××""刘家上色沉檀栋×"以及地主官僚的"孙太丞家"❸等建筑物。

---

❶《续资治通鉴长编》卷一百十九。

❷《五代会要》卷二十六《城廓》。

❸ 这些很多都不见于"密府本"，这也是鉴定真伪和版本的地方。详见那志良著《清明上河图》（台北故宫博物院，1995. 8，第二版，第二次印刷）。

市招本是店面的标识，使人一看便知是卖什么的店铺。其表现方式有其一是在牌子上作字，写出店名，所卖货品；其二是悬挂一种特别形式的东西，作为标识。这里且不说常见的布幡酒幌，单说《清明上河图》中城门里面，靠近城门的地方有一座三层的建筑，其前面的装饰就是“彩楼欢门”。彩楼欢门和宋代商店沿街立面有关，是五代末期出现的沿街立面，北宋东京（可能还有南宋之临安）的酒店门口常用。“凡京师酒店门首，皆缚彩楼欢门”❶。当时酒店门口常用的可能还有栀子灯、杈子等，一直沿用到南宋的临安，“如酒肆门首，排设杈子及栀子灯等，盖因五代时郭高祖游幸汴京，茶楼酒肆皆如此装饰，故至今店家仿效成俗也。”❷

坊里制的解体，除了直接导致街道和城市形态的变化外，也导致了前店后寝（或前店后院）的居住形式的衍生和演化。

（三）合院式住宅的发展与盛行

城市里的住宅做得考究的四合院多进的平面布局，适合于官僚宅第或有一定身份的文人、商贾之类的住宅。从《清明上河图》可以看到，城内稍大的住宅显现的是外建门屋、内带厢房的四合院格局。当然，城市中的一般市民经济条件也不富裕，他们虽然也做成四合院多进的住宅形式，但房屋一般比较简陋，多用加工简单的木构件柱、梁、枋、桁等。小型住宅多使用长方形平面，梁架、栏杆、栅格、悬鱼、惹草等具有朴素而灵活的形体。屋顶多用悬山或歇山顶，除草葺与瓦葺外，山面的两厦和正面的庇檐（或称引檐）则多用竹篷或在屋顶上加建天窗。而转角屋顶往往将两面正脊延长，构成十字相交的两个气窗。稍大的住宅，外建门屋，内部采取四合院形式。有些院内莳花植树，美化环境。在沿街店铺及贵族宅第后面为建筑密集的院落式住宅。宋史记载：“其后封闭空处，团转屋盖，向背聚居，谓之院子，皆庶民居此。”宋画《文姬归汉图》上的住宅表现得更为清晰（图14）。这组大宅是三间五架带悬山顶的大门，三间七架带悬山顶的中门，前院东西两侧均有面板三间的厢房，中院也露出西厢的一角。这个宅院所展示的院落、大门、二门、厢房、照壁、台基、院墙、屋顶以及门屋的“断砌造”做法和悬山的脊兽、走兽、悬鱼等装饰，都已与明清宅第差别不大。

在宋代，城市与农村之间的居住建筑形态差别比较明显，这种差别并不表现在结构形式上，主要表现在它们的空间布局及经济和文化上。例如，农村住宅，多是两间或三间一组，形式比较简单，与外部环境具有很大的融合性。这正是由于生产和经济的原因：他们的工作对象是田野或山林，因此希望能比较直接地与这些场所发生联系；他们是小农经济，所以也不必做成多进式四合院式的隐蔽性空间，都是露在外面的，宋朝农村住宅见于《清明上河图》中的比较简陋，有些是墙身很矮的茅屋，有的以茅屋和瓦屋相结合，

---

❶《东京梦华录》卷之二《酒楼》。关于彩楼欢门也可参见《游子佳人小筑——南方之雄》（上册）的这段文字：公孙千羽……不管三七二十一，闯了进去！何沧澜一看门道结扎得彩楼欢门，知道不是个好去处，决非女儿家可涉足其间的，连忙想出声喝止，却已太迟！太白阁入门就是主廊，花石铺地，宽若五尺，长数百步，南北天井两廊……

❷《梦粱录》卷十六《酒肆》。［宋］吴自枚撰，傅林祥注. 梦粱录（二十卷）［M］. 济南：山东友谊出版社，2001.

图14　宋画《文姬归汉图》中的合院住宅

构成一组房屋。[1]

北宋时期，合院式宅舍已十分普遍，院落四周为了增加居住面积，多以廊屋代廊，因而四合院的功能与形象发生了变化[2]。王希孟《千里江山图》画了许多山野付庄的宅屋（图15）。其中不少宅院都是带东西厢的，说明东西厢在宋代乡村也已盛行，由于厢房的运用较之回廊更为经济实惠，很有可能是先从庶民宅舍兴起而后延及显贵大第的。宫廷与民居仍沿用传统的封闭式四合庭院，以院为布局单元，按中轴线从前向后布置大门、堂、寝，在堂寝的两侧有对称的厢房，当然宫廷和民居在规模及建筑标准上不能相提并论。

敦煌壁画中第61、98、108、146窟画的民居，均出自报恩经变故事，因而形式也很相似，表现了一个尊贵之家。五代第98窟画的民居呈矩形平面（图16），回廊围绕的院落，前有门屋或门楼，院中用横廊把大院分隔成前后两院，后院是家庭活动的主要范围，前院是一般仆役宾客的活动区域，它体现了当时的家庭秩序，住宅的一侧是饲养牲畜的厩院，院中设有房舍，只有一草庵供仆役居住，贫富悬殊，形成巨大的反差，这种住宅旁有畜厩的布局，早在山东沂南汉画像石上的庭院中就已有反映，直到近代在西北地区农村中还维持这种布局，可以说是近两千年一贯的传承，我们可以将此幅画与第85窟法华经变的“穷子喻品”中的住宅（图11）进行比较，就会发现两者是何其相似。直到20世纪中叶，在敦煌城乡仍保存有这种宅院形式。建筑是时代的一面镜子，它从一个侧面反映了中国传统建筑的演化速度，也说明了中国传统建筑早熟的特性。

值得注意的是，《千里江山图》中的住宅还出现了大量由前厅、穿廊和后寝组成的工字屋，其他宋画如李成《茂林远岫》、高克明《雪意图》、赵伯驹《江山秋色》等也都表现了用于住宅园林中的工字屋，这种住宅的布局仍然沿用汉以来前堂后寝的传统原

[1] 刘敦桢．中国古代建筑史［M］．北京：中国建筑工业出版社，1981.

[2] 同上。

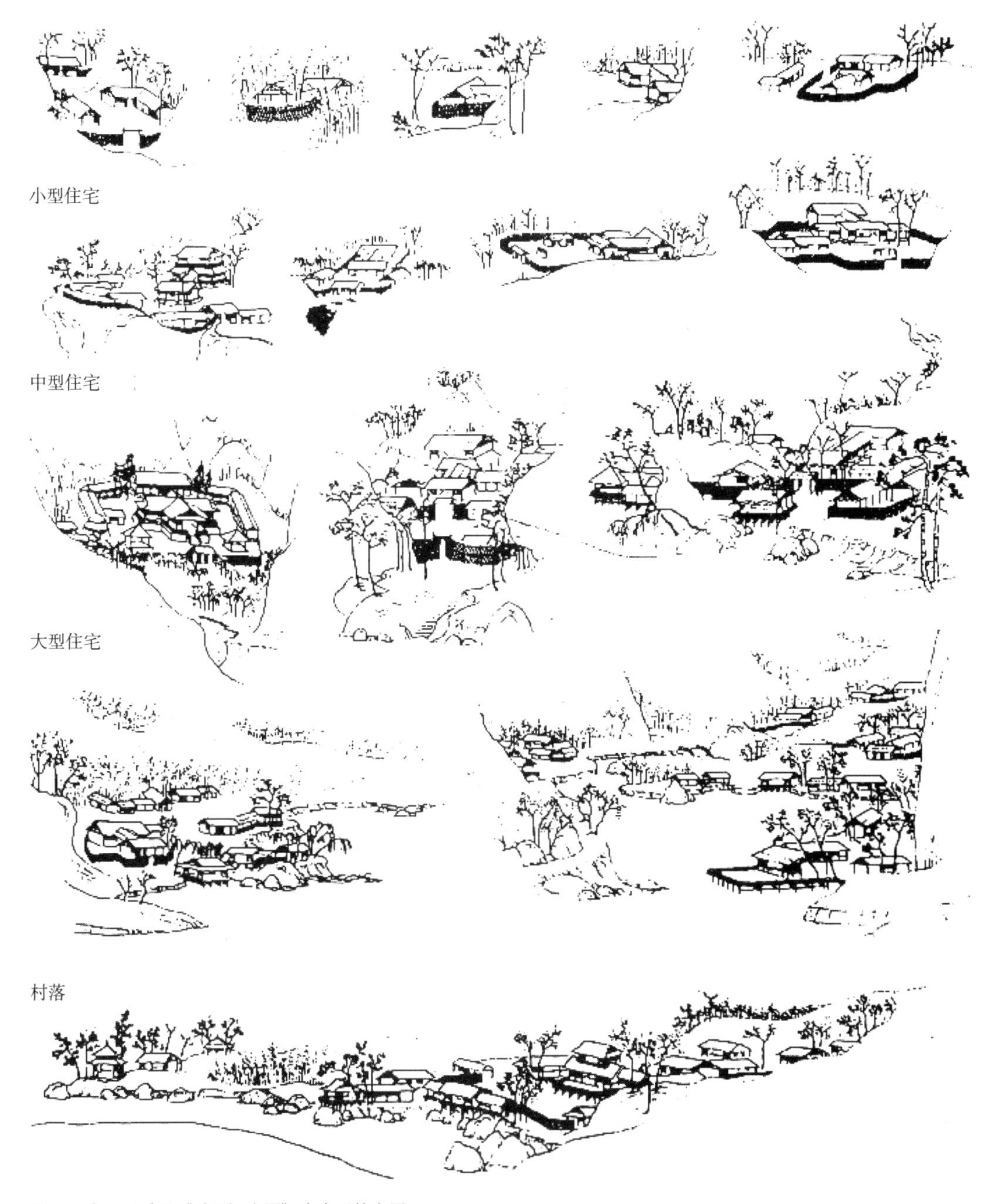

图15　宋·王希孟《千里江山图》中表现的宅屋

则，但在接待宾客和日常起居的厅堂与后部卧室之间，用穿廊连成丁字形、工字形、王字形平面，而堂寝的两侧，都有耳房或偏院。除宅第外，宋朝官署的居住部分也采取同样的布局方式。前面引述的唐《营缮令》中提到：非常参官不得造轴心舍。据清代陈元龙在《格致镜原》中阐释，轴心舍即是穿廊。若此说成立，则唐代大住宅也已用工字屋，并已赋予一定的等级意义，到宋、金则大为盛行，这也可以说是唐宋期住宅格局的另一特点。

图16　五代莫高府第98窟画的民居

从宋代王希孟的代表作《千里江山图》中可以看出，当时的住宅有单条形的、曲尺形的、丁字形的、工字形的，三合院的、多进四合院的，以及用廊庑等组合而成的大宅，表现的住宅形式非常全面。由此可见，两宋时期中国的住宅建筑形式已经定型，在一定的模式下系列化，可以用一定的方式拼接。这就是一种进步和成熟的表现。元代以后，就不可能有更多的创新了[1]。

（四）南方汉族民系民居的基本形成

历代移民是东南系汉人五大民系的历史渊源，也是南方五大民系地域分布的主要成因。隋唐统一中原，人民生活渐趋稳定和改善。但到了唐中叶后，北方战乱又起，安史之乱后，出现了比西晋年更大规模的北方汉民南迁。当时，北方田地荒芜，人口锐减，到唐末，全国经济的重心已转移到了南方。北宋末年，金兵骚扰中原，史称靖康之乱，中州百姓再一次南迁，这次大迁移为历史以来规模最大的，估计达到三百万人南下，其中一些世代居住在开封、洛阳的高官贵族也陆续南迁。

历史上三次大规模南迁对南方地区的发展具有重大意义，东晋移民中，大多为宗室贵族、官僚地主、文人学者，他们的社会地位、文化水平和经济实力较高，到达南方后，无论在经济上还是文化上都使南方地区获得较大的提高和发展。

移民每到一地都存在与新建成环境互动的问题，这其实是两个文化形体的问题。移民面对新建成环境，其民居形式的选择和发展不仅与其文化社群的“总体力”有关（总体力指此群体所拥有的人口、任何物质、社会文化系统及文化的总合力量），还与外在的世界有关。这儿不仅指空间的，也是时间的，它牵连到历史的因素：（1）如果移民的总体力凌

[1] 沈福煦. 中国古代建筑文化史［M］. 上海：上海古籍出版社，2001.

驾于本地社群，他们会选择建立第二家乡；（2）如果移民与别的一两个社群均势，他们可能彼此和平地同化，或者成为敌对者，移民会分别采取中庸之道，或以建造第二家乡为策；（3）总体力小的移民在沉重的社会、政治、经济压力下，有较多的理由完全学习当地的模式，或者采取中庸之道。但是，我们也不可否认有另一种状况出现：在极端的重压下，产生了反作用力。移民被迫自卫，建立第二家，一为自我认同，一为保护自己[1]。

民系的形成经过了相当长的时间，由北方移民和南方本地土著人民不断地融合、沟通、相互吸取优点而共同形成的。同时，南方不同民系由于地区人文、习俗和自然条件的差异，给民居带来了不同程度的影响，从而，也形成了各地区民居不同的居住模式和特色[2]。

当然，民系的形成绝非“一次性形成”，而是南迁汉人在东南不同的地域内逐渐分化成各具特征、相对独立的民系。即使同一个民系内部（如闽海系在闽北、闽东、闽中和闽南）的社会文化特质也有不同的地域差别；同一个民系的社会文化特质的构成上同样也有不同的历史层叠。形成较早的民系可能保留较古老的历史遗存，如越海系。但是由于北方移民不断南下的影响，其民系在表现形态上却并不古老。也就是说，越海系的社会文化形态更多地表现了唐宋甚至明清的特色。相反，尽管闽海系形成比越海系晚，但是由于福建僻处一隅，地理位置比较偏僻，长期以来与外界交往较少，宋以后受北方文化影响相对较少，所以闽海系的社会文化中保留了百越、秦汉、南北朝、唐宋四个历史层次。东南地区保留了这种文化移入的持续性和文化特质的层叠性以及社会文化形态的地域性。

到了宋代，南方五个民系都已相继形成，东南五大民系地域分布的宏观格局也已基本定型，后世改变很少。到清末，民系地域分布的微观部分也基本定型，这是由于我国唐宋以来的州和明清以来的府大部分一直保持稳定的缘故。

（五）家具的转型与内陈设

中国古代经历过从席地坐到垂足坐的演变，相应地室内家具由低型向高型发展，并引起宅第家具布局和室内格局的转化。秦汉时期，古人的坐姿均为平坐，有跪坐、跽坐、张膝坐、蹲踞坐等方式。随着佛教的传入，又增添了一种盘足坐，仍属于平坐，平坐不外乎是席地而坐，或是平坐于床榻上，与之相对应的家具如床、榻、几、案、围屏等，都比较低矮，属于低型家具。三国以后的魏晋时代，当时由于西北少数民族与汉族交往甚多（战争也是一种交往，如当时有“五胡乱华”等），因此北方民族的生活方式也随之而来，当然汉人的生活方式更为他们所青睐。因此，当时便出现了凳子、椅子之类，当然桌

[1] 关华山. 民居与社会、文化［M］. 台北：台湾明文书局，1989.

[2] 关于各民系民居的历史与特点，详见潘安《客家民系与客家聚居建筑》（中国建筑工业出版社）和华南理工大学博士论文《越海民系民居建筑与文化研究》（刘定坤）、《闽海民系民居建筑与文化研究》（戴志坚）、《广府民系民居建筑与文化研究》（王健）、《湘赣民系民居建筑与文化研究》（郭谦）。
关于这五大民系的形成，罗香林认为是有先后顺序的：广府系形成于南汉，与南汉刘岩建国有关；越海系、湘赣系形成于五代；闽海系、客家系形成于王审知称王入闽时期。也有学者依据汉语方言的研究，提出不同观点：越海系及湘赣系形成于六朝时代；广府系和闽海系形成于五代十国；客家系形成于南宋。

子也高了，还有胡床、榻等。从东汉末年开始，出现了垂足坐方式，当时称这种坐式为“踞”。到唐代，虽然席地坐的习俗仍广泛存在，但垂足坐已流行于上层阶级并转向全社会普及。到两宋时，这种高型家具已在民间普遍推行。从东汉末年开始酝酿的垂足坐方式，历时近千年，终于在两宋时期全面普及，完成了家具从低型向高型的转型。家具尺度的增高，一定程度上影响了居室高度的增加。家具的布局方面，一般厅堂采取的对称布置和书房、卧室采取的不对称布置，直接关系到的室内格局，家具的结构和造型，从隋唐时期沿用的箱形壶门结构，到宋代转化为梁柱式的框架结构，也在一定程度上改变了住宅室内的风貌（图17、图18分别为宋代和金代的家具）。加上宋代小木作趋向精细、秀丽，门窗棂条组合趋向丰富、灵巧，这些都为封建社会后期的住宅室内风貌奠定了基本格调。

宋代的住宅内部陈设和家具可以从《清明上河图》描绘的酒肆以及宅院的窗口窥见一二，也可从敦煌壁画、唐画《纨扇仕女图》和五代画《韩熙载夜宴图》（图19）等画面上看出方桌、长桌、靠背椅、扶手椅、圈椅、方凳、长凳、腰鼓凳等一整套适应垂足坐的

宋画《村童闹学图》家具布置

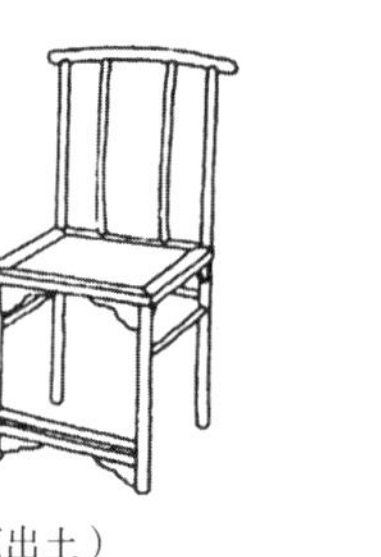

长方桌、靠背椅（河北钜鹿出土）

圆凳（宋画《浴婴图》）

榻（宋画《槐荫消夏图》）

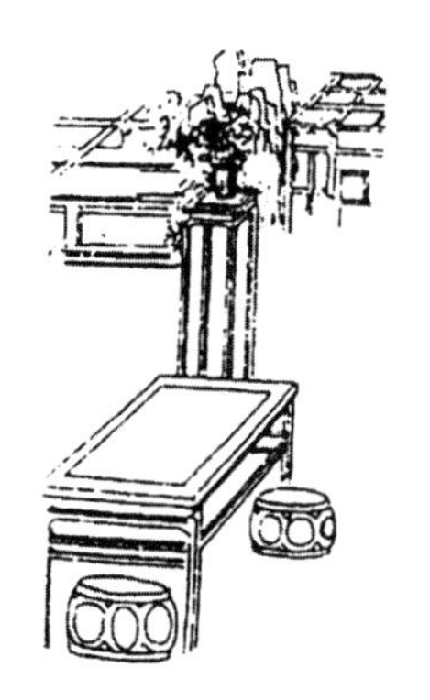

宋画《五学士图》

方凳（宋画《小庭婴戏图》）

（秋庭戏春图）

长桌、交椅（宋画《蕉荫击球图》）

桌椅（河南禹县白沙宋墓壁画）

图17　宋代的家具

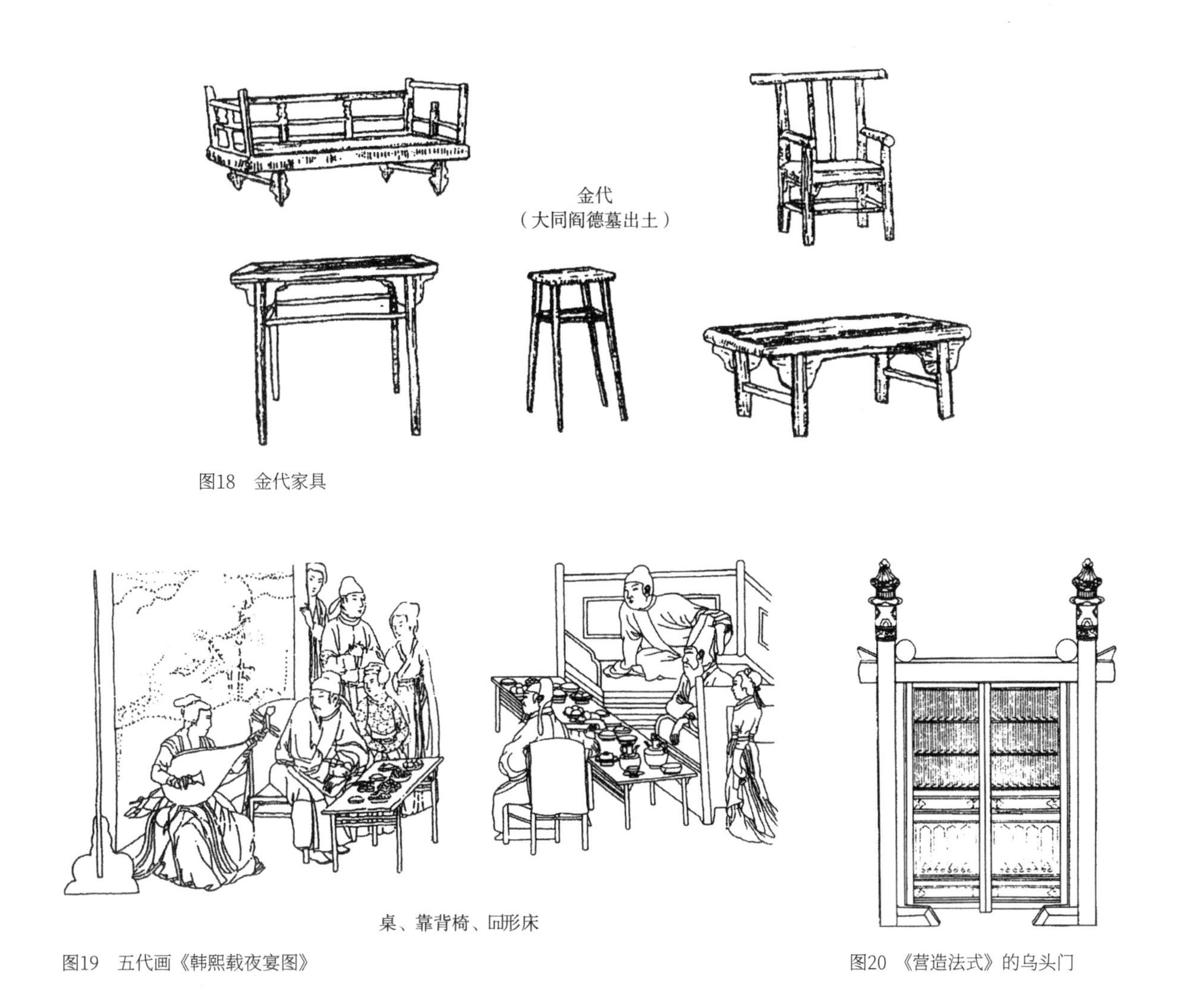

图18 金代家具

图19 五代画《韩熙载夜宴图》

图20 《营造法式》的乌头门

高型家具。由于宋代手工业的发展，商业的发达，在居室和酒店的墙壁上经常可见装匾挂画，居室中“装堂遮壁”，也可“游乐气氛”，这样带动了绘画的发展，尤其是风景和小品类题材绘画的发展。

（六）宗祠等建筑形式的出现与兴起

宗族共同体的凝聚力，决定于祖先的名望、世系的清晰、祭祖的实现、聚族而居、族人生活的维持、族长的管理、共同的利益等因杂，宗祠便是维系宗族生活的一个磁性中心、宋仁宗时期是宗族制度发展史上的一个重要阶段，社会也出现了兴建祭祖祠的事例，南宋的理学家朱熹为重建宗族制度设计了更为详尽的方案、朱子所撰《家礼・祠堂》集中体现了他的主张，即建祠堂、墓祭始祖和先祖、置祭田，其方案兼顾大小宗法精神，祠祭的对象是高、曾、祖、父，称四代祖先，未出五服。墓祭的对象则是始祖、先祖，祭祖者是出于五服的近亲族人，朱熹的主张重点在于小宗祠堂之制，但又不局限于此，亦为大宗族人祭祖和收族提供了方案。随着小宗的发展及向大宗的过渡，他的方案展示了宗族的发展前景。两宋之际，因为战争而迁都，政治中心也由北方转移至南方。大批官员及其他人口徙居南方，新的宗族制度遂在南方发展。

宋代徽州宗祠尚属草创期的一个佐证是族谱，赵华富先生研究了15个宋元徽州族谱，发现宋元徽州族谱中没有祠堂、祠产等内容。由此可推断："宋元时期，徽州绝大多数宗族还未有建宗族祠堂"，宗祠和书院，产生于宋代❶。建于宋代的有休宁古林黄氏宗祠，元至大年间（1308～1311年）婺源考川明经祠，元代婺源县桂岩詹氏宗祠。同时徽州还有一些宋代民居的遗构，如潜口村。另外黟县宏村汪氏宗祠柱础（明），其木櫍"平""欹""杀"三部分与宋《营造法式》完全相符，为极罕见的实例，这也为宗祠的初创年代提供了一些证据。

关于小宗的发展及向大宗的过渡的实例，目前获知福建莆田黄氏建有家祠向宗祠转化的祭堂。墓祭和功德坟寺开始流行且设有祭田，江西、浙江设置义庄及义学的事例也增多，浙江、福建民间设立族长事例或诸房轮管族务的现象也不少见，修族谱者也有相当的数量。诸多例证都揭示了宗祠最早出于宋代。

牌坊是一种宣明教化、旌表功德的纪念性建筑，源于中国古代用坊门表彰人或事。北宋中期里坊制废除，陆续拆除坊墙，使坊门逐渐脱离坊墙，演变成牌坊。此外，唐宋时期的乌头门，可能是冲天柱式牌坊的一个来源。所谓乌头门就是地上栽两根木柱，柱间上方架横额，形成门框，内装双扇门。宋代因柱头装黑色瓦筒，故称乌头门。门扇四周有框，上部装直棂，下部嵌板，大的在背面加剪刀撑。一般用作住宅、祠庙的外门❷（图20）。关于牌坊，梁思成有一段论述："宋元以前仅见乌头门于文献，而未见牌楼遗例。今所谓牌楼者，实为明清特有之建筑类型。明代牌楼以昌平明陵之石牌楼为规模最大，六柱五间十一楼。唯为石建，其为木构原型之变形，殆无疑义，故可推知牌楼之形成，必在明以前也。"这段论述有两个要义：第一，宋元以前（含宋元）未见牌坊遗例，从现有实物看，牌坊是明清特有建筑类型；第二，从明代石牌坊木结构看，在明以前必然已有木牌坊存在。值得注意的是牌坊形成在里坊制打破后，牌坊应起源于宋末或元朝❸。

因为经济繁荣，土木建筑兴盛，所以北宋初即有喻皓《木经》及北宋末李明仲《营造法式》的出现，以便管理及兴建工事。《营造法式》对各种殿、堂、厅、屋、散屋、砖、瓦、木、石、油漆、雕刻等做法，都有明确的规定，可以看出当时工程技艺的水平。同时还有一些关于住宅方面的论述，如"风水术"之类，其中也不乏科学的成分。宋元时期，风水之说又得到了进一步的发展。另据《宋史・艺文志》，阳宅术类书有《宅体经》一卷、《相宅经》一卷、《九星修造吉凶歌》一卷、《行年起造九星图》一卷、《宅心鉴式》一卷、《黄帝八宅经》一卷等。所谓"九星""八宅"，这是自宋代开始的阳宅的主要特征，其中多涉及天文、地理及诸民俗文化之属。此外，宋代民间书籍《事林广记》❹中有民间"丈竿"和

---

❶ 朱永春．宋元徽州建筑研究——兼论徽州建筑的起源［J］．小城镇建设，2001.

❷《中国大百科全书》建筑园林城市规划卷。

❸ 朱永春．宋元徽州建筑研究——兼论徽州建筑的起源［J］．小城镇建设，2001.
近年来，有学者根据衡门推断"牌坊的原始雏形最迟在春秋中叶即已出现"，实际上只是理解上的分歧。

❹［宋］陈元靓．事林广记［M］．北京：中华书局，1999.

其他民宅营建方面的记载。

四、本时期的少数民族居住建筑

就总体而言，少数民族地区住宅从材料、结构形式、平面形态、群体布局上与汉文化区的居住建筑相去甚远，自成体系。由于历史原因，众多的少数民族聚居在中国的边陲地区，生产方式变化缓慢，社会制度落后，与汉文化地区的技术交流较少。少数民族独特的生活习惯和信仰，再加上不同的自然条件与地理环境，使古老的住宅形式得以长期保存，但这些住宅大多也不够耐久，加上又历经天灾人祸，至今已极难觅寻明代以前的住宅实例了，因此对这一时期的少数民族地区住宅的研究不得不较多地运用文献资料。有些少数民族的创世史诗和歌谣提供了有关民居历史的大量信息，如傣族的桑木底造屋说、景颇族巫师“董萨”唱的“盖房歌”等。再者，很多少数民族没有文字，因而其民歌和“口承文化”便特别发达，所以流传在民间的这些歌谣、口诀、传说、故事等都应成为研究少数民族民居历史必不可少的资料。

干栏系住屋是古越人及其他先民所创建的，早期分布区域非常广大，遍及古百越族群的聚居区。它们用多种结构形式将底层局部或全部架空（一般用柱承重结构），人的居住行为多发生在二楼以上，它与原始的“巢居”形式有一定的渊源关系。西南诸省山区（如滇、黔、桂、琼、湘、川等）的少数民族现在依然在使用干栏式的住屋。干栏一词最早见于魏、晋时期的古籍，原是对少数民族“房屋”词的音译名称。《魏书・僚传》记载：“僚者，盖南蛮之别种，自汉中达于邛窄洞之间，所在皆有，种类甚多，散居山谷……依树积木以居其上，名曰干栏。干栏大小，随其家口之数。”据唐代史书记载：“山有毒草及虱蝮蛇，人并楼居，登梯而上，号称干栏。”[1]可见早期这些地区与浙东、闽粤地区同属干栏式住宅地区，浙东、闽粤因技术进步已被新形式所替代，而其他地区依旧如故。

板屋系住屋的主要特征是“劈杉为木板”来覆盖屋顶[2]，如“陕西秦州等处房屋以木皮代瓦”[3]，“宝鸡以西盖屋或以板用石压之，小戎曰：在其板屋，自古西戎之俗然也。”[4]板屋是我国远古时期就已出现的一种住居形式，现在的分布由原来的“戎”“氐”地区渐渐消退到川藏高原东部及其以南的地区，从一些文献和遗址可以找寻其踪迹。《南齐书地转》记载：“阳氐与符氐同出略阳，汉世居仇池地，号百顷……氐于上平地立宫室、果园、仓库，无贵贱皆为板屋土墙。”

戎人和氐人皆为古羌族群中的一部分，从民族学的背景来看，板屋乃是古羌民族对我国建筑发展做出的一个历史性的贡献[5]，就地取材，“陇西山多林木，民以板为屋室”，壁体

---

[1]《旧唐书》卷一九七，南蛮传。

[2] 蒋高宸. 云南民族住屋文化［M］. 昆明：云南大学出版社，1997.

[3]［明］李诩《戒庵老人漫笔》，中华书局，1982，第二版，卷一，第8页.

[4]［明］王士性《广志绎》，中华书局，1981. 12版，卷之三，“江北四省”，第49-50页.

[5] 蒋高宸. 云南民族住屋文化［M］. 昆明：云南大学出版社，1997.

坚固，防兽防震，现在云南的纳西族、普米族、怒族等少数民族依然在使用的木楞房就是其典型代表。

邛笼系住居的“邛笼”，也即汉语的“碉房”之意。藏、彝、羌族的碉房是一种用乱石垒砌或土筑的防卫性强的住宅，碉房坚固耐久，这一地区至今尚有大量遗构传世，只是缺乏考证，无法确认年代，流行于四川西部松潘等地彝、羌诸族之中的碉房可追溯到汉代。《后汉书》：“冉駹彝者武帝所开，元鼎元年（公元前111年）以为汶山郡……皆依山居止，累石为室，高者至十数丈为邛笼”[1]，藏民碉房可从元代萨迪寺、夏鲁寺中低矮的僧房以及采措颇章、卓玛颇章两座造型厚实、采用密梁平顶结构的宅第知其一斑。“邛笼”类房按功能分为居住用的碉房和防卫用的碉楼。

碉房一般“货藏其土，人居其中，畜圈于下”，而且屋顶皆设晒房。云南彝族以及散居在元江一带河谷平坝的傣族居住的“土掌房”就是此类，且古已有之，承袭至今。

新疆的维吾尔族至少在汉时便熟练地掌握了木框架、红柳编笆泥墙、生土夯筑、穴居上拱、土垣垒砌、土拱砌筑等建筑技术。在古楼兰尼雅古城里留下来的至迟是三四世纪的木框架体系民居，至今仍能清楚地推断当时建筑的情景，尼雅木框架体系的民居遗址有不少大小房间，其特点是有一间中央的大厅，长12.2米，宽7.93米，承屋顶的大白杨木梁长达12.2米，像安放正梁的斗栱一样，上面都有美丽的雕刻。石灰涂的墙壁还绘有大卷花形图案作为装饰[2]。

关于吐鲁番民居，宋初王延德出使高昌时就记有“架木为屋、土覆其上”的做法，盖因“地无雨雪而极热，可不用瓦也”。现存古城里的民居遗址及古民居的情况与上述记载完全一致。在吐鲁番，除了土拱建筑外，还有一种土木混合建筑，即由土基础、土墙（夯土、土坯墙）、木梁、密椽、草泥屋面平屋顶构成的平房建筑。平面布局则与土拱建筑无甚差别。

天幕系住居主要是“逐水草而居”的蒙古族人（还有哈萨克等民族）使用的帐篷式和毡包式住屋。元代蒙古人所用的蒙古包结构，在《马可波罗游记》内有较详细的注释：“蒙古人结枝为垣，其形圆，高与人齐，承以椽，其端以木环结之，外覆以毡，并以马尾绳系之，门亦用毡，户水向南，顶开天窗，以通气吐炊烟，灶在中央，全家皆寓此居宅之内……”与今日蒙古包无大差异。当时又有在大车上置大蒙古包，以许多牛托运，这是后世很少见的。

蒙古牧民群体居住方式是以部落为集群进行聚居的，这种方式被称为“古列延”。古列延的意义是圈子，这种模式即许多帐篷在草原上按环形布列的方式围成圆圈[3]。无论对防卫还是对内部的联系都是十分有效的[4]。如果把它与中原地区仰韶文化西安半坡、姜寨的

[1]《后汉书》卷一一七．西南夷。

[2]《斯坦因考古记》。

[3]《史记》第一卷，第一分册第18页。

[4]《史记》第一卷，第一分册第112页。

聚居模式相比较，可发现两者十分相似，在一定程度上反映出这种聚居模式具有很强的适应性。

中国历史的宏观轨迹从渔猎至畜牧再走向农耕，华夏早期畜牧阶段的社会化居住形态已无法详考，而蒙古游牧民族的居住形态，无疑是社会化的结果，它那特有的生产、生活方式，从人类居住形态学上分析，应与畜牧阶段居住形态模式存在着很强的亲缘关系。虽然我们无法推定这种居住模式便是早期畜牧阶段的基本模式，但至少可以认为这种模式的许多基本内容在当时的居住模式中也会出现。

与汉文化交流较多的少数民族则多用合院系住屋。

白族主要聚居在云南西部，属高原的西南峪谷区。白族文化发达、历史悠久，早期为干栏、井干式住宅，白唐（南诏）始与中原联系密切，汉族的木构架、土坯墙、瓦顶传入后逐渐取代当地干栏、井干式结构。频繁的经济文化技术交流促进了白族的生产，在交流中，白族住宅较多地吸收汉地建筑技术，因而，其建筑技术精细，雕饰绚丽，建筑艺术和建筑质量水平较高。

合院系住屋在此不再赘述。在历史上，有很多少数民族的民居都有朝着更具礼制位序的合院式布局发展的趋向。如傣族的“召片领”“土司”等府邸显然还是采用干栏的形式，但在平面上呈现出标准（完整）的合院式格局，还有新疆的“阿以旺”也是围绕中间的院落进行布局。一些少数民族的住居在发展演变中完成了一次又一次跨越的同时，也反映了地方建筑的“惰性”和汉式建筑对它们的影响。

综观少数民族的民居，虽然大多比较简陋，但它反映了当时的生活情形，是后来民居演化发展的原点，有的甚至可以说是人类住居的活化石，这也正是一些比较“后进”的少数民族民居的重要价值所在。

原文：陆元鼎、谭刚毅，载于《中国民居建筑》（上卷），华南理工大学出版社，2003年，34-53页。

中国民居建筑简史

——元明清时期

元代是蒙古族统治中原的一个时期。元代武力强盛，版图扩展，但它残酷的内部压迫，使广大农民沦为奴隶，农业遭到严重破坏，生产力非常落后。

元代经济都集中在皇帝手中，地方经济凋敝，地方建筑无法得到建设和发展。但是在各地，生活在异族统治下的汉族各阶层，增强了血缘和地缘的凝聚力，宗族祠堂得到兴建。此外，受朱熹《家礼》的影响，书院、书塾也修建了不少。

元代立国不过百年，为时较短，它未能形成一代官宅制度，一般都沿袭宋制，但又过于疏阔。元《刑法志·禁令》规定："诸小民房屋安置鹅项、衔脊有鳞爪瓦兽者，笞三十七，陶人二十七。"[1]

在民居建筑方面，蒙古人所用的蒙古包建筑依然在草原地区广泛使用。至于汉族地区，在住宅形式上，北方的住宅较多地受大都住宅的影响，近年在北京元大都考古发掘出来的后英房元代住宅遗址[2]，所用的院落布置，开间大小、工字厅、旁门跨院等，全与汉族住宅无异（图1），而南方住宅则在原宋制的基调上渐变。

元代的山水画取得了重要的成就，是研究元代民居的重要形象资料。而元代壁画中保留着部分住宅的形象，其中以永乐宫纯阳殿、重阳殿壁画最为丰富。芮城永乐宫纯阳殿元代壁画中的住宅是汉人在元代所喜用的制度。[3]

至于贫民住宅，如《神化赐药马氏》图中（图2）马氏宅，正房由三间正屋与一侧挟屋组成，屋脊无兽头。单侧有厢房，是草房。大门不成屋。可见元代贫民民居十分简陋。

明清时期是中国封建社会最后一次大统一和多民族国家巩固与发展的时期。

明初，采取人口大迁移政策，全国人口很快得到了调整，从而达到新的平衡。农业经济迅速恢复，全国经济普遍提高。例如在江南，由于手工业和商业的发展和繁荣，在明中叶又成为全国经济文化中心。值得一提的是，由于手工技艺水平的提高以及建筑材料和砖石结构得到广泛的运用，该时期的建筑技术和艺术都得到了比较显著的发展。

明清两代的等级制度不但因袭旧制，而且更为严格。但是在民族和宗教方面采取宽容怀柔政策，使得多民族国家的建筑呈现出融合、兴旺、多姿多态的局面以及多民族的特色和面貌。

---

[1]《元史·刑法志·刑法·禁令》。

[2] 中国科学院考古研究所，北京市文物管理处，元大都考古队. 北京后英房元代居住遗址［J］. 考古，1972（06）.

[3] 王畅安. 纯阳殿、重阳殿的壁画［J］. 文物，1963（08）.

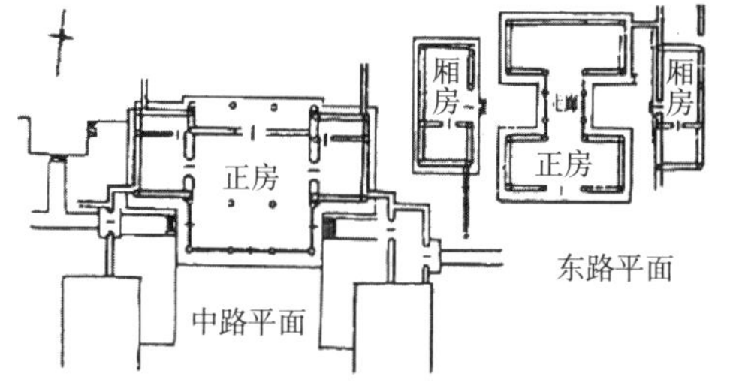

图1　北京后英房胡同的元代住宅遗址复原图

图2　元永乐宫纯阳殿壁画中的贫民住宅：《神化赐药马氏》图中的马氏宅

在民居建筑方面也因农业生产的发展和人口的增多，村落明显增加，有的村落更扩大了规模。民间建筑类型增多，除民居外，还有祠堂、书院、会馆、书斋、庭园以及牌楼、牌坊、门楼、桥梁、亭阁等。特别是祠堂（北方称为家庙），得到普遍的兴建和强化。这是因为在封建制度下，政权靠族权来巩固，而族权则靠封建政权来庇护。皇权、政权、族权正是封建社会的一张大网，牢牢地套在农民头上。在农村，祠堂、家庙就是这张封建大网的具体表现。祠堂在封建社会下既是家族的象征，也是宗族族权的体现，村民既要靠宗族的保护，同时也要服从遵守宗族的族规、家法。

一、明清的住宅制度

明清的住宅制度仍继承了宋制，又根据当时的情况做了调整或补充。

明初规定："官民房屋不许雕刻古帝后、圣贤人物及日月，龙凤、波猢、狻猊、犀象之形，凡官员任满致仕，与见任同。其父祖有官，身殁，子孙许居父祖房舍。"❶

明洪武二十六年又规定："官员营造房屋，不许歇山、转角、重檐、重栱及绘藻井，唯楼居重檐不禁。公侯，前厅七间，两厦九架，中堂七间九架，后堂七间七架，门三间五架，用金漆及兽面锡环。家庙三间五架，覆以黑板瓦，脊用花样瓦兽，梁栋、斗栱、檐桷

❶《明史·舆服志》。

彩绘饰，门窗、枋柱金漆饰，廊、庑、庖、库从屋不得过五间七架。一品、二品厅堂五间九架，屋脊用瓦兽，梁栋、斗栱、檐桷青碧绘饰，门三间五架，绿油，兽面锡环。三品至五品厅堂五间七架，屋脊用瓦兽，梁栋、檐桷青碧绘饰；门三间三架，黑油、锡环。六品至九品，厅堂三间七架，梁栋饰以土黄；门一间三架，黑门铁环，品官房舍，门窗户隔不得用丹漆。功臣宅舍之后，留空地十丈，左右皆五丈。不许挪移军民居止，更不许于宅前后左右多占地，构亭馆，开池塘，以资游眺。”庶民庐舍，洪武二十六年定制，不过三间五架，不许用斗栱、饰彩色。❶

上述规定说明了明初住宅制度的等级森严，划分更细，从建筑类型、开间、构架、斗栱使用，甚至用瓦、脊饰、门饰、色彩都做了明确规定，不得超越。

明洪武三十五年（即建文四年，公元1402年）对住宅制度进行了一些调整，内容是：“申明军民房屋不许盖造九，五间数，一品、二品厅堂各七间，六品至九品厅堂梁栋止用粉青刷饰，庶民所居房舍，从屋虽十所二十所，随所宜盖，但不得过三间”❷，这是为巩固皇权而削藩，是对重血缘、贬品官政策的调整，对庶民建屋数量放宽了一些限制。

清代住宅制度沿袭明制，其中对王公府第更作了相应规定，如《大清会典》所载：“亲王府制，正门五间，启门三，缭以重垣，基高三尺，正殿七间，基高四尺五寸，翼楼各九间，前墀环以石栏，台基高七尺二寸，后殿五间，基高二尺，后寝七间，基高二尺五寸，后楼七间，基高尺有八寸。”又规定：“凡正门殿寝均覆绿琉璃瓦，脊安吻兽。门柱丹艧，饰以五彩金云龙纹，禁雕刻龙首。压脊七种，门钉纵九横七，楼屋旁庑均用筒瓦，其府库仓廪、厨厩及典司执事之屋分列左右，皆板瓦，黑油门柱。”❸

二、明清社会文化对民居建筑的影响

明清时期，中国在历史上长期以来所形成的一个以宗法制度为主的、家庭经济以自给自足农业生产为基础的、以血缘纽带为联系的，以及维持社会稳定的精神支柱——儒家伦理道德学说的封建社会体制已形成和巩固。这种体制在住宅中提倡长幼有序、兄弟和睦、男尊女卑、内外有别等道德观念，并崇尚几代同堂的大家庭共同生活，以此作为宗法制度和家庭兴旺的标志。宗法制度的另一重要内容则是崇祖祀神，提倡家族或宗族祖先的崇拜和祭祀各种地方神祇。这种宗法制度和道德观念对民居的平面布局、房间构成和规模大小有着深刻的影响。

在文化方面，南方江浙地区是南宋王朝直接统治的地区，以后延续到明清，望族世家、官僚士大夫阶层长期居留在此地。他们居住的宅第规模大、占地广，而且还带私家观赏的园林。而广大农村，在封建等级制度下，住宅就只能三间寒舍，不得超越。

---

❶《明史·舆服志》。

❷《明会典·礼部十六》。

❸《大清会典·卷五十八》。

崇天敬祖思想对民居的影响也非常大，人在住宅中必须尊崇天地、尊敬祖先、敬仰神仙，包括天神、地神、鬼神。因此，在民居设计中，祠堂、祖堂是建造时首先考虑的内容。古制规定“君子将营宫室，宗庙为先，厩库为次，居室为后”，地方中的家庙、祠堂也是如此，宋朱熹所著《家礼》一书就有《立祠堂之制》，规定“君子将营宫室，先立祠堂于正寝之东，堂制三间或一间”，说明古制对祠堂之重视和限制。

在祀宅合一的民居中，建造时也是以祀为主。它在考虑设计时，先将供祀祖先、天地的场所作为祖堂，位置在整个宅第最后一进的正中厅堂，称为后堂，亦称祖堂。后堂的开间、进深和脊高都有一定的尺寸规定，甚至神龛、神案、香炉的位置、高度也有所规定，不得随意更改。

崇天思想在民居建筑中还反映在天井进深、堂高、檐高、脊高的尺寸和做法上。祖堂中，祖先、神祇向前仰视观天，其视线必须高出前堂正脊的高度，在民间营造中称为“过白”。

影响民居建筑的还有一种思想，即风水观念。

风水观，古称堪舆学，它来源于阴阳五行学说，原是古代择位定向中考虑气候地理环境因素的一门学说。传统的风水观念认为，民居选址应取山水聚会、藏风得水之地。山是地气的外来表现，气的往来取决于水的引导，气的终始取决于水的限制，气的聚散则取决于风的缓急。故平原地带的宅基重于水的瀛畅，高地以得水为美，而山地丘陵则重于气脉，其基址以宽广平整为上。

例如，在农村，民宅的选址一般已形成一种比较固定的模式，即村前要有流水，村后要有高山，房屋坐北朝南，地形前低后高。从现代观念来分析，这种布局原则还是有其科学性的一面。譬如村落面靠流水，这是食水、交通、洗濯的需要，村后高山作屏，可抵挡寒风侵袭。地形前低后高，说明坡地上盖房子既要干燥又要易排水，对居住和人体健康有益。

风水观中还有一种象征，如江南、皖南一带民宅喜用马头墙，所谓马头墙，就是在山墙墙头部位做成台阶式盖顶，在盖顶之前沿部位，为美观形象而做成马头形状，称为马头墙。山墙作马头形状，说明该户家族中曾有人中举，或文官，或武官。武官用马头状，文官则用印章，方形，称印石墙。这是一种用建筑来表现的炫耀方式，而老百姓家只能用双坡屋面。

广东潮州民居的山墙墙头部分有做成金、木、水、火、土五行方式的，也是同样的道理。在实际调查中，民居建筑通常用两种山墙：一是曲线形，称水墙；另一种是金字形，称金墙。依照五行相生相克学说，水压火是五行相克论说，金生水、水克火，是五行相生又相克的论说。其目的和意图都是为了压火、防火。古代建筑因是木结构营造，最怕火灾，建筑一旦失火，无法可救，但当时科学水平有限，无法采取有效的防火措施，于是采用这种祈望吉祥平安的心理手法，由此可见，天地观念对民居建筑的深刻影响。

三、民居类型的变化和民系民居的完善

明清住宅类型变化很大，以汉族来说，北方民居不但有单体平房，还有合院式民居，有两进、三进，甚至多进合院式民居。其组合有一个纵列式民居，也有多个纵列式民居。在东北有大院，因院子内要停马车，要有马厩，院子必然要大。

由于气候关系，晋陕地区的合院式住宅中，因其东西向的院子较窄，其院落平面呈“工”字形，故称为窄院民居。而在西北地区的青海东部农耕区，更有汉文化与其他民族文化交汇而形成的一种乡土民居类型，称为庄窠。这是适应当地气候寒冷、干燥、多风沙和就地取材的一种民居类型，当地各族城乡居民都喜爱这种民居形式。

此外，还有一种地跨甘、陕、晋、豫等省广阔的黄土层高度发育的地区，当地称为窑洞的民居类型，这是我国北方民居中一支独特的生土建筑体系。窑洞民居根据地形不同，采取三种不同的形式：一种是直接依山靠崖挖洞成窑，称为靠山窑；另一种是在平坦地带向地下挖土，形成四壁闭合的天井，在周围挖成的窑洞，称为井窑，河南称为“天井院”，甘肃称为“洞子院”，山西称为“地窑院”或“地坑院”；再一种是覆土窑，也称锢窑或独立式窑洞，实质上是一种以土坯或砖石为承重结构建造的拱形房屋，上部覆以厚土。窑居的优点是冬暖夏凉，取材容易，造价经济，施工简便，适合当地居民的生活生产水平。

以上民居类型的发展，丰富和完善了北方汉族民系民居的构成。它们同属于北方民系。如加以分区，可分为北京官话地区，其民居以北京四合院为代表；晋陕官话地区，以窄院民居为代表；东北地区以大院为代表。

南方民居类型，也应归属在南方汉族五个民系民居之内，即湘赣、越海、闽海、广府和客家五大民系地区，即五个主要流通方言区域地带。民居类型是根据各地气候、地理、自然条件以及方言、习俗、人文特征等条件，即按照民系的观念来区分的。民系的组成，一般有三个基本条件，一是共同的方言，这是交流、沟通思想的最基本手段；二是共同生活方式和习俗，这是人们共同活动和生产的基础；三是共同的心理素质、信仰，这是共同文化、性格的表现。当然也不排斥某些特殊的习俗和观念的存在。

有关南方各民系民居将在各地民居章节中加以详述，这里主要进行综合介绍。

南方民居类型中，最主要的一种就是沿袭北方中原地区带来南方的一种合院式民居，称为中庭式民居，有的地方称天井式民居。这是因为南方气候炎热、潮湿、多雨，院落不能太大，可以说建筑比较密集，建筑包围天井，而不像北方是院落包围建筑。南方的建筑物既要阳光，又要防热、遮阳，更要避雨，因而廊、檐和开敞通透的厅堂、门窗、隔断，都成为不可缺少的建筑要素和构件，有些甚至不设天花板。

南方商业、手工业发展较快，因而，北方大家族生活方式的宅居在南方已不断解体，一般较多的是两进、三进带从屋（侧屋）的中小型民居。

南方的经济文化水平较高，一些世家、士大夫、文人的宅第都附有庭园、书斋，它又分为三种类型：一是宅旁设书斋，有书斋单独设立者，称为独立式书斋，也是一种民居形

式；二是宅旁设庭园或园林，园林独立设置、园内不设宅居，而以观赏为主，宅园毗邻，有门相通；三是住宅、书斋、庭园组合在一起，它的平面布局特点是以住宅为主，斋园为辅，既是居作，又能休憩、读书，具有一个舒适宁静的生活环境。

清中叶后，在城镇中较多见到一种供商贾人士使用的宅居，由于户主有着优厚的经济条件，故布置较华丽。宅居在前面带有店铺，布局有两种方式，一种是前铺后宅，另一种是建筑做成楼房，于是成为下铺上宅。这种沿街的铺宅长期发展下来就演变成为今天的马路和商店，为了遮阳、遮雨和经营，下层商铺后退作人行道。

还有一种民居类型，称为防御式民居，这是一种特殊形式的民居类型。它的主要作用一是聚居，二是防御，在客家地区的围楼就是这类民居的实例。

明末，闽粤东南沿海也有这类封闭圆楼，称为“寨”，它的作用是防御沿海倭寇的骚扰。

此外，还有一种类型，即祀宅合一式民居，一般在闽南、粤东城镇中的大中型宅第中较多见。它的特征是在宅居后堂中设祖堂作为祭天祀祖之用。在广东潮州一些宅居后堂内还设置一座木龛，内放牌位，外表面雕琢精致并加以贴金，实属罕见。

此外，还有根据不同地形和地貌的水乡民居、山地民居等。

汉族各地区民系民居概况将于下篇有关章节中加以详述。

四、建筑材料与建筑技术和艺术的发展

明代，由于民间烧砖技术的提高，砖的生产力显著提高，其在民间宅第建筑，包括住宅、祠堂、会馆等建筑都得到普及使用。不少住宅的山墙采用砖墙，或用空斗墙，有的在土坯墙外用砖砌一皮墙加以保护，称为金包银墙。硬山山墙的使用，对于城镇密集的木构建筑物起到了防火、保护木料的作用。

石材大多用于基础、台基、台阶和柱础，南方有用于石柱，但只用于檐柱位置，以防雨淋。福建惠安、莆田等县匠师用石材做成石柱、石础、石墙、石梁、石楼板及各种石雕饰品，说明当地匠师用石技艺高超。

木材大多用于木构架，自明初以来，由于历代王朝大肆砍伐森林，木料资源非常贫乏，已无法再找到粗壮的整木作为建筑的柱、梁，清代帝皇的殿阁柱梁也只能用小木拼装合成大木来代替。

明清时期，农业生产技术的进步为手工业生产的繁荣打下了基础，也为社会分工的扩大提供了条件。作为建筑手工业生产如木工、砖工、瓦工、石工等营造技术得到不断的提高。特别是作为装饰手工业，如木雕、砖雕、灰塑、陶塑、彩绘等工种，不但匠人技术日益精湛，而且门类众多，它为传统建筑的艺术表现增添了光彩。

明清两代在室内装饰装修和家具技术上虽日益精致，但风格截然不同。明代崇尚原木雕镌，表现挺拔简朴，富于自然；而清代则喜爱纤细华丽，并施彩绘。

五、少数民族民居的分布、定型与特征

我国少数民族多数位于西部地区：西北有蒙古族、维吾尔族、回族等，西南有藏族、羌族、彝族、白族、纳西族、傣族、壮族、侗族、苗族、瑶族、黎族等。

清代，由于民族政策和宗教政策的宽容，使得民族和宗教建筑包括署衙、寺庙、僧舍、学宫、民居、村寨都得到了较大的发展，各民族建筑，包括民居、寺院，都已达到比较成熟和定型的阶段。下面以主要民族民居为例说明其分布、定型与特征。

（一）帐篷式民居

以蒙古族民居为代表，藏族牧区也有帐篷形式。

蒙古族聚集的内蒙古自治区位于我国北部，幅员辽阔。阴山山脉横贯其中，黄河河套流于南境，水草丰美，是天然的大牧场。蒙古族人民多以放牧为主，长期的游牧生活，形成了本民族特有的居住方式，他们每到一处就张幕为庐，这种居住方式历史悠久，古人称为“穹庐”。《后汉书》曾记载：“随水草放牧，居住无常，以穹庐为舍，东开向日。”这“穹庐”用毡毛织成，故称“毡包”，或“毡房”，也称蒙古包。

蒙古包有两种形式：一种是适合于游牧生活的活动式包，可随拆随移；另一种是固定式蒙古包，不能移动。后者多半建在流沙地区，这些地区沙漠泛滥，草原甚少，百里无人烟，只能采取定期牧放。包外需设防沙障，有的在毡包前加建一座“门楼”作出入口用，好像汉族民居的前厅一样。

（二）碉房式民居

以藏族民居为代表，羌族民居也是碉房形式。

藏族是我国的主要少数民族之一，分布在西藏、四川、青海、甘肃、云南等省区。

藏族分布区自然地理条件复杂，雪山连绵的高原地带，气候寒冷干旱。但在河川峡谷平原地区，气候温和，土地肥沃，水源充沛。藏族人民历代以来在这些地形险峻的高山顶、半山腰和峡谷中辛勤地开垦耕地，过着定居的农业生活，也有的“通水草，无常所”[1]，过着游牧生活，这样就形成了两种民居的形式，即适合于山区的“碉房”和适合于牧区的“帐篷”。

碉房常背山面水，依坡而建，它就坡建村，靠坡建房。布置方式有分散式和聚集式。总体布局有两种，一是依坡而建的带形行列式，另一是顺坡而建的台阶式行列式。

藏族地区少雨，屋面多用平顶，底层的屋面就是上一层的平台，这种平台是藏民晾晒谷物的地方。由于盛产石材，住房外墙常用乱石砌筑，而内部则用小柱网、木桁梁。

藏族民居以简单的方块体形组合而成。它与自然环境紧密结合，房屋组合高低错落，墙身上窄下宽，厚实粗重。门窗框多用梯形，窗格细致。门窗、雨篷的椽子、桃木色彩多

---

[1]《新唐书·吐蕃传》。

样。这些处理手法，形成了虚实的对比、粗细的对比和材料质感的对比，丰富多彩的细部与坚实粗犷稳健的外形，共同组成了藏族民居鲜明的民族特色。

（三）高台式民居

以维吾尔族民居为代表。

维吾尔族所生活的新疆地区，地域广阔，自然条件有很大差异，因此各地区民居形式也有所不同，但仍可大致划分为两种基本类型：一种是用砖、土坯外墙和木架密肋组成的混合结构住宅，此类形式主要分布在气候干燥而温和的喀什、和田地区；另一种则为设有地下室和半下室的土拱式住宅，这类住宅主要分布在严寒和酷暑交替的吐鲁番地区。在伊犁地区，木材丰富，也常用木材建造住宅，从而形成另一种维吾尔族的建筑形式。

各地的民居，虽然在形制上有所差别，但在平面布局和艺术表现上都有着浓郁的民族风格和地方特色。典型的维吾尔族民居都具有以下特点：平面为封闭式院落住宅，住宅依不同地形灵活地组成平房或楼房，屋顶均为坡顶，房前有外廊，开敞面宽大，并设有平台，形成一个可以待客、进餐、缝纫、乘凉、露宿、与亲友欢聚、歌舞、弹唱的室外庭院，当地称为“阿以旺”；院内大多种植花草树木、葡萄以利遮阳，既美化了庭院环境，又调节了院内小气候。

维吾尔族民居室内外装饰十分丰富，常用植物作为建筑的装饰题材，室内喜用石膏花纹装饰壁龛、壁炉罩等，也喜用织物如壁毯、地毯、门帘作为装饰。织物工艺细致，题材丰富，色彩华丽。

（四）干栏式民居

以傣族民居为代表，其他民族，如壮族、侗族、苗族、黎族等都采用干阑民居的形式。

傣族分为傣泐、傣那两支系，前者居住在云南南部西双版纳自治州和西部德宏自治州的瑞丽，后者住在德宏自治州的潞西一带。傣泐保留了傣族的传统文化特色，民居仍采用干阑式，傣那则接受汉族的传统文化特色，民居较多为土木结构平房。

傣泐地区气候炎热多雨，山川秀丽、资源丰富。本地盛产竹、木，故民居都以竹、木为主要建筑材料，一户一幢，称为“竹楼”。

傣族是封建领主经济制度，家庭奉行一夫一妻的小家庭制，幼子继承，年长子女成家后须另立门户，故村寨内都是一家一户独院式竹楼。这种竹楼外有院，竹篱环绕，果树掩映，色彩清幽，环境非常优美。远望宅院为浓竹围绕，竹楼深藏在浓荫翠绿之中，这就是傣族民居的最大特色。

傣族人民信奉喇嘛教，每座村寨必有一寺院，称为“缅寺”。村寨由缅寺和民居组成，缅寺建于寨内的高处。民居环寺而建，但其脊高不得超过寺塔。远望村寨，密集的竹楼灰瓦烘托着寺塔的屋面和彩色脊饰，在阳光照耀下好似无数的灰帆荡漾在广阔的绿茵洋面上。

德宏瑞丽竹楼由榈竹楼与平房两部分组成。平房为厨房，布置在主楼之后。主楼长方形，楼下用竹篱围合，作堆放杂物用。二楼横向用木板分隔，板外为堂屋，板内为卧室，一般为两间。堂屋外为前廊、晒台，上下用敞梯，进屋须脱鞋。这是受到汉文化的影响。

壮族民居也属干阑式民居，它位于广西、云南等省区，明书《赤雅》记载："缉茅索绹，伐木驾楹，人栖其上，牛羊犬豕畜其下，谓之麻栏。"麻栏建筑的特点是：山区村寨建于山腰，使建筑少占耕地。寨内民居沿等高线一排一排地呈台阶式布置，疏密相间，高低有序。

麻栏民居的类型比较丰富，有简单的全楼居麻栏、发展的全楼居麻栏、半楼居麻栏等。简单的全楼居麻栏有平面两间或三间，木构架泥土墙，分上下两层，底层作牲畜和杂物场，上层住人。人口有外廊，内部有前堂后屋，中部为连通的间房，两间式麻栏则不置前廊，采用活动爬梯，较简陋。全楼居麻栏是壮族麻栏民居代表。

（五）其他

少数民族民居中，还有白族民居、纳西族民居等。

白族聚居的大理地区，是云南最早的文化发祥地之一。在唐代已建立南诏国，与汉族经济文化早有来往。白族民居在建筑上大量吸收了汉族式样，但它结合本民族的习俗自然条件进行了大胆的创造，其民居的典型形式有三坊一照壁、四合五天井等。

白族民居立面造型丰富，有独特的风格。民居正面两层楼房建筑衬托了前面两耳漏角围墙和正中的照壁，加上别具一格的门楼，使立面高低参差，主次分明，外观上十分生动活泼。

纳西族是历史悠久且文化发展较早的少数民族之一。"纳西"在古文献上称为"么些"或"摩梭"，原属我国古代游牧民族氐，以后逐渐迁徙发展，到唐代聚居在"么些江"（金沙江）流域，称为"么些蛮"，即今纳西族先民。

纳西族自唐代以来，接受中原文化影响，并与邻近的兄弟民族白族、藏族进行通商交流，吸收了白族民居"三坊一照壁"和藏族建筑形式——蛮楼的优点，结合本地区的具体条件，创造了本民族的民居形式。但太安、宁蒗等地还保留了古老的建筑形式，即井干式民居，当地称为"木楞房"。

纳西民居外观规整朴实，从正面看是重檐，从背面看是单檐，从侧面看是马头墙形式，两层楼房底层高而二层矮。内部为庭院，面积较小，但布置玲珑，庭院内种植果树、花木或栽植盆景，形成了整洁、幽雅、清静的环境。

参考文献

[1] 刘敦桢．中国住宅概说［M］．北京：建筑工程出版社，1957.
[2] 刘致平．中国居住建筑简史［M］．王其明，增补．北京：中国建筑工业出版社，1990.

[3] 侯幼彬. 中国建筑艺术全集·20卷宅第建筑·北方汉族[M]. 北京：中国建筑工业出版社，1999.
[4] 陆元鼎，陆琦. 中国建筑艺术全集·21卷宅第建筑·南方汉族[M]. 北京：中国建筑工业出版社，1999.
[5] 王翠兰，等. 中国建筑艺术全集·23卷宅第建筑·南方少数民族[M]. 北京：中国建筑工业出版社，1999.
[6] 潘谷西主编. 中国古代建筑史·第四卷·元明建筑[M]. 北京：中国建筑工业出版社，2001.
[7] 蒋高宸. 云南民族住屋文化[M]. 昆明：云南大学出版社，1997.
[8] 孙儒僩，孙毅华. 敦煌石窟全集·21卷建筑画卷[M]. 香港：香港商务印书馆，2001.

原文：载于《中国民居建筑》(上卷)，华南理工大学出版社，2003年，54-62页。

从传统民居建筑形成的规律探索民居研究的方法

中国传统民居大量存在于民间，它与广大人民生活、生产息息相关。各族各地人民根据自己的生活方式、生产需要、习俗信仰、经济能力、民族爱好和审美观念，结合本地的自然条件和材料，因地制宜、就地取材、因材致用地进行设计和营建，创造出既实用、简朴，又经济、美观，并富有民族风格和地方特色的民居建筑。长期以来，我国的传统民居不但形成了独特的历史和文化价值，而且创造了丰富的艺术和技术价值。可惜，这些蕴藏在广大民间优秀的传统民居建筑遗产及其文化还没有得到应有的重视和更好的保护。

新中国成立以来，特别是近二十年来，我国在传统民居研究方面取得了较好的成绩，收获了较多的成果。但是，从广度上、深度上还不能满足我国建设事业的发展和传统民居建筑学科理论与文化建设方面的需要。研究的观点和方法也多种多样，是我国民居发展历史和文化、营造理论上的重要内容。传统民居建筑研究是一个非常艰苦的长期研究历程，要获得预期成果，研究的目标要对准，更重要的是要运用正确的观点和有效的方法。观点是根据事物形成的内在规律及其特征来决定的，研究方法则随着观点而变化，不同的方法会导致不同的结果。

下面试就传统民居形成规律及其特征来探索传统民居的研究方法。

一、传统民居形成的规律

（一）生存形成规律

在古代，先民从穴居、半穴居到地面建筑，它是用作避风雨、防野兽、驱虫害的休息场所，目的是为了生存。到农业社会，人们定居下来，这时的建筑是人类最早产生和形成的一种建筑类型。先民在营造民居时，首先要选址、择向、看地形、看水源、看自然条件，这就是对住地和环境的选择，是规律之一，可以称为生存形成规律。

（二）建筑本身形成规律

建筑怎样造起来的？要用材料，根据一定的功能，并用一定的结构方式，然后把房屋建造起来。由于我国地域广阔，南北气候悬殊，东西地貌错综复杂，各地盛产的材料又各不相同，因此，在各地营建中，北方天冷要保暖，墙体要厚实。南方天热潮湿，房屋要通风，墙体既要隔热又要坚实。沿海地区，建筑还要防台风。因此，它要遵循建筑营造的规律。

（三）居住方式形成规律

民居建筑归主人所有，主人是按一定的居住方式使用的。不同时代、不同家庭、不同族群其居住方式安排也不同，主要反映在民居建筑的平面功能和总体布局。例如，一个小家庭、两代人可以住一座三间民宅，中央为厅堂，两旁为侧房。父母住上房，即东房；子女住次房，即西房，反映了长幼尊卑有序。房屋之前有一天井小院供生活用，天井两侧为厨房一间，杂屋一间，后者在农村中是作为柴草房，同时也是牲畜耕牛的休息场所，这就是最基本的一种民宅居住方式，在广州地区称为三间两廊。

大一些的民宅，则在三间两廊式民宅前再加排三间房屋，即四周建筑围起来，就形成合院。这样，住宅中前有门厅，后座房屋就称为堂屋。再大一些，三进院落式民居，有两个天井，这时，可以住上同姓一家三代人。如果两旁再加横屋，就可以四代人聚居，是一支族系的人居住。有的地方如北方大四合院、山西大院、南方客家围屋，更是同宗族人几十人甚至几百人合住。南方的村落也有多姓族人合住，各按自己的居住方式生活。这就是中国特殊的族群居住方式——按血缘关系来进行组合，在这些建筑群中除民居（民宅）外，还包括祠堂、家庙、书塾、书斋、庭园，在墟镇中还有会馆、书院等建筑。

中国的村落民宅的平面组合很有规则，中轴明显、左右对称，前堂后寝，左尊右卑。在住房分配中也都有一定的规则，按辈分、长幼来分配居住房间。而且男女有别，主仆有等级，在建筑平面中就有里外之分。居住规则十分严格，不得超越。如果是村落，则民宅居中，祠堂在东南。有的村落祠堂在前面对池塘而建，民宅则在祠后。在民宅中，大门入口在侧，不得居中（广府民系）。在客家、闽海民系的民宅大门可在正中，这是因为各民系的居住方式不完全相同。

（四）居住行为形成规律，或称为文化观念形成规律

传统民居的主人除了按居住方式进行宅居平面使用功能布置外，由于其所处的社会地位及财富、权势、尊贵的不同，他们还会把这些等级的观念反映到宅居中，如在建筑外部的屋脊、屋面、山墙、墙面上，在室内的厅堂、斋轩、园林以及建筑构件、细部等的装饰、装修上，在家具、题词、楹联、匾额、陈设上，等等，这可以算是居住行为的表现，也可以说是文化观念形成规律的反映。

二、传统民居建筑的特点

综合上述，民居的形成规律，可以发现我国传统民居建筑具有下列特点：

（一）平面丰富、组合灵活、结构简明、形象朴实

这是我国传统民居单体建筑的综合特点。如果从一个地方看，民居似乎一个样，从各地看，区别就大，这是因为气候悬殊，地形地貌差别和民族、民系之间发展不平衡的缘

故。而且，相邻地带的民居建筑，相邻民族之间、甚至文化区域带之间的民居建筑，除了它有不同特点外，也有不少相似之处，这可以说是中国传统民居之间的互融性和交叉性所导致。

（二）各族各地民居千变万化、丰富多彩

它不但是气候、地貌、材料之间的差别，更由于各地域、文化之间的差异，匠人传统技术、工艺特长的不同，以及各个民族、民系的审美，信仰的不同标准和要求，这些都是形成传统民居多姿多态的因素。

（三）传统民居看似简单，而内涵丰富

传统民居从技术上来看，它涉及规划、建筑、结构、抗震、抗风、防洪等学科。从文化上来看，涉及历史学、社会学、宗教学、民族学、民俗学、哲学、美学以及艺术学科各门类，可以说，涉及学科多，文化内涵十分丰富。

从上述民居建筑形成的规律及其特点来看，民居建筑可以说是涉及学科面比较广泛的一个专业，它可以从某一学科、某一角度去研究，也可以采取不同的学科观点和方法去研究，可以说是多方位多角度的。加上现在进行传统民居研究的专家学者，他们站在不同的角度，有着各自的研究目标。他们出发点不同，研究的观点和方法也不同，导致研究结果也就不同。

三、传统民居研究方法的探索

早在新中国成立初期的50～60年代，当时传统民居的研究人员是教学、科研人员，他们主要采用建筑学的观点和实物测绘、访问调查分析研究的方法。在调查中只对建筑的平面、外形、结构、材料、细部、装饰、装修进行测绘调查，而不问居住者是怎么生活的，按什么形制来组合建筑布局的，等等。这是一种单纯的技术观点和方法的反映。当时在调查中农民不知道我们要干什么，调查后也解决不了农民对居住的要求等问题。

到了20世纪80、90年代，民居研究已经从单纯建筑学的观点和方法发展到建筑学与其他学科相结合的研究观点和方法，如综合法、分析法、比较法等，甚至还有用系统论的观点和方法来研究的。在这些研究方法中，已经从单纯建筑的观点和方法，走向多学科结合的方法来研究民居，这是前进了大步，它的方向是正确的，最主要的收获就是研究目的逐步明确。其中也出现了一些偏向，用建筑的观点和方法来研究民居，优点是对民居建筑物实体调查比较仔细真实，其缺陷是缺少了人的活动和文化内涵。但是，进行民居研究，撇开了建筑这个实体，而单纯用其他学科的观点，例如把建筑当作艺术品、当作摄影对象、当作资料对象等，当然，它对本学科的研究是有用的，可是它不属于民居研究的范围。因此，离开了建筑观念而用其他学科的观点和方法不能正确反映传统民居的真实面貌。正确的方法应该是以建筑学为主。与其他学科结合来进行综合研究才是比较正确和

有效的方法。

笔者认为民居建筑研究中比较有效的方法应该是以传统民居建筑形成的规律及其特点作为采用研究方法的依据，这是总的原则，至于具体研究对象。可以根据具体研究目的而采取相应的方法，即对原来的研究方法进行增补或调整。

多年来，我在民居研究中经过了几个历程，感到仅仅从民居单体类型出发，比较局限。民居建筑是一个群体组合体，是村镇、寨堡、街区、城市的一个组成部分。在我国，民居建筑中的主人是属于按血缘聚居的族群中的组成人员，他们住在一起，在一个区域，他们有着共同的方言，并有着共同的生活方式和共同的基本性格和心理素质，这些特征就是民系的组成内容。因此，我也赞同在人类学界和社会学界关于族群按民系分类的学说观点。但是，这仅仅是对族群分类的看法。至于对民系中的民居建筑，还必须增加建筑学的观点，它就是民居建筑所在场所的布局与环境，就是地域条件。在地域条件中最重要的因素是气候、地形地貌等自然条件。我国地区辽阔，地形复杂，各地民居所以千变万化，其中自然条件是很重要的因素之一。材料也是自然条件，但中国封建时代的各地民居建筑都是采用当地原始材料，如土、木、竹、砂石、灰等。因而材料区别不明显，它明显的区别在于材料的组合，即构造。

对方言的作用，过去的研究较少关注；现在看来，在传统民居研究中，越来越发现它的重要作用。人们的思想、行为以及教育、工作的相互交流、谈论都是靠语言进行的，当然还有文字，但直接方式还是靠语言。在地方上因交通的不便和长期的闭塞，形成了很多不同的地区方言，人们的交流就是用方言进行，方言几乎成为边区、山区、交通闭塞地区人们交往的唯一直接工具。

建筑是靠人营造的，匠人的施工、行业的交流和技术工艺的传授也都是靠方言来解决的。如果工程多了，忙不过来，要到外地请师傅，也要靠方言相通，这就是中国农村的特殊情况。

在民居中，还包含着居住方式、居住行为以及民居建筑中的各种技术、各种艺术门类的表现。这些组成了民居建筑中的人文要素，这是民居中文化内涵的重要内容。因此，在传统民居中，采用民系的角度，并用人文、方言、自然条件相结合的方法进行研究，还是比较合适和可行的。

此外，运用民系民居的观念和方法进行传统民居研究还有下列几个优点：

（一）加深了传统民居研究的广度和深度

从民系角度出发，调查面就不再限于某一地区，而可以深入到民系范围内各个地区，这样，就增强了调查的普遍性，以避免在单一地区或单一民居建筑中所造成的片面性。同时，在普遍调查的基础上，能够发现本地区民居建筑存在的某种共同的或相似的居住方式，即一种典型的平面形式，我们称它是一种居住模式。这种居住模式具有普遍性、适用性、经济性、持续性，也就是具有典型性，从中还可以延伸出由这种模式所反映出来的居住行为和文化内涵，它就是我们称之为该民系某地民居的典型居住模式。例如，南方村落和民居建筑中的祠宅合一形式，潮州民居中的宅、园、斋三合一的布局方式，都是当地民系民居的一种典型居住模式。

随后，通过各地区民居典型居住模式的汇总、分析、比较，可以得到民系民居典型居住模式。再加上各民系各地区之间民居不同模式的交流、融合，可以得到民居的整个面貌，这样，传统民居的保护继承与持续发展就有了可靠的依据。

（二）通过民系民居的调查，分析和掌握，可以了解民居建筑的分布概况，也可以了解各族民系民居特征的异同和演变，例如历史上三次南迁对民居建筑的影响，南下路线与民系民居的分布等。这就为我国传统民居建筑及其文化发展打下史料基础，使中国民居建筑史的写作成为可能，为我国古代建筑史中的民间建筑发展史填补了空白，这是我国文化建设中的一件大事。

（三）民族建筑有民族风格，地方建筑有地方特色。传统建筑中的地方特色和地方风格的形成实质上来自地方建筑和地区文化，主要来自民居、民间建筑如祠堂、会馆、书院、家塾、庭园等建筑物的共同特征的表现，这些特征的表现可以到民族、民系、民居、民间建筑中去找寻。根据建筑的表现规律，建筑中的特色、特征是来之于建筑实体，实体来之于类型，民间建筑特征就要到民系民居体系中的类型建筑中去找寻。十多年来的实践经验告诉我们深入到民间建筑中去，从民系民居的角度，进行调查、研究、探索，是行之有效的。

当然，在传统建筑中，包括民居、民间建筑中的地方特色，地方风格毕竟带有它的时代特征烙印，在今天的建设中是不适用的，但是，它毕竟沉淀了我国各历史时期的建筑文化。我们要根据新时代的要求，从现代需要出发，充分运用新时代的技术，借鉴传统民居建筑中，包括一切传统建筑中的优秀文化和地方建筑创作经验，贯彻古为今用原则，不断实践，不断创新，定能创造出我国新时代具有地方特色和地方风格的新宅居和新建筑。

参考文献

[1] 陆元鼎. 中国民居建筑 [M]. 广州：华南理工大学出版社，2003，11.

原文：载于《建筑师》总第115期，中国建筑工业出版社，2005年。

中国民居研究五十年

中国民居研究的发展，可分为新中国成立前、后两个时期。新中国成立前是民居研究的初期——开拓时期。新中国成立后的五十年，中国民居研究发展可分为三个阶段：第一阶段为20世纪50年代；第二阶段为20世纪60年代，中国民居研究正当全面开展的时候，由于“十年动乱”而暂告停顿；1979年，在中国共产党十一届三中全会的号召下，中国民居研究开始了第三阶段，这是一个兴旺发展的时期。

一、中国民居研究的开拓时期

20世纪30年代，中国建筑史学家龙非了教授结合当时考古发掘资料和对河南、陕西、山西等省的窑洞进行了考察调查，写出了《穴居杂考》论文❶。20世纪40年代，刘致平教授调查了云南省古民宅，写出了《云南一颗印》论文❷，这是我国第一篇研究老百姓民居的学术论文。其后，刘致平教授在调查了四川各地古建筑后，写出了《四川住宅建筑》学术论著稿❸。由于抗日战争没有刊印，该书稿直到1990年才得以发表，刊载于《中国居住建筑简史——城市、住宅、园林》一书内。

与此同时，刘敦桢教授在1940～1941年对我国西南部云南、四川、西康（现已撤销）等省、县进行大量的古建筑、古民居考察调查后，撰写了《西南古建筑调查概况》学术论文❹，此时，我国古建筑研究中首次把民居建筑作为一种类型提出来。

以上这些，都是我国老一辈的建筑史学家对民居研究的开拓和贡献，他们为后辈进行民居研究创造了一个良好的开端。

二、新中国成立后中国民居研究的发展

（一）第一阶段：20世纪50年代

1953年，当时在南京工学院建筑系任教的刘敦桢教授，在过去研究古建筑、古民居的

❶ 龙非了. 穴居杂考［J］. 中国营造学社汇刊，1934，5（01）：55-76.

❷ 刘致平. 云南一颗印［J］. 中国营造学社汇刊，1944，7（01）：63-94.

❸ 刘致平. 四川住宅建筑［M］//中国居住建筑简史——城市、住宅、园林. 王其明，增补. 北京：中国建筑工业出版社，1990：248-366.

❹ 刘敦桢. 西南古建筑调查概况［M］//刘敦桢建筑史论著选集——1927—1997. 刘叙杰，编. 北京：中国建筑工业出版社，1997：111-130.

基础上，创办了中国建筑研究室。他们下乡调查，发现在农村有很多完整的传统住宅，无论在建筑技术上或艺术上都是非常丰富和有特色的。1957年，刘敦桢教授写出了《中国住宅概况》[1]一书，这是早期比较全面的一本从平面功能分类来论述中国各地传统民居的著作。过去，由于中国古建筑研究偏重宫殿、坛庙、陵寝、寺庙等官方大型建筑，而忽视了与人民生活相关的民居建筑。现在通过调查，发现民居建筑类型众多，民族特色显著，并且有很多的实用价值。该书的出版把民居建筑提高到一定的地位，从而，民居研究引起了全国建筑界的重视。

（二）第二阶段：20世纪60年代

本阶段的民居研究发展有两个特点：

一是广泛开展测绘调查研究。这一时期民居调查研究之风遍及全国大部分省、市和少数民族地区。在汉族地区有：北京的四合院、黄土高原的窑洞、江浙地区的水乡民居、客家的围楼、南方的沿海民居、四川的山地民居等。在少数民族地区有：云贵山区民居、青藏高原民居、新疆旱热地带民居和内蒙古草原民居等。通过广泛调查发现，广大村镇中传统民居类型众多、组合灵活、外形优美、手法丰富，内外空间适应地方气候及地理自然条件，具有很高的参考实用价值。在调查中，参加的队伍也比较广泛，既有建筑院校师生，又有设计院的技术人员，科研、文物、文化部门也都派人参加，形成了一支浩浩荡荡的民居调查研究队伍。

二是调查研究。开始有明确的要求，如要求有资料、有图纸、有照片。资料包括历史年代、生活使用情况、建筑结构、构造和材料、内外空间、造型和装饰、装修等。本阶段的成果众多，其中以中国建筑科学研究院编写的《浙江民居调查》为代表。它全面系统地归纳了浙江地区有代表性的平原、水乡和山区民居的类型、特征和在材料、构造、空间、外形等各方面的处理手法和经验，可以说是一份比较典型的调查著作。值得提出的是，20世纪60年代在我国北京科学会堂举办的国际学术会议上，《浙江民居调查》作为我国建筑界的科学研究优秀成果向大会进行了介绍和宣读，这是我国第一次把传统民居研究的优秀建筑艺术成就和经验推向世界。

本阶段存在的问题是，当时研究的指导思想只是单纯地将现存的民居建筑测绘调查，从技术、手法上加以归纳分析。因此，比较注意平面布置和类型、结构材料做法以及内外空间、形象和构成，很少提高到传统民居所产生的历史背景、文化因素、气候地理等自然条件以及使用人的生活、习俗、信仰等对建筑的影响，这是单纯建筑学范围调查观念的反映。

（三）第三阶段：20世纪80年代到现在

在这期间，中国文物学会传统建筑园林委员会传统民居学术委员会和中国建筑学会建

---

[1] 刘敦桢. 中国住宅概说［M］. 北京：中国建筑工业出版社，1981.

筑史学分会民居专业学术委员会相继成立，中国民居研究开始走上有计划和有组织地进行研究的时期。

本时期的成就主要反映在五个方面：

1．在学术上加强了交流、扩大了研究成果，并团结了我国（包括港澳台地区），以及美国、日本、澳大利亚等众多对中国民居建筑有研究和爱好的国际友人。

二十年来，学术委员会已主持和联合主持召开了共十五届全国性中国民居学术会议，召开了六届海峡两岸传统民居理论（青年）学术会议，还召开了两次中国民居国际学术研讨会和五次民居专题学术研讨会。在各次学术会议后，大多出版了专辑或会议论文集，计有：《中国传统民居与文化》七辑、《民居史论与文化》一辑，《中国客家民居与文化》一辑、《中国传统民居营造与技术》一辑等。

中国建筑工业出版社为弘扬中国优秀建筑文化遗产，有计划地组织了全国民居专家编写《中国民居建筑丛书》，已编写出版了11分册。清华大学陈志华教授等和台湾汉声出版社合作出版了用传统线装版面装帧的《村镇与乡土建筑》丛书，昆明理工大学出版了较多少数民族民居研究的论著。各建筑高校也都结合本地区进行民居调查测绘编印出版了不少民居著作和图集，如东南大学出版了《徽州村落民居图集》、华南理工大学出版了《中国民居建筑（三卷本）》书籍等。各地出版社也都相继出版了众多的民居书籍，有科普型、画册型、照片集或钢笔画民居集等，既有理论著作，也有不少实例图照的介绍。

到2001年底止，经统计，已在报刊正式发表、出版的有关民居和村镇建筑的论著中有：著作217册，论文达912篇[1]。这些数字，还没有把我国台湾、香港和国外出版的中国民居论著全包括在内。同时，也可能有所遗漏。从2002年至2007年9月，据初步统计，已出版的有关民居著作约有448册，论文达1305篇[2]。通过这些书籍和报纸杂志，为我国传统民居建筑文化的传播、交流起到了较好的媒介和宣传作用。

2．民居研究队伍不断扩大

过去老一辈的建筑史学家开创了民居建筑学科的研究阵地，现在中青年学者继续参加了这个行列。他们之中，不但有教师、建筑师、工程师、文化文物工作者参加，而且还有不少研究生、本科生参加。通过民居建筑学术会议的交流，研究人员获得了民居知识，而且在学术交往中增进了友谊。例如，每两年一次的海峡两岸传统民居理论（青年）学术研讨会，参加人数和论文数量越来越多，更可喜的是青年教师和研究生占了不少。他们发挥了自己的特点和专长，在观念上、研究方法上进行了更新和创造，他们是民居研究的新生力量。

3．观念和研究方法的扩展

民居研究已经从单学科研究进入到多方位、多学科的综合研究，已经由单纯的建筑学范围研究，扩大到与社会学、历史学、文化地理学、人类学、考古学、民族学、民俗学、

[1] 陆元鼎．中国民居建筑．第三卷［M］．广州：华南理工大学出版社，2003：1263—1303．见“中国民居建筑论著引索”。

[2] 《华中理工学建筑学院民居资料统计》．2007，9（未刊稿）．

语言学、气候学、美学等多学科结合进行综合研究。这样，使民居研究更符合历史，更能反映出民居研究的特征和规律，更能与社会、文化、哲理思想相结合，从而更好地、更正确地表达出民居建筑的社会、历史、人文面貌及其艺术、技术特色。

研究民居已不再局限于一村一镇或一个群体、一个聚落，而要扩大到一个地区、一个地域，即我们称之为一个民系的范围中去研究。民系的区分最主要的是由不同的方言、生活方式和心理素质所形成的特征来反映的。研究民居与民系结合起来，不仅使民居研究在宏观上可认识它的历史演变，同时也可以了解不同区域民居建筑的特征及其异同，了解全国民居的演变、分布、发展及其迁移、定居、相互影响的规律，同时，了解民居建筑的形成、营造及其经验、手法，可为创造我国有民族特色和地方特色的新建筑提供有力的资源。

4. 深入进行民居理论研究

本时期民居建筑理论研究比较明显的成就表现在扩大了民居研究的深度和广度，并与形态、环境结合。

民居形态包括社会形态和居住形态。社会形态指民居的历史、文化、信仰、习俗和观念等社会因素所形成的特征。居住形态指民居的平面布局、结构方式和内外空间、建筑形象所形成的特征。

民居的分类是民居形态研究中的重要内容和基础，因为它是民居特征的综合体现。多年来，各地专家学者进行了深入的研究，提出了多种民居分类方法，如：平面分类法、结构分类法、形象分类法、气候地理分类法、人文语言自然条件分类法、文化地理分类法等。由于民居的形成与社会、文化、习俗等有关，又受到气候、地理等自然条件影响。民居由匠人设计、营建，并运用了当地的材料和自己的技艺和经验。这些因素都对民居的设计、形成产生了深刻的影响，因而民居特征及其分类的形成是综合的。

民居环境指民居的自然环境、村落环境和内外空间环境。民居的形成与自然条件有很大关系。由于各地气候、地理、地貌以及材料的不同，造成民居的平面布局、结构方式、外观和内外空间处理也不相同。这种差异性，就是民居地方特色形成的重要因素。此外，长期以来民居在各地实践中所创造的技术上或艺术处理上的经验，如民居建筑中的通风、防热、防水、防潮、防风（寒风、台风）、防虫、防震等方面的做法，民居建筑结合山、水地形的做法，民居建筑装饰装修做法等，在今天仍有实用和参考价值。

民居建筑有大环境和小环境。村落、聚落、城镇属于大环境，内部的院落（南方称为天井）、庭园则属于小环境。民居处于村落、村镇大环境中，才能反映出自己的特征和面貌。民居建筑内部的空间布置，如厅堂与院落（天井）的结合、院落与庭园的结合、室内与室外空间的结合，这些小环境处理使得民居的生活气息更加浓厚。

民居营造，过去在史籍上甚少记载。匠人的传艺，主要靠师傅带徒弟的方式，有的靠技艺操作来传授，有的用口诀方式传授。匠人年迈、多病或去世，其技艺传授即中断，因此，总结老匠人的技艺经验是继承传统建筑文化非常重要的一项工作。这是研究传统民居的一项重要课题。目前，由于各地老匠人稀少，技艺濒于失传，民居营造和设计法的研究存在很大困难。

多年来，《古建园林技术》杂志对推动传统建筑、民居的营造制度、营建方法、用料计算等传统技艺、方法的研究，刊载了较多论文，做出了很多贡献。

民居理论研究中存在比较艰巨和困难的课题之一是民居史的研究，在写史尚未具备成熟条件前，可在各省、区已有大量民居实例研究的基础上，对省区内民居建筑的演变、分类、发展、相互联系、特征异同找出规律，然后再扩大到全国范围，为编写民居发展史做好准备。

为此，中国建筑工业出版社与民居专业学术委员会合作，申报国家“十一五”重点出版项目，按省、地区再编写一套《中国民居建筑丛书》共18分册。丛书要求把本省、本地区民居建筑的演变、发展、类型、特征等理论及其实践做一个比较清晰的阐述和分析，这也是从全省区范围内对民居研究做更深入的理论探索。

5. 开展民居实践活动

科学技术研究的目的是为了应用，要为我国现代化建设服务。民居建筑研究也是一样，它的实践方向有两个方面：在农村，要为我国社会主义新农村建设服务；在城镇，要为创造我国现代化的、有民族特色和地方特色的新建筑服务。

（1）民居研究为建设社会主义新农村服务

我国在建设社会主义新农村的号召下，各地传统村镇和民居都面临着需要保护、改造和发展的局面，究竟是拆去重建，或择址新建，还是改造修建，有多种方式，但都没有形成一个模式。

近年来，我国对传统村镇、民居在保护发展方面采取了几种方式。

第一种方式：整体保护。有的传统村镇很完整地遗留了下来，例如早期的安徽黟县宏村、西递村，后来的江苏昆山周庄镇、云南丽江大研镇等都是一些保护较好的实例。现在都进行了保护开发并与旅游事业结合。

这些村镇和民居群整体保护发展之所以获得成功的主要因素之一是做到真实性，即民居保护有历史、有文化、有生活、有环境。人们要求看到原真性，即真正的生活和生活中的建筑与环境，而不是假古董。这些村落和民居群现在已成为旅游点，给人们提供了文化知识和休闲服务。而村民也获得了文化、保护知识和经济效益，改善了物质生活条件，这是好事。存在的问题是某些村镇开发过了头，过多地注重经济效益，管理服务不到位。

第二种方式：铲平重建，特别在大城市中的城中村。

这些城中村所在的大城市，利用大城市优越的市政设施条件和资金来源对本城市管辖的城中村进行改造。当然，出发点是为了改善、改变旧村的面貌，但是，这种做法，毁灭了旧村，同时，也去掉了文化、历史，而且还要花费相当的经济补偿和进行艰巨的思想工作。因而，铲平重建是城中村改造的一个办法，但不是唯一办法。

第三种方式：已变成废墟的古村，其改造和发展又有两种方式：

其一，按新功能发展要求，已逐步改建成为商业、服务和住居建筑为主的近现代小城镇。

其二，已变成废墟但仍存在传统肌理的村落，其改造发展方式可以在继承传统的基础上进行改造和创新发展，如广州大学城外围练溪村就是一例。

该村存在原村落的街巷肌理和少量民居庭园等残损建筑，其改造方式是，继承传统，对街巷恢复其肌理，对沿街建筑中仍可辨认的民居、斋园等按原貌修复，其余建筑按现代功能需要进行改造和建设，而外观则要统一在地方建筑风格面貌内。

第四种方式：村镇中已经存在新旧建筑掺杂的局面：这类村镇传统文化气息已经不浓，在改造和发展中，过多地强调继承传统风貌既难于实行，也无必要。一般来说，按时代要求，根据本村镇居住和商业服务发展的需要，就可以进行改造和发展。

传统街村民居保护、改造和持续发展工作尚在摸索中，没有固定的模式。但在进行过程中，有几个问题要注意：

第一，要真正认识到传统街村、民居建筑及其文化保护、改造和持续发展的重要性和迫切性。

第二，要重视和关心农民应该享受的权利和利益。传统村落民居保护发展工作要让农民参与。

例如村镇规划，有它的特殊性，这是由于规划的主体不同、对象不同、土地归属和资源不同，因而其规划的方式方法也就不同。其原因就在于村镇规划是以农村农民为主体，土地建筑属私产，拆迁、改造、修建的资金主要靠农民。如果用城市规划的一套方法进行村镇保护和发展规划，必然遭到困难和碰壁。又如：农村中一些建筑如宅居，属私人所有；祠堂、会馆、书塾等族产属集体产业。其中，有些建筑可能是文物、文化古迹或有着优秀传统文化特征的建筑物，在规划中既涉及文物保护政策，又涉及私产地权，涉及面广，如果缺了农民参与，结果做了规划还是实施不了。

第三，要明确村镇民居保护、改造、发展的目的。

在村镇民居保护改造发展进行的一些村镇中，发现了农民自建公寓的一种新方式，这是一种新模式的尝试。如广东南海桂城夏西村，因民居残旧，农民自愿筹资合建公寓来解决住房问题。他们做法，是没有找开发商介入，而是农民自己投资，自己委托设计单位设计，委托建筑公司建造。这种做法的优点：其一，开发商不介入，农民住房不属于商品房，是归农民所有；其二，土地没有商品化，农民建屋减轻了经济负担；其三，这是农民真正当家做主的表现。

村镇民居的保护和发展，最主要的目的是改善农民的居住生活条件和居住质量。如果村镇中也有遗留下来的传统民居和其他一些传统建筑，经鉴定有保留价值的可以保留外，其他的不属于文物范围的民居就可以按照村内的现实要求，进行修建、改造，这样，既保留有文化、艺术价值的部分民居或其他传统建筑，又满足村内其他房屋的使用要求。

（2）民居研究为创造我国现代化、有民族和地方特色的新建筑服务

我国民居遍布各地。由于中国南北气候悬殊，东西山陵河海地理条件各不相同，材料资源又存在很多差别，加上各民族、各地区不同的风俗习惯、生活方式和审美要求，导致了我国传统民居呈现出鲜明的民族特征和丰富的地方特色。

优秀的传统民居建筑具有历史价值、文化价值、实用价值和艺术价值。今天要创造有民族特色和地方风格的新建筑，传统民居可以提供最有力的原始资料、经验、技术、手法以及某些创作规律，因而，研究它就显得十分重要和必要。

近二十年来，我国一些地区，如北京、黄山、苏州、杭州等地的一些新建筑、度假村、住宅小区等都相应地采用了传统民居建筑中的一些经验、手法或一些符号、特征，经过提炼，运用到新建筑中，效果很好。近几年来，已扩大到成都、广州、中山、潮州等地区。可见，借鉴传统民居的经验、手法与现代建设结合起来，不但继承保护了民居建筑的精华，发扬了它的历史文化价值，还可以丰富我国新建筑的民族特色和地方风貌的创造。

学习、继承传统民居的经验、手法、特征，在现代建筑中进行借鉴和运用初见成效，但是，在建筑界还没有得到完全的认同。此外，在实际操作中，对低层新建筑的结合、对中国式新园林的结合已有成效，因而也逐渐得到认同而获得推广。但在较大型的建筑，特别是各城镇中的有一定代表性或标志性建筑中，还没有获得认同，可见，方向虽然明确，但实践的道路仍然艰巨。

五十年来，民居学术研究，取得了初步的成果，由于它是一个新兴的学科，起步较晚，同时，由于它与我国农业经济发展、农村建设和改善提高农民生活水平息息相关，而且，它又与我国现代化的、有民族特征和地方特色的新建筑创作有关。因而，这是一项重要的研究任务和课题。传统民居是蕴藏在民间的、土生土长的、富有历史文化价值和民族和地方特征价值的建筑，真正要创造我国有民族文化特征和地方文化风貌的新建筑，优秀的传统民居和地方性建筑就是一个十分宝贵的借鉴资源和财富。我们的任务是坚持不懈、不断努力地开展学术研究和交流，为弘扬、促进和宣传我国丰富的历史文化和繁荣建筑创作贡献我们的力量。

原文：载于《建筑学报》，2007年11期：66-69页。

梅州客家民居的特征及其传承与发展

客家人是我国汉民族中的一个特殊民系。据1993年统计资料，全世界有4500万客家人，国外700万人，国内3800万人。除集中在粤、闽、赣三省边区外，还分布在四川、湖南、广西和台湾等省区。

客家民系是我国南方五大民系之一，五大民系即越海民系、闽海民系、广府民系、赣湘民系和客家民系。历史上北方中原人民三次大迁移，移民来到南方，由于沿海地区都已给先来到的南下移民，与当地土著居民结合而形成了四大民系，后来的南下移民，只能在粤、闽、赣边界山区艰苦地生活和生存。长期来就形成了一支独特的民系，即客家民系。他们的中原怀旧与浓厚的传统意识在五大民系中是非常突出的，客家民系不但在文化特征上是独特的，在建筑类型和建筑风格上也是独特的。

一、客家民系的形成

客家民系形成的原因可归纳为：外因、天时和内因。外因即外部作用，战乱将部分人推出了汉民族中原文化核心区，为民系发展提供了时空条件；天时即自然的作用；内因即文化与社会凝聚力。

迁徙、流动、定居、繁衍是人类发展的基本模式。汉族人的历史拓展也是依据这样的模式进行的。由于汉族文化区北部民族的强大、彪悍，他们由北向南不断侵扰，多次入主中原，因此造成了汉族人的不断南迁。此外，汉民族在其南部未遇到强大的敌人，而那里地广人稀，加上东海和南海的天然屏障，汉族人就非常迅速地在那里完成了政权建立和安家工作。

汉民族第一次大迁移于西晋“永嘉之乱”，其后又经过唐代“安史之乱”和宋代的“靖康之难”。中原古汉民历经了三次大规模的迁徙，南方人口逐渐增多，超过了北方。其中有一支中原先民进入了赣、闽、粤地区就形成了客家地区。

汉族人在这个地区进行共同开发、垦殖生产，他们精诚团结，艰苦谋生，久之，就形成了一个独立的民系社会——客家民系。客家人使用客家话，它源于中原古唐音。其形成原因：（1）客家先民从南迁到定居所经历的时间最长，遇到的困难最大，定居的环境最恶劣，因此，怀旧情绪必然最深沉：（2）其他四个民系定居区域均有古代建国历史，故有一定方言基础，而客家定居于深山老林，无所依托，其根自然要归结于中原了。

民系是民族内部文化区域传播的独特结果。从文化人类学的观念来看，它具有以下三点内涵和特质：（1）共同的方言；（2）共同的地域；（3）共同的生活方式和共同的心理素质。这三点是一个有机的整体，它通过民系的物质文化和精神文化的特点表现出来。

客家民系是汉民族中以客家方言为主要交流媒介、有着中原血缘历史和地缘历史渊源，并以共同的生活方式、习俗、信仰、价值观念和心理素质紧密结合的人类社会群体。客家民系的形成与民族的历史发展密切相关，民系是民族内部交往不平衡的结果，每个民系都有自己的方言、相对稳定的区域和程式化的风俗习惯及生活方式。汉民族发源于黄河中下游流域，后因种种原因向四面八方扩展，在与当地土著居民的不断融合过程中，经历了无数次裂变和组合，之后在不同地域逐步发展演变成各自独立的民系。

一个民族有民族的共同心理素质，一个民系也有民系的共同心理素质。所谓民系的共同心理素质，即民系性格，是在民系的形成和发展过程中逐步形成的，它表现了民系的文化特点和心理状态。民系共同心理素质的基础是共同地域、共同经济生活及共同价值观念和信仰，它是通过民系的物质文化和精神文化来表现的。建筑艺术与风格是民系共同心理素质表现形式之一。客家人在自己民系的形成过程中，逐渐意识到他们不仅从属于一个民族，而且还从属于一个民系。他们都热爱本民族的历史和文化传统，有着自己的习俗、生活方式，并关切它们的存在和发展。客家人的这种民族感情二重性构成了客家民系的基本特征之一。它对建筑的影响是极为深远的。

客家人的习惯行为是非常模式化的，它往往遵守一种类型或规范。这些模式在人们的思想和行动上是相互联系的，它们来自其历史的变迁，他们共同创建了一个互为制约的行为模式。特别是对于同住一个楼、一个围的人们来说，频繁的互动与同一的行为规范互为因果，进一步加强了这种模式结构的稳定，这就是客家人的凝聚力量。

二、客家民系的特征

汉族文化的核心是“礼”，它要求建立一个社会秩序和家庭秩序。客家社会继承了“儒礼”文化，他们注重“礼制”文化中群体秩序的表现，它与客家人生存的环境因素有关。由于外界的对抗使他们产生内聚力，由于条件的艰难使他们产生怀旧情结。内聚性与怀旧性是客家文化的本源，一切客家文化现象都是由此而引发出来的。

因此，客家民系具有以下几个基本特征：

1．客家民系与古中原汉民族有直接的血缘和历史地缘关系，与古中原文化一脉相承，具有强烈的宗法礼制观念，注重族望门阀、族谱、祖祠。

2．客家民系具有浓厚的怀恋中原意识，在其核心区，大家以共同的习俗、信仰和观念紧密结合，使用同一种方言，表现出极其强烈的地域性。

3．客家民系特别强调家族聚居，不仅家族有族长，还往往有严密的村社组织，维护乡土社会的和谐秩序。他们强调尊祖敬宗，注重伦理道德。

4．在文化上，客家民系特别强调“耕读传家”，重视文化教育，人文昌盛。

5．在道德观念上，客家民系特别强调儒家正统观念，重礼仪道德，轻佛、道等宗教观念。他们重名节、薄功利，重孝悌、薄强权，重文教、轻无知，重信义、轻小人，就是重视儒礼的具体表现。

6. 在性格上，客家民系崇尚豪爽、粗犷、诚恳、实在、不伪饰，说到做到有信义，以及行为上坚韧不拔、刻苦耐劳、团结、勤奋、好学和勇于开拓、冒险的精神，这都是客家人崇高的美德。

三、客家村落、民居类型与特征

（一）客家村落

客家人一般生活在山区，有“无山不有客”的说法。客家人和山区环境密不可分，这是特定的社会背景所造成的，是动乱的历史环境，迫使他们避居于偏远深邃的山区之中，过着小盆地农耕经济的生活。在这种环境下，客家先民既要考虑到自己的传统风俗习惯，又要考虑到适应当地的气候、地理等自然条件。他们沿着《宅经》所言：“宅以形势为身体，以泉水为血脉，以土坡为皮肉，以草木为毛发，以屋舍为衣服，以门户为冠带。”在这种山区环境的苛刻条件下，创造了客家村落聚居样式，如围垅屋等（图1）。

客家村落和民居，通常是以家族为组合单位，采用聚居方式。它一方面为了生活、生存而采取这种既聚居又防御自卫的组合方式；另一方面也考虑到山区特定的自然环境条件，如多山而少平地，故建筑只能组团和分散布局。

客家村落和民居建筑的选址，其中最重要的条件，就是建筑和村要以山作为它的后部的依托物，有山靠山，无山则靠岗或借远山作背衬。村前则有水，或有池塘。这样的布局，就认为可以上应“苍天”，下合“大地”，达到“吉祥”的目的。实际上，客家村落选址，虽然有着深刻的传统观念，但它在满足生产、生活、适应当地气候地理、方便交通以及加强防御自卫等性能上还是能达到坚固、实用的目的。

图1 梅州客家围垅屋

客家村落聚居建筑的平面形式有：方形、圆形、椭圆、八角、马蹄和环形等多种。它的布局一般是按姓氏宗族组团，一村一围，或一村三五围，各围可邻近，也可分散，视地形而定。由于自然条件的差异，故村落布局多式多样且富有特色。

（二）客家民居

1. 客家民居单体建筑平面形式多样，组合灵活。其基本类型有：

（1）门楼屋，也称一堂屋或单栋屋，即三合院式（图2）。

（2）锁头屋，平面像古代锁头形状，故得名（图3）。

（3）堂屋，这是以厅堂为中心，对称组合而成的民居平面。两进称二堂屋，三进称三堂屋，当地也称“三厅串”（图2）。

2. 客家民居的组合类型是由正屋和横屋进行组合而成，大型的在后面再加上半圆形围屋或枕头屋，如：

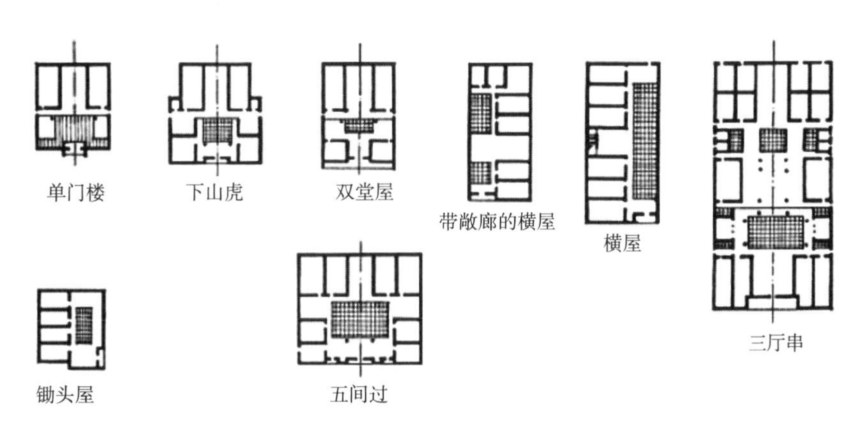

图2　客家民居平面基本类型

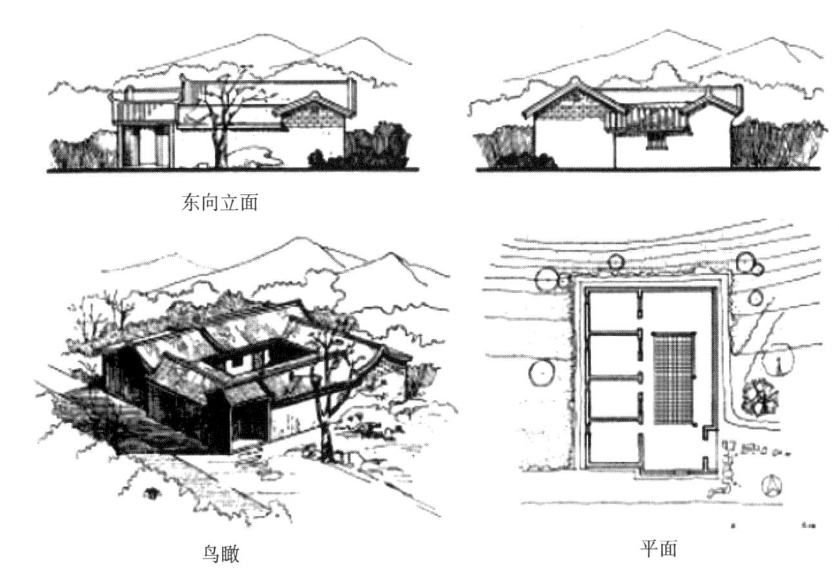

图3　大埔州瑞田背廖宅锁头屋

（1）门楼屋和横屋组合而成者，如单门楼一横屋、单门楼双横屋。

（2）以锁头屋为基本单元组合发展而成的有：合面杠（图4）、茶盘屋（图5）。再增加横屋，称之为三杠屋或四杠屋，甚至六杠屋（图6、图7）

（3）堂屋与横屋组合而成者，如双堂双横屋、三堂四横屋等（图8）。

3．客家民居中有两种特殊类型，一种叫楼，另一种称围垅，是属于聚居防御式民居类型。

（1）楼：因平面方形，故称为方围，有的客家地区称为四角楼。最早的楼见于紫金县龙安区桂山乡，称为“桂山老石楼”共五层，乃清初所建（图9）方楼的平面，实际上是由二堂屋或三堂屋为主体进行组合、发展而成的一种大型方形建筑群。外墙厚为12米，外观封闭、坚实、稳固。有的楼开窗，为一般方楼。真正的碉楼则不开窗，如开窗，则为炮眼窗。楼的内部有回廊相通，外围设壕沟，通风采光靠天井。这种楼的特点主要是四角有微凸的碉房，作防御用（图10、图11）。

（2）围垅：也称围垅屋，是广东客家最有代表性的一种集居式住宅，主要建于山坡上。它分为前后两部分，前半部是堂屋与横屋的组合体，后半部是半圆形的杂物屋，称作围垅屋。围垅屋房间为扇面形，正中间称为垅厅，其余房间称为围屋间。围垅的发展是，它以堂屋为中心，一般为二堂屋、三堂屋，然后在两侧加横屋，后部加围屋组合而成。横屋数量不拘，视家族人口而定，但一定要对称。后围数量与横屋相呼应，以平面布局完整为原则。有的围垅屋把门前禾坪周围砌上高高的围墙，在两端各开一个大门，称作“斗

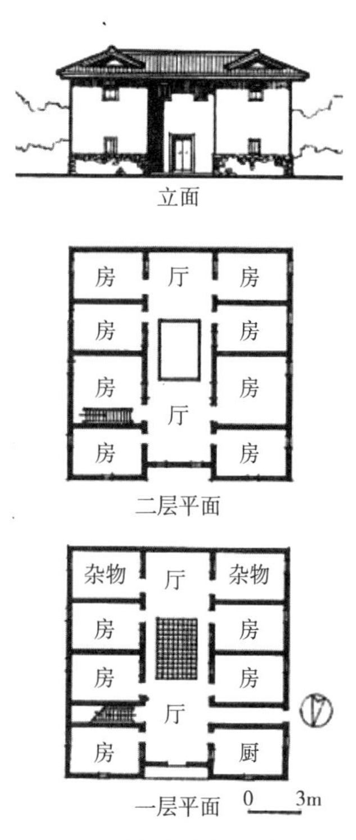

图4　兴宁模湖乡赖宅合面杠

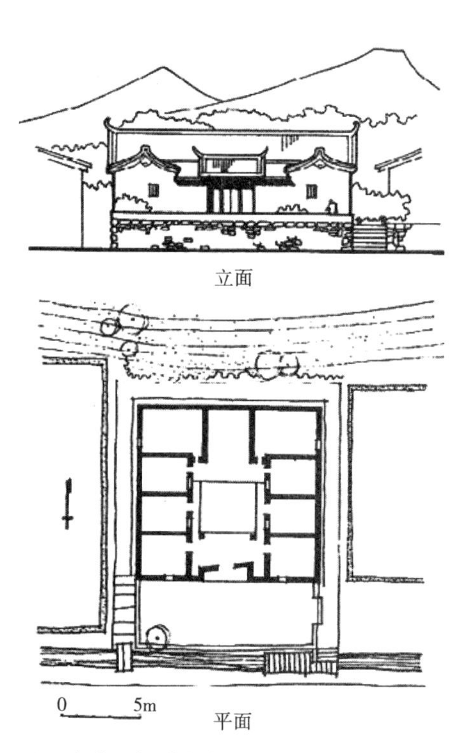

图5　大埔州瑞田背刘宅茶盘屋

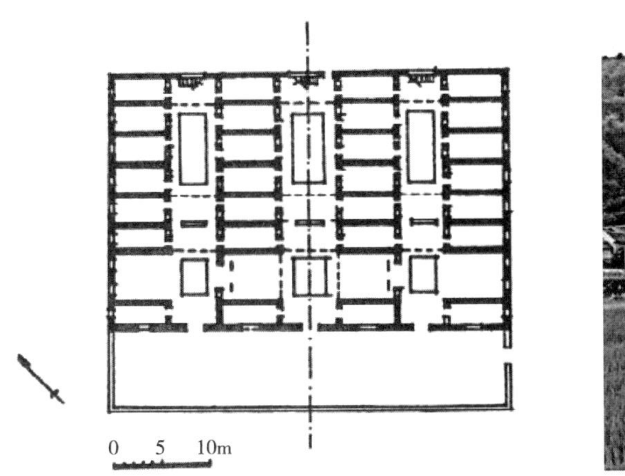

图6 梅县松口镇四杠屋民居

图7 梅县松口镇六杠屋民居

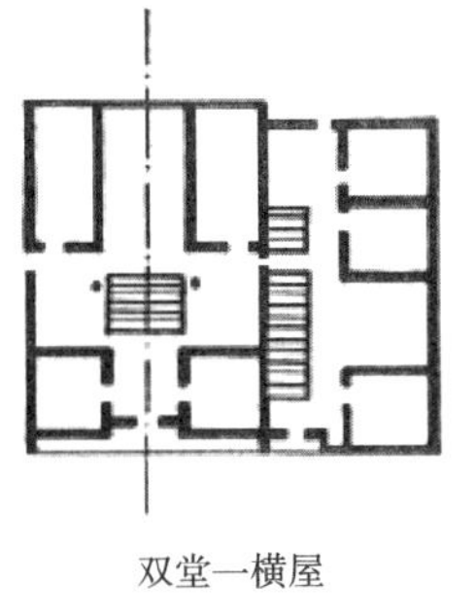

双堂一横屋

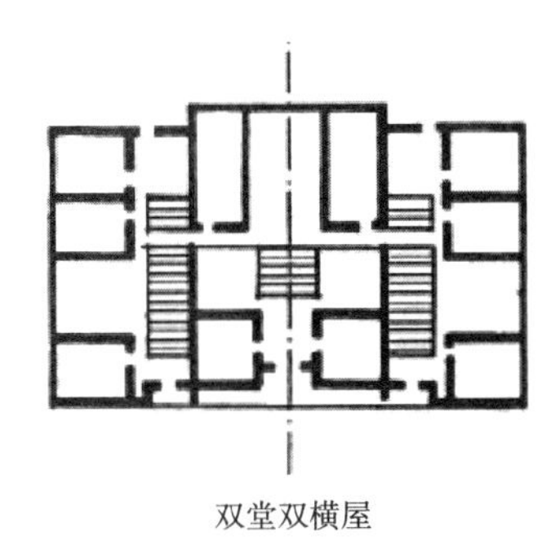

双堂双横屋

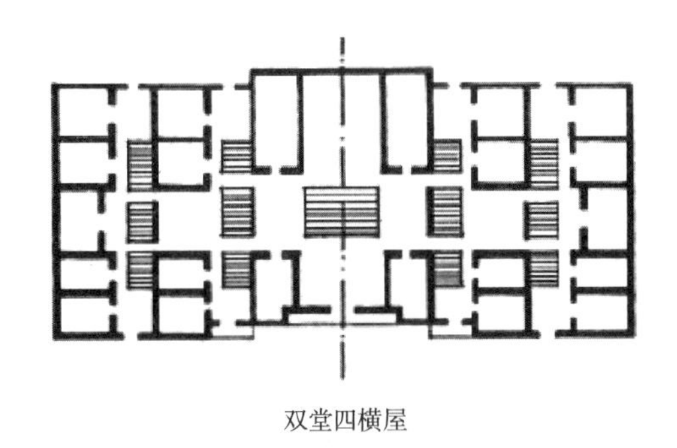

双堂四横屋

图8 堂屋组合形式

图9 紫金龙安桂山老石楼

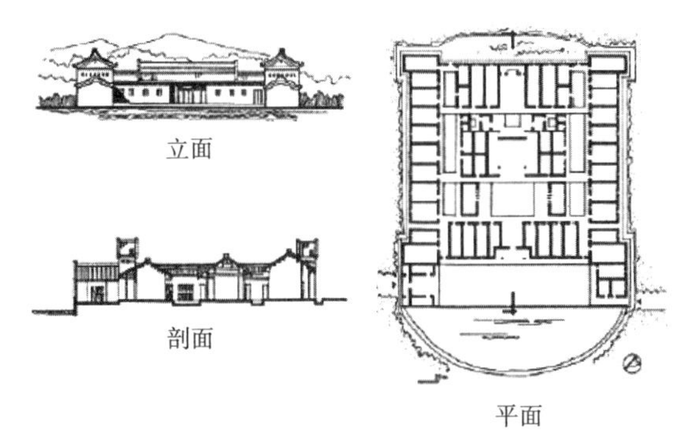

图10 兴宁黄陂镇东风乡四角楼

门”，形成一个封闭的院子。围垅屋组成后的形式有：双堂双横加围屋、双堂四横加围屋、三堂双横加枕屋等（图12）。此外，还有后带双围、三围甚至五围者。

围垅屋在艺术造型上很有特色，当地称它为“太师椅”。它比喻建筑坐落在山麓上稳定牢靠。同时，它配合山形得体，前低后高很有气势。在侧立面处理上，半圆体与长方体结合别有风味，构图上前面半圆形的池塘和后面半圆形的围屋遥相呼应，一高一低、一山一水，变化中又协调，艺术处理很有特色（图13）。

图11　连平陂头镇连星村四角楼

图12　客家地区围垅屋平面、剖面图

在粤北山区中，还有一种堂横式民居。它有两进或三进房屋，最前面的是门厅，最后面的是后堂，是祭祀祖先用的。建筑的特点是天井两旁有廊而无厢，在前厅、中堂、后堂的两侧可毗连建造住房，供族人居住。这样，就形成"工"字形或"王"字形的平面。在粤北客家山区民房很多见。

（三）客家民居建筑特征

1. 聚居建筑，这是以宗族、血缘为基础的大家族聚集而居的建筑群。

2. 具有防御性的住宅建筑，这是为生活、生存而产生的建筑。

3. 祠宅合一，以祠堂为中心，住宅环绕祠堂而建。祠堂代表家族祖先，是所有后辈必须尊敬和祀拜的。因而，在客家建筑中，祠堂居中，规模最大，规格最高。一个围屋、围楼只能有一个祠堂，居室则可布置在祠堂的周围，或环形，或在两侧。为达到族内同辈平等，居室大小采用统一规格，不分等级。这种聚居与防御、祠堂与住宅相结合的建筑特征就是客家民居明显的特色，围垅屋是客家民居聚居建筑的典型代表，堂横屋和杠屋则是客家民居单幢建筑的代表。

在这里还必须说明的是，梅州地区城镇的围垅屋与山区的围屋、围攻楼有差别，主要表现在山区的围楼、围屋通常只有一个出入大门口，防御性特别强，而城镇大多采用围垅屋形式，出入门口多，相对来说，防御性弱一点。为什么呢？笔者的理解是，梅州作为州府，地方政权所在地，客家人已经掌握一定的地方政权，所以防御不像山区地处偏僻，防御显得突出。而像福建土楼、赣南的土围子，都建造在穷僻山区，突出建筑防御作为最重要的措施肯定无疑的（图14）。

此外，梅州客家建筑，虽然是以围垅屋为主，这是一种大家族的聚居形式，到了清代后期人口增多，很多大族都逐渐向附近扩居，堂横式民居不断发展，人口多者可以二横三横，也有不少采取杠屋形式，二杠、三杠甚至可达六杠屋。这种堂横式民居在闽南、潮州一带叫从厝式民居，平面布局类似，这是中原院落式民居适应南方气候、经过长期实践而

图13　客家围垅屋花头

图14　梅县松口镇宁安庐

形成的一种新的居住模式，有着明显地方特色。而杠屋的形式更适合人口少的家庭居住，对于今天来说，是一种很值得参考和借鉴的居住样式。

从上述看来，在一个地区，并不只有一种聚居或居住模式，而是可以根据不同家族、不同人口多少，或大型，或中型来布置的，其布置方式也可视气候、地理、环境而定，可以十分灵活方便。

四、客家民居建筑的传承与发展

客家民系有蕴藏深厚的历史文化，有优秀的建筑遗产，作为中华民族一个组成部分的客家民系，特别是客都梅州，对优秀传统历史和文化更需要传承、发扬和创新，使客都梅州的城市既有传统文化特色，更是一个创新的城市。

如何传承？一般分为有形的和无形的两类。有形的都在载体中表现，如文化艺术门类以及在城市、村镇和建筑中，无形的大都在非物质文化中得到体现。而它们共同的最主要传承的是历史、是文化，历史则寓于文化之中，因为文化是可见到、摸到、有感觉、有感情的。

客家民系优秀的文化是什么呢？在上面已有提及。现在主要来研究一下客家建筑与民居究竟有什么优秀特征呢？笔者认为有三个方面：

第一，从建筑中反映出"团结友爱、崇礼崇教"的优良品德。

第二，在建筑风貌上反映出"端庄、豪旷、朴实"的客家建筑气质。

第三，大集居（聚居）下的小家庭独户生活的居住模式。这种大聚居与独门户相结合的居住方式，是中国式的居住模式，对今天有现实意义，值得认真总结。因而，我们要传承的正是这种优秀的精神文化和合宜的居住模式。在今天如何具体传承和创新呢？建议在下列各方面进行传承和创新：

1. 在城市的主要地段，如广场、主街、河道（一河两岸）、主要公园等地。

2. 在城市的标志性建筑，如火车站、汽车站、航空站、码头等出入口建筑。

3. 特殊性的文化建筑，如博物馆、图书馆、艺术院等。上述建筑以创新为主，但要有传统风貌体现也不一定全都是，视环境而定。

4. 旧城区如梅县、老街和有传统特色的老建筑，要保护，不要拆。在保护过程中，要贯彻“不改变文物原状”原则，同时要增加保护和服务设施。

5. 围垅、杠屋，特别是杠屋的外貌、平面、庭院，今天仍有借鉴参考价值。在创新方面雁南飞宾馆新建筑群是一个实例，可以参考。街道改建也不能都一样，式样类同就会单调，千万不要搞假古董。在保护与发展过程中，“两者的关系，保护不是目的，发展才是目的，当地老百姓适应时代的良好人居环境永远是目的”，这是时任建设部汪光焘部长2004年在一次会议上的报告中所指出的，当时是针对“历史文化名城的发展和保护的关系”所提出的，今天对民居建筑和城市村镇，仍然是适用的。

原文：载于《南方建筑》，2008年，2期，33-39页。

中国民居建筑的分布与形成

先秦以前，相传中华大地上主要生存着华夏、东夷、苗蛮三大文化集团，经过连年不断的战争，最终华夏集团取得了胜利，上古三大文化集团基本融为一体，形成一个强大的部族，历史上称为夏族或华夏族。

春秋战国时期，在东南地区还有一个古老的部族称为“越”或“於越”，以后，越族逐渐被夏族兼并而融入华夏族之中。

秦统一各国后，到汉代，我国都用汉人、汉民的称呼，当时，它还不是作为一个民族的称呼。直到隋唐，汉族这个名称才基本固定下来。

历史上的汉族与我国现代的汉族的含义不尽相同。历史上的汉族，实际上从大部族来说它是综合了华夏、东夷、苗蛮、百越各部族而以中原地区华夏文化为主的一个民族。其后，魏晋南北朝时期，西北地带又出现乌桓、匈奴、鲜卑、羯、氐、羌等族，南方又有山越、蛮、俚、僚、爨等族，各民族之间经过不断的战争和迁徙、交往达到了大融合，成为统一的汉民族。

一、汉族地区的发展与分布

汉族祖先长时间来一直居住在以长安京都为中心的中原地带，即今陕、甘、晋、豫地区。东汉—两晋时期，黄河流域地区长期战乱和自然灾害，使人民生活困苦不堪。永嘉之乱后，大批汉人纷纷南迁，这是历史上第一次规模较大的人口迁徙。当时大量人口从黄河流域迁移到长江流域，他们以宗族、部落、宾客和乡里等关系结队迁移。大部分西移到江淮地区，因为当时秦岭以南、淮河和汉水流域的一片土地还相对比较稳定。有一部分人民南迁到太湖以南的吴、吴兴、会稽三郡，也有一些迁入金衢盆地和抚河流域，再有部分则沿汉水流域西迁到四川盆地。

隋唐统一中原，人民生活渐趋稳定和改善，但周边民族之间的战争和交往仍较频繁。周边民族人民不断迁入中原，与中原汉人杂居、融合，如北方的一些民族迁入长安、洛阳和开封、太原等地。也有少部分人迁入陕北、甘肃、晋北、冀北等地。在西域的民族则东迁到长安、洛阳，东北的民族则向南入迁关内。通过移民、杂居、通婚，汉族和周边民族之间加强了经济、文化，包括农业、手工业、生活习俗、语言、服饰的交往，可以说已经融合在汉民族文化之内而没有什么区别。到北宋时期，中原文献中已没有突厥、胡人、吐蕃、沙陀等周边民族成员的记载了。

北方汉族人民，以农为本，大多安定于本土，不愿轻易离开家乡。但是到了唐中叶，北方战乱频繁，土地荒芜，民不聊生。安史之乱后，北方出现了比西晋末年更大规模的汉民南迁。当时，在迁移的人群中，不但有大量的老百姓，还有官员和士大夫，而且大多举家举族南迁。根据史籍记载，当时他们的南迁迁移路线大致有东、中、西三条路线。

东线：自华北平原进入淮南、江南，再进入江西。其后再分两支，一支沿赣江翻越大庾岭进入岭南，一支翻越武夷山进入福建。

东线移民渡过长江后，大致经两条路线进入江西。一支经润州（今镇江市）到杭州，再经浙西婺州（今金华市）、衢州入江西信州（今上饶市），另一条自润州上到升州（今南京市），沿长江西上，在九江入鄱阳湖，进入江西。到达江西境内的移民，有的迁往江州（今南昌市）、筠安（今高安）、抚州（今临川市）、袁州（今宜春市）。也有的移民，沿赣江向上到虔州（今赣州市）以南翻越大庾岭，进入浈昌（今广东省南雄县），经韶州（今韶关市）南行入广州。另一支从虔州向东折入章水河谷，进入福建汀州（今长汀县）。

中线：来自关中和华北平原西部的北方移民，一般都先汇集到邓州（今河南邓县）和襄州（今湖北襄樊市）一带，然后再分水陆两路南下。陆路经过荆门和江陵，渡长江，从洞庭湖西岸进入湖南，有的再到岭南。水路经汉水，到汉中，有的再沿长江西上，进入蜀中。

西线：自关中越秦岭进入汉中地区和四川盆地，途中需经褒斜道、子午道等栈道，道路崎岖难行。由于它离长安较近，虽然，与外界山脉重重阻隔，交通不便，但是，四川气候温和，土地肥沃，历史上包括唐代以来一直是经济、文化比较发达的地区，相比之下，蜀中就成为关中和河南人民避难之所。因此，每逢关中地区局势动荡，往往就有大批移民迁入蜀中。而每当局势稳定，除部分回迁外，仍有部分士民、官宦子弟和从属以及军队和家属留在本地。虽然移民不断增加但大量的还是下层人民，上层贵族官僚西迁的仍占少数。

从上述三线南迁的过程看，当时迁入最多的是三大地区，一是江南地区，包括长江以南的江苏、安徽地区和上海、浙江地区；二是江西地区；三是淮南地区，包括淮河以南、长江以北的江苏、安徽地带。福建是迁入的其次地区。

淮南为南下移民必经之地。由于它离黄河流域稍远，当时该地区还有一定的稳定安宁时期，因此，早期的移民在淮南能有留居的现象。但是随着战争的不断蔓延和持续，淮南地区的人民也不得不再次南迁。

在南方迁入的地区中，由于江南比较安定，经济上有一定的富裕，如越州（今浙江绍兴）、苏州、杭州、升州（今南京）等地，因此导致这几个地区人口越来越密。其次是安徽的歙州（今歙县地区）、婺州（今浙江金华市）、衢州，由于这些地方是进入江西、福建的交通要道，北方南下的不少移民都在此先落脚暂居，也有不少就停留在当地落户，成为移民。

当然，除了上述各州之外，在它附近诸州也有不少移民停留，如江南的常州、润州（今江苏镇江）、淮南的扬州、寿州（今安徽寿县）、楚州（今江苏淮河以南盱眙以东地区）、江西的吉州（今吉安市）、饶州（今景德镇市）、福建的福州、泉州、建州（今建阳市）等。这些移民长期居留在州内，促进了本地区的经济和文化的发展，因此，自唐代以来，全国的经济文化重心逐渐移向南方是毫无异议的。

北宋末年，金兵骚扰中原，中州百姓再一次南迁，史称靖康之乱。这次大迁移是历史以来规模最大的一次，估计达到三百万人南下。其中一些世代居住在开封、洛阳的高官贵族也陆续南迁。这次迁移的特点是迁徙面更广更长，从州府县镇，直到乡村，都有移民足迹。

历史上三次大规模的南迁对南方地区的发展具有重大意义。三次移民中，除了宗室、贵族、官僚地主、宗族乡里外，还有众多的士大夫、文人学者，他们的社会地位、文化水平和经济实力较高，到达南方后，无论在经济上、文化上，都使南方地区获得了明显的提高和发展。

南方地区民系族群的形成就是基于上述原因。它们既有同一民族的共性，但是，不同民系地域，虽然同样是汉族，由于南北地区人口构成的历史社会因素、地区人文、习俗、环境和自然条件的差异，都会给族群、给居住方式带来不同程度的影响，从而也形成了各地区不同的居住模式和特色。

民系的形成不是一朝一夕或一次性形成的，而是南迁汉民到达南方不同的地域后，与当地土著人民融洽、沟通、相互吸取优点而共同形成的。即使在同一民系内部，也因南迁人口的组成、家渊以及各自历史、社会和文化特质的不同而呈现出地域差别。在同一民系中，由于不同的历史层叠，形成较早的民系可能保留较多古老的历史遗存。如越海民系，它在社会文化形态上就会有更多的唐宋甚至明清、各时期的特色呈现。也有较晚形成的民系，在各种表现形态上可能并不那么古老。也有的民系，所在区域僻处一隅，地理位置比较偏僻，长期以来与外界交往较少，因而，受北方文化影响相对较少。如闽海民系，在它的社会形态中会保留多一些地方土著特点。这就是南方各地区形态中保留下来的这种文化移入的持续性、文化特质的层叠性，同时又有文化形态的区域差异性。

历史上，移民每到一个地方都会存在着一个新生环境问题，即与土著社群人民的相处问题。实际上，这是两个文化形体综合力量的沟通和碰撞，一般会产生三种情况：（1）如果移民的总体力量凌驾于本地社群之上，他们会选择建立第二家乡，即在当地附近地区另择新点定居；（2）如果双方均势，则采用两种方式，一种是避免冲撞而选择新址另建第二家乡，另一种是采取中庸之道彼此相互掺入，和平地同化，共同建立新社群；（3）如果移民总体力量较小，在长途跋涉和社会、政治、经济压力下，他们就会采取完全学习当地社群的模式，与当地社群融合、沟通，并共同生存、生活在一起。当然，也会产生另一情况，即双方互不沟通，在这种极端情况下，移民被迫为了保护自己而可能另建第二家乡。

在北方由于长期以来中原地区和周边民族的交往沟通，基本上在中原地区已融合成为以中原文化为主的汉民族，他们以北方官话为共同方言，崇尚汉族儒学礼仪，基本上已形成一个广阔地带的北方民系族群。但是，如山西地区，由于众多山脉横贯其中，交通不便，当地方言比较悬殊，与外界交往沟通也比较困难，在这种特殊条件下，形成了在北方大民系之下的一个区域地带。

到了清末，我国唐宋以来的州和明清以来的府大部分保持稳定状态。虽然，明清年代还有“湖广填四川”和各地移民的情况，但毕竟这是人口调整的小规模移民。由此，全国地域民系的格局和分布都已基本定型。

民族、民系、地域在形成和发展过程中，由稳定到定型，必然需要建造宅居。宅居建筑是人类满足生活、生存最基本的工具和场所。民居建筑形成的因素很多，有社会因素、经济物质因素、自然环境因素，还有人文条件因素等。在汉族南方各地区中，由于历史上的大规模的南迁，北方人民与南方土著社群人民经过长期来的碰撞、沟通和融合，对当地土著社群的人口构成、经济、文化和生产、生活方式礼仪习俗、语言（方言），以及居住模式都产生了巨大的影响和变化。对民居建筑来说，由于自然条件、地理环境以及社会历史、文化、习俗和审美的不同，也导致了各地民居类型、居住模式既有共同特征的一面，也有明显的差异性，这就是我国民居建筑之所以丰富多彩、绚丽灿烂的根本原因。

二、少数民族地区的发展与分布

我国少数民族分布，基本上可以分为北方和南方两个地区。现代的少数民族与古代的少数民族不同，他们大多是从古代民族延伸、融合、发展而来。如北方的现代少数民族，他们与古代居住在北方的沙漠和山林地带的乌孙、突厥、回纥、契丹、肃慎等古代民族有着一定的渊源关系，而南方的现代少数民族则大多是由古代生活在南方的百越、三苗和从北方南迁而来的氐羌、东夷等民族发展演变而来。他们与汉族共同组成了中华民族，也共同创造了丰富灿烂的中华文化。

我国的西北部土地辽阔，山脉横贯，古代称为西域，现今为新疆维吾尔自治区。公元前2世纪，匈奴民族崛起，当时西域已归入汉代版图。唐代以后，漠北的回鹘族逐渐兴起，成为当时西域的主体民族，延续至今即成为现在的维吾尔族。

我国北方有广阔的草原，在秦汉时代是匈奴民族活动的地方。其后，乌桓、鲜卑、柔然民族曾在此地崛起，直至6世纪中叶柔然汗国灭亡。之后，又有突厥、回鹘、女真等在此活动。12～13世纪，女真族建立金朝。其后，与室韦——鞑靼族人有渊源关系的蒙古各部在此开始统一，延续至今，成为现代的蒙古族。

在我国西北地区分布面较广的还有一个民族叫回族。他们聚居的区域以宁夏回族自治区和甘肃、青海、新疆及河南、河北、山东、云南等省较多。

回族的主要来源是在13世纪初，由于成吉思汗的西征，被迫东迁的中亚各族人、波斯人、阿拉伯人以及一些自愿来的商人，来到中国后，定居下来，与蒙古、畏兀儿、唐兀、契丹等民族有所区别。他们逐渐与汉人、畏兀儿人、蒙古人，甚至犹太人等，以伊斯兰教为纽带，逐渐融合而成为一个新的民族，即回族。可见，回族形成于元代，是非土著民族，长期定居下来延续至今。

在我国的东北地区，史前时期有肃慎民族，西汉称为挹娄，唐代称为女真，其后建立了后金政权。1635年，皇太极继承了后金皇位后，将族名正式定为满族，一直延续至今，即现代的满族。

朝鲜族于19世纪中叶迁到我国吉林省后，延续至今。此外，东北地区还有赫哲族、鄂伦春族、达斡尔族等，他们人数较少，但是，他们民族的历史悠久可以追溯到古代的肃慎、契丹民族和北方的通古斯人。

在西南地区，据史书记载，古羌人是祖国大西北最早的开发者之一，战国时期部分羌人南下，向金沙江、雅砻江一带流徙，与当地原著族群交流融合逐渐发展演变为羌、彝、白、怒、普米、景颇、哈尼、纳西等民族的核心。苗、瑶族的先民与远古九寨、三苗有密切关系，经过长期频繁的辗转迁徙，逐步在湖南、湖北、四川、贵州等地区定居下来。畲族亦属苗瑶语族，六朝至唐宋，其先民已聚居在闽粤赣三省交界处。东南沿海地区的越部落集团，古代称为“百越”，它聚居在两广地区，其后，向西延伸，散及贵州、云南等地，逐渐发展演变为壮、傣、布依、侗等民族。“百濮”是我国西南地区的古老族群，其分布多与“百越”族群交错杂居，逐渐发展为现今的佤族等民族。

我国西南地区青藏高原有着举世闻名的高山流水，气象万千的林海雪原，更有着丰富的矿产资源，世界最高峰珠穆朗玛峰耸立在喜马拉雅山巅，从西藏先后发现旧石器到新石器时代遗址数十处，证明至少在5万年前，藏族的先民就繁衍生息在当今的世界屋脊之上。

据史书记载，藏族自称博巴，唐代译音为“吐蕃”。公元7世纪初建立王朝，唐代译为吐蕃王朝，族群大多居住在青藏高原，也有部分住在甘肃、四川、云南等省内，延续至今，即为现在的藏族。

羌族是一个历史悠久的古老民族，分布广泛，支系繁多。古代羌族聚居在我国西部地区现甘肃青海一带。春秋战国时期，羌人大批向西南迁徙，在迁徙中与其他民族同化，或与当地土著结合，其中一支部落迁徙到了岷山江上游定居，发展而成为今日羌族。他们的聚居地区覆盖四川省西北部的汶川、理、黑水、松潘、丹巴和北川等七个县。

彝族族源与古羌人有关，两千年前云南、四川已有彝族先民，其先民曾建立南诏国，曾一度是云南地区的文化中心。彝族分布在云、贵、川、桂等地区，大部分聚居在云南省内，几乎在各县都有分布，比较集中在楚雄、红河等自治州内。

白族在历史发展过程中，由大理地区的古代土著居民融合了多种民族，包括西北南下的氐羌人，历代不断移居大理地区的汉族和其他民族等，在宋代大理国时期已形成了稳定的白族共同体。其聚居地主要在云贵高原西部，即今云南大理地区。

纳西族历史文化悠久，它也渊源于南迁的古氐羌人。汉以前的文献把纳西族称为“牦牛种”、“旄牛夷”，晋代以后称为“摩沙夷”“么些”“摩梭”。过去，汉族和白族也称纳西族为“摩梭”“么些”。“牦”“旄”“摩”“么”是不同时期文献所记载的同一族名。新中国成立后，统一称“纳西族”。现在的纳西族聚居地主要集中在云南的金沙江畔、玉龙山下的丽江坝、拉市坝、七河坝等坝区及江边河谷地区。

壮族具有悠久的历史，秦汉时期文献记载我国南方百越群中的西瓯、骆越部族就是今日壮族的先民。其聚居地主要在广西壮族自治区境内，宋代以后有不少壮族居民从广西迁滇，居住在云南文山州。

傣族是云南的古老居民，与古代百越有族源关系。汉代其先民被称为“滇越”“掸”，主要聚居地在云南南部的西双版纳自治州和西南南部的德宏自治州内。

布依族是一个古老的本土民族，先民古代泛称“僚”，主要分布在贵州南部、西南部和中部地区，在四川、云南也有少数人散居。

侗族是一个古老的民族，分布在湘、黔、桂毗连地区和鄂西南一带，其中一半以上居住在贵州境内。古代文献中有不少关于洞人（峒人）、洞蛮、洞苗的记载，至今还有不少地区保留“洞”的名称，后来“峒”或“洞”演变为对侗族的专称。

很早以前，在我国黄河流域下游和长江中下游地区就居住着许多原始人群，苗族先民就是其中的一部分。苗族的族属渊源和远古时代的“九黎三苗”等有着密切的关系。据古文献记载，“三苗”等应该都是苗族的先民。早期的“三苗”由于不断遭到中原的进攻和战争，苗族不断被迫迁徙，先是由北而南，再而由东向西，如史书记载说“苗人，其先自湘窜黔，由黔入滇，其来久有”。西迁后就聚居在以沅江流域为中心的今湘、黔、川、鄂、桂五省毗邻地带，而后再由此迁居各地。现在，他们主要分布在以贵州为中心的贵州、云南、四川和湖南、湖北、广西等各省山区境内。

瑶族也是一个古老的民族，为蚩尤九黎集团、秦汉武陵蛮、长沙蛮的后裔南北朝称“莫瑶”，这是瑶族最早的称谓。华夏族入中原后，瑶族就翻山越岭南下，与湘江、资江、沅江及洞庭湖地区的土著民族融合而成为当今的瑶族。现都分散居住在广西、广东、湖南、云南、贵州、江西等省区境内。

据考古发掘，鄂西清江流域十万年前就有古人类活动，相传就是土家族的先民栖息场所。清江、阿蓬江、酉水、溇水源头汇聚之区是巴人的发祥地，土家族是公认的巴人嫡裔。现今的土家族都聚居于湖南、湖北、四川、贵州四省交会的武陵山区。

我国除汉族外有少数民族55个。以上只是部分少数民族的历史、发展分布与聚居地区，由于这些少数民族各有自己的历史、文化、宗教信仰、生活习俗、民族审美爱好，又由于他们所处不同地区和不同的自然条件与环境，导致他们都有着各自的生活方式和居住模式，就形成了各民族丰富灿烂的民居建筑。

为了更好地把我国各民族地区民居建筑的优秀文化遗产和最新研究成果贡献给大家，我们在前人编写的基础上进一步编写了一套更系统、更全面的综合介绍我国各地各民族的民居建筑丛书。

我们按下列原则进行编写：

1．按地区编写。在同一地区有多民族者可综合写，也可分民族写。

2．按地区写，可分大地区，也可按省写。可一个省写，也可合省写，主要考虑到民族、民居、类型是否有共同性，同时也考虑到要有理论、有实践、内容和篇幅的平衡。

为此，本丛书共分为18册，其中：

1. 按大地区编写的有：东北民居、西北民居2册。

2. 按省区编写的有：北京、山西、四川、两湖、安徽、江苏、浙江、江西、福建、广东、台湾共11册。

3. 按民族为主编写的有：新疆、西藏、云南、贵州、广西共5册。

本书编写还只是阶段性成果。学术研究，远无止境，继往开来，永远前进。

原文：载于《中国民居建筑丛书》总序，中国建筑工业出版社，2008—2009年。

民居建筑研究六十年回顾与展望

中国传统民居研究自新中国成立以来已经60个年头，回顾发展历程，感到意义深远，道路摸索前进，队伍不断壮大，民居研究范围逐步完善，研究观念和研究方法不断充实、更新，研究成果丰硕，这是广大民居研究人员在各级部门的支持帮助下辛勤劳动的成果。

民居建筑研究的成就，在拙文《中国民居建筑研究五十年》[1]和朱良文教授《民居研究学术成就二十年》[2]中已有详细叙说，在这里主要补充近10年来的研究成就，也可以说是民居建筑研究六十年的一个阶段性成果。它主要反映在以下四个方面：

一、积极弘扬和宣传民居建筑中的中华传统文化精神，促进社会各界对城镇街村和民居建筑保护的重视

民居建筑（城乡老百姓的住房），长期以来，由于社会和经济因素，绝大部分处于破陋年久失修的状态，但是在各地区的一些城乡村镇街区和民居中仍然还保留着浓厚的传统文化和丰富的建筑肌理特色，它是我国社会、民族、家族的组成部分，蕴藏着我国优秀的传统文化，是我国建筑历史发展中的一个重要组成部分。

新中国成立后，随着我国经济的恢复和发展，在改革开放政策方针的指引下，城乡建设面貌获得显著变化，特别是三农（农业、农民、农村）事业得到了党和政府的高度重视，全国各界也都重视城镇街村民居的保护、改造和发展。我们民居建筑研究人员在几十年调查研究的基础上，提出了有关村镇民居保护和改造、建设新农村的建议，得到社会和学术界的理解、支持和重视。

但是，在这方面仍然做得不够广泛和深入，一方面，今后还要对民居建筑的历史价值、文化价值、保护价值再深入宣传；另一方面还要在民居建筑保护利用的实践上，根据不同的地区和条件做出更多的实例实效，促使社会上给予更多的重视。

二、民居研究成果丰硕

一是学术上的交流不断扩大，研究队伍不断壮大。以历次民居会议为例，据统计，从

[1] 刊登于《建筑学报》，2007年第11期，第66-69页。

[2] 载于《中国民居建筑年鉴（1988—2008）》，中国建筑工业出版社，2008年，第3-12页。

2001年以来每届民居学术会议与会人数都在百人以上，如2007年第15届全国民居学术会议代表195人[1]，2008年第16届全国民居学术会议达242人[2]。而且每次会议不仅有老一辈的民居专家参加，还有中青年民居研究骨干参加，更有大批的青年研究学者参加，包括学校的博士、硕士研究生，青年学者参加人数几乎占会议代表的2/3；不仅中国内地学者参加，中国台湾、香港、澳门的学者也会参加，甚至每届学术会议还有国外民居专家参加，如美国、日本、韩国、瑞典等。

二是论文著作成果明显。据统计，新中国成立以来到2010年4月为止，在全国出版社正式出版的中文著作达1582册，在全国期刊正式发表的论文达5139篇。具体统计见表1。

出版社、期刊正式出版发表的民居建筑研究论著论文（包含相关学科）统计　　表1

时段	著作			论文		
	中文	外文	小计	中文	外文	小计
1957年～2008年1月[3]	1233册	122册	1355册	3868篇	15篇	3883篇
2008年1月～2010年4月[4]（包括补充2008年以前遗漏的论著）	349册	126册	475册	1271篇	120篇	1391篇
新中国成立后（1949年～2010年4月）	1582册			5139篇		

注：上述统计，还可能有遗漏。

近十年来，民居建筑研究成果比较突出的是几本大型著作和丛书的出版，如由华南理工大学出版社2003年11月出版的《中国民居建筑（上、中、下三卷本）》（陆元鼎、杨谷生主编）；中国建筑工业出版社2004年8月出版的《中国民居研究》（孙大章著）；中国建筑工业出版社2007年10月出版的《诗意栖居——中国传统民居的文化解读（三卷本）》（赵新良编著）；中国建筑工业出版社2009年12月出版的《中国民居建筑丛书（18分册）》（陆元鼎总主编）；清华大学出版社2010年5月出版的《中国古代建筑知识丛书——中国民居五书》（王贵祥、王向东主持）。这些大型民居建筑研究图书比较全面地反映了我国传统民居建筑与文化研究几十年来的成就，也可以说是民居研究60年来阶段性成果的缩影。

此外，2008年出版的《中国民居建筑年鉴（1988—2008）》和2010年9月即将出版的《中国民居建筑年鉴（2008—2010）》两书，不但记录了民居建筑研究发展的历程，搜集整理了新中国成立60年来（包含新中国成立前的近代时期）学术界发表的中国传统民居研究著作和论文的目录索引，而且还用光盘刻录了最近20年来召开历届民居研究学术会议参加的论文集全文（包括已发表的和未发表的论文）。这些宝贵的资料既反映了民居建筑研究

[1] 数据来源于《中国民居建筑年鉴（1988—2008）》，中国建筑工业出版社，2008年，第62页。

[2] 数据来源于《中国民居建筑年鉴（2008—2010）》，中国建筑工业出版社，2010年。

[3] 数据来源于《中国民居建筑年鉴（1988—2008）》，中国建筑工业出版社，2008年，第65-259页。

[4] 同上。

的丰硕成果，也为今后民居建筑研究提供了大量的基础资料。

今后主要应加强对民居建筑的理论和方法研究。

（1）对民居建筑史的研究，包括各时期和各地区、各民族民居的发展史，民居中的迁移、交融、发展的历史，民居与社会、宗族的关系等。

（2）对民居建筑价值的研究，包括对民居建筑的历史价值、社会价值、宗族迁移发展价值、文化传承价值等。

（3）对民居建筑研究方法的再探索，是深入研究民居建筑的重要手段之一。

（4）对民居建筑营造的研究，是民居研究的基础，说明民居建筑是如何形成发展的，它包括构造材料、结构施工、设计和工艺技术。

（5）要加强民居建筑研究的国际学术交流，学习国外有益的观念和方法、提高和改进自身的研究。

三是在实践方面做出了较大的努力。民居研究人员对各地的村镇街区民居和一些城中村的保护、改造和利用进行了不少的探索，取得了有益的经验。但是，由于村镇街区分布在全国各地区各民族境内，南北气候悬殊，东西地貌、环境又各不相同，加上各地村镇的历史、家族、经济、文化的形成发展以及民居建筑的布局、肌理、文化特征也都不相同，因此，进行民居村镇街区的保护、改造是不可能用一种方法、一个标准、一个模式来解决的。今后，还要通过实践进行探索，根据不同条件，采用不同方法，逐步解决。

在探索中，要贯彻中央提出的科学发展观思想，要以人为本，要考虑从大多数群众即农民群体的角度出发，要以农民的利益为重。村镇建屋最好的方式由村镇自行组织机构来解决，如广东佛山市南海区夏西村夏北村等已有实践，效果较好。一般来说，不要轻易交给开发商参与，过去有这种做法，但很少取得实效，因为两者的目的不同，交给开发商的做法无论在文化传承、村镇的土地利用、居住环境、农民的实际利益都会受到影响。

又如对传统民居建筑特征和文化的归纳，并应用到新建筑、新住宅建设上，为创造我国有民族特色和地方风格的新建筑也都进行了较多的探索，如北京的菊儿胡同、黄山的云谷山庄、杭州的黄龙饭店、贵州花溪的新园林宾馆、成都清华坊住宅、广东中山泮庐住宅小区、广东潮州饶宗颐学术信等，都是民居建筑研究效果较好的实例。

在探索中，有符号细部特征的运用，包含屋面山墙、入口大门、细部装饰、门窗花纹、色彩的运用，也有进一步对布局特征、山水环境的借鉴，如庭院天井就受到广泛的运用等，都是有益的尝试。

传统民居设计、营造、使用三位一体的营建模式，功能、经济、美观紧密结合的建筑创作规律，民族民居建筑特有的民族特征和地域文化特征，都是丰富的资源宝藏，有待于我们进行深入挖掘摸索和创作。

民居建筑保护改造后往往进行旅游开发，现在很多地区和村镇都在效仿，农村农民获得利益，这是好事，但随之也带来不少负面影响，如民居建筑和环境的破坏、商业行为过盛、门票太贵，因此，民居建筑的旅游开发实践要慎重。

三、对民居研究的再认识

过去对民居建筑的认识仅是从学术角度出发，也即从历史价值、文化价值、建筑价值出发，在研究观念和方法上则是从单一的建筑学观念发展到从多学科综合研究的观念和方法出发，在民居研究实践上，是从传统街村民居的保护、改造上和传统民居特征运用到新建筑新民居创作上进行探索，比较偏重于学术的观念出发，这也是应该的，但是，较少考虑到民居建筑研究对国民经济发展的意义，例如传统民居建筑在设计和营建中的节约土地、节约材料、节约资源、改善居住生活环境、防止污染等特点，即现代建筑中所讲的节能、防污、低碳的要求。

我国传统民居建筑虽然只是土木结构，砖瓦沙石建成，但是在先民长期劳动实践下创造了实用、节约、有效的营建技术和经验，如民居的择向选址，就地取材、因材致用，节约用地用材，适应气候、地理、地形和环境，通风、防热、防风、防震、防寒、防水、防虫害，以及有效使用大自然资源等做法，虽然没有高科技，但对今天减少能耗、节省资源、低碳生活还是有某些经验技术可资借鉴和运用的。对民居建筑中的传统经验、技术、手法，如节能、节地、节材、防污、减排等资源研究今后要加强。

四、民居建筑研究学科基本形成

一个学科的建立与形成有其必然的因素和条件。首先是它的研究价值和意义，包括历史价值、建筑价值、文化价值以及在国民经济中的现实意义和价值。同时，它还要有本学科独特的研究范围、研究观念和研究方法，而是其他学科所不能替代的。

民居建筑是村镇的主要组成内容，是我国社会、民族、宗族的组成基础，它是我国古代最早建立的一个建筑类型，是各种建筑类型的原始祖体。五千年来，民居建筑历史悠久，直到今天仍在不断演变发展，因而它的研究价值和意义显得十分重要。同时，我国不少村落和民居建筑还富有浓厚的传统文化和建筑肌理特征，这是我国历史、文化、建筑的宝贵财富，近年来已得到政府和各地学术界的高度重视，当前加强进行民居建筑研究就显得更为重要和迫切。

传统民居是中国古代建筑的一个组成部分，它的研究不仅是用建筑学的观念和方法，还涉及社会学、历史学、人类学、文化学、民族学、民俗学、语言学（方言）、艺术、技术、工艺、美学等多学科综合研究，因此，成立独立学科研究更显得必要。

当然，学科的形成还要一定的条件，譬如要有一定的队伍和一定的成果，还要有明确的研究范围，这方面的条件现已具备。60年来的民居研究，论著丰硕，队伍逐步形成和壮大，研究范围已从单体建筑发展到群体、聚落、村镇、街区，它广义上还包含书斋、书院、会馆、家店、祠堂，以及村落的牌坊、戏台、凉亭、入口、桥阁等民间建筑。在自身方面，从建筑的布局、择向、选址、营造技术、施工工艺、外观造型、细部装饰到传统经验、工艺、技术、节能、节材等各个方面，研究方向、研究范围更加明确，并在发展中不断扩大。

因此，经过60年的民居建筑研究，作为一个学科，也可以说在建筑历史专业下的一个学科，已经基本形成。但是，这仅仅是第一步，持续发展的道路仍然是艰苦的。

作为传统民居研究的阶段性成果，在此祝贺《传统民居与地域文化——第十八届中国民居学术会议论文集》圆满出版！祝贺山东建筑大学主办的第十八届中国民居学术会议在历史文化名城济南成功召开！

2010年8月于广州华南理工大学

原文：载于《传统民居与地域文化》，中国水利水电出版社，2010年。

《中国民居建筑丛书》（18卷[1]）出版的意义和价值

一、《中国民居建筑丛书》出版经历

编写一本全面反映我国传统民居面貌的《中国民居建筑》大书，早已是广大民居建筑研究人员的愿望。20世纪90年代就开始酝酿，经过努力，在2003年出版了《中国民居建筑》综合本。在当时，由于资料比较新和多，又补充了香港、澳门、台湾的民居建筑，因此，在教学、科研和学科建设方面起到了一定的作用。

由于民居建筑数量众多，内容实在丰富。编写人员反映，由于篇幅太少，编写时间仓促，新资料不断发现，难以全面概括，另外，叙述性多，分析仍嫌不足，为此，希望能编写一本更全面，既有理论又有实践，有分析，最好能分省、区，更深入进行编写，这样，无论从丰富我国建筑历史发展，主要是包含民间建筑历史和文化的发展，还是在学术上，在教学和研究上都是一件很有意义和价值的大事。

中国建筑工业出版社领导长期以来一直关心祖国优秀传统建筑文化的发掘和传承，了解民居研究人员和广大读者的愿望，毅然决定在前人劳动成果的基础上，再组织编写一套多卷本的《中国民居建筑丛书》（以下简称《丛书》）。经《丛书》编辑委员会讨论决定，对丛书要求，认为首先以学术性为主，同时增加文化、民俗内容，第二以省、区为主，类型为副，第三图文并茂，文字为主，图文少而精，文笔要通俗。为此，特邀请了全国和各省区民居建筑研究的专家、教授担任《丛书》各分册的主编，以保证《丛书》的质量。

经过努力，18卷本《中国民居建筑丛书》终于在2009年完成问世，这是我国民居建筑研究学术界的一件大事，是我们广大民居建筑研究人员60年来学术研究成果的综合体现，可以说，《中国民居建筑丛书》的出版是我国民居建筑60年来研究成果的标志。

二、《中国民居建筑丛书》的特色

民居建筑研究历经了60年，前30年是恢复、建立、开拓时期，后30年是广泛发展时期，其成果比较明显。综合来说，有四个方面成就，一是积极弘扬和宣传民居建筑中的中华优秀传统文化精神，促进社会各界对传统城镇街村和民居建筑文化遗产保护的重视；二

[1] 由中国工业建筑出版社出版的《中国民居建筑丛书》在2008～2009年出版了18本，在2012年补充出版了《河南民居》，2021年补充出版了《内蒙古民居》现《中国民居建筑丛书》共出版了20本。

是开展和交流民居建筑学术研究，组织会议和实地考察民居，出版论著，据不完全统计，自新中国成立以来到2010年4月为止，在全国正式出版的中文民居著作达1582册，论文达5139篇[1]；三是学术研究，为国家建设服务。如为传统村镇街区民居建筑的保护、利用、改造和持续发展服务，为改善村镇农民的居住水平和环境服务，同时，总结借鉴民居建筑特征与传统经验，为我国有民族和地方特色的现代化新建筑创作服务；四是通过研究摸索，逐步形成"民居建筑研究学科"。这些成就在近十年中有比较明显的体现。如2003年11月出版的《中国民居建筑》综合本（华南理工大学出版社），2004年8月出版的《中国民居研究》（中国建筑工业出版社）和2007年10月出版的《诗意栖居——中国传统民居文化解读》（三卷本）（中国建筑工业出版社）等，最有代表性和比较全面、有理论、有实践的当属中国建筑工业社最新即2009年出版的《中国民居建筑丛书》（18卷本）。

《中国民居建筑丛书》（18卷本）书籍有下列四个特色。

（一）突出民居建筑的民间性和地域性（即地方性）

以往的建筑史都着重在宫殿、坛庙、陵寝、寺观、苑囿，环绕帝皇、宗教和富有者等统治阶层所使用和需要的建筑来进行记载，而在史书上就从来没有老百姓所用的民间民居建筑的介绍。《丛书》最主要的特色就是叙述广大老百姓的民间民居建筑。

民居建筑分布在全国各地。由于我国地区辽阔，南北气候悬殊，山脉河流东西横贯，地形地貌又各不相同，造成民居建筑的地区差异很大，因此《丛书》在强调民居民间特点的同时，也突出了民居的地区性。编写《丛书》时就规定按省、区来写，在各省区民居的类型分布上又根据本地区的特点。因此，各地各民族的民居建筑都带有明显的地区特征，突出民居的民间特色，也就突出了民居的地方特色。

（二）加强条理性和理论性

首先表现在对民居建筑的历史、来由、发展、分布做了初步叙述，并对我国各地的民族民系民居的形成、分布进行了分析，形成初步脉络。第二，对省、区内各地各民族民居的发展、分布、特征、居住模式，以及建筑构成、形象、环境既叙又论，并辅以图片说明。第三，加强了对传统民居建筑和村镇街区保护和传承文化重要性的论述。第四，总结归纳传统村镇民居建筑的特征、经验和手法，吸取其精华，为今日创作新建筑借鉴运用服务。总的来说，有叙述分析，又注重条理性和理论性，保证了《丛书》学术性的要求。

（三）补充了大量新资料、新图照

在编写《丛书》的时候，正当全国进行第三次文物普查，据广东省参加第三次文物普查的工作人员说，在地面上进行文物普查的结果，最大的特点是发现了很多古村落，这些古村一般都在交通不便的偏僻山沟和丛林深处，过去很少人前往。根据推测，其他省区也

[1] 数据来源于陆元鼎主编《中国民居建筑年鉴（2008—2010）》，中国建筑工业出版社，2010年。

会有类似之处，此次文物普查为这次《丛书》编写提供了较多素材和新资料。

同时，这次编写的主编为了更好更全面地搜集新资料，都再次下县、下乡，到村镇现场调查，如浙江、江苏、江西、山西等地的图书作者都是如此。因此，《丛书》资料多、插图多，有不少都是新制和重新绘制，学术性强，彩照精美，尽量做到精益求精。

（四）编写队伍的权威性

这次聘请编写《丛书》的各分册主编，都是我国目前各省、区民居建筑研究资深专家、教授和工程界实践经验丰富而又业务造诣深厚的专家，同时，他们都是我国民居建筑专业和学术委员会的委员，他们长期研究民居，又有实践经验，因此，本《丛书》在学术方面具有一定的权威性。

三、《中国民居建筑丛书》出版的意义和价值

《丛书》出版的意义和价值，具体反映在下列五个方面：

（一）重视民间民居建筑。它补充了中国建筑历史发展中的与广大人民生活最密切相关的民居建筑和村镇内容。

在我国历代的史书记载中，谈到建筑，无非是帝王、官绅的宫殿、坛庙、陵寝、寺观、苑囿等的建筑活动，广大老百姓属于草民、布衣，他们所住的房屋，虽然简朴，但实用经济，类型多样，环境协调，美观和谐，可是在史书中却从无记载，一部中国建筑史只是官方建筑史。现在出版的《中国民居建筑丛书》，编写介绍的是占我国绝大多数的各族各地广大老百姓的村镇和住居建筑。这些建筑确有优秀的实用、经济和美观价值，并含有我国宗族、伦理、礼仪、民族、民俗的历史与文化发展。我们编写这套民居丛书，就是要树立宣传和弘扬我国老百姓自己经营和创造的民居建筑。他们是真正的劳动者和创造者。今天能出版广大老百姓亲自经营的民间民居建筑，实在意义巨大和深远。这也是贯彻以人为本的思想体现。

（二）《丛书》充分反映传统民居建筑是我国历史文化遗产的重要组成部分。

有着悠久历史和深厚文化内涵的优秀民居建筑是我国一笔极其宝贵的历史文化财富。传统民居在一定程度上揭示出不同民族在不同时代和不同环境中生存、发展的规律，也反映了当时、当地的经济、文化、生产、生活、伦理、习俗、宗教信仰以及哲学、美学等观念和现实情况。各地区、各民族人民在建造民居建筑过程中，都根据自己的生产生活需要、经济能力、民族爱好、审美观念，而因地制宜、因材致用地进行设计和营造，有着极其丰富的经验。民居建筑历史悠久，文化内涵丰富，宗法观、伦理观、天人合一环境观，以人为本思维观等都给传统民居深刻的影响。因而，从整个中国的村镇街区和传统民居建筑面貌来看，它蕴藏了深厚的历史价值和文化价值。

（三）《丛书》在民居建筑的实践方面进行较多的探索，取得了有益的经验

科学研究要为国家建设服务，为民生服务，民居建筑研究也是如此。《丛书》叙述了各省区在村镇民居调查的基础上，对有传统特色的村镇街区民居和一些城中村、空心村的保护、改造和利用的规划、整治进行了有益的探索，取得了一些经验。但是，由于村镇街区分布在各地区各民族境内，其气候地理环境各不相同，加上各地村镇的历史、家族、经济、文化的形成发展以及民居建筑的布局、肌理、文化特征也都不相同，因此，进行村镇街区民居的改造不可能用一种方法、一个标准、一个模式来解决。《丛书》介绍了实例，提供了有益的经验。今后做法仍要通过实践来进行探索，要根据不同条件，采用不同方法，逐步改善解决。

（四）《丛书》资料翔实丰富、民族特征明显，是创造我国有民族和地方特色的现代化建筑的重要借鉴宝库，具有强力的创作价值

优秀的建筑是时代的产物，是一个国家、一个民族、一个地区在该时代的社会经济和文化的集中反映。建筑有国家和民族的特色，这是国家尊严和独立自主的象征和表现，也是一个国家、民族在政治、经济和文化上富强、凝聚、成熟的标志。

民居建筑根植于广大城乡，因气候悬殊、地形地貌材料差别，以及宗族、伦理、习俗、信仰、美学观念的不同，形成了各地各族民居呈现出千姿百态、绚丽多彩的形象和风貌，这是民居建筑的民族和地域特色。总结、借鉴民居建筑的这些特征，为繁荣我国有民族和地方特色的现代化建筑创作提供强有力的素材和资源。资源丰富，更显出民居建筑的创作价值。

（五）《丛书》的出版，反映了民居建筑研究学科的基本形成，学术价值更明显

学科的形成有它必然的需要和条件。在自然科学或社会科学专业中，只有本学科独立研究且其他学科所无法代替研究者，才能形成自己独特的学科。传统民居研究，过去属于中国古代建筑史中的一门课程，但是，它涉及广大城乡老百姓的生活、居住、环境，涉及宗族、伦理、文化，又涉及繁荣国家民族建筑创作，概括了社会科学和自然科学。它的研究观念，远不是单独一个建筑学科的观念和方法可以解决的，而是要建筑学和其他学科的观念方法结合起来研究，甚至多学科综合研究才能比较妥善解决。

传统民居建筑涉及居住、生活和建造，宅居的活动又涉及社会、经济、文化，然而，单纯的科学、技术不能解决住居问题。随着时代的发展，人类的居住条件一直在变化和发展。因此，在民居建筑研究中传统的、近代的宅居要研究，今后新的宅居，结合我国国情有民族特征的宅居要研究，甚至现代化的低碳、节能、防污的民居也要研究。因此，民居建筑学科研究是任何其他学科所不能代替的。

民居建筑研究学科形成的条件最主要的有下列几条：

第一，要有独立研究的价值。

第二，要有本学科的比较成熟或行之有效的研究观念和方法，在上述已有谈到。

第三，要有一定的研究成果和研究队伍。民居建筑研究人员在老一辈建筑史学家开拓民居研究领域下经过几十年的研究，硕果累累。民居研究队伍不断成长，老中青结合，团队合作，富有朝气。民居研究机构在各省、区以及一些高等建筑院校都有设立，研究成果丰硕。

第四，民居建筑研究的范围日益完善，它包含历史、文化、民族、民俗、宗族、伦理、哲学、美学。在建筑方面，可以分为类型、结构、材料、营建、技艺、手法、装饰、装修等。至于研究场所，广大村镇街区就是最广泛的天然研究实物基地。

因此，可以说，民居建筑研究学科基本形成。

《中国民居建筑丛书》（18卷本）出版的意义深远，但它毕竟是一个阶段性成果。民居建筑研究起步较晚，研究时间不长。学术无止境，任重而道远。

2010年10月8日于广州

民居建筑学科的形成与今后发展

一、专业和学科

专业，在《辞源》上解释是“指业务经营范围”，是指“高等学校中等专业学校根据社会专业分工需要所分成的学业门类”，又说“中国的高校和中专学校根据国家建设需要和学校性质设置各种专业。各专业都有独立的教学计划，以体现本专业的培养目标和规格”。学科，在《辞源》中解释为，“一种是学术的分类，指一定科学领域或一门科学的分支，如自然科学中的物理学、生物学、社会科学部门中的史学、教育学。另一种是教学的科目，如中小学的政治、语文、数学、体育等”。

根据上述注释，专业就是一个大学科，范围广，它下面还可以分为更专门性的学科。以建筑学专业为例，它是大学科，它下面还有建筑设计、建筑历史、建筑技术、建筑设备等学科。现代科学发展很快，这些学科研究范围已经扩大成了大学科，称为专业。它们下面还可以再分为子学科或课程，如建筑历史与理论专业下面就有中国古代、近代、现代建筑史，建筑遗产保护与维修，中国营造法、中国古建筑年代鉴定等课程，这些课程可大可小，有的在教学和研究中只是一门课程，因研究范围和资料的关系，它还达不到学科形成的条件。但是，有的课程条件成熟就可以独立研究成为一个学科。

二、民居建筑学科建立的条件

学科的建立需要有三个条件，其一决定于本学科研究的价值和意义，包含历史价值、文化价值、现实价值，即对国民经济、对国计民生的影响和意义。其二，决定于本学科研究的重要性、必要性。其三，本学科研究的独特性，也就是只有本学科独特研究才能解决本学科存在的问题，而其他学科是不能也无法替代的。当然，它还需要相应地建立一套学科本身研究的范围、观念和方法。

（一）民居建筑研究的价值

1. 历史和文化价值

民居建筑研究的目的是对广大城镇农村的聚落、里巷以及民间民居建筑进行研究，扼要来说，也就是研究广大老百姓的住居建筑。这些住居建筑数量庞大，分布宽广，在全国各地区各民族、甚至峻岭山区僻远之地都有。它是我国建筑史上的数量最大、分布最广的建筑载体，这些建筑之所以能长期生存保持下来，是我们祖先经过长期的劳动创造的成果，它蕴藏着先民无限的智慧和文化创意。可是在史籍上，只有帝王达贵所建的宫殿、坛庙、陵寝、寺庙、苑囿建筑才有记载，而平民百姓的房屋却绝无片纸只字刊录。老百姓的传统民间民居建筑也是我国多民族建筑历史与文化遗产的重要组成内容，过去被遗忘，今天亟须大力恢复和补上，这就是民居建筑研究的重要任务，也是民居建筑研究的历史价值和文化价值。

2. 现实意义和价值

过去在自然科学学科中，有研究建筑的，但极少去研究农村建筑和农民住房，现在党和政府非常重视农业农民农村，几年内颁布了一系列重视和提高三农政策的文件。我们的研究只是在贯彻中央文件精神下对弘扬和传承建筑优秀文化、改善农村居住生活条件，提高农村物质文化水平、改善生态环境做一些工作。民居建筑研究的重点工作之一是在农村，能为国民经济建设服务，为老百姓服务，有现实意义，也发挥了自身的研究价值。

3. 创作价值

中外历史上，标志性、典型性的建筑物都曾代表了一个国家、一个民族或一个时期的象征，因为它反映了一个国家、一个民族或一个时期的时代和形象特征。在世界中能体现出一个国家、一个民族和一个时期的载体，最具体、能公开显示的形象最大的也只有建筑。建筑能显示国家的、民族的、时代的特征，有时也会反映地域的特征，这是其他载体所难以做到的。

我们要创造有民族特色（包含地域、地方特色）时代特征的新建筑，除时代的特征外，其他特征资源（材料）的搜集只有到民间去。民间民居建筑中有广泛的民族与地域特征资源，它蕴藏在基层，蕴藏在民间。民居建筑研究中很多资源、材料正是创造我国有民族特色和地域特色新时代建筑中所需要的，它可以提供参考、借鉴，只要经过去芜存菁，摸索提炼，根据现代需要，对新建筑创作是很有启发和利用价值的。

（二）民居建筑研究的重要性和必要性

民居建筑研究从建筑本身来说，它有建筑使用、建筑技术、建筑艺术的研究，从居住来说，它涉及生活、气候环境、民族、民俗、习俗，是人类生存持续发展的大事。因此，在研究观念和方法上，除建筑学观念外，还需要与历史、文化、社会、家族伦理、哲学、美学、易学、堪舆学，甚至与气候学、地理学、防护学、防灾学等一起结合来研究，这就是民居建筑研究的重要性、必要性。

同时，民居建筑是人类最原始和最早产生的建筑类型，是人类其他建筑类型产生的原始母体。其他建筑类型有产生、发展、演变、消失的过程，只有居住类型不会改变。其中，居住行为、居住方式（平面）、居住形态（外表）、居住模式可以有所变化，但居住建筑这个类型，只要是有人类生存，就必然要研究和发展，因而民居建筑这个课题的研究是永恒的，不会也不可能消亡的。

（三）民居建筑研究的独特性，是其他学科研究所不能代替的

由于民居建筑研究的范围、研究重点和对象不同，导致它的研究观念和研究方法不

同，它涉及自然科学学科，又涉及社会人文学科，这种跨学科观念和方法的研究，在建筑学专业属下门类研究中是比较特殊的、独特的，同时，民居建筑研究不仅要研究人类居住的起源、演变，还要研究人类居住行为、形态，居住方式，而且要研究在节能节地防污低碳下的新居住模式，是一种独特的学科研究，因而，它也是其他学科研究所不能代替的。

三、民居建筑学科的形成和成熟

（一）民居建筑学科的形成有四个条件

1. 有明显和独特的研究价值，包含历史、文化价值、新时代建筑的创作价值，也是其他学科研究中所无法替代的研究价值，在前面已有详细说明。

2. 有明确的研究方向和范围

综合上述，本学科研究方向是城乡村镇民居建筑和环境，研究范围是民居、聚落的历史演变、保护、改造和持续发展，以及新民居、新建筑的创新。这种研究方向和范围是在几十年研究和实践过程所摸索探求得来的，其目标是贯彻以人为本的宗旨，要为广大城乡老百姓改善居住条件和居住水平作出努力。

3. 有自身独特的研究观念和方法

民居研究经历了几十年摸索实践，从单一的建筑学观念到多学科的综合研究，从自然学科到与社会人文学科的结合，两者取长补短，现在已成为广大民居建筑研究者认为比较符合本学科研究的观念和方法。

4. 有一定队伍和学术团体组织的建立

民居建筑研究队伍壮大，有组织的学术团体已经建立，先后有中国文物学会传统建筑园林委员会传统民居学术委员会（前身为中国传统建筑园林研究会民居研究部）、中国建筑学会建筑史学分会民居建筑学术委员会以及中国民族建筑研究会民居建筑专业委员会。这些民间学术团体，长期来组织会议、出版论著，坚持以学术研究、学术交流、培养年轻一代为宗旨，贯彻经济节约办会为原则，对学生研究生减半收费，并对70岁以上民居资深研究长者鼓励参加学术会议活动，给予减费优惠。

以上做法充分说明了民居建筑研究学科已经基本形成。

（二）民居建筑学科研究不断成熟

民居建筑学科研究的成熟，它包含五个方面的标志。

1. 研究范围不断深化

在学科研究范围内，它从单体的民居建筑研究扩大到宅居、祠堂、会馆、书斋、书塾、庭园、桥梁、牌楼、水亭、水台等，在群体建筑方面，包含城乡、村镇、聚落、堡寨，只要是属于老百姓的用房，都在研究范围之内。

在研究观念和方法上，如上所说，是属于多学科结合的做法，在实际已反映出较好的成效。

此外，学科研究与国民经济结合，研究成果为国家建设服务，也标志着学科研究的成熟和深化。

2. 研究队伍不断壮大

现在民居研究队伍已遍及全国各地，包含高等院校、科研部门、设计单位、文化文物部门。研究人员中有教授、专家、研究生，有专职的、业余的，甚至还有领导干部，包括在职的和退休的。他们都是自发的、不计报酬的，并孜孜不倦地热爱和从事民居建筑的研究和写作，如广东省云浮市现任副市长潘安博士，他在工作之余，写了不少民居论文，也写了《广州商都往事》等专著，目前正在从事编写客家民居的专著。

最难能可贵的是前建筑工程部建筑科学研究院原院长，党委书记汪之力老先生，离休之后还带领年轻人深入农村进行民居调查，他热爱民居园林古建筑专业，写了很多论著，如1994年，当时汪老先生已是八十高龄仍然主编了《中国传统民居建筑》大型书籍，并亲自执笔为著作写专文，该书已由山东科学技术出版社正式出版。

目前，已有不少高校研究生把村镇民居和建筑作为论文研究方向和专题，并写出了为数超百的研究论文。

3. 民居建筑研究论著丰硕

据不完全的统计，新中国成立以来（到2010年4月为止），在全国正式出版的著作达1582册，在全国期刊正式发表的中文民居论文达5139篇。[1]

近10年来，民居建筑研究成果比较突出的是几本大型著作和丛书的出版，如2003年11月出版的《中国民居建筑（三卷本）》（陆元鼎、杨谷生主编，华南理工大学出版社）；2004年8月出版的《中国民居研究》（孙大章著，中国建筑工业出版社）；2007年10月出版的《诗意栖居——中国传统民居的文化解读（三卷本）》（赵新良编著，中国建筑工业出版社）；2009年12月出版的《中国民居建筑丛书（18卷本）》（陆元鼎总主编，各分册主编，中国建筑工业出版社），这些大型民居建筑论著比较全面地反映了我国传统民居建筑与文化研究几十年来的研究成果。

此外，2008年和2010年出版的《中国民居建筑年鉴》第一、二辑两本书，不但记录了民居建筑研究发展的历程，搜集整理了新中国成立前后学术界发表的中国民居建筑研究的论著目录索引，而且还用光盘刻录了最近20年来召开历届民居学术会议所有论文的全文，这些宝贵的资料既反映了民居建筑研究丰硕成果，又为今后民居建筑的持续深入研究提供了大量的基础资料。

4. 努力宣传和交流学术成果增强学术友谊

民居建筑研究在学术团体组成后，开始有计划地组织会议进行学术交流。自1988年起，到2010年底为止，20多年来和有关单位一起联合主持召开了全国性中国民居学术会议共18届，海峡两岸传统民居理论（青年）学术会议共9届，并多次举办小型专题学术研讨会。据统计，从2001年以来每次民居学术会议与会人数都在百人以上，如2007年在西

[1] 根据《中国民居建筑年鉴（1988—2008）》和《中国民居建筑年鉴（2008—2010）》两书资料统计。

安召开的第15届中国民居学术会议代表195人[1]，2008年在广州召开的第16届中国民居学术会议代表达242人[2]，而且每次会议都有老一辈的资深民居专家参加，有中青年民居研究骨干参加，还有众多的青年研究学者、学校的硕士、博士研究生。此外，还有我国台湾、香港、澳门的学者以及国外民居建筑专家参加，如美国、澳大利亚、日本、韩国、瑞典等，通过会议，不但进行了学术交流，而且增加了学术友谊。

5. 理论结合实践，学科研究为国民经济建设服务

通过实践取得成效，民居建筑研究得到社会的认同和重视，也使得我们民居建筑研究人员更坚定了自己的研究方向和为城乡村镇老百姓住居服务的信心和决心。同时，弘扬祖国优秀建筑文化也促进了人们一些观念和思想的变化，例如要重视农村建筑与环境；此外，节能、节地、节材、防污、低碳开始在人们头脑中有了概念。建筑物要有民族特色和本土风貌的思想也开始有了反响。这些都说明了学科研究能够结合实际，为国家建设和为人民群众服务做实事，也说明了民居建筑研究是一个实在的学科。

以上从五个方面的成效，充分说明了民居建筑研究的不断成熟。

四、民居建筑学科的今后发展

民居建筑作为一个学科发展，除民居建筑学术团体作为研究方向和课题外，建议有条件的高等建筑院校研究生专业中可明确增设民居建筑学科方向。

民居建筑作为学科方向，其研究可以分为三方面具体发展：

一是研究中国传统民居与聚落的演变和发展，探索新民居新住宅的设计。也就是，既要研究民居聚落发展历史，又要探索在新时期结合我国国情的新居住模式。我们既要求传承传统民居聚落的和睦、友爱、安定的居住模式，又要求真实保护个人私密性的要求。现代单元式居住模式，邻里之间不相往来，是否合适，值得研究，这是民居建筑学科研究的重大课题。

二是研究我国传统村镇民居建筑和文化的保护、改造、探索和新社区、新农村的建设发展。

三是总结我国传统城乡村镇民居民间建筑及其文化的特征，优秀的实践经验、技艺手法，特别是节地、节能、节材、防污、低碳等措施，在今天创造我国各地有民族特色、地方特色的新建筑以及创造持续发展、高效低碳的新建筑是有现实价值和深刻意义的。

当然，民居建筑作为学科研究来说，还需补充必要的基本知识、技能和理论，如社会学、历史学、人文学、伦理学、民俗学、民族学、哲学、美学、中国文物保护法和有关文件、低碳法规、条例，以及测绘调查等知识和技能。此外，还要根据所选的研究专题另外补充一些基本知识和理论。

---

[1] 数据来源于《中国民居建筑年鉴（1988—2008）》，中国建筑工业出版社，2008，第62页。

[2] 数据来源于《中国民居建筑年鉴（2008—2010）》，中国建筑工业出版社，2010，第79页。

为了加强民居建筑研究的学科建设，需要补充一些研究生课题和教材建设，建议专题如下：

- 中国民居发展简史
- 中国民族或民系民居建筑研究
- 中国民居建筑艺术
- 中国民居营建技术
- 传统村镇民居、民间建筑与实践的设计思想和方法
- 传统村镇、民居的保护、改造与发展
- 中国民居、民间建筑与文化的传承与发展
- 民居建筑研究的观念和方法论
- 传统聚落村镇研究、保护、改造的观念、方法和实践经验
- 传统民居、民间建筑的节地、节能、节材、防污、低碳经验
- 其他，等等。

总之，研究人类居住的起源、形成、演变、各地各时期居住模式的演变和今后持续发展，研究建筑如何满足人类的居住、生活、安全、舒适，同时又要实用、经济、坚固、低消耗、节能、节地、节约大地资源。高科技的发展，人们思想的不断进步，民居建筑研究也在持续发展，民居建筑学术研究永无止境。

原文：载于《南方建筑》，2011年6期，4–6页。

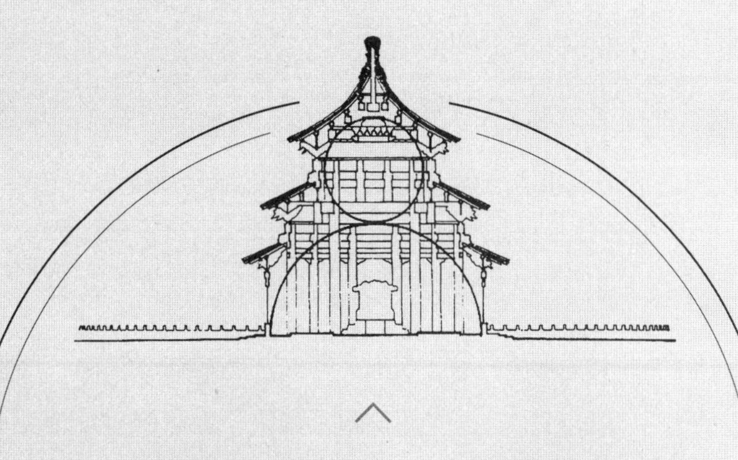

传统民居、村镇的生态与环境

南方地区传统建筑的通风与防热

在我国广阔的土地上，世世代代居住着许多不同的民族。从很久远的古代起，他们就根据生产和生活的需要，结合本地区的自然环境和气候特点，创造了很多具有民族特色和丰富的地方风格的建筑物。他们做到了因地制宜，就地取材，因材致用，结合气候地理条件，充分发挥材料特性，积累了丰富的经验。如黄土地区的建筑，根据黄土特性和地下干燥的条件，利用土坯、砖石筑成拱券式窑洞建筑。青藏高原，早晚如严东，中午如酷暑，风大而终年少雨，所以房屋多为平屋顶和土、石砌筑的厚墙。贵州地区因终年日照少，阴雨天多，当地有一种说法，“宁受西晒而不失阳光”，因此，不少建筑的朝向采用西向。我国南方沿海地区，气候炎热、潮湿和多雨，夏秋之间并常有台风和暴雨，因此，在传统的建筑中反映出外封闭而内开敞的特点。在云南山区，同样是亚热带地区，因地理环境和材料的不同，就形成“干阑”建筑形式。这些都说明了建筑与地区的自然地理、气候条件的关系是非常密切的。

建筑是为生产和生活服务的。然而，从人体生理来说，人在室内工作和生活就要求保持一个良好的环境，因而建筑中适应气候条件就成为一项重要的课题。南方炎热地区的气候，气温高，持续时间长，太阳辐射强，雨多湿度大，给建筑设计带来不少困难。我国古代劳动人民在长期的建筑实践中，认识到要适应这种气候条件，就必须解决好通风与防热问题。它既要防止外界热量的传入，又要组织好自然通风，特别是穿堂风的对流，把室内热量尽快排出室外。实践证明，建筑上的通风与防热是综合的，只有防热而没有良好的通风，或者通风虽好但没有良好的防热措施，都不能较好地达到降温目的。

根据南方地区建筑的调查，解决通风和防热，一般采取下列措施，如：选择良好的朝向，采取密集的平面布局，选择门窗的位置、大小、开闭方法和遮阳方式；对屋面和外墙进行隔热处理；以及庭院绿化等。现简要介绍如下：

一、建筑的朝向与布局

我国古代建筑历来都注意朝向的选择。从西安出土的半坡遗址中看到，住宅大都是南向，一般建筑也是以南向及偏南居多。这是因为我国地处北半球，在东南沿海地区，夏季主导风向是东南风，而冬季则可取得较多的日照。明代李渔的《笠翁偶集·向背》中也提出“屋以面南为正向，然不可必得，则面北者宜虚其后，以受南薰”。说明建筑要南向，对不能取得南向的建筑物，虽面北，也要在南面多开窗以取得阳光。同文又说“如东西北皆无余地，则开窗借天以补之”，即用天井或天窗来通风与采光。

在建筑布局处理上，南方地区有些村落采取一种梳式系统的布局方式（图1）。村落中的建筑是以三合院（当地称为“三间两廊”）为主体的住宅，它纵向排列，密集而规整。密集的作用可减少辐射热，并可取得良好通风。这种村落常选择向阳坡地，前低后高，顺坡而建。前面为广阔田野和较大面积的池塘，东、西、北三面围以树木。村落的主要巷道与夏季主导风向平行，这样，越过田野和池塘的凉风就能吹入村内。而当骄阳之下无风时，村内屋面由于受太阳灼晒后温度增高，气流上升，这时，四周田野和山林的低温气流就能补充入村，形成微小气候的调整。后围的树木也有防御台风和冬季寒风的作用。

从图2可以看到另一种建筑群体的平面布局，它利用天井、巷道、敞厅和廊子作为联系，组成一个纵横能通风的、完整的自然通风系统。风由大门或侧门吹入，不论南向、东西向的房间都可到达。此外，这种密集的布局方式，建筑物的门窗和墙面常处于阴影之下，可起到防晒作用。当庭院或天井较大时，常见到用花墙漏窗来间隔它，利用隔墙的阴影来减少阳光对地面的辐射。当庭院或天井纵向（东西向）较长时，则更多采用。这类建筑物的缺点是由于阳光不足，常常阴暗与潮湿。

广州西关荔湾湖畔有一组清代修建的园林建筑住宅群，因它平面类似画舫，故取名小画舫斋（图3）。它由三组建筑组成，自然通风解决得较好。以A组建筑为例，在组织穿堂风方面有独特之处。前有敞廊，后有天井，平面布局上除良好朝向外，内部采用通透的轻型格扇、落地窗等开敞式门窗处理，利用小天井加强室内的自然通风，并且还采用天窗、楼井、屋面活动玻璃窗来加强通风和采光（图4）。B组建筑全靠天井组织自然通风（图5）。C组建筑则临水而建，依靠水面取得降温效果。此外，庭园内植树较多，各座建筑物并都设有外廊，对遮阳、防晒、防雨、通风和改善微小气候都有较好效果。但是，它同样也存在阳光不足和阴暗潮湿的缺点。

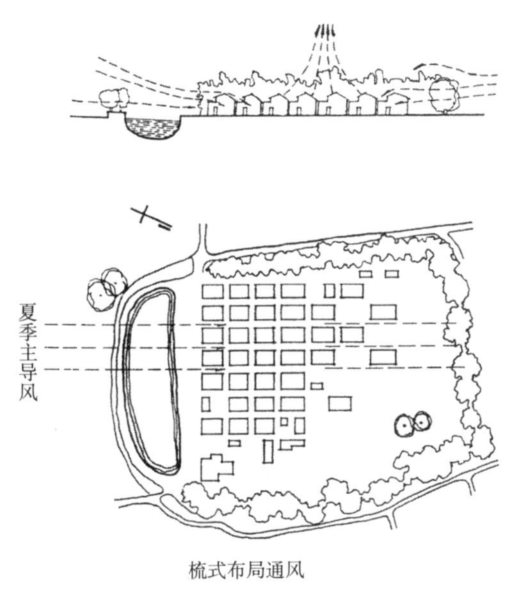

图1　梳式平面布局通风示意图

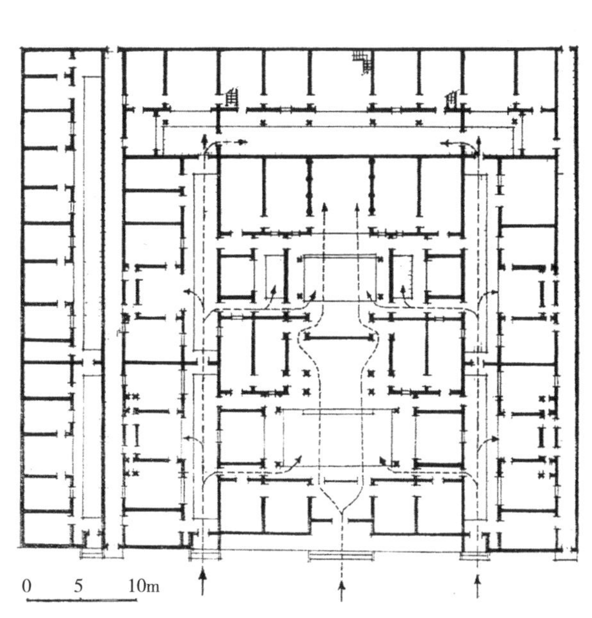

图2　密集式平面布局通风示意图

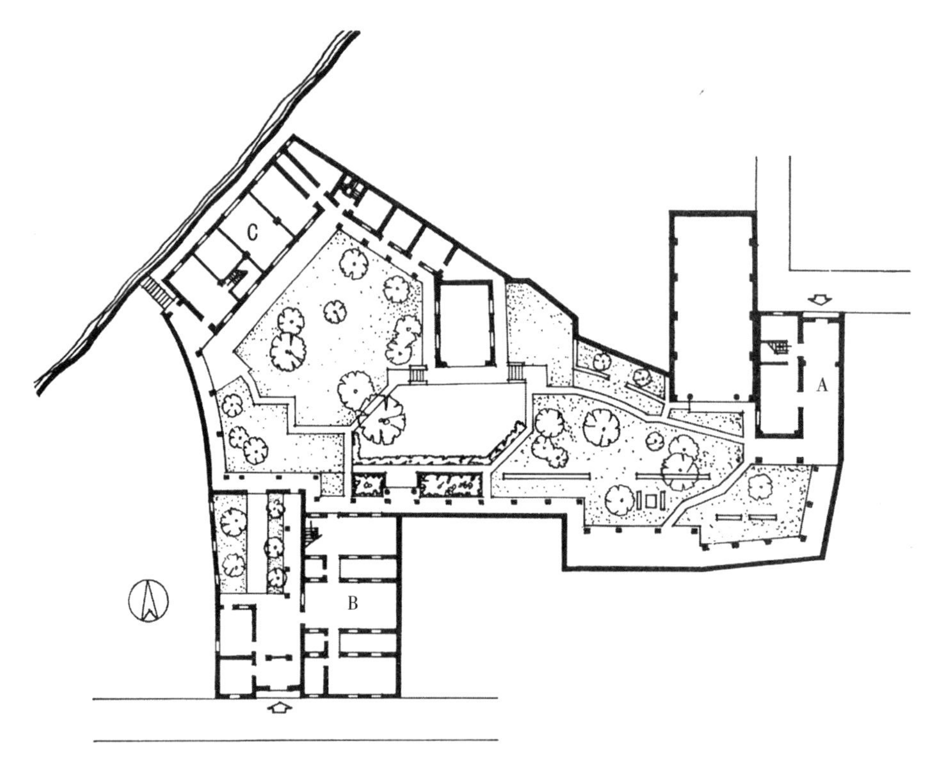

图3　广州小画舫斋总平面图

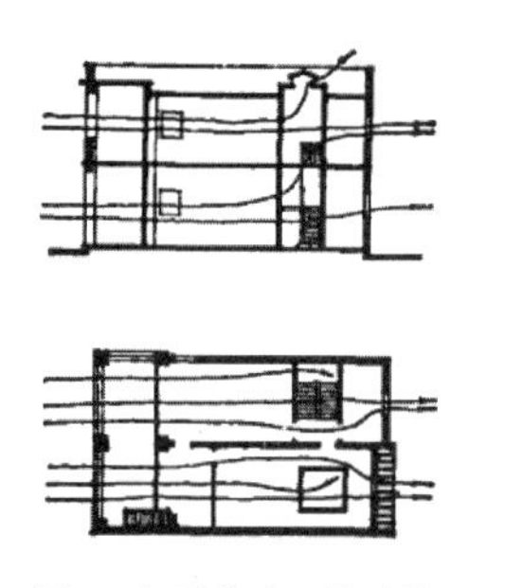

图4　小画舫斋A组建筑通风示意

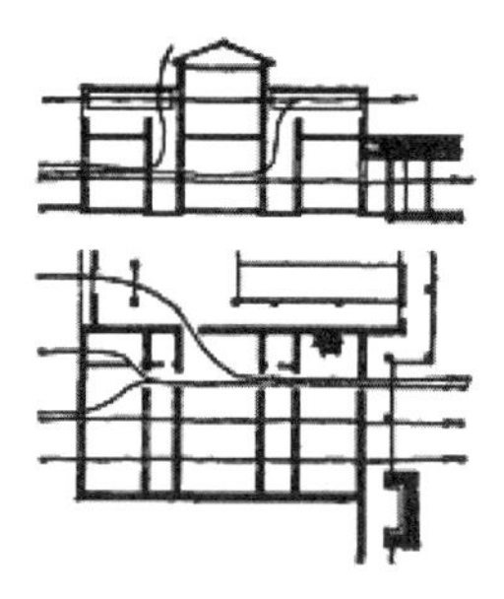

图5　小画舫斋B组建筑通风示意图

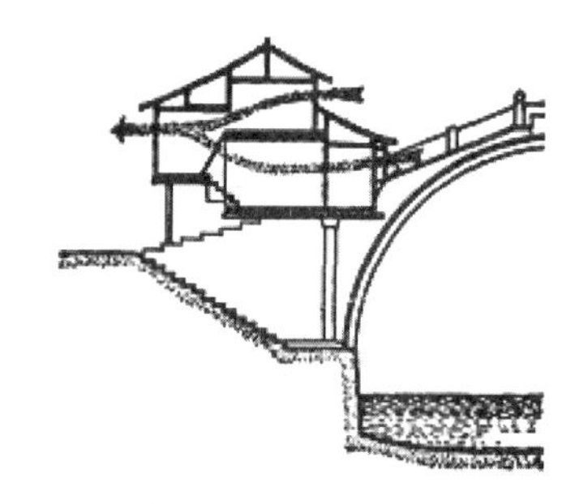

图6　浙江宁波陈宅不同层高通风

在城镇中，有的采取竹筒屋形式，它的特点是进深大，用天井、巷道联系，并运用不同层高的处理手法，以取得通风效果（图6）。室内多用不到顶的隔断间隔，厅堂敞开，穿堂风前后贯穿。侧旁的长巷，一般称为冷巷，凉风吹过，更感舒适。

二、室内外空间处理

南方地区的建筑在空间处理方面的主要特征是灵活运用天井，利用不同层高，以及采取内外开敞、通透的内部间隔等方式。

1．以天井而言，它的处理手法有四种，即前天井、中天井、后天井、侧天井。前天井是利用荫廊、通风围墙以取得进风口，后天井则解决出风口，中天井、侧天井则尽量缩小间距，以遮挡日晒。同时，各天井之间互相联系，使气流通畅，井与巷道相连，共同组成一个完整的通风防热系统，其实例在前面已有介绍。

由于地形的关系，当建筑群有高低不齐时，往往采取前低后高、步步升高的手法（图13），通风效果较好。

2. 在建筑中采取不同的层高，造成通畅的气流路径，也能获得良好的通风效果（图6、图11）。当楼层较高或有二楼时，可采取楼井方式（图9、图12），小画舫斋A组建筑采用楼井通风也是一例。

3. 厅堂采取开敞式，使室内外相连，通风效果好。有的做成敞厅形式；有的加大敞廊，出檐深远，以遮挡日晒，变成敞棚形式。

4. 通透的内部间隔，它常用屏风或隔断处理。有的隔断下段部分镂空，有的上段部分可活动开启（图14），有的上下两端通透（图15），通风效果更好。有的室内用门罩、挂落来分隔空间，虽是分隔，但隔而不断。

图7 潮阳某宅敞厅

图8 廊檐遮阳

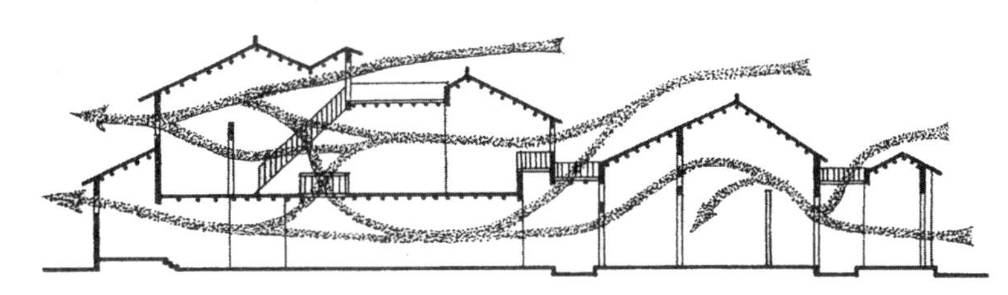

图9 竹筒式住宅通风示意图（剖面）

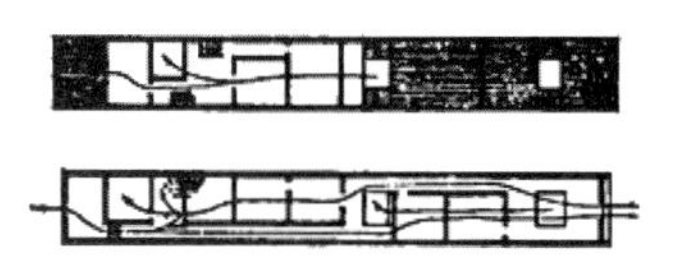

图10 竹筒式住宅通风示意图（平面）

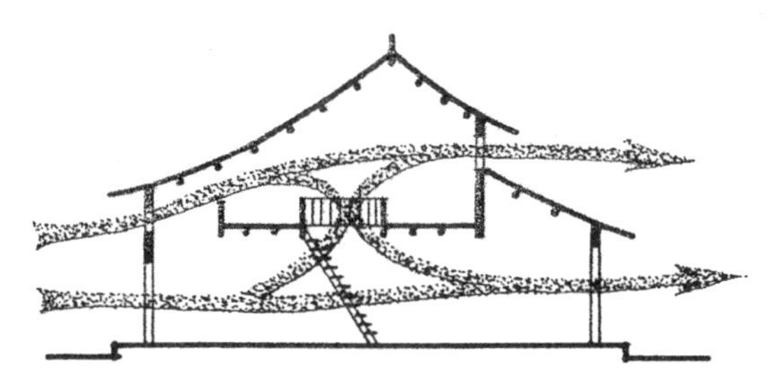

图11 带楼井的不同层高建筑通风

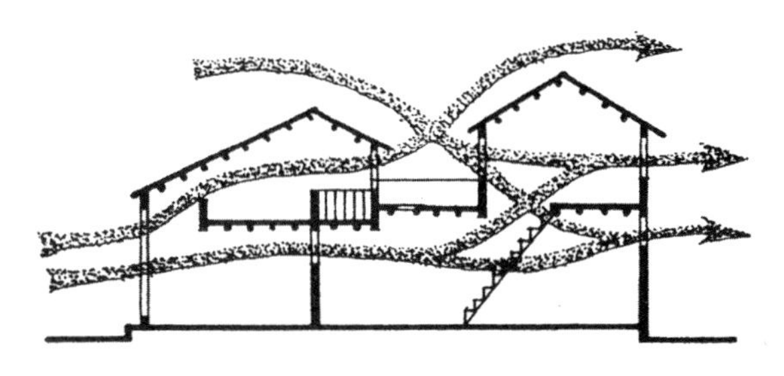

图12 汕头某宅通风示意图

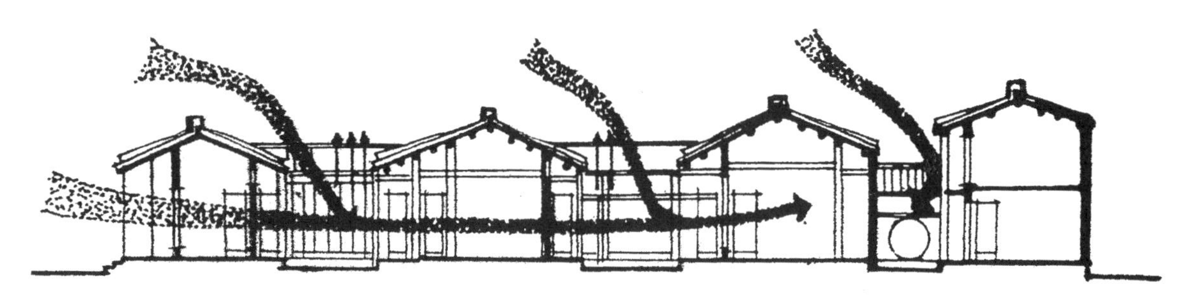

图13　前低后高布局的建筑群通风示意图

图14　南向边轴窗

图15　上段活动和上下两端敞开的隔断

图16　庭院通花隔墙

图17　檐下通风孔

图18 庭院通花围墙

三、屋面和墙体

室内气温的高低，除通风条件外，它与屋面和墙体等围护结构的辐射热量有很大关系。因此，对屋面和墙体进行隔热或散热处理也是建筑上重要的降温措施之一（图16～图18)。

屋面和墙体最普遍使用的材料是砖、瓦、泥、石等地方材料。我国古代约在西周便发明了瓦，在建筑上最迟在西周后期已开始使用，到春秋时代更发展有筒瓦、板瓦和瓦当。陶瓦本身导热系数小，是很好的隔热材料，它取材容易，又很经济。屋面使用陶瓦，不但可以避风雨，而且炎热天气可以隔热。我国传统的木构建筑屋顶很高，屋顶下的空间也较大，它能起到隔热作用。民间住宅屋顶下空间小，因此，一般都使用陶瓦屋面隔热，有的还用双层瓦屋面隔热。这种用双层架空土瓦之间形成的间隔层，使空气对流，隔热效果较好。

至于屋面的散热通风处理，有的在屋脊部分升高，做成通风气楼，或称通风屋脊，它的作用可以排除室内屋顶下的热气和湿气，以加强房间的通风换气。南方一些古代寺庙建筑的屋面通风处理，有的在歇山山墙部分开敞，有的在斗栱间的栱眼壁不安板。此外，还有的在屋面上设置天窗，如拉动式天窗（图19）、撑开式天窗等，都是我国古代劳动人民创造的有利于通风和采光的有效措施。

图19　通风气楼及拉动式天窗

关于砖的使用，据文献记载，我国在汉代已能制造非常坚实的砖。砖砌建筑历史悠久。砖墙热惰性较大，隔热效果较好。南方地区外墙隔热除用砖砌实墙外，也有用石墙、泥墙、土坯墙、夯土墙的；沿海地区也有用三砂土夯土墙，三砂土材料是用黄泥、砂、烧制的蚝壳灰拌和而成。后三者冬暖夏凉，三砂土墙还有防海风、雨水的酸性侵蚀作用。在内地夏热冬寒地区的民居中，有不少是用空斗墙的。由于砖的规格扁长，砖墙砌起后中间有空心部分。其砌法有一横一顺、三横一顺、五横一顺、七横一顺甚至九横一顺的，式样很多。空斗墙隔热能力低于实体砖墙，并且承载力也差一些。有些地区的空斗墙下半截是实墙，上半截是空斗的，也有的在山墙搁檩部分才做空斗墙的。

四、门、窗、围墙与通风口

如何安排门窗位置，选择开口的大小和开启方式，使室内空气流场分布均匀，增加流速，也是造成良好通风的重要因素之一。

古建筑中，由于封建礼制，外墙甚少开窗，或开小窗。为取得通风和采光，门窗大都朝向内庭天井。当然，这对空气对流是不利的。为此，门窗往往做成开敞或半开敞形式，如有的厅堂夏季将格扇拆下可成为敞厅。

窗户是建筑物从外界获得良好通风、采光的重要途径，它的一般形式有槛窗、支摘窗、边轴窗等。有的做成上悬窗，窗向内开，可使风导向人使用的地方。为了适应各种风向，有的做成中轴窗、垂直转动窗等方式。广州的满洲窗（图20），把窗户划分为好几个并列的方形窗扇，厚度较小，每个窗扇都有供其上下移动的凹槽。当窗扇上下移动时，可以停留在任何一个位置上，这样窗扇就能充分发挥调剂通风路径和流量的作用了。

为了加大进风量，有的窗户做成落地窗形式，有的将窗台高度适当降低，有的把窗台做成通透栏杆形式，或做成落地窗和通透栏杆结合的形式。

门的处理方面，有格扇门、帘门、木栅门（图21）、双截门、罩门等形式。格扇门的上段是玲珑剔透的格扇，夏天可通风，冬天则糊纸，开则是门，闭则是窗。帘门常用在套

图20　广州满洲窗

图21　木栅门

图22　下段通风的隔断

图23　通透式栏杆窗台

图24　木栅门

图25　开敞式槛窗

间的间墙或通向内院的墙上，有竹帘、纱帘、珠帘等形式，它有既遮挡视线而又不影响通风的优点。南方还有一种木栅门，它与大门安装在一起，但位置在大门之外。夏天开大门时关闭木栅，既隔断又通风。有的大型住宅在大门之内、庭院之前，设有通花屏，既可遮挡视线又不碍通风。（图22～图25）

封建制度下建筑物的围墙很高，它对通风是不利的。为了取得通风条件，一般在围墙上部设置通花窗，做成各种图案，既美现又通风，内院的围墙则做成大片的漏窗花墙。

除门、窗、围墙外，为解决材料和构造的防潮，也设置了各种形式的通气口，如地脚窗或地脚通风孔、屋檐下通气孔、山墙通风洞等。

五、遮阳处理

遮阳也是防热的一种措施。除上面已谈到的门窗、墙面处于檐下、廊下和利用隔墙阴影等方式进行遮阳处理外，在我国传统建筑中最常见的遮阳方式有檐廊遮阳。古代建筑出檐深远，除防雨外，对遮阳也有利。其形式除一般出檐外，还有重檐、腰檐、廊檐等。在廊子遮阳方面，有前廊、凹廊、回廊、走马廊、深廊等形式。

窗户上部也有采用出檐或砖砌叠涩的遮阳处理方式，根据材料和使用要求而有不同的形式。清代在广东地区有用有色玻璃窗作遮阳处理的，这种有色玻璃经过精巧的艺术加工，形成别有风格的窗户，既有遮挡眩光和防止太阳光直射的效能，又有一定的艺术欣赏价值，但造价昂贵，非一般劳动人民所能使用。

图26　蚌壳遮阳篷

此外，还有一种利用附加设备进行遮阳处理的，其形式有飘篷遮阳、棚架遮阳等。飘篷遮阳分固定和活动两种形式，一般材料用竹篾、木板、芦苇席等。宋画《清明上河图》中还可以看到北宋时已使用凉棚架、布帘、竹帘等遮阳设备，在五代和其他宋画中也曾见到此种遮阳措施。广东顺德县的清代清晖园园林建筑中，在西南某屋窗前采用半透明贝壳箔片做成的遮阳篷，防雨兼采光，是一种较好的综合措施（图26）。

绿化也是遮阳的一种措施，除用高大叶茂的树木遮阴外，结合建筑方面，有水平绿化和垂直绿化两种遮阳方式。水平方式是利用棚架遮挡阳光，垂直方式利用爬藤植物使其蔓延于墙面上，有一定效果，但墙身易潮生虫。

六、绿化及水面降温

绿化降温，主要是通过树木本身绿荫的遮阳以及从植物根部吸收的水分的蒸腾作用，从而减少阳光的直射、消耗地面上的大量热量而起到降温效果，因此绿化和增加水面能调节和改善微小气候。

我国古代曾有关于凉亭、水榭、飞阁的叙述。唐代封演的《见闻录》记载："天宝中御史大夫王鉷太平坊宅中有自雨亭，从檐上飞流四注，当夏处之，凛若高秋"。这是把水引上去使它再流下来以达到降温目的。自汉唐以来，封建帝王宫内大都附有苑囿、园林，园内有宽阔的水面，临水有亭、榭、楼、阁等建筑，"花卉周环，烟水明媚"，但它只是供封建帝王享乐游览之用。可是，这种临水、依水、跨水的建筑，以及园内大量的绿化都能产生降温效果。南方利用园林、庭院绿化降温在宋画中已有反映，画中庭院的树种有槐、桧、竹、芭蕉等。此外，在宋画中也见到有用玩赏奇石置于盆景中而陈列于庭院内，以及用水缸植菡萏于庭院或门前的。明清两代的园林绿化更是多见。在住宅的绿化方面往往结合生产，它充分利用河、湖、溪等水面，经济适用，降温效果也好。

自然的大面积绿化或水面降温，在南方农村常见利用稻田、树林或湖面，将建筑物靠近其建造。在城镇中见到的是利用河流湖泊，建筑物置于夏季主导风向之下的河畔，近水或依水而建，凉风从水面吹来，产生凉爽之感。但不流动的湖河之水，夜晚水温散发仍然较高，起不到降温作用。

小面积绿化降温，常见的是在庭院、天井内结合生产种植花木果树，也有置盆景的，也有的在庭院中凿池堆石，都兼有观赏和调节气候的作用。

至于利用水面降温，其方式有：一是临水建筑，有沿河的，也有面对池、湖、溪的（图27、图28），在园林中较多见。二是建筑延伸水面（图29）。三是水榭建筑，建筑全部或部分置于水面上，前地后院，前后开敞，凉风可直接吹入室内。四是水岛建筑，四周环水，前后左右通畅。五是庭院内凿池，池水由外面江、河引入庭院内（图30～图32），有的在前院凿池，有的在后院凿池（图33），也有的在前后庭院都凿池的。

图27　临水建筑鸟瞰

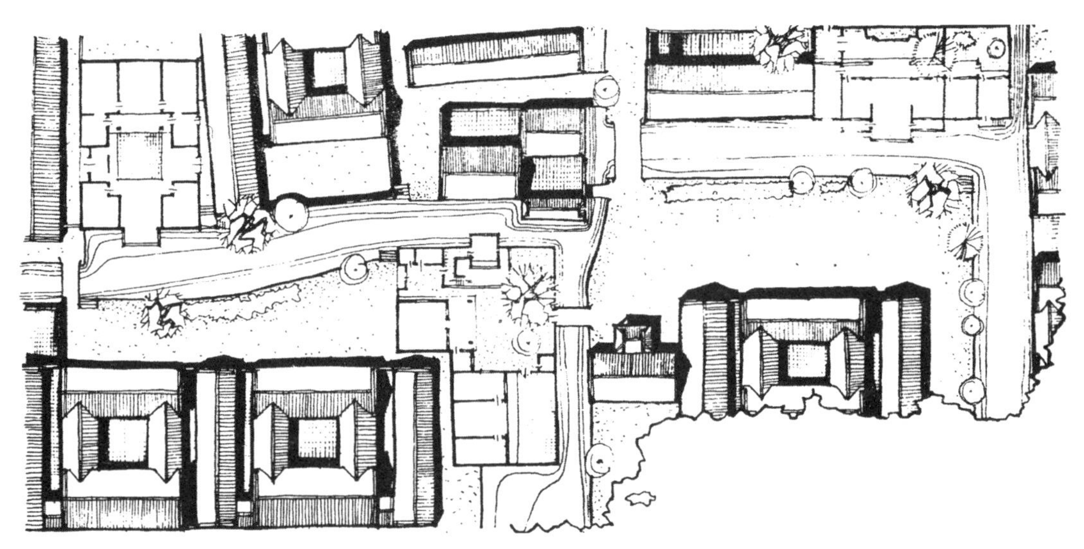

图28　临水建筑总平面

图29　临水建筑

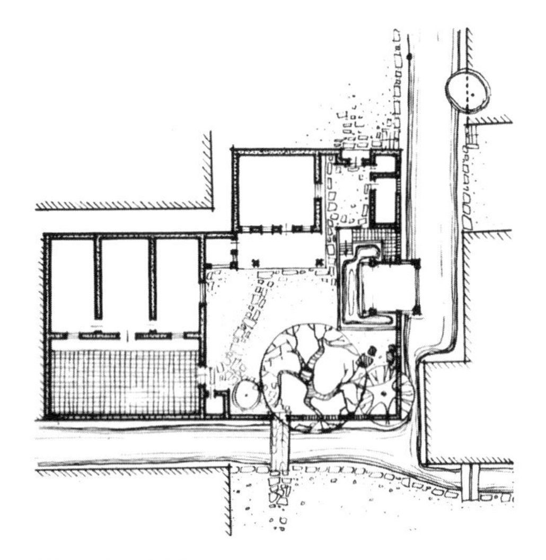

图30　溪水引入院内

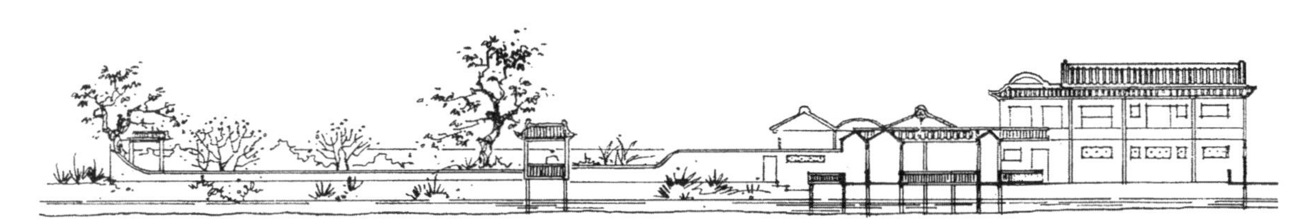

图31　广东揭阳某宅（立面）

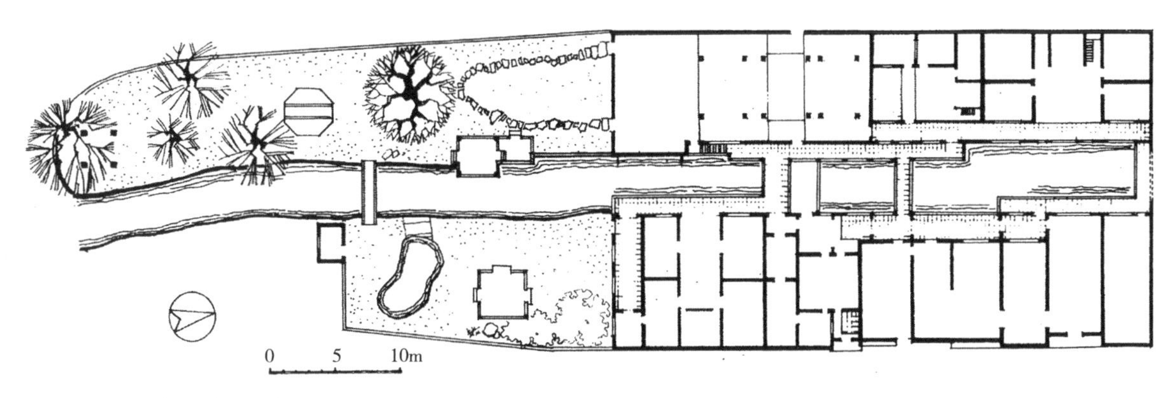

图32　广东揭阳某宅（总平面）

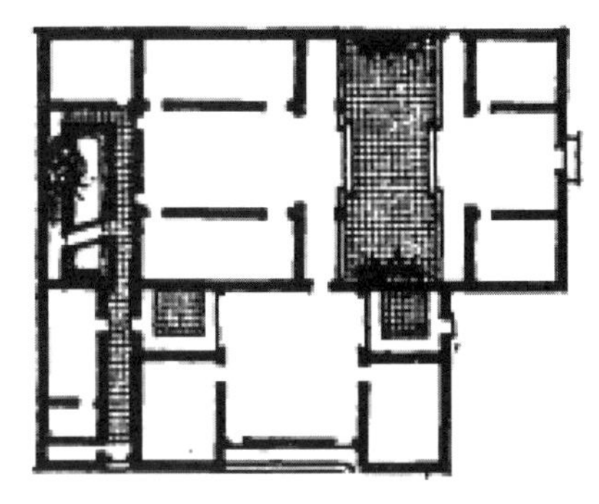

图33　某宅后院凿池

原文：载于《建筑学报》，1978年，4期，36-41页。

中国古代建筑的防腐与防蚁

我国古代建筑除砖石建筑外，木构建筑遗留至今年代较久的实物不多，除因受自然灾害（如地震、台风、暴雨等）和战争的破坏外，由于建筑材料主要是土和木，它的耐久性差，易燃易腐，特别是木材料保存更不易。因此，解决防腐问题就成为保存古代需要解决问题之一。

建筑的自然腐蚀，有物理的原因，如建筑材料内部的空隙受外界的酸碱渗入而造成体积的膨胀，形成物理性破坏；也有化学原因，如有害化学成分对建筑构件的损伤；还有生物的原因，如虫类、霉菌、细菌的侵蚀。建筑物中最容易受到腐蚀的部位和构件，往往是与空气或水分经常接触之处，凡是阴暗、潮湿和通风不良的房屋，或者处于半干湿状态的部位，如木桥桥柱、水榭水面上的木柱等，以及长期外露的构件，极易产生腐蚀现象。以部位而言，最易受腐蚀的屋面、屋架、外墙、门窗、柱子和地板等；以材料而言，则是竹、木等纤维素质的材料。

古史上有关防腐的文献记载和实物，在墓葬中较多谈及。如殷墟贵族墓葬中的漆器，它有着良好的防湿防腐性能。《吕氏春秋·节丧篇》中记载："家弥富，葬弥厚……题凑之室，棺椁数袭，积石积灰，以环其外。"灰即木炭，石在古代解释是坚硬的土块，估计也是属于黏土之类的物质。《左传》记载："宋文公卒，始厚葬，用蜃灰。"蜃楼即大蚌蛤灰。也有一说，据孔颖达《正义》引刘炫说是"用蜃复用灰"。长沙马王堆一号汉墓是用木炭和白膏泥进行防腐防潮的，白膏泥质地细密又黏，可以防止水分渗透。蜃灰和黏土的防腐方法，在建筑上也已用之。古代建筑中防潮处理，在前节已有详述，在防腐方面，《春秋穀梁传》提到"丹桓公楹"，这是文献第一次记载用丹漆在木柱子外表进行涂刷。东晋葛洪编著的《抱朴子》曾记载："铜涂木，入水不腐。"说明我国在古代民间有用铜的氧化物涂刷木材，使木经久不腐。明李诩所著《戒庵漫笔》中曾谈及宫殿建造用木材时，以热桐油涂浇两端进防腐处理。在民间曾用明矾、盐水、石灰水浸泡木材，这样可减轻木材的腐蚀和虫蛀。在实物方面，明清更多见。

据调查，一些古代建筑中，凡明亮、干燥和通风良好者其腐蚀较少。古人建屋重视定向，这是取得良好通风条件的重要措施，房屋建于坡地，地势高则干燥，排水好，都可以起到防潮防腐作用。南方湿热地区少开门窗或开小窗，北方地区槛窗糊纸，也可以减少或防止空气中的水分传入室内。

在木材的选择与防腐方面，一般选择木材多用硬木，其标准是树干高直，树身粗壮，质坚而纹密者，如龙脑香木、柚木、楠木、东京木、铁力木等，松木在南方很少采用，因它易受白蚁侵蚀。南方各省还有习惯使用杉木作为建筑材料的，因杉木耐腐、耐虫蛀。也有的地区用马尾松做建筑材料，在使用前先用灰水在水池中浸泡，然后再用。

木材的防腐，除上述《戒庵漫笔》中谈及用热桐油涂浇两头的方法外，民间还有炭化法，凡木梁置于墙内者，其埋入部分即两端表面先用炭火烤焦，称为炭化；若露明则不加处理。此外，古代还有漆油涂刷的方法。古代木材彩绘用色的材料多用矿物质，如石青、石绿、土黄、土红，其做法是利用它的天然色彩将这些矿物质研成细粒，加上黏粉、涂于木材上，可耐久应用而不剥落，防腐防虫效果好。使用油漆自辽宋以后才见开始，其后也有用彩画的，实物较多，它的做法是直接在木材表面涂油刷漆，其高贵者则在木材上绕以麻布、黄泥，有一道或两道者，再刷以油漆彩画。

陕西、河南一带在坑下用香棉（香灰）、樟脑、烟灰，据说可起防腐的作用，至于具体构造，待调查后补充之。

琉璃也是一种防腐材料，采用琉璃瓦、琉璃脊饰能使屋面免受雨水侵蚀。琉璃瓦自北魏开始使用，但为数甚少，至唐代则使用渐广，由于费用昂贵，仅宫殿寺观才用之。在封建等级制度下，一般住宅则不准使用。

构造与细部防腐处理有下列方法：在屋面处理方面，古代建筑屋面都有良好的坡度，其排水快又不渗漏，特别是暗沟部分更有妥善处理。屋架部分通风也好，有的屋面采用双层瓦面，有的另加气楼。在南方有一些寺庙中，往往斗栱间不安拱壁板，歇山山花部分开敞，都能达到通风防腐的目的。外墙处理方面，普通黏土砖有一定的耐腐蚀性能，据调查，酸性气体常使砖墙灰缝的砂浆更比砖先遭蚀毁。在古建筑，一般砌墙都比较密实，砖墙没有空隙，这样就可以防止空气中水分或雨水的渗入，可以避免由于墙体体积膨胀而导致破坏。有的建筑物外墙加粉刷，也是墙身防腐的措施之一。东南沿海一带，台风暴雨以及海风常带来空气和雨水中的酸盐，对砖墙极易风化腐蚀而致塌毁，当地有用三沙土做的墙身，除沙、土外另加蚝壳灰（牡蛎壳灰），用版筑法夯实，墙身坚硬。至于柱子，如用木柱，柱下木櫍、石櫍或石墩、石础。木柱夹于砖墙内者，用八字门通风。木柱完全置于墙内者则开砖洞称为气眼，作通风用。大门防腐处理方面，有的在大门下置槛石，有的在大门槛石下开缝可以防止地面水分上升，是保护大门防潮防腐的措施。地面防腐处理，一般用灰土夯实，石灰也是一种防腐材料。也有的地面，用素土夯实再用火烤之，素土拌以石灰，经火烧后质地密实，可起到防腐防潮作用。如用木质地板则垫高，地板下通风，如伊斯兰教的清真寺礼拜殿的木质地板都是这种做法。使用封沿板也是一种科学的防腐措施，它可避免椽子端部直接暴露在大气雨淋和日晒之下起到保护椽尾的作用。至于基础处理，一般都用坚硬的块石作为基础，除结构需要外，可防潮防腐。但石灰石甚少见用，因石质较松散，易风化。

下面介绍古代建筑防白蚁问题。

建筑物的虫害中，以白蚁最为严重。在我国，白蚁是一种分布广、危害大的昆虫，南起西沙群岛，北至辽宁南部，东至沿海诸省，西达西藏都又发现南方湿热地区更为严重。白蚁对建筑木材、竹木制品、江河堤坝和农林作物等都有很大的危害。

在我国历史上，对白蚁早有记载。《尔雅》：“蚍蜉，大螘，小者螘。蠪，朾螘。�，飞螘，其子蚳。”“蟚”是否就是白蚁，尚待考证，但古代已有发现蚁、螘、蟚。汉刘向《说苑谈丛》中曾写道：“蠹蝝仆柱梁，蚊虻走牛羊。”蠹蝝即白蚁。晋郭义恭《广考》中提到“飞蚁，木蚁”，也即白蚁。正式用白蚁的名词在宋代苏轼《物类相感志》中就有记载。

白蚁危害房屋和堤防，历史上有详细的记载。《汉书》《晋书》《隋书》《宋史》《金史》等史书五行志篇内都有不少记载，如“房屋自倾，无故落地，城楼自塌”显然是白蚁危害的现象。清康熙年间吴震方《岭南杂记》曾写道“粤中温热，最多白蚁，新构房屋，不数日，为其食尽，倾圮者有之”，可见白蚁危害的严重程度。至于白蚁危害堤防，古书亦有记载。战国时代韩非子《喻老篇》“……千丈之堤，以蝼蚁之穴溃……”，淮南子《人间训》“……千里之堤，以蝼螘之穴漏……”，可见白蚁危害堤防之严重性。其后各时代也都有类似情况的记载。白蚁除危害房屋堤防外，还可能危害金属，《岭南杂记》曾有一段记载说：“库银忽跌数千金，见壁下有蛀末一堆，烂如白银，寻其穴，掘之得白蚁数斛，入炉镕之，仍得精金，但耗其十一耳”，在学科上分析白蚁危害尚待进一步研究。

白蚁危害的原因是由它的特殊食性所决定的，白蚁主要靠蛀蚀木材和含纤维素的物品来生活，纤维素在地球上是分布最广的有机物，人们的衣食住行都与之有密切关系。在古代建筑中大量采用木构架，木柱、泥墙和砖墙，极易滋生蚂蚁。木制、竹制家具和装饰，以及木桥也同样。除白蚁的蛀蚀外，还要遭受到腐木真菌的破坏，因此遗留下来的木桥较少，这是其中的原因之一。

白蚁的习性一般喜欢生活在阴暗潮湿和通风不良的环境中，同时它又是营群栖性生活，因此，它的危害有着明显的特性，即危害的隐蔽性、广泛性和严重性。当建筑中一旦发现白蚁蛀蚀，有时可达到不可弥补的损失，因而及时迅速防治白蚁殊属十分必要。

要防治白蚁首先要了解白蚁破坏建筑物的部位及其原因。古谚：白蚁“无木不成巢”，从上述白蚁蛀蚀对象和习性来看，它的破坏部位往往是在比较隐蔽而潮湿的地方，它易为白蚁吸收水分而维持其生命。经调查，白蚁危害建筑物的部位具体如下：

1. 梁架（正梁、横梁、脊断或支脚）与砖墙、泥墙的交接处；
2. 柱脚，即木柱与地面接触部分；
3. 门框、窗框端角，门楣，窗楣两端；
4. 楼（地）面板下横木与砖墙的交接处；
5. 木楼梯与地面，或木楼梯与横梁的交接处；
6. 竹木家具，长期放在阴暗潮湿、封闭的房间中而久未加以搬动者；
7. 竹木装修通常与砖墙靠近或者连接的部分。

古代建筑中防治白蚁的措施可分为防和治两方面，以防为主。首先是选址良好的朝向，如朝南或者朝东南，以便多纳阳光和取得良好的通风条件。在选址方面，则多选择高地或坡地，使建筑排水良好，可保持建筑物的干燥。

古代建筑防止漏水也是防潮、防白蚁的措施之一，屋面、外墙要防漏，特别是古代建筑中屋面暗沟多，极易积水渗漏。因此，屋面暗沟常用重瓦作沟底，或者瓦下用铅皮（铁皮）一层，大型建筑物则在瓦下用锡片或铜片，在屋脊上则浇铸铅板一层，可防漏水。

古代建筑的柱础一般用石础、石墩，防潮也防白蚁。古书记载“柱础去地不高”，则易生白蚁。南方建筑有的不用木柱，而用石柱，也是防潮防白蚁的一种措施。浙东一带，屋架承托部分的短木柱，支撑在石础上面。

关于木材的选择，一般选用抗白蚁性能比较好的木材，宋代苏东坡《后集》卷五《西新桥诗》中记载“独有石盐木，白蚁不敢跻”，石盐木即铁力木，别名铁栗木、铁棱，在我国广西容县、藤县、都有出产，材质坚硬耐久，心材暗红色，南方古建筑常用它作为木柱，木构架。清方以智《物理小识》曾记载：“白蚁必衔水上柱，乃能食木，松易受水泥作路，杉木收水易干，故蚁不上也。”杉木抗蚁性强，松木则不行。清屈大均《广东新语》有白蚁“不触食铁力木与棂木”的记载，铁力木即石盐木，棂木可能是宪木或蚬木，宪木在云南省称为东京木，材质坚硬而重，能免虫害。广东古建筑也常用之。

至于木材处理方面，上面谈到东晋时代曾用“铜青涂木”的方法，明代后较为普遍的处理方法是用热桐油浇涂两端，明李时珍《本草纲目》曾记载“白蚁性畏烰炭、桐油、竹鸡……”，烰炭和桐油都能防止白蚁滋生。

《周礼》曾记载“赤发氏掌除墙层，以蜃灰攻之，以灰洒毒之，凡隙屋除其貍（同“埋”字）虫”。《周礼》乃后人所作，时间也当在还带写成。蜃灰即蚌壳灰，蜃灰石灰都能杀虫防潮。民间曾用明矾、盐水、石灰水浸泡木材，也能防腐、防虫和防白蚁。

明方以智《物理小识》所载：“青栀子实晒黄，能消白蚁、为水、泾活树。去皮顶凿窍，注桐油竖置一二日，水尽去，以为梁柱，蚁不生。或用青矾煮柱本，唯中柱不可煮，煮即井水黑。”上述青栀子、桐油及青矾（即绿矾或硫酸亚铁）三法古代都用来防治白蚁，可称为农药治蚁法。

用亚砷酸杀白蚁是我国南方各省农村通行的杀白蚁的有效方法，但在古文献上尚未有记载。仅在宋应星《天工开物》上有“陕洛之间忧虫蚀者，或以砒霜拌种子”的记载，用砒霜粉杀虫是行之有效的方法，现在治白蚁也都用砒霜粉作为主要药物。

至于传说中还可以用生物防治白蚁的方法，如《诗经》所载“鹳鸣于垤”，鹳食白蚁而鸣之。《本草纲目》记载“竹鸡食蚁”，此外还有传说穿山甲及龟等动物可食白蚁，还要等进一步的实验证明。

1978年于广州

广东传统村镇民居的生态环境及其可持续发展

一、住宅的生态环境

住宅的生态环境，包含生态住宅和周围环境的生态要求两方面，生态住宅是其中重要的内容之一。生态住宅不等于健康住宅。健康住宅主要指围绕人居环境的健康而采取相应措施和做法的住宅，而生态住宅是运用生态学原理和遵循生态平衡及可持续发展的原则，设计、组织建筑内外空间中的各种物质因素，使物质、能源在建筑系统内有秩序地循环转换，从而获得一种高效、低耗、无废物、无污染和生态平衡的建筑环境。这里的环境不仅涉及住宅区的自然环境，也涉及人文环境、经济环境和社会环境。[1]

生态住宅，指现代住宅要求包含下列内容：

1. 以人为本，强调住宅中的健康、安全、舒适、悦目。即要求有充足的阳光、空气、照明和良好的通风；适宜生活的温度、湿度；安全无害的结构和材料，无噪声，以及悦目怡人的建筑和其室内外环境。
2. 无废物、无污染、保护环境的洁净。
3. 节约资源，即能源、水源、土地等合理利用。
4. 环境和谐，达到人和大自然的融洽。

从住宅生态环境要求来看，传统民居不少做法符合生态要求，虽然它只具有原始状态和自然状态价值，但如能很好地、实事求是地总结它的经验，对今天改善生态环境还是有一定参考价值的。

二、广东传统村镇类型及其居住模式

广东传统村镇和民居分为三个地区：

（一）广府地区

它又分为城镇和农村两大类。在农村，其布局主要为梳式布局系统（图1），其居住模式主要为三间两廊民居。在城镇中则为街巷式布局，其居住模式主要为竹筒屋式民居（图2），这是一种密集型大进深街巷式民居。

---

[1] 广东建设报，2003-08-07，第6版，生态住宅栏。

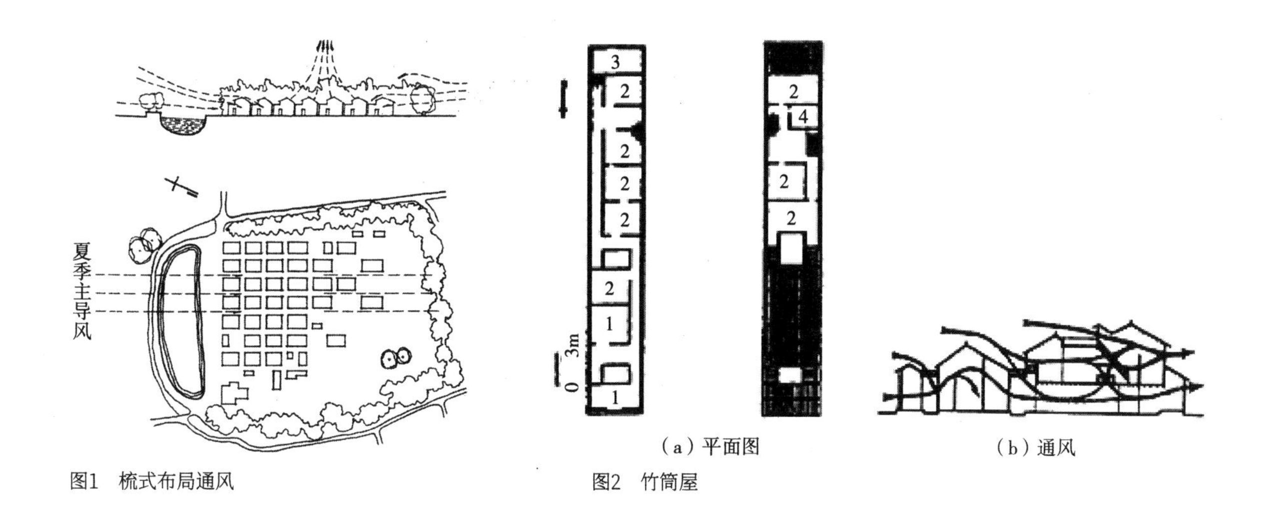

(a) 平面图　(b) 通风

图1　梳式布局通风　　图2　竹筒屋

(二) 潮汕地区

村落城镇区别不明显，其布局是一种密集院落从厝式宅居（图3），在农村往往以一座大型密集院落大宅第为主，周围分布有较多小型爬狮式（三合院）和四点金式（四合院）民居，也有少量五间过或三座落民居。城镇中则是沿街巷布置了带从厝（横屋）的二进或三进院落式宅居，当地称为二落二从厝，三落二从厝等，有的称为四厅相向，即二进院落带从厝。

(三) 客家地区城镇和农村

其居住模式基本上是一种封闭式大宅院，是三座落宅第两旁加从屋。农村中则在方型大宅屋后面再加半圆形围屋组合而成，前方后圆，当地称为围垅屋（图4）。在农村中较多见的是一村一座围垅屋。大村则有多座围屋，可有多姓，但每一座围屋内只有一个姓氏。城镇中则沿街巷分布着客家方形宅屋，一般为三进或两进院落式宅屋，两旁带从屋，宅后一般不带半圆式围垅屋（图5）。

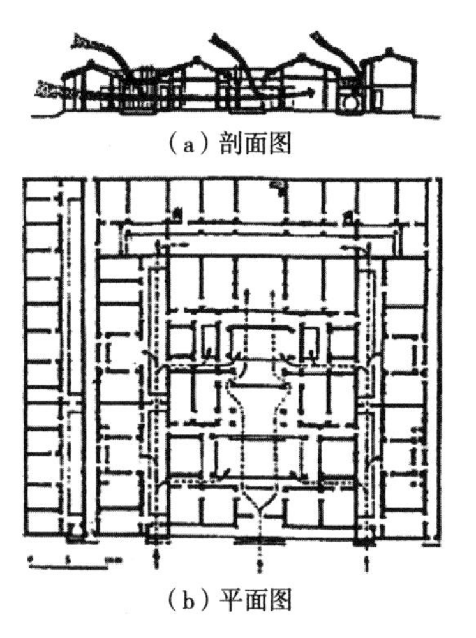
(a) 剖面图

(b) 平面图

图3　密集式布局通风

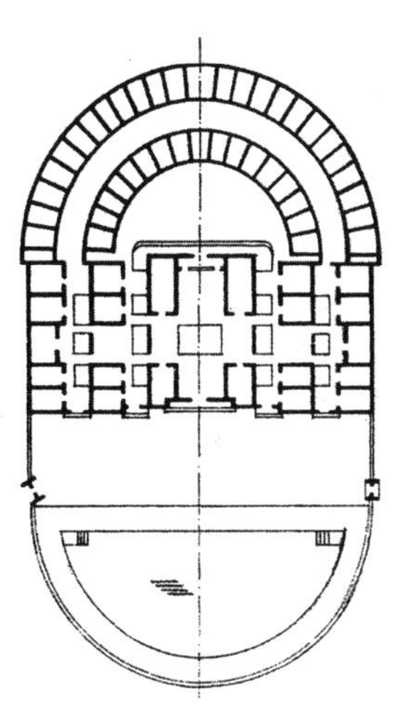
图4　农村双堂四横二围垅平面

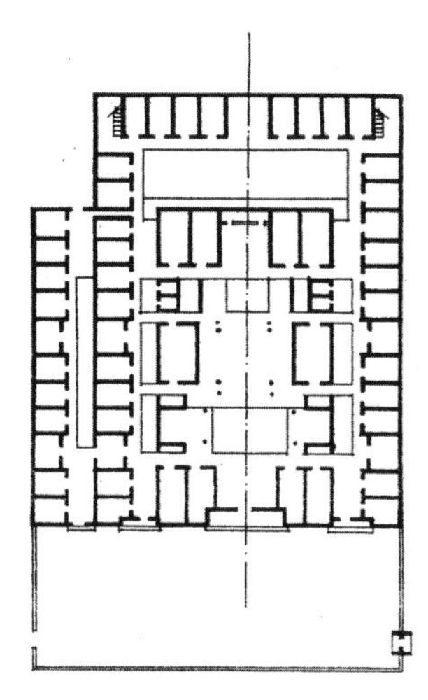
图5　城镇围屋

综合上述特征，可以用表1加以归纳。

广东各地区村镇布局、居住模式及建筑特征分析表 **表1**

地区	布局特征	居住模式特征	经济特征	建筑特征
广府地区（农村）	梳式布局	三间两廊平面	一家一户小农经济	建筑南北朝向；通风良好；节约用地；纵向交通通畅；横向各户对门，便于互助照顾，沿坡而建，排水入塘
广府地区（城镇）	街巷布局	竹筒屋平面	一家一户城镇商业经济	宅商合一，单开间，大进深，多天井；建筑密度高，节约土地建筑中有天井、楼屋，通风良好
潮汕地区	密集方形布局	院落带从厝平面（或称从厝式平面）	大家庭生活家长式经济	外封闭、内开敞；以厅堂、天井、廊巷进行组合的完善通风体系；防风、防震、防盗，节约用地
客家地区	围垅屋	从厝式平面带后围	家族式生活与经济	聚居，大家庭生活、防御性强（防盗、防械斗）；背山面水，山背防寒风；建筑沿坡而造，排水好，节约土地

三、南方传统民居的生态经验

（一）通风

良好的通风是南方传统民居中解决舒适居住生活中最主要，也是最基本的要求和措施。它充分利用大自然气候条件，因而符合生态要求和可持续发展原则。以梳式布局为例，村落前有田野、禾坪，平时的凉风从田野吹来，通过街巷、天井可以直接吹入室内。而当盛夏季节，天气炎热，特别是中午，酷日当头，村镇的建筑处于无风或静风状态，天气闷热，这时民居能充分利用热压原理，如屋顶瓦面上的热气和天井中的热气向天空升去，而街巷（当地称为冷巷）的低温气流通过民居的侧大门源源不断地补充到民居天井和室内。因此，不论在有风或无风状态下，这种梳式平面都可以获得空气中的对流，有着良好的通风效果（图1）。

街巷式竹筒屋则主要依靠多天井和利用前后交通巷道作为通风手段，前门、前天井作为进风口，后天井较小且高，作为出风口，中天井既进风又出风。如果前后建筑有低有高还可以利用高差形成通风条件。此外，门窗的开启，屋顶、气窗（图6）、风兜（图7）的运用，大门的“躺笼”（图8）、矮栅门（图9）、室内的隔断（图10）、屏门（图11）等都是南方民居中获取良好通风的有效方法，是形成南方舒适生态住宅的有效措施。

（二）遮阳、隔热、降温

遮阳、隔热、降温是形成健康舒适生态住宅的重要内容之一。

南方天气炎热潮湿，因此，除良好的通风条件外，选择良好的朝向采用惰性大的天然材料，如土、沙、木、石作为建筑的承重结构和围护结构材料，它做成的屋面、墙体，既

图6　撑开式天窗

图7　风兜

图8　粤中民居“躺笼”

图9　矮栅门

图10　上段活动、下段镂空的隔断

图11　上下都可开闭的屏门

隔热、防晒，又无污染、符合生态要求。村镇建筑的周围进行绿化和小广场处理，把水引入村镇和建筑内外，都是降温的各种措施。

（三）天井的功能作用

南方宅居人口多，土地紧张，房屋建造密集毗连，为了解决采光、纳阳、通风、换气和排水，就采用建筑包围一块空地的做法，这就是天井，它除了上述五点基本功能外，还兼顾这一组建筑的天井与另一组建筑的天井之间以及通向厅堂的交通手段。因而，天井在南方传统建筑中是非常重要的组成要素和一项很有成效的手法。

天井因大小、形状、部位朝向等因素的不同，形成的功能作用也就不同。天井中有绿化有时还布置假山、池水，增加了人和大自然结合的情趣和生活气息。这些都是符合生态质量的良好措施。

（四）节约资源、无废物、无污染

1. 节约材料建造房屋采用天然材料土、沙、石以及竹木等，房屋建造余下的废料又都回填在建筑物的基础及地面，既无废物，也无污染

2. 节约用地

（1）村镇建筑采用密集方形布局、节约用地。

（2）建筑上坡上山，节约用地。

（3）村前置水塘，挖出土方置于坡地，既增加了房屋坡地，又节约了土地。

3. 节水

（1）每户小院都凿井，食用水与污水分流加强了家庭和村落的环境卫生，也隔离了交叉污染。

（2）雨水、污水排入水塘，水塘养鱼，又可消防用水，旱涝时还可灌溉农田。

（3）聚水归塘，可保护水土，达到土地湿润调和，有利于生活生产，又可调节小气候。

（4）靠山的村落，常引山上之水或山溪之水入村入室，也是达到节约用水和保护环境的目的。

4. 节能

用水力拉动水车、灌溉农田，节约能源。

由于古代能源大多以人力为主，自然资源以水为主，当时没有电源和化学合成物质，因而能源污染不突出。

（五）防风

1. 建筑利用坡地山地，前低后高，并在村落左右背后密植树木，既可挡寒风，也可防台风侵蚀。

2. 密集方形的建筑物，因其四周抗风面积相差不多，受力较均衡；又因台风来往朝向不稳定，墙垣的倒塌往往不是被台风吹倒，而是在台风突然停止时，墙垣往前倾塌（即反方向倒塌），因此，方形建筑平面的四周墙垣受力均衡，对抗御台风是十分有利的。

3. 屋坡缓和，屋面瓦垄之上用砖条、砖块压住，通风面少开窗户，迎风墙体的屋面上加筑女儿墙，都是沿海建筑物抗台风的常见措施。

（六）人与自然的结合

1. 充分利用和协调大自然资源，就地取土，就地取材，如上山砍竹、木，河内取沙、卵石，海边取贝壳烧灰，上山取石烧灰等。潮汕沿海地区用三砂土等地方材料抵御海风侵蚀。但在利用传统材料中，如用土砌墙、用土烧砖，浪费土地资源，这是缺点。

2. 充分利用大自然景观作为村镇民居的背景，或在宅居庭院进行绿化，使民居美学环境增色不少，也使人与大自然的环境更加融洽、协调。

3. 南方很多宅居，特别是一些城镇文人家庭，把住宅和庭园甚至住宅、庭园、书斋结合在一起建造、使用，使人的生活与大自然在一座宅居内得到协调，增加了人的生活乐趣和自然情调（图12）。在农村则利用山水、大自然景色引入村内建筑，把建筑布置疏密得体，同时，选择良好的朝向方位，使人与大自然动静结合融于一体。

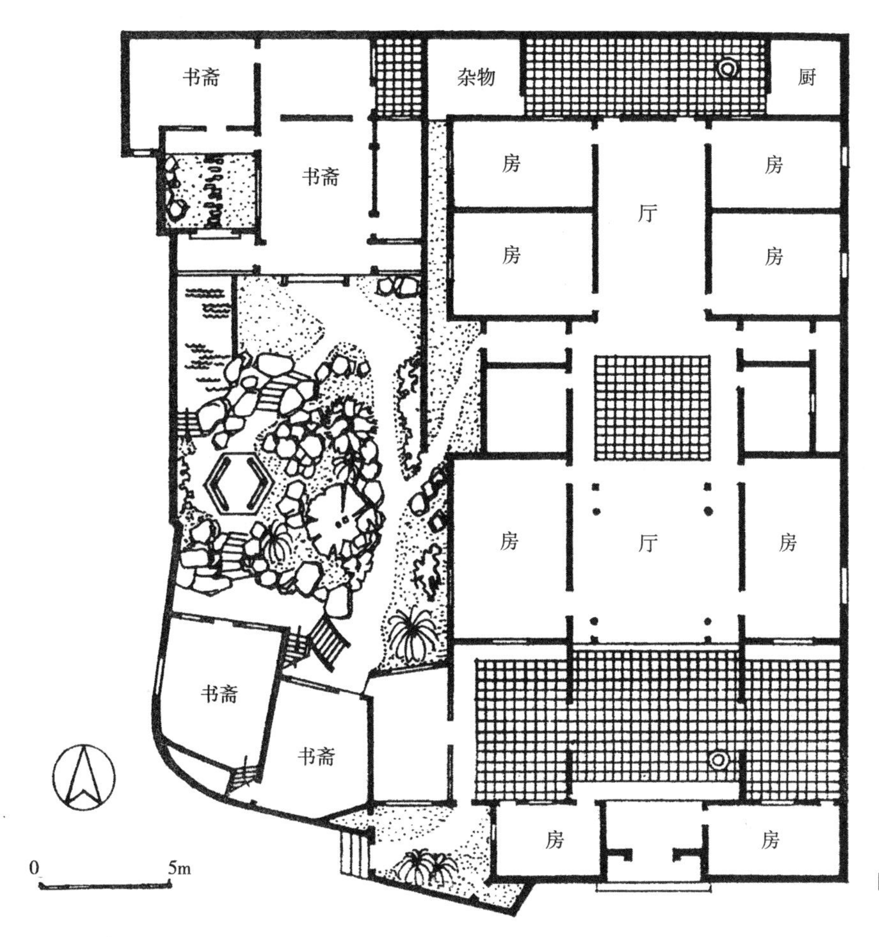

图12　潮州同仁里黄宅斋园“猴洞”平面图

四、结语

古代农村民居的建造者，由于社会地位、经济条件的限制，只能利用当地天然的自然资源，用最经济、最现实的方法，用适应当地气候环境等自然条件来建造自己的宅居，因而，他们所建造的房屋，现在看来是符合节约资源和生态要求的。虽然在当时这只是一种原始生态现象，和今天所提出的生态观念和可持续发展不可同日而语，但其生态经验对今天仍有参考价值和借鉴作用。

原文：陆元鼎、廖志，载于《福建工程学院学报》，2004年，1期，65-69页。

建筑遗产与传统民居的保护与持续发展

建筑遗产和传统民居这两个内容实际上属于一个课题，就是古建筑范畴。前者是位于城镇的古建筑，特点是体型大、规模大，按一定的形制来建造。而后者传统民居，主要是指农村及墟镇的民宅，即民居。广义来说，它包含了祠堂、会馆、书院、书斋、庭园以及村内的戏台、照壁、亭阁、桥梁等，它的特点是比较小，属老百姓所有，设计虽有规范，但比较灵活自由，构造也比较简单。

历史建筑遗产中比较珍贵的，有巨大历史、文化、艺术、技术价值的称为文物。文物总的分两类：一是地面下，如墓葬，包括墓室、墓道、殉葬品，后者有很多种类，如冥器、生产生活用具陶器等，称作出土文物；二是地面上，主要是古建筑、石窟、石碑等。

历史建筑遗产就是指历史遗留下来在地面上的古代建筑实物，这是我们国家极其宝贵的文化财富，我们要保护它。那怎样保护呢？此外，对于广大农村墟镇大量的传统民居怎样呢？它也是我国悠久历史文化的组成部分，过去没有重视它，现在提到日程上来了，但是在全国，历史建筑遗产太多了，怎么保护？在当前，中央提出要建设社会主义新农村，既要保护又要建设，怎么处理好这两者的关系，很重要。所以，就选择这两个问题来叙述一下。

一、历史建筑遗产的保护

（一）保护历史建筑遗产的重要性保护古建筑，包括历史文物建筑、历史文化名城、名镇、名村，以及优秀的传统民居，有四个理由：

1. 古建筑是启发人民爱国热情和民族自信心的具体表现形象，许多工程宏大、艺术精湛的古建筑是历史上劳动人民血汗的产物，是智慧的结晶，如万里长城、大运河都列为世界上古代最伟大的工程，又如隋代安济桥、山西应县佛宫寺木塔。北京故宫，它规模之大、建筑之美、结构之精，以及保存之完整，在规划布局、艺术表现和装饰以及大木结构都是独一无二的，参观这些古建筑，对激发我们的爱国热情，增加民族自信心、自豪感有积极作用和现实意义。

2. 古建筑、古民居是研究历史（社会发展史、科学技术史、建筑发展史、艺术史等）的实物例证。

俄国作家果戈理曾说过：“建筑同时还是世界的年鉴，当歌曲和传说已经缄默的时候，而它（指建筑）正在说话呢。”从西安半坡旧石器时代的居住建筑遗址中，可以看到原始社会的集体生活。从故宫中的建筑排列和它的大小规模来看，充分反映了封建社会的等级观念。又如从隋代安济桥和辽代应县木塔中可以看到有大量的力学、结构、水利，以及地基、抗震、抗风等科学技术。此外，还有很多建筑物室内室外的古代艺术品、壁画、雕塑品等都是研究建筑发展史、艺术史的重要资料。

3. 古建筑、古民居是新建筑设计和艺术创作，特别是民族特色和地方特色建筑创作的重要借鉴资源。

古建筑的功能今天已不适应了，但是建筑布局、材料、施工、艺术装饰、传统风格等方面长期积累的经验是一笔宝贵财富。例如建筑的总体布局和组合，古代园林设计中利用自然、顺其自然、缔造自然的手法，又如布置园林，尽量利用原来的山形、地势、水源、丘埠、平地等，千变万化，再加上一些人工建造的亭、榭、游廊、殿阁，以及花木、假山等构成完美的整体，真正做到了“虽由人作，宛如天开”。

在古代民居中，老百姓的住宅除满足家庭家族居住的伦理形制和生活方式外，它的布局中如何适应当地气候，如南方湿热多雨、北方干寒冰冻、沿海则多台风等；如何适应当地地形地貌，如丘陵地、山地、沿河、沿溪等，都有着丰富的实践经验。

特别是，民居与当地人民的习俗、生活生产方式紧密联系，与当地人民的性格、审美观也有紧密联系。他们熟悉利用当地的材料，因此，在建造房屋中因地制宜、就地取材、因材致用，加上自己设计、自己建造、自己使用三位一体的设计施工方法，完全满足“实用、经济、美观”的建筑原则和条件，达到了实用与美观的统一，技术和艺术的结合。特别是民居建筑中反映出当地的文化。因此，民居是创造民族和地方建筑与文化特色的重要借鉴材料。

当然，这都是传统的，今天必须要加以改造，使它符合今天的需要。因此，要从时代要求出发，贯彻古为今用的原则，借鉴传统，创造未来。

4. 古建筑、古民居保护下来还有一个理由，它们是我国重要的和极为丰富的物质文化资源，今天可以为旅游服务。

现代旅游业的参观对象，除了原始森林、海洋世界外，无一不与建筑有关。文化要有载体，这载体就是建筑。越有文化的建筑就越有价值，古建筑就是这样。现在在各城镇和偏远山区发现的传统建筑无论在布局上、建筑处理上构造特色上和防卫措施以及农家风貌等方面都很有特色，增加了旅游风光。

（二）历史建筑遗产保护的标准

历史上能够遗存下来的古建筑通常是两种情况：

一种是人为方面的保护。这些主要是指官府所建的大型古建筑，如宫殿、坛庙、陵墓、苑囿、王府、衙署等，因为是官府的，谁也不敢破坏，才能保存下来。

再一种是依靠自然方面和古建筑的精致技术材料得到保存下来。如：（1）建筑材料坚固，如砖石所造；（2）建筑结构合理牢固；（3）施工精密；（4）自然环境好。它们都能经受了自然条件如气候、地貌的考验，经受了台风、地震，甚至为的破坏（战争、炮弹），得以保存下来。

因此，这些历史上优秀的古建筑就成为文物建筑。有些古建筑可能还没有被发现或没有被评上文物建筑，但它们是优秀的古建筑。成为优秀传统建筑必然有一个标准，标准就是看价值。价值分为几种：（1）历史价值；（2）文化价值；（3）建筑价值。后者又分为有艺术价值和技术价值。在建筑中，还要看它的布局、外观、环境、营造等是否有完整性、典型性、代表性，还要看年代、演变、同类建筑的比较，等等。

（三）保护的原则

根据我国国务院颁布的《国家文物保护法》规定，对历史文物建筑保护的原则是“不改变历史文物建筑的原状”，也就是通常所说的“修旧如旧”原则。前一个“旧”字是指古建筑，后一个“旧”字指修复保护后的标准“修旧如旧”——恢复原貌。对于这一原则，目前古建筑界有两种理解，多数从事古建筑修复的专家认为要按原样修复，从平面外貌、细部、结构都按传统方法、材料、工艺修复，不得更改，采用新技术、新材料只限在隐蔽处。另外一些专家的意见是，认为在修复后，要有新旧痕迹分明，使其能反映出该古建筑修复的年代。在国外，修复历史建筑，往往采取这种方法。

（四）保护的范围和条件

1. 典型代表的实物

古建筑的建筑布局、材料、结构、艺术造型，大多是相同的。类同的这些古建筑全部保存下来很困难，也没有可能，只能选择其中具有典型意义的，如：

（1）建筑类型的典型实物；

（2）民族或地区的典型实物，不同民族、不同地区的古建筑有不同特点；

（3）建筑材料和结构方面的典型实物；

（4）建筑艺术、装饰方面的典型实物；

（5）历史时代的典型实物。

什么是典型实物呢？第一要有概括性；第二要有完整性；第三要设计完善、规制完备、保存完整的实物。

2. 遗物的孤例、特例

如北魏嵩岳寺塔（十二边形、十五层）是孤例。它从类型、材料结构、时代、艺术形式等只此一处，称孤例。佛光寺开始称孤例，后又发现南禅寺，孤例就不孤，但它们年代久，唐代只此几例，必须保护。

3. 在建筑史上有发明、创造的古建筑

如塔这个类型是随佛教传入后产生的，但汉代已无实物了（汉明帝佛教传入）。又如无梁殿明代创造，是砖石砌筑的建筑类型。

4. 与重大科学发明或科学上重大成就有关的古建筑

虽然这些建筑在艺术、技术上价值不大，但它与历史上的科技成就有关，就要保护，如北京建国门天文台遗址就是一例。

5. 大型古建筑群，实例很多，选择其完整性、艺术性、历史文化价值较明显者。

6. 风景名胜区有特色的古建筑，如杭州西湖周围古建筑、湖南岳阳楼和洞庭波光等。

二、传统街村、民居的保护与持续发展

（一）建设社会主义新农村

根据中央提出的精神，国家建设重点之一是建设社会主义新农村，这是国家重视三农——农业、农民、农村政策的具体体现。作为我们城市建设和建筑工作技术人员，专业的一个重点要放在农村，即村落墟镇。

国家提出对农村改造与发展的要求是，近年内的要求是通路、通水、通电（包括电信、电话）等基础设施，改善农村环境，当然，有条件的可以要求更高一些。

提出传统街村的保护与持续发展，是比较高的要求，也就是说，在比较富裕的、经济和文化水平较高的地区先走一步，做出样板，取得经验教训，今后推广。我国是一个历史悠久、文化与物质资源极为丰富的多民族国家，地理辽阔、气候悬殊，各地城镇街村的布局、风貌都具有丰富的历史、文化和民族、地域特征，因此，对它的保护和发展更有特殊的意义。

当然，解决新农村的建设不是单靠规划，文化部门的事，也不仅仅是经济问题，它涉及整个县镇的社会、经济、文化发展统一规划。只有在县镇发展统一规划下，村镇及其民居建筑才能得到正确的保护和持续发展。

（二）我国目前传统村镇与民居概况

目前，全国村镇基本是四种类型和两种特殊类型：

1. 基本保持原有传统村镇面貌。建筑多数已残旧破损，但原貌仍保存。

2. 基本或绝大部分已改成新建筑（近现代建筑），即增加了商业、工厂、文化、教育、医院等公共性建筑，有的扩大变成了小城镇，留下的仅仅是一些祠堂、会馆、庙宇、牌坊等零星建筑分散布置，旧民宅已改成了三层、四层楼房。但房屋的密度太大，很多农民新屋相近而建，农村称为握手楼。

3. 基本或全部拆毁、焚毁（战争），成为平地、废墟。或只留下道路体系、破旧房屋、残壁瓦砾。例如，广州大学城外围练溪村就是一例，除村落原肌理和极少量的民居、个别书塾、庭园和外墙残壁还存在外，绝大多数已成废墟。

4. 绝大部分村镇在原有基础上新旧建筑并存，其中又分为：

（1）新民宅、新街多一些，旧民宅、祠堂还存在。

（2）新民宅、新街占一部分，大部分仍是旧民宅、祠堂。

上述两种村镇主要以当地经济发展程度来决定，经济发展快的，传统面貌改变就快，如广东珠江三角洲地区的旧农村几乎都变成了小城镇。

5. 还有一种村落，大部分年轻人走了，只留下少数老人看守，其中一些祠堂、会

馆建筑质量还是很好的。如果长期没有人住，房屋就会破损毁塌，这种村落被人称为空心村。

6. 另外，在这几年城镇化、城市化过程中，发现一种情况，就是在扩大并村过程中，形成了一种新的现象，就是城中村。它与所在的城镇，无论在经济、文化、城市建设、风貌等方面都还存在一定的差异，它是农村改造发展中的一个实际问题，也属于传统街村保护与改造、发展过程中的一种类型。

对于城中村的问题，是近几年产生的新问题。由于经济发展，需要扩大城镇规模，城镇周围的自然村并入城市或城郊。但是这些村落仍然保留着原有的布局结构和民宅、祠堂等建筑。村内道路曲折，狭窄，建筑质量低、密度大，市政设施残缺落后。有的城中村临界近河边，一旦暴雨狂风，则水淹全村，树根翻起，严重影响居民生活。

并村入城后，这种现状与先进的城镇设施，建筑风貌形成了明显的差异。它也属于传统街村改造的范围，目前只能先维持现状。有些城镇也做过保护和改造，例如：有的城市认为这些城中村太陈旧落后，采取“铲平”的做法，推倒旧屋，重建新楼，一方面，变成了新区；另一方面，原有的村貌、文化、历史也不见了。另外一种改造方式是保留和适当改造原有道路系统，按城市布局手法，建成行列式单元式楼房。它满足了农民生活需要，但生活方式变得城市化了，各家独立门户，相互串门不方便，联系也少了。大部分的城中村仍维持现状，正在逐步改善。

（三）传统街村保护和待续发展的前期工作

当前，在中央提出建设社会主义新农村的号召下，为了改善农民生活条件，村镇中进行传统街村的保护和发展势在必行。根据有的地区在实施过程中总结的经验，一定要做好实施前的工作，即前期工作。具体是：

1. 要明确传统街村的定位

这是进行保护与发展的先提。因为，传统街村很多，它不一定是历史文化街村，因此要研究这个村是属于历史文化型？还是地域型？民族型？还是一般型？

2. 了解基础资料，包括人文基础和物质基础

任何传统街村都不是孤立的，是在某地区、某民族、在某一城镇、某区乡，它有一定的历史、文化背景，有一定的习俗、生活方式、审美观念等，这是传统街村形成的人文基础和内容，是制定保护发展规划的依据。其次，要了解传统街村原有的基本格局、历史风貌，包括它所在的位置、周围地势、地貌、气候、土质材料、山水分布，特别是本地族群的性格爱好、审美观念等。

3. 明确保护与发展的关系

时任建设部部长汪光焘在2004年的一次会议所作《历史文化名城的发展和保护》报告中曾指出，“保护与发展的关系，保护不是目的，发展才是目的，当地老百姓适应时代的良好人居环境永远是目的”。建筑历史遗产即文物建筑保护的目的，要为今天所用，作为历史、文化资料，供人民参观获得知识，增加爱国主义思想和凝聚力，是保护的目的。作为生活使用的传统街村和民居，它在保护改造、发展后，要为人们所用，保护改造为了发展，发展是为人们所用，这就是保护和发展的关系。前者着重在精神、文化上为人所用。后者更多的关照在物质条件方面，其实质都是一样——为人所用。

（四）传统街村保护的原则、标准、步骤和方法。

1．保护的原则按历史价值、文化价值、艺术价值、技术价值而定。

2．保护的标准：按照科学发展观的理论，以发展为指导，立足于未来，以人为本为出发点，一切以满足人民的生活、文化、环境需要为目的。具体来说应该在下面几方面得到反映：

（1）挖掘传统街村的历史人文特色，做到历史文化真实性和延续性。

（2）挖掘传统街村的基本格局，历史风貌和建筑特征，有明显的地域性和民族性。如有典型的类型建筑、实物、材料、结构、外观、空间装饰、装修等都要重点保护。

（3）从发展观点来看，一定要挖掘街村的独特性，包括布局、风貌、空间、结构、环境、细部、装饰、纹样等。归纳一下，即要在三个方面挖掘本街村的特色，一历史、二文化、三建筑地域特征。这三方面的特色找出后，保护与改造、发展就有了良好的基础了。

3．传统街村保护与发展的步骤和方法

（1）领会中央关于村镇保护与发展的方针政策。

（2）调查摸清现状，如居民现状，历史、文化现状，包括习俗、爱好、人文、性格等，布局和建筑现状，建筑特征、建筑损毁现状和自然条件等。

（3）研究街村发展的定位和价值——要有针对性，重点在历史文化和人文性格的创造力。

（4）一定要做好村镇街巷的规划，这是非常重要的。没有规划就会乱建，后果不堪设想。有规划就有依据，而且在规划中要有分阶段实施的阶段性规划，要有可操作性，避免纸上谈兵，实施不了。

（5）贯彻领导、群众、技术人员三结合的方法。当然，方法是很多的，但是，其中重要的一条是，一定要重视农民、居民群众的利益，要动员群众的积极性和自觉性。

（五）传统街村保护与更新三种模式导向的分析

1．全保型；

2．全新型；

3．保新结合型。

不同情况可以采取不同模式，总的来说，我国是一个有历史、有文化的国家，几乎所有村镇都有着不同程度的历史文化内涵，因此，比较适合第三种模式，但是，第三种模式也是比较复杂的，关键在于如何掌握保护和更新发展两个方面的主次、轻重、深浅程度。也就是对历史、文化、地域特征三个方面融会的掌握程度和运用。要在认真保护历史文化的基础上进行创新，从发展的、立足于未来的观念来考虑。

（六）传统民居保护和发展中要注意的问题

古建筑、传统民居的保护和发展工作，涉及村民、群众的利益，一定要重视这个工作。

1．最重要的就是要普及宣传工作，即普及文物知识，宣传文物保护的政策法令，只有统一了认识，大家才能齐心协力做好这一项工作。

2．认真贯彻政府有关村镇建设和古建筑保护的法令、指示、方针、政策，这是做好一切事物的依据。

3．在工作中一定要重视农民、居民的参与和利益，忽视了他们必然在工作上困难重重，矛盾也会激化。总之，这些大量传统村落民居的保护和发展、开发，应该由村民及其所在的政府、文化部门来决定。目前，有不少村民和单位要建祠堂、庙宇，那么，应该贯彻一个原则，凡是新建的要说服教育，不建封建迷信的建筑。如果是在原地修复的宗教建筑可以考虑，但也要经政府、文化部门审核批准。

4．正确处理三个关系：一是正确处理新建设与古建筑保护的矛盾；二是正确处理开发商与古建筑、古民居保护与发展的矛盾；三是正确处理保护与旅游开发的矛盾。

（1）新建设与古建筑保护的矛盾现阶段存在建设与保护的矛盾，要贯彻两重两利方针

第一，古建筑十分重要而又不能搬动的话，新建设要让路，或另选新址，或绕道。

第二，新建设工程十分重要，古建筑让路。如古建筑价值不是很大，则做好详细测绘保存资料后，可拆除。如古建筑价值重大，则迁移他处，修建保护。

第三，如古建筑价值重大，也不能搬迁他处者，同时，新建工程又必须在古建筑所在位置进行时，那就要采取工程技术措施，把古建筑原地保护起来，达到两利目的。

（2）古建筑、古民居保护与开发商矛盾

历史文化产业、文物点、古建筑群、有价值的民居，国家已有明文规定，不能给开发商经营，实质上这是社会效益与经济效益的矛盾，应以社会效益为重。

（3）古建筑保护与旅游的关系

总的原则，以保护文物建筑、古建筑、民居、园林为主，同时协调两者之间的矛盾。

（七）实例介绍

1．城中村，例如广州黄埔区珠村、广州河南聚龙村、广州番禺区沙湾历史文化名镇车陂街区

这些城中村的特点是村落比较完整、有特点，有名人故居（珠村）、有文化渊源（沙湾镇）、有历史沿革（聚龙村、沙湾镇）、有艺术特色（沙湾镇），因此，必须真实保护，即不要改变其原貌。如有不适合古村的添加建筑，建议采取减去、拆移等措施，增加绿地广场。同时进行整治道路交通，特别要解决防火、改善市政和生活设施等问题。至于建筑的改善、改造是否拆、改，要循序渐进，慎重处理。关键的一条，必须征求和取得村民的同意。因为，民居是私产，改善生活环境措施虽然是好事，但是离开村民群众的支持，也是办不好的。只有村民一起来做，才能做得更顺利。

广州番禺沙湾镇是历史文化名镇，是我省保存下来规模较大、布局比较完整，并富有文化、艺术特色的一个镇，其中安宁街、车陂街等街巷的民居建筑毗连密集，并有商业街巷，已成为历史文化街区。这些街巷民居大部分为清末时期所建，有传统岭南特色，也有部分是民国时代所建。

沙湾名镇有历史文化特征，如名人、名校。象贤中学，乃清乾隆年间创办，原名为何氏书院。在建筑方面，除大量清末民居外，最有名的有留耕堂，也是何氏宗祠，内三进，并有牌坊，人称百柱厅。在艺术方面，沙湾是广东音乐之乡、广东砖雕工艺之乡。

沙湾历史文化名镇如何保护？首先要抓住文化艺术特点，对它的主要街区、民居、庭园加以修复，对后建的不符合街区风貌的拆去作绿化广场，同时，整治道路交通、维护原街区肌理。在外观方面，坚持维护原时代风貌，给人们一种历史感和文化感。

2. 空心村，实例有：广东三水南边镇大旗头村、从化市太平镇钱岗村等

所谓空心村是有村有宅不见人，为什么呢？大多数情况是村内年轻人对旧民居不适合他们现代生活需要，因此，在经济条件许可下他们都在村外另建新宅。而老宅属于祖上留下来的产业，不敢动它，就留了下来。于是整个村落内只有少数年长的老人在看守祖业，形成空心村。一般来说，这些村落都是在经济比较差的地区，但是，村内的民居、祠堂、书斋等建筑物还算是保存比较完整的。

这种城中村如何保护？首先，看它的价值，其次，看村民和当地政府对村落的态度和资金状况来确定。前者如从化太平镇钱岗村，因村内有广裕祠，它的修复工程在2002年3月完成，2003年获得联合国教科文组织亚太地区文化遗产保护奖第一名杰出项目奖。而且这个村落比较完整，村落的布局和村内的建筑既有南方村落梳式布局的特点，又有北方村落四周有围墙、护村河，四面有进村门楼等北方村落的特点，融合了南北方村落建筑特色，这在南方是很少见的。村落的主人是宋末丞相陆秀夫的后裔所住，为了躲藏采取了这种防御性村落布局。更有意义的是，村内道路采取“丁”字形，这在广东也是少见的。这种丁字路街口在北方城镇中是一种防御措施，使人、马、车不能直奔。因此，钱岗村内这种布局，可以称作迷宫。我们进村，没有人带路就走不出来。在广裕祠建筑中还有不少南北方建筑结合的做法，这都是南北融会交流的结果。

此外，在钱岗村广裕祠西边还有一座更楼，更楼建筑前檐下有一块封檐板，高20多厘米，长三开间，约10米。这块木封檐板雕刻了一卷长卷画，画内的人和物就是在清末民初广州城外护城河水面的景象，人物逼真，形象真实，广州文物专家称它是一幅广州近代的“清明上河图”，很有历史价值和地方文化价值。该封檐板的真迹已被广州博物馆收藏，现在更楼上的是一块复制品。

广裕祠的保护因它的历史价值和建筑价值，现已定为全国文物保护单位，要全面保护。钱岗村也同样因其历史文化价值而得到保护。根据中央有关文件规定，村内只能作为文化使用。有某个房地产开发商提出想租下来作为开发点，他们的想法是以广裕祠为名，村内所有空地建满房屋，进行经营，甚至把道路系统全改变，而完全不考虑钱岗村和广裕祠的历史和文化内涵，这显然是行不通的。

三水市南边镇大旗头村。村民已搬出村外建新楼居住，村内只有老人8户看守，是一座空心村。由于建筑保存比较完整。该村的环境如水塘、奎文阁、石台，象征笔、墨、砚台、水缸文房四宝，是典型的粤中梳式布局村落，有保护价值。因此，政府计划开发作为旅游点。由于广东农村村落很多，大多是清末以后所建，各地区虽有不同做法，但是，地区内村落与民宅的布局及其建筑形制乃大同小异。加上民居建筑属于私产，国家难于负担全部保护费用，因此，除了有一定历史、文化或建筑艺术、技术价值的村落和民居外，应该看它是否有完整性、典型性和代表性，由村民和当地政府和文化部门来决定如何保护。

3. 自然村，有三种情况

第一种，旧村已变成新村者，既成事实，不存在旧村改造问题。第二种聚居务农的自然村和第三种部分已改为新宅，部分仍保留旧宅的自然村，如果有历史文化或建筑价值者，经鉴定后按有价值的村落与民居原则处理。其余的自然村，应贯彻积极整治、逐步改善的方针，有计划、有步骤地分期分批进行。

首先要做好村落建筑改造规划。为了避免各村雷同，首先应该做好每个村落的特色调查，特别是人文特色，即历史沿革、本地名人典故、山水环境、气候地貌特色等。近期，主要是要改善生活环境，如道路、交通、水电、煤气等市政设施的改善、房屋的修缮、室内设备的改善等。其方法是动员群众一起动手，贯彻勤俭节约的原则。

4. 已遭毁坏的村落和民居，如广州大学城博物村（原为练溪村）

这是一种特殊类型的村落，由于大学城新建很多校舍，原地区留下不少民居和祠堂，为了保护古祠堂建筑，就把这些祠堂迁移重建。刚好，大学城南端就有一个旧村，名练溪村，就改作为大学城博物馆村。于是，把这些祠堂集中迁移到这个博物馆村内，丰富了文化内涵。练溪村虽已毁坏，但它的肌理仍清晰可见，根据它的肌理，在主街道上修复原来的传统民居、书院、庭园，恢复其原貌。至于其他部位或地段则按现代需要出发，贯彻实用经济原则，其外形和内外装饰装修，按岭南民居建筑传统风格要求来做，事实上，这种理念是可行的，实际的效果也是成功的。

本文原为2006年6月在华南理工大学建筑学院城市与资源规划专业培训班上的讲座。

我国南方村镇、民居的保护与发展

一、我国南方传统村镇与民居概况

近几年调查，我国南方村镇基本上是四种类型和两种特殊类型：

1. 基本保持原有传统村镇面貌。建筑多数已残旧破损，但原貌仍有保存，大多分布在经济滞后、交通不发达的地区。

2. 基本或绝大部分已改成新建筑，即增加了商业、文化、学校、医疗等公共性建筑，有的扩大变成了小城镇，留下的仅仅是一些祠堂、会馆、庙宇、牌坊等零星建筑。旧民宅已改成了三层、四层的楼房，但密度过大，很多农民新屋相邻而建，农村称之为握手屋。

这些村落大多分布在经济交通发达地区的周围或城郊。

3. 基本或全部拆毁，成为平地、废墟，或只留下道路体系、破旧房屋、残壁瓦砾。如广州大学城外围练溪村就是一例，除村落原肌理和极少量的民居、个别书塾、庭园和外墙残壁还存在外，绝大多数已成废墟。

4. 绝大部分村镇在原有基础上新旧建筑并存，其中又分为：

（1）新民宅、新街多一些，旧民宅、祠堂还存在。

（2）新民宅、新街占一部分，大部分仍是旧民宅、祠堂。

上述两种村镇主要是由当地经济发展程度来决定，经济发展快的，传统面貌改变就快，如广东珠江三角洲地区的旧农村几乎都变成了小城镇。

此外，还有两种特殊的村落类型：

1. 有一种村落，大部分年轻人走了，只留下少数老人看守，其中一些祠堂、会馆建筑质量还是很好的。如果长期没有人住，房屋就会破损毁塌。这种村落被人称为空心村。

2. 在这几年城镇化、城市化过程中，由于城镇扩大需要并村，形成一种新的现象，就是城中村。但是，这些村落仍然保留着原有的布局结构和民宅、祠堂等建筑。村内道路曲折，狭窄，建筑质量低、密度大，市政设施残缺落后。

并村入城后，这种现状与先进的城镇设施，建筑风貌形成了明显的差异。它亟须改造，以便与城镇协调。有些城镇也作过改造，例如：有的城市对这些城中村认为太陈旧落后，采取“铲平”的做法，推倒旧屋，重建新楼，一方面，变成了新区；另一方面，原有的村貌、文化、历史不见了。另有一种改造方式是，改造原有道路系统，按城市布局手法，建成行列式单元型楼房。它是满足了农民生活需要，生活方式变成城市化了，各家独立门户，但相互串门不方便，联系也少了，过去的传统村落文化特征也没有了，目前大部分的城中村仍维持现状，正在逐步改善。

从上述6种古村类型中的传承文化角度可以归纳为两类古村，一类是有传统文化特征和格局肌理的古村，另一类是基本消失或仅仅保留某些传统文化特征的古村。我们现在所要求的是要保护有传统文化特征和格局肌理的古村，使它的文化特征传承下去。至于已不存在或只有少量传统文化特征的古村，则按经济发展规律、按新农村建设规划发展，这里不再讨论。

在有传统文化特征和格局肌理的古村落中，分为两类，一类在农村包含空心村，一类在城市，即城中村。目前，由于我国经济建设持续发展较快，在城乡中的传统古村、古民居遭到拆毁较多，它们常给一些例如古老、破旧、与新农村新城市不配合、缺乏现代气息，或者挡路影响建设等借口所毁。不但古建筑被拆毁，甚至一些优美的环境、山水、道路，甚至花木也给移动或毁坏。因此，当务之急对这两类古村必须采取有效措施进行保护，既要做到传承文化，又要持续发展。

二、传统村镇、民居的保护

我国是一个多民族的国家，物广人多，各地气候悬殊，地形地貌复杂，各地各族人民生活习俗、信仰、爱好又不相同，在长期的实践和经营中，各地村镇都创造出各具特色的、丰富多彩和绚丽灿烂的面貌。它是我国悠久历史和民族文化的载体和表现，具有很高的历史价值、文化价值、艺术价值和技术价值，是我国极为宝贵的历史文化财富。因此，这些优秀的村镇民居必须加以保护和传承。

但是，从全国来说，由于经济条件和现状，传统村镇和民居都要保护下来是非常困难的，也可以说是不现实的。其解决办法只能是对其优秀者、有价值者采取重点保护和分期实施的做法。为此，现提出传统街村、民居保护的对象、范围、标准和原则，有了保护准则，就可以在此基础上进行改造、利用和发展，从而达到为现代建设服务的目的。

1. 传统村镇民居保护的对象和范围。

保护对象应该是具有我国优秀建筑与文化特征的传统村镇和民居。其范围是村镇街巷、村落整体、单体建筑，包括民居、祠堂、会馆、书院（书斋）、庭园以及戏台、照壁、亭阁、牌坊、桥梁等，还包含街村、民居周围的环境。

2. 保护的标准，应该是具有历史价值、文化价值和建筑艺术、技术价值。

具体来说应该在下列几方面得到反映：

（1）挖掘传统村镇的历史人文特色，做到历史文化真实性和延续性。

（2）挖掘传统村镇的基本格局，历史风貌和建筑特征，并有明显的地域性和民族性。

如典型的类型建筑，材料、结构、外观、空间、装饰、装修等。

（3）从发展观点来看，要挖掘村镇建筑与文化的独特性。

归纳一下，一历史、二文化、三建筑地域特征的特色。

3. 传统村镇、民居保护的原则。

根据我国国务院颁布的《国家文物保护法》规定，对历史文物建筑保护的原则是“不改变历史文物建筑的原状”，也就是通常所说的“修旧如旧”原则。前一个“旧”字是指古建筑，后一个“旧”字指修复保护后的标准——恢复原貌。对这一原则，目前古建筑界有两种理解，多数从事古建筑修复的专家认为要按原样修复，从平面、外貌、细部、结构都按传统的方法、材料和工艺修复，不得更改，如采用新技术、新材料只限在隐蔽处。也有一些专家意见，认为在修复后，要有新旧痕迹分明，使能反映出该古建筑修复的年代。

作为传统村镇和民居，它也属于古建筑范畴，因而，历史文物建筑保护的原则，同样也适用于村镇内传统建筑和民居，不能因为村镇民居的体形不大、规模小、等级不高、用材一般而对它轻视、忽视。当然，对它与历史文物建筑相比，在建筑、结构、工艺、施工、材料等方面修复是有着不同要求的。

三、传统村镇、民居的持续发展

在明确保护的范围、标准、原则后，就要进行传统村镇与民居的保护、改造与持续发展规划，制定具体规划目标、改造方式、方法和措施，下面提出传统村镇民居持续发展的步骤和方法：

1. 领会中央关于村镇保护与发展的方针政策。这是做好村镇民居持续发展的依据。同时，要做好宣传工作，只有上下一致、统一认识才能齐心协力做好这一工作。

2. 树立基本观念，这是做好传统村镇、民居保护和持续发展的指导思想。具体是以科学发展观的理论为指导，立足于未来，贯彻以人为本的思想，满足人民生活、文化和环境的需要。

3. 明确传统村镇的定位。这是进行保护与发展的前提。要研究这个村是属于历史文化型还是地域型、民族型。在定位中一定要有针对性，重点发掘本村镇的历史文化、人文性格和建筑特征的创造力。

4. 摸清现状、掌握基础资料，包含人文基础和物质基础资料。

任何传统村镇都不是孤立的，是在某地区、某民族、在某一村镇，它有一定的历史、文化背景，有一定的习俗、生活方式、审美观念等，这是传统村镇形成的人文基础和内容，是制定保护发展规划的依据。

要了解掌握传统村镇的现状，即原有的基本格局、历史风貌，包含它所在的位置、地势、地貌、气候、土质、材料、山水分布，以及本地族群的习俗、信仰、性格爱好、审美观念等，同时又要了解掌握建筑现状，包括破损情况等。

5. 认真如实做好村镇规划。

规划主要指村镇的建筑规划，是村镇整体建设规划的一个部分，这是非常重要的。没有规划就会乱建，有规划就有依据。在规划中还要有分期实施的阶段性规划，要有真实性、可操作性（即现实性），避免纸上谈兵，实施不了。

此外，由于各地气候地理环境各不相同，各地村镇历史、家族、经济、文化、习俗的形成发展以及村镇民居建筑的布局、肌理、文化特征也不相同，因此，进行村镇规划、保护、发展是不可能用一种方法、一个标准、一个模式来解决的。不同村镇，不同条件，要采用不同方法和不同模式才能妥善解决。

6. 贯彻领导、群众、技术人员三结合的方法。当然，方法是很多的，但是，其中重要的一条是，一定要重视农民、居民群众的利益，要动员群众的积极性和自觉性。

村镇是村民长期居住生活的场所，村镇的保护、改造、发展涉及村民的切身利益，忽视了他们的利益必然在工作上造成困难，甚至产生矛盾。因此，必须深入、耐心、细致地征求村民居民及其所在的政府和有关部门意见，才能达到事半功倍的效果。

四、传统街村、民居的保护与发展实例介绍

1. 城中村，如广州黄埔区珠村、珠海区聚龙村、番禺区沙湾历史文化名镇车陂街区等。这些城中村的特点是村落比较完整，有特点，有名人故居（珠村）、有文化渊源（沙湾镇）、有历史沿革（聚龙村、沙湾镇）、有艺术特色（沙湾镇），因此，必须真实保护，即不要改变其原貌。如有不适合古村的添加建筑，建议采取拆移等措施，增加绿地广场。同时进行整治道路交通，特别要解决防火、改善市政和生活设施。至于建筑的改善、改造、是否拆、改，要循序渐进，慎重处理。关键的一条，必须征求和取得村民的同意。因为，民居是私产，改善生活环境措施虽然是好事，但是离开村民群众的支持，也是办不好的。只有村民一起来做，才能做得更顺利。广州番禺沙湾镇是历史文化名镇，是我省保存下来规模较大、布局比较完整，并富有文化、艺术特色的一个镇，其中安宁街、车陂街等街巷的民居建筑毗连密集，并有商业街巷，已成为历史文化街区。这些街巷民居大部分为清末时期所建，有传统岭南特色。沙湾名镇有历史文化特征，如名校象贤中学，乃清乾隆年间创办，原名为何氏书院。建筑方面，除大量清末民居外，最有名的留耕堂，是何氏宗祠，内有牌坊，人称百柱厅。在艺术方面，沙湾是广东音乐之乡、广东砖雕工艺之乡。沙湾历史文化名镇如何保护？首先要抓住文化艺术特点，对它的主要街区、民居、庭园加以修复，对后建的不符合街区风貌的拆去作绿化广场；其次，整治道路交通、维护原街区肌理。在外观方面，坚持维护原时代风貌，给人们一种历史感和文化感。

2. 农村空心村，实例有从化市太平镇钱岗村、广东三水市南边镇大旗头村等。所谓空心村是有村有宅不见人。由于村内年轻人对旧民居不适合他们现代生活需要，因此，在经济条件许可下他们都在村外另建新宅。而老宅属于祖上留下来的产业，不敢动它，就留了下来。于是整个村落内只有少数年长的老人在看守祖业，形成空心村。但是，村内的民居、祠堂、书斋等建筑物还是保存比较完整的。

空心村如何保护？首先要看它的价值，第二看村民和当地政府对村落的态度和资金状况来确定。例如广州市从化太平镇钱岗村，因村内有广裕祠，它的修复工程在2002年3月完成，2003年获得联合国教科文组织亚太地区文化遗产保护奖第一名杰出项目奖。这个村落比较完整，村落的布局和村内的建筑既有南方村落梳式布局特点，又有北方村落四周有围墙、护村河、进村门楼和四面有更楼等北方村落的特点，融合了南北方村落建筑特色，

这在南方是很少见的。此外，村内道路采取“丁”字形式，这种丁字路街口在北方城镇中是一种防御措施，使人、马、车不能直奔。在钱岗村也是一样，人们进村，没有人带路就走不出来。在村落中还有不少南北方建筑结合的做法，这都是南北融会交流的结果。

此外，在钱岗村广裕祠西边还有一座更楼，更楼建筑前檐下有一块封檐板，高20多厘米，长三开间约10米。这块木封檐板雕刻了一卷长卷画，画内的人和物就是在清末民初广州城外护城河水面的景象，人物逼真，形象真实，广州文物专家称它是一幅广州近代的“清明上河图”，很有历史价值和文化价值。

广裕祠的保护因它的历史价值和建筑价值，现已为全国重点文物保护单位。

三水市南边镇大旗头村。村民已搬出村外建新楼居住，村内只有老人8户看守，是一座空心村。由于建筑保存比较完整。该村的环境如水塘、奎文阁、石台，象征笔、墨、砚台、水缸文房四宝，是典型的粤中梳式布局村落，有保护价值。

3. 已遭毁坏的村落和民居，如广州大学城外围博物馆村（原为练溪村）。

由于大学城新建很多校舍，原地区各村落留下一些民居和祠堂。为了保护古祠堂建筑，于是，就把这些祠堂迁移重建，把它搬到大学城南端的一个旧村，名练溪村，改作为大学城博物馆村。

练溪村内建筑虽已毁坏，但它的肌理仍清晰可见。于是根据它的布局，在主街道上修复原来的传统民居、书院、庭园，恢复其原貌。至于其他地段的建筑则按现代需要出发，贯彻实用经济原则，其外形和内外装饰装修，按岭南民居建筑传统风格进行重建。事实上，这种理念是可行的，建成后的实际效果也是比较成功的。现已为岭南印象园作为文化休闲场所使用。

原文：陆元鼎、廖志，载于《乡土建筑遗产的研究与保护》，同济大学出版社，2008年，7-12页。

中国南方传统民居特征与生态经验

我国传统建筑有两大体系，官式的和民间的。官式建筑如宫殿、坛庙、陵寝、寺庙、苑囿、宅第等，民间建筑如民居、园林、祠堂、会馆、书院等。中国地大物博、人口众多，又是一个多民族的国家。长期以来，广大先民在这块广阔的土地上，在向大自然的斗争中，通过不断的实践和经验的积累，创造了为满足人类生活和生产需要的各类建筑物，其中居住建筑称为传统民居建筑，简称民居，它是人们生活中最基本的一种建筑类型，也是中国传统建筑中最重要的一种类型。它分布面广，数量又多，并且与各地区各民族人民的生活生产密切相关。它受到古代社会、文化、民族和民俗的影响，在建造过程中又受到气候、地埋、地貌以及材料等自然和物质因素的限制，加上中国南北气候悬殊，东西山陵河海等地理条件又各不相同，材料资源又存在很多差别，各民族、各地区又有不同的风俗习惯和审美要求，导致了我国传统民居呈现出鲜明的民族特色和丰富的地方特性。

此外，传统民居大量存在于民间，它与人民生活息息相关。他们结合本地的自然条件和材料，因地制宜、因材致用地进行设计和营造。他们既是设计者，又是建造者，同时，也是使用者，可以说，设计、施工、使用三位一体。因而，这种建造方式所形成的民宅，既实用、简朴，又经济、美观，并富有民族和地方特色。可见，具有实用、艺术和文化价值的传统民居在建筑学科中应占有一定的地位。

一、中国民居建筑特征

民居建筑的特征，主要是指民居在历史实践中反映出本民族本地区最具有本质的和代表性的东西，特别是要反映出与各族人民的生活生产方式、习俗、审美观念密切相关的特征。民居建筑的经验，则主要指民居在当时社会条件下如何满足生活生产的需要和向自然环境斗争的经验，如民居结合地形的经验、适应气候的经验，利用当地材料的经验以及适应环境的经验等，这就是通常所说的因地制宜、因材致用的经验。

民居建筑分布在全国各地，由于各民族的历史传统、生活习俗、人文条件、审美观念不同，也由于各地的自然条件和地理环境的不同，因而，民居的平面布局、结构方式、造型和细部特征也不同，呈现出淳朴自然的特点，而又有着各自的特色。特别是在民居建筑中，各族人民常把自己的心愿、信仰和审美观念，把自己所最希望、最喜爱的东西，用现实的或象征的手法，反映到民居的装饰、花纹、色彩和样式等构件中。如汉族的鹤、鹿、蝙蝠、喜鹊、梅、竹、百合、灵芝、万字纹、回纹，云南白族的莲花、傣族的大象、孔雀、槟榔树图案等。这样，就导致各地区各民族的民居呈现出更加丰富多彩和百花争艳的民族特色。

历史上，官式建筑都有一套程式化的规章制度做法，它限制了建筑的发展。而民居建筑却没有那种束缚。它可以自由发挥，可以根据当地的自然条件、自己的经济水平和材料特点，因地因材来建造房屋。它可以充分发挥劳动人民的最大智慧、按照自己的需要和建筑的规律来进行建造。因此，在民居中充分反映出，功能是实际的、合理的。设计是灵活的，材料构造是经济的，外观形式是朴实的等建筑中最具有本质的东西。特别是，广大民居的建造者和使用者是同一的，自己设计、自己建造、自己使用，因而，民居的实践更富有人民性、经济性和现实性，也最能反映本民族的特征和本地的地方特色。

由此可见，民居的特征主要来自民族的生活习俗、宗教信仰，心理爱好和审美观念，而民居的经验则来自地方的自然环境与气候地理条件。这两者是不可分割的是密切联系的，它们共同组成了民居的民族特征和地方特色。

具体来说，民居建筑特征主要反映在三个方面：

（一）总体布局和平面组合的特征。它主要来源于社会制度、家庭组织、风俗习惯和生活生产方式，当然，也有自然条件影响。

以汉族民居为例，大型者如多进院落式集居住宅，小型者如三合院或四合院住宅，它们的基本布局部一样，前堂后寝、中轴对称、正厅两房、主次分明、院落相套，规整严谨，外部有高高的封闭围墙、内部则是层层院落，完全遵照封建礼制的一套要求。这种布局方式，北方如此，南方也如此。以少数民族来说，如云南傣族，在封建领土制度下，家庭盛行一夫一妻的夫权制，年长子女成家后要另立门户，故村落布局中的民居都是独院式竹楼。竹楼内平面是大空间，内部布置以木板相间隔，也只是厅房而已。厅对外，房对内，厅兼作厨房用，这主要是由于小家庭生活方式的缘故。

（二）民居的外形特征，也包括它的结构特征，主要来源于当地的自然条件、材料结构方式，以及民族的历史传统、生活习俗和审美观念。

（三）民居的细部特征，包括装饰、装修、色彩、花纹、样式等，主要来源于民族的习俗、爱好、愿望和审美观念。

细部中，最突出的部位是大门，其次是窗、山墙面和某些构件装饰。由于这些构件都位于建筑外表的最醒目之处，它最易被人所注目。因此，长期以来就形成民族和地方特征表现的重要部位。

大门在封建社会下是贫富贵贱等级制度的一个重要标志。在传统社会，不论贫富家庭都竭其一切财力物力，为自己的住宅大门进行装饰和美化，目的是用来显示自己的门第。大门就成为反映民居经济文化的象征。如北京四合院大门、内院垂花门、云南白族民居门楼、广州民居“趟栊”大门等。人们通过大门布置的方式和形象，可以比较容易地识别这些民居究竟是属于哪个民族或哪个地区。

窗户也是反映民族和地区的一个特征标志。窗户是民居中最常见和常用的一种建筑装修细部。在窗户上，无论是它的大小、式样、色彩，或者是窗棂花纹、工艺，无不反映了人民的喜爱和审美心理，人们从窗户的形式上也可以判断出它是属于哪个民族或是哪个地区。如藏族的密肋饰带窗楣和梯形窗，新疆维吾尔族的长条窗、尖拱窗，北方汉族四合院的支摘窗，广州民居的满洲窗，西北地区窑洞民居的拱券窗等都是一些比较典型的实例。

色彩、装饰、花纹以及某些图案，由于当地民居经常使用它，也成为一种独特的艺术表现手段和特征标志。如江南民居喜用灰瓦白粉墙、漏花窗，各种动、植物图案，南方民居喜用青砖墙面、陶塑脊饰。傣族民居则喜用各种编竹图案装饰等。

传统建筑中，屋顶是利用当地材料，适应当地气候地理条件的一种独特审美和结构相结合的表现方式。各民族民居由于不同自然条件、不同材料和构造方式，以及不同生活方式所形成的不同平面，导致了结构方式和外形的不同，也形成了各种式样的屋顶。因而，长期以来，这种屋顶形式就已成为各民族建筑的主要特征。民间有句谚语，叫作“山看脚，房看顶”。要区别建筑，屋顶就是个重要的标志，如藏族民居的平顶、蒙古族的圆顶、维吾尔族的穹隆顶、傣族的高耸歇山顶等就是一些实例。

以汉族屋顶来说，总体上是坡顶形式，这是因为全国各地民居的结构大都采用抬梁式、穿斗式所致。但不同地区，由于气候、地理、材料、构造的不同，在屋顶方面也存在着差别，这种差别主要表现在屋顶的细部处理上，包括屋坡、起翘、屋檐或山墙面。举例来说，四川山区民居的穿斗式屋顶的披下屋面是显著特色，是坡地川居的主要特征之一。广州民居的镬耳山墙，徽州、江南民居的马头墙则是由于南方人多地少，民居毗连，为防火的要求而形成的。当然，山墙形式还和当地人民的习俗、信仰和心理爱好有关，如广东潮州和客家民居的五行山墙，还有白族民居的三级逐渐升高之山墙，寓意“连升三级”，这是过去人们对“官”“禄”等方面思想意识的反映。

民居的借鉴，主要指民居特征的借鉴和民居经验的借鉴。前者是建筑创作的借鉴，后者是技巧和手法的借鉴，其中，有“神”的借鉴，也有“形”的借鉴。“神”指精神，“形”指形式。不管是创作或技巧，也不管是神似或形似，两者是不可分割的，经验寓于特征之中。

民居在历史上的实践，有它的特定条件，如社会制度、习俗信仰、生活生产方式，也有自然与环境条件。因此，它所形成传统特征的具体内容，其中某些部分是带有封建迷信内容的，对今天来说是不适用的。但是，其中也有一些传统特征的内容，正是各民族劳动人民在长期实践中，根据自己的需要和可能，运用自己的智慧和经验，进行努力创造的结果。它来自群众，来自实践，来自生活，它构成了祖国文化遗产的一部分，因而是有生命力的。今天，我们可以借鉴它、改造它，赋予其新的内涵，使其获得新的生命，为创造我国的新建筑服务。

二、中国传统民居生态经验

中国传统民居的经验很多，如传统民居结合气候、结合地理、地形、结合环境，就地取材、因材致用的经验等，在今天都值得借鉴和运用。这里主要介绍传统民居的生态环境保护经验，过去没有注意，今天值得提出。传统民居的生态保护，比较原始，但自然朴实，有可取之处，作为现代借鉴，有一定参考价值。

住宅的生态环境，包含生态住宅和周围环境的生态要求两方面，生态住宅是其中重要的内容之一。生态住宅不等于健康住宅。健康住宅主要指围绕人居环境的健康而采取相应措施的住宅，而生态住宅是运用生态学原理和遵循生态平衡及可持续发展的原则，设计、组织建筑内外空间中的各种物质因素，使物质、能源在建筑系统内有秩序地循环转换，从而获得一种高效、低耗、无废物、无污染和生态平衡的建筑环境。这里的环境不仅涉及住宅区的自然环境，也涉及人文环境、经济环境和社会环境。

简要归纳，生态住宅要求包含下列内容：

1. 以人为本，强调住宅中的健康、安全、舒适、悦目。也即要求有充足的阳光，空气、照明和良好的通风；适宜生活的温度、湿度；安全无害的结构和材料，无噪声，以及悦目怡人的建筑及其室内外环境。

2. 无废物、无污染、保护环境的洁净。

3. 节约资源，包括能源、水源、土地及其合理利用。

4. 环境和谐，达到人和大自然的结合与融洽。

当然，这些生态要求是指现代住宅，要达到这些要求不是一朝一夕能做到的，而是要通过艰苦努力才能达到的，这是努力的方向。但是它也不是遥远的，在近十年来的住宅建设中已在逐步探索前进。

从住宅的生态环境要求来看，传统民居中有不少做法可以说是符合生态要求的，但它只是具有原始状态和自然状态价值。如果能很好地和实事求是地总结它的经验，那么，对今天改善生态环境还是有一定的参考价值的。

下面以南方地区为例介绍传统民居的生态环境经验。

（一）通风

良好的通风是南方传统民居中解决舒适居住生活中的最主要、也是最基本的要求和措施，而且它充分利用大自然气候条件，因而符合生态要求和可持续发展的原则。以南方地区居住模式的梳式布局为例，村落前有田野、禾坪，平时的凉风从田野吹来，通过禾坪、街巷、天井可以直接吹入室内。而当盛夏季节，天气炎热，特别是中午，酷日当头，村镇的建筑是处于无风或静风状态，天气又闷又热，这时，民居中就充分利用热压原理如屋顶瓦面上的热空气和天井中的热气向天空升去，而从街巷（当地称为冷巷）的低温气流则通过民居的侧大门就源源不断地流通到民居天井和室内。因此，不论在任何情况下，即有风或无风状态下，这种梳式平面都可以获得空气中的对流，有着良好的通风效果。同样，密集式布局通风也是这个道理。

城镇中的街巷式竹筒屋也是如此，它主要依靠多天井和利用前后交通巷道作为通风手段，前门、前天井用为进风口，后天井较小且高，用为出风口，中天井既进风又出风。如果前后建筑有低有高还可以利用高差形成通风手段。

此外，门窗的开启，屋顶、气窗、风兜的运用，大门的“趟栊”矮脚门、室内的隔断、屏门等都是南方民居中获取很好通风的有效方法，是形成南方舒适的生态住宅的有效措施。

（二）遮阳、隔热、降温

形成健康舒适生态住宅的重要内容之一，南方天气炎热潮湿，采取各种降温措施都有利于人体舒适健康。因此，除良好的通风条件外，选择良好的朝向、采用惰性大的天然材料，如土、沙、木、石作为建筑的承重结构和围护结构材料，它做成的屋面，墙体既隔热、防晒，又无污染，符合生态要求。

村镇建筑的周围进行绿化和小广场处理，把水引入村镇和建筑内外，都是达到降温的各种措施。

（三）充分利用天井

这是南方传统民居平面所用的一项非常重要的元素和手法。南方宅居因人口多，土地紧张，因而房屋建造密集毗连。为了解决采光、纳阳、通风、换气和排水，采用建筑包围一块空地的做法，这就是天井，上述五点即成为天井的基本功能。

此外，它还兼顾这一组建筑的天井与另一组建筑的天井之间以及通向厅堂的交通手段。特别是，厅堂、巷道、天井是传统民居组成通风体系的三大要素，天井起到了空气流通的关口作用。

天井有大小、形状、部位朝向等因素不同，因而它形成的功能作用也就不同。天井中有绿化，有时还布置假山、池水，对宅居内增加生活气息又起着较好的作用，特别是宅居生活中，通过天井增加了人和大自然结合的情趣，增加了宅居主人的观赏需要。这些都是属于符合生态质量的很好措施。

（四）节约资源、无废物、无污染

1. 节约材料。如建造房屋采用天然材料土、沙、石以及竹、木材料，没有致污染材料，房屋建造余下的废料都回填在建筑物的基础及地面，既无废物，也无污染。

2. 节约用地。如村镇建筑采用密集方形布局、节约用地。建筑上坡上山，村前置水塘，挖出土方置于坡地，既增加了房屋地坡，又节约了土地。

3. 节水。如每户小院凿井，使食用水与污水分流，加强了家庭和村落的环境卫生，隔离了交叉污染。又如雨水、污水排入水塘，水塘养鱼，又可消防用水，旱涝时水塘之水可灌溉农田。聚水归塘，可使水土保护，达到土地湿润调和，有利生活生产，又可调节小气候。再如靠山的村落常引山上之水或山溪之水入村入室，也是达到节约用水和保护环境的目的。

4. 节能。如用水力拉动水车、灌溉农田，节约能源。由于古代能源大多以人力为主，自然资源以水为主，当时没有电源和化学合成物质，因而能源污染不突出。

（五）防风

1. 建筑利用坡地山地，前低后高，并在村落左右背后密植树木，既可挡寒风，也可防台风侵蚀。

2. 密集方形的建筑物，因其四周抗风面积相差不多，受力较均衡。又因台风来往朝向不稳定，墙垣的倒塌往往不是给台风吹倒，而是在台风突然停止时，墙垣往前倾塌（即反方向倒塌）。因此，方形建筑平面的四周墙垣受力均衡对抗御台风是十分有利的。

3. 屋坡缓和，屋面瓦陇之上用砖条、砖块压住，通风面少开窗户，迎风墙体的屋面上加筑女儿墙，都是沿海建筑物抗台风的常见措施。

（六）人与自然的结合

1. 不破坏大自然的资源，而是充分利用和协调，如就地取土、就地取材，上山砍竹、木，河内取沙、石，海边取贝壳烧灰，上山取石烧灰等。

2. 充分利用大自然景观作为村镇民居的背景，或在宅居庭院进行绿化，使民居美学环境增色不少，也使人与大自然环境更加融洽和协调。

3. 在南方宅居中很多宅居不是单一居住生活功能，特别在一些城镇文人家庭中，把住宅和庭园甚至住宅和庭园、书斋结合在一起建造、使用，使人的生活与大自然在一座宅居内得到协调，更增加了人的生活乐趣和自然情调。

古代农村中，民居的建造者由于社会地位、经济条件的关系，他们不能像帝王、贵族那样调集人力物力，耗费大量时间和精力。他们只能利用当地天然的自然资源、用最经济的、最现实的手段和方法，用适应当地气候环境等自然条件来建造自己的宅居，他们因地制宜、就地取材、因材致用。因而，他们所建造的房屋正好是最实用经济的、是有生命力的、也是有成效的，现在看来也是符合节约资源和符合生态要求的。当时，宅居主人可能是无意识的，这是具有一种原始生态现象，不能和今天所提出的生态观念和可持续发展相提并论，显然还是有很大距离的。但是，在今天用持续发展观念来看，上述传统民居的生态经验还是有参考价值和有借鉴作用的。

原文：载于《澳门日报》，2006年9月24日，D7版。

古城、庭园、构图、宗祠

广东潮州历史文化名城的保护与发展

一、潮州历史文化名城概况

潮州市位于广东省东部，韩江下游。它原是潮安县县城，而今改为地级市，管辖潮安、饶平两县。原潮州市，东与饶平县相邻，西与揭阳、丰顺两县交界，北接大埔县，南与汕头、澄海县毗邻。

据历史记载，秦统一中原后实行郡县制，粤东一带属南海郡揭阳县管辖。东晋义熙九年（公元413年）置海阳县（今潮安县）南北朝时设置义安郡，郡府设于县境中心，即海阳县县城，也即潮州古城。隋开皇十一年（公元591年），在原义安郡辖区设置州一级政权，始称潮州。因它面临南海，取潮水返复之意，故名之。至唐乾元年间，才把潮州地名确定下来。遂后，虽经数次更名，但仍沿用潮州府名沿袭至今。

潮州地区在隋代人口极为稀少，到唐代才被开发，但人口增加仍甚微。直至两宋时期，因避辽金侵骚，大量汉民南迁避难，潮州人口逐渐增多，其中主要是由闽人南移而来。明清以后，因潮州邻近通商发达的广州、泉州等城镇，它促使本地区手工业商业经济不断发展。

潮州地区传统文化发达，无论文学艺术渊源深远。潮州虽然地处东南沿海边远地带，但它来自中原，沿袭传统的儒礼文化十分稳固。考其原因，一是唐代韩愈被贬潮州刺史以及一些继任的北方籍官吏，传播了大量的中原文化。二是本地人口大多来自闽籍移民，潮州方言又属闽语系统，历任府、县官吏不少是闽籍人士，他们崇尚宋代理学创立人朱熹，朱熹曾多年侨寓福建，宣扬以理学为代表的儒学，因此，对本地区传统文化的传播、形成和巩固起到很大作用。

潮州也有地方文化，因地处南方沿海以及手工业商业的发展，形成沿海文化（水文化）和商业文化两大特色，它对建筑类型建筑营造建筑装饰都产生了一定的影响。

二、潮州历史文化名城风貌特色

潮州历史悠久，文化灿烂，文物古迹众多，自然景观和人文景观丰富特别是文化艺术门类众多，自成一格。

潮州市境内，古遗址很多，如南端有梅林湖贝丘遗址、中部有陈桥村、池湖村贝丘遗址以及归湖神山山冈遗址等，这些遗址都发现了不少磨制石器陶制器具，它的历史可上溯到新石器时代。其后如汉代硬陶遗址、唐宋陶瓷窑址明清砖窑址以及古道烽火台等共十余处，这些都说明了潮州历史和文化的悠久。[1]

潮州自然景观十分丰富，它以三山（金山、银山、韩山）一江（韩江）一湖（西湖）为代表。如明代就有潮州八景，为“龙潭落照”“凤山秋菊”“笔峰晚凉”“金山朝旭”“凤栖木棉”“韩亭秋月”“西湖海风”“丈峰飞翠”，由于这些景色都在潮州城外，距府城较远，人们观赏不便，长久下来已渐为人们所遗忘。

到清代，潮州又产生了新八景，为“湘桥春涨”“鳄渡秋风”“凤凰时雨”“西湖渔筏”“龙湫宝塔”“韩祠橡木”“北阁佛灯”“金山古松”。由于这些景色离城较近，便于观赏，因而一直流传至今。譬如有的景观“北阁佛灯”虽已毁，但在20世纪90年代已经修复。

潮州的人文景观也十分丰富，例如潮州的饮食文化在全国很有名，潮州菜、工夫茶驰名大江南北。饮茶是截然不同的两种茶文化，潮州工夫茶只能是在一种优雅、舒坦、潇洒的环境中才能真正体会和享受到其中的乐趣。在建筑方面，如潮州湘子桥、东门楼很有代表性；又如以祠堂为中心的宗族文化，以民居、书斋庭园相结合的家庭生活文化等都是潮州人文景观中比较有特色的内容。

潮州在文化艺术上也自成一格，它品种多样，门类丰富，潮州的刺绣、抽纱、潮州菜、工夫茶、潮剧、潮州锣鼓、潮州音乐以及建筑上的木雕、嵌瓷在全国名列前茅，特色鲜明。

三、潮州古城建筑特色

1. 潮州古城选址恰当，布局合理。它根据本身独特的地理环境选址，这个环境就是“金山屹立北阙，西湖山横卧城西，笔架山隔江雄视，韩江绕循古城东廓急转南下”[2]的自然条件特征。因此，无论在政治、军事、交通、经济上都是极为有利的。它对内便于控制，对外便于发展。

潮州古城的布局结构是合理的。它是在传统坊巷制的基础上进行分区的。“明代全城划分十一个坊，清代改为七坊，为厚德、里仁、生融、长养、艮极、仁贤、和睦等，连同城外四厢，形成了古城的行政区划。然后按其职能，划分为七个功能分区，即衙署区、商业区、码头区、作坊区、居住区、风景区和城防区”。[3]这种分区正反映了我国古代城市的传统布局手法，即衙署区居中偏东北，城东部及城东沿江一带为商业、码头区，军事机构占据古城东北隅金山、城西北隅葫芦山及城西南隅作为全城的制高点，以扼水陆要冲。城外为工业区，城南、城西南部则为居住区。

这种街巷制还反映了“士、农、工、商”各有所居。潮人称古城“东、西、南、北”

---

[1] 参见《潮州市文物志》，潮州市博物馆编，1985年6月。

[2] 参见《潮州市历史文化名城概况》，潮州市城市规划局编，1994年5月。

[3] 同上。

各方分属“财、丁、富、贵”。“南富而北贵，南北静而东西动，中部形成闹市”，这种明确的功能及动静分区，充分说明了潮州古城布局结构的合理性。[1]

此外，街巷采用传统的三经三纬棋盘道路方式布置，如经涂为：中有大街（太平路）、东有东街（东平路）、西有西街（西平路）。纬涂为：中有汤厝巷（今汤平路）、经开元后巷、余府街（西马路东、中段）、接西门街（西马路西段），连接了东西两城门。此外，北有昌黎路，南有开元路，合为三纬。

2．成片成区、规整有序的民居群。如城南的五巷（猷巷、灶巷、义井巷、兴宁巷、甲第巷）、十巷（除上述五巷外，又增加家伙巷、石巷、辜厝巷、郑巷和庵巷合为十巷），这些民居群规模完整，建筑排列整齐，色调典雅、清秀。其他还有众多的民居群，这是潮州古城最明显的特色。

3．清静幽雅的书斋、庭园。它与住家结合的布局，在全国其他地区也是少见的。

4．雕饰精致的祠堂、会馆与寺庙。例如，木雕、石雕、嵌瓷这些装饰手段在潮州公共性古建筑中都是经常运用的，效果也十分明显。

5．防御坚固的寨堡、图库。它一般不在城市而在沿海的村落，如潮州东郊的桂林乡有不少寨堡，有圆形、方形、八角形等，都属外墙厚实的封闭性建筑，其作用主要是防御倭寇的侵骚。

6．太平路上的骑楼和牌坊群。骑楼是南方适应气候条件的一种商业建筑类型，很适用。牌坊群有传统文化色彩，现已拆毁，有待恢复。

总的来说，潮州古城风貌特色可以归纳为朴实、典雅、秀丽。

潮州古城这些特色的形成，源自其深厚的历史和文化因素以及它的气候地理自然条件因素。

潮州是封建制度下小农经济生产方式的社会，在农村广大农民进行勤劳务实的耕作，分布着以一家一户为主的小型农宅。在城内除官府署衙外，主要是士大夫阶层、望族世家的宅第，他们受祖先沿袭下来的传统礼制儒学和习俗、文化的深刻影响，有着清高、悠闲的生活方式和文化情趣，这些对传统建筑都会产生一定的影响。

潮州地处岭南沿海，又是丘陵地带。气候上炎热潮湿、多雨又多台风，这些自然条件造成本地传统建筑外部的封闭性，墙体的坚固性和建筑内部平面、空间的开敞性、流通性相结合的特点。

至于潮州和邻近地区的文化交流和影响，是闽南文化的影响，主要表现在建筑的形制和布局，这主要是语系相通所致。闽南的护厝式建筑到了潮州，结合当地气候条件形成了方形密集从厝式布局就是明显的例子。

此外，潮州建筑还受到客家和粤中建筑的影响。从潮州到广州其中要经过海陆丰、惠州、博罗等地区，这是客家人居住为主的地带，他们也通潮州话，因此，相互间的交流很多。客家人也是从中原南迁而来，因南来路线不同，到达地区不同，而形成了各自的民

[1] 参见《潮州市历史文化名城概况》，潮州市城市规划局编，1994年5月。

系，其中以祖堂为主的天井式建筑都有着共同的特点。传统的风水学说也有相同的影响。

至于粤中地区，因距离较远，且家族组成和生活方式不同，尽管同属广东地区，但相互影响不深。直到近代交通发达商业频繁建筑与文化才有较多的交流。

此外，近代潮州赴我国港澳、台湾及海外的人也较多，他们回乡时带来了异乡异国情调，也对潮州建筑产生了影响，如教堂的设置就是一例。

四、潮州名城的保护与发展

潮州市已于1995年制定了《潮州国家历史文化名城保护规划》，它对潮州名城的保护规划的执行有了依据，但要切实贯彻执行，我们建议还要注意以下几点：

（一）重视历史文化名城的保护意识

保护者，包含两个意义：（1）恢复发扬原有文化和建筑的面貌和特色，它主要是指文物和有历史价值的文化和建筑；（2）进行修复改造原有建筑，使其赋予新的意义，也就是恢复其原有历史文化和建筑技术、艺术价值，发掘出爱国主义内容，并同时赋予旅游价值。

江泽民总书记在党的“十五大”报告中指出要创造“有中国特色社会主义的文化建设”。又指出：“中国文化有着辉煌的历史”，“有中国特色社会主义的文化，是凝聚和激励全国各族人民的重要力量，是综合国力的重要标志。它渊源于中华民族五千年文明史，又植根于有中国特色社会主义的实践，具有鲜明的时代特点”。

潮州是广东省内历史遗留下来较完整的古城之一。它布局结构，遵循古制，棋盘街道、民居排列整齐规整，庙宇祠堂雕饰华丽典雅，城郊又有丰富的自然景观。潮州古城是我国悠久的文明史组成内容的一部分，做好它的保护、改造、发展对激励我国人民、海外侨胞培养爱国主义精神、增强凝聚力和增加文化素质有着重要意义。

当前，重要的是加强思想认识，领导在思想上重视了，在古城保护规划上进行立法就有了可能，有了“法”，保护就有了依据。同时，要提高全民对历史文化名城保护的思想意识，使广大群众自觉的保护历史文化名城。

（二）明确名城保护与发展的目的和原则

名城保护与发展的目的不外乎三方面：一是历史，二是文化，三是提供文化休憩旅游资源。

名城保护与发展的原则有五方面：

1. 对文物建筑的保护是按貌修复，其方针是整旧如旧。

2. 对有历史、文化和艺术价值的传统建筑，包括民居、园林在内，一般应按原有面貌进行恢复，包括室内和室外。如确属有困难者，或因资料不全，或因环境需要，其原则是必须恢复其外貌，而对内部允许一定范围的改造。

3. 对名城应保护其面貌和特色，包括它的范围、布局、道路系统、城墙、城楼、古建筑、民居园林及山水布局，应尽量保留其格局，特别是成片成区的建筑更应保护。对市政建设则要重点加以改造，近期以改善人民生活为主，加强消防意识。长期计划应把上下水道供电、交通，包括增辟广场停车场以及文化休憩广场，这是保护名城的必要手段。

4. 对旧城内的建筑要控制其密度，要控制其改建的内容、高度和外形。对新城区、新建筑应该在新建设的要求下继承和发挥历史文化名城的面貌特色，关键在创新和特色两个方面。

5. 应坚决制止假古董建筑，包括新建与国内名胜古迹同名的建筑、新建寺庙道观、传统一条街等所谓人文景观，既没有真正的文化价值，又浪费了大量人力、财力、物力。

在国内，明摆着有真实的、风光秀丽和环境优美的名胜古迹不去欣赏，而要在当地模仿外地景观，这是一种不足取的做法。当然在当地缺乏人文景观的情况下，适当地新建一些也未尝不可，但一定要适可而止。

（三）对潮州名城保护与发展的具体意见

1. 潮州古城旧区应严格保护，首先要控制其保护范围。其次，新城区可与旧城区分开，中间最好有绿化带间隔。道路改建以小车、消防车通行为限，增加绿化及休憩广场。

2. 旧城区保留了比较完整的成片成区的民居群。民居、祠堂、书斋庭园等传统建筑非常丰富，类型众多，特色明显，在南方旧城镇中实属少见，极有历史、文化建筑和旅游价值。过去没有引起高度重视，也没有得到应有的发展。目前，对这些民居群，市领导已经开始重视保护其范围，限制改建。下一步是如何改造与发展，建议先做保护与改造具体规划，把保护、发展与旅游结合起来，用经济来滋养保护、落实保护规划。

3. 潮州名城传统建筑朴实、典雅、秀丽的特色是潮州悠久历史和文化长期淀积得来的结果。旧城区的改造、新城区的发展都要符合这个特色的要求。

潮州地处岭南亚热带地区，其建筑还应具有地区特征。因此，要吸取粤中岭南建筑的特点，如开敞、通透的平面与空间处理，轻巧明朗的造型和色彩，室内外环境的结合，庭园与山、水以及传统装饰装修的运用等。当然岭南建筑也不是一下子用几个条条框框来圈定的，还要在实践上去摸索总结。岭南新建筑的创作经验对潮州新建筑是一个很好的借鉴。

4. 对一些不符合历史文化名城特色的建筑，包括旧建筑的改造和已经建成的新建筑，如果它破坏了历史文化的环境和特色，则要坚决加以消除。其步骤，或改变其外貌，或予以拆除。这方面的工作要十分郑重，可采取逐步改造或拆迁的办法。步骤是要先做调查研究，并反复论证，再进行详细规划和落实具体措施。因为，这种改造、拆迁涉及产权、经费、住户的生活、搬迁等很多问题，是一件复杂的令人头痛的事情，容不得疏忽。

5. 发挥潮州传统工艺和各种艺术手段表现的特色，在继承的基础上加以创新，为潮州新建筑创新服务。

建筑的艺术表现除比例和谐、室内外环境协调外，还要依靠各门类文学艺术的表现来协助，如雕刻、绘画、书法、楹联、匾额等。潮州的传统工艺如刺绣、剪纸、木雕、石雕、灰塑、陶塑、嵌瓷等，对建筑艺术表现都能产生良好的效果，关键是如何加以结合、加以创新。继承和创新是任何文学艺术门类中的问题，只有通过实践才能得到比较圆满的解决。

6. 对一些已被拆除的古建筑是否要恢复的问题，如祠堂、牌坊、庭园等，建议要有一个原则，即以今天的需要来衡量，要按是否有利于社会主义思想道德培养，有利于爱国主义、集体主义和艰苦创业精神的发扬、有利于国家统一、民族团结、经济发展和社会进步的思想的加强来作为衡量标准。对于宣传封建主义和腐朽的资本主义思想则应坚决加以抵制。“叩齿庵”现已恢复，对“祭鳄旧址”，如有可能，可予以恢复，它对悼念唐代韩愈和丰富历史文化以及旅游都有相当价值。

至于对本地区一些村镇中兴建宗祠，总的来说，不应提倡。过去也兴建了不少宗祠，当时在团结海外侨胞、增加凝聚力方面产生某些作用也是无可非议的。今后，建议要正面宣传，要引导侨胞投资到发展家乡工商业、文教事业青少年发展和科普事业上去，这对国家、对家乡、对人民都有莫大的好处。

7. 加强环境的整顿包括卫生条件，铲除违章建筑等。对古文物历史建筑要进行环境清理，树立标识牌或简要说明等以加强管理和宣传。

8. 进行对传统建筑的普查与测绘。在财力还不可能大规模保护与发展的情况下，只能以抢救为主。要使传统建筑、民居、庭园等现有资料，做到四有，存入档案，以便将来有朝一日需要时就可马上投入使用。

对现有古建筑、民居、祠堂、庭园等要制定保护规划档案。此外还要分别先后缓急和根据对建筑的损坏程度，做到轻则维修、重则列入计划按顺序及时维修。建议指定居民或专人监护，一遇“险情”，立即报告有关部门，加以抢救和治理。

1997年10月15日广州

原文：陆元鼎、魏彦钧，1997年中国传统建筑园林研究会第十届年会论文。

粤中四庭园

古代粤中园林，据考古发掘，两千年前南越国宫署遗址中发现有“御花园”。又据史料，南汉时代，广州有“仙湖”御花园，至今还遗留一些残迹。现广州南方戏院就是当年“仙湖”主景——药州九曜园水石景的遗址，至今也有一千多年的历史了。多年以来，粤中庭园不断地发展，已成为我国园林建筑艺术的一部分宝贵遗产。

就粤中庭园来说，清代以前的文献记载和遗下的实物都极少，现存的实物都是清中期或晚期建造的，比较著名的有四个，即：顺德清晖园、番禺余荫山房、东莞可园和佛山梁园群星草堂。

一、概况

清晖园位于顺德市大良镇华盖里。华盖里一带在宋代以前为碧鉴海岸，属冲积平原，地势低洼。清晖园建园年代根据目前史料未有确实记载，传说是明末大学士黄士俊的一所花园，清乾隆年间已归御史龙廷槐所有，但有关园林概况史料未有记载。至于现存建筑物的最早年代，在清晖园西南角碧溪草堂廊下槛墙部位，有一块阴纹砖刻竹画，上有“道光丙午年冬日”（即道光二十六年，1846年）字样，这就是该园建筑物最早的年代了。

清晖园分为三个园，中部清晖园、东部广大园、西部楚香园。清晖园经过多年经营，已逐渐形成一座布局比较完整的园林建筑。新中国成立前夕几个园都因年久失修，十分破落。新中国成立后，人民政府进行了修葺，1959年又进行重修，并将广大园、楚香园与清晖园合并成为县迎宾馆，后为县招待所，现已归还文物部门。

原清晖园有东、西两个入口，由华盖里进入即为西门，中部清晖园分为三部分，北部为居室，东部为园林，南部为书斋、船厅，并以池塘为中心。池塘做成长方形，沿池有水榭（澄漪亭）和半六角亭，池西南碧溪草堂，它们之间用步廊相连。

碧溪草堂临水而建，它的正门有一幅木雕通花疏竹圆光罩，工艺精美，形态逼真。园门两侧为玻璃屏门，门下池板刻有百寿图，这是用隶书、篆书和不同的花鸟虫鱼画成象形文字刻成的九十六个寿字。

东部园林，植有各种珍贵花木，如园中的一枝玉堂春，高丈余，花大如碗，晶莹若玉，白蕾点点，芬芳四溢。园中又有载藤一株，为罕见的百年大树。园中还有风雨亭，称为花（音纳）。亭旁有狮形叠石假山，沿池东边用步道与澄漪亭相接，沿池北边则用步廊与惜阴书屋、绿云深处、船厅相连。

池旁的船厅为一座长方形的两层建筑，其装饰装修都用南方的植物和水果作为题材，清雅别致。它与惜荫书屋、真研斋、南楼相连，是全园建筑的重心。

园东北部居住用的归寄庐和一些两层楼房。虽然地方狭窄，由于利用花径小道，两旁布置了小院，粉墙、山石、斗洞，尺度良好，并不感到拥挤闭塞。

余荫山房位于番禺区南村，始建于清同治五年（1866年），历时五年完成。园主为该村清代举人邬燕天。

山房由南面一座并不醒目的青砖宅门入内，迎面只见庭院中有砖雕漏窗一幅，它通过曲折相连的三个小庭院，见到一座中门，门旁对联一副，“余地三弓红雨足，荫天一角绿云深”，这就是山房真正的园门。

进入园门，才是山房。山房面积仅有三亩，但堂、榭、亭、桥，曲径回廊，莲池山石，名花异卉，一应俱全。它分为东、西两半部，有四座主要建筑物。西半部中央是近方形的荷池，池北深柳堂，是全园的主体建筑。堂内开敞，装饰雅致，题材多样，有百兽图、百鸟归巢图案，迎面的檀香木迎雕屏风上写满了名人书画。它的对岸是临池别馆，造型简洁，与深柳堂一繁一简，一主一从，形成鲜明的对比。

东半部的中央是一座八角形的“玲珑水榭”，它立于八角形的水池之中，体型较大，似嫌臃肿。水榭八面全部装上明亮的玻璃窗。水榭东南沿围墙布置了假山，在东北布置有一座跨水建筑孔雀亭和一座贴墙的半六角来熏亭。东西两半部的景物，通过名叫“浣红”“跨绿”的廊式拱桥有机地结合在一起。荷池和八角形池两水相通，当人们无论站在拱桥的一边观看另一边，都可看到“桥外有池”的景致。拱桥的廊柱间还有木质漏空花纹挂落和依空背靠，既可休息，又可观赏。园内四周景色宜人，层次丰富。

余荫山房南面紧邻着有一座稍小的庭园，名叫瑜园。这是一座两层住宅式庭园建筑，面积415平方米。底层有船厅，船厅外有小方水池一个，二层有楼，可俯瞰山房景色，现亦属于余荫山房。

可园位于东莞市城西博厦村，建于清咸丰年间（1851～1861年），园主为莞城人张敬修。它面积为2204平方米，是围绕山石、池水、花木、庭院、用游廊和建筑组成曲尺形平面的一组庭园建筑群。

可园中最高的建筑物为“可楼”，四层，高15.6米，是全园的中心。除外，还有六门、五亭、六台、五池、三桥、十九厅和十五房，它通过大小和式样不同的97个门口和迂迴曲折的游廊、走道，把整个庭园建筑联系了起来。

可楼底层为双清室，又名亚字厅，这是由于厅的平面形式、窗扇装修、家具陈设和地板花纹都用“亚”字形，因而得名。四层为邀山阁，阁为砖木结构，它在槛墙上用十根木柱承载屋面重量，四周槛窗敞开。短木柱的石墩用榫卯结构与槛墙相接，不用一钉。百年来，历经无数次飓风而依然无恙，故又名定风阁。阁内四面开窗，可环视山川百景，室内雕檐画栋，工艺精巧。

金鱼池位在可楼之前，面积较小，作曲尺形，上面有小石桥一座。整个园内水面不多，但因它北邻可湖，这样，可园就由少水变为多水了。

为了丰富园内景物，园中巧妙地安排了山石、池水、花木、亭阁和建筑小品，如拜月亭、石山、金鱼池等。石山作为狮子态，称作“麒麟吐月”，俗称“狮子上楼台”，系用海边珊瑚石做成，玲珑浮凸，富有南方风格，惜已毁于“十年浩劫”，现已重建。

由可楼往北，是绿绮楼，相传它因藏过唐代的“绿绮台琴”而取名。楼侧为本园最后的景致，称为“博溪渔隐”，它紧靠可湖的一角。这一组建筑有观鱼簃，又称雏月池馆，既可赏月，又可观鱼。此外，还有藏书阁，又称船厅，阁外有钓鱼台、曲桥、湖心亭等。

十二石斋和群星草堂等位于佛山市内，称为梁园。据说，庭园原是明太守程可则的故居，清道光年间属进士梁九图所有，梁曾在园内增建紫藤花馆，相传梁九图从衡阳南归，途经清远峡，见奇石十二块，遂将它购下。南运后放在紫藤花馆前园内，并将此园命名为十二石斋。

梁园规模较大，十二石斋乃其中之一小园，另有群星草堂建筑与园林一组。园主曾在园内塑造十二组玲珑浮凸石景。新中国成立前夕，十二组石景残缺不全。“文革”期间更遭破坏，池塘填平，庭的地面下筑起防空洞，残留的石景碎块又埋于土下，后经园艺工人搬至现佛山市人民公园内，并将石景重新恢复，供人观赏。

群星草堂园林的特点是以清空疏朗、朴素大方、石峰林立、玲珑峻秀而著称。由东面进园门，北侧为客堂，南侧为三进的群星草堂，沿走廊向西入内，则为秋爽轩，这是全园的主厅。其旁为船厅，船厅为两层建筑，它西临水塘，只见池水清澈，碧波之上，一拱桥跨池而过。隔池为一两层之笠亭。秋爽轩前又为另一庭园，只见壶亭之后，假山起状，石峰峦起，隐约于花丛之中。再远只见菜园一片，富有南方农村庭院风味。

二、布局

（一）布局特点

粤中地区气候炎热多雨，湿度很大，夏秋季常有台风暴雨，建筑布局受气候影响较大。此外，由于经济等原因，粤中庭园规模都比较小，园主生活起居常和庭园结合在一起，既满足居住功能，又享受“山林水泉”之乐。为了解决有限的面积内布置较多的建筑，既要有园林的意境，而又不致于感到局促和拥挤，因此，庭园中常利用建筑物在布局上的变化和尽量借助水石、花木的配置，采取对比、衬托等多种手段，来取得建筑与园林的协调。

据调查，粤中庭园布局有下列特点：

1. 结合气候条件进行布局

粤中庭园的布局比较周密地考虑了气候的因素，非常注意朝向、通风条件和防晒、降温。如清晖园总平面布局采用了前疏后密、前低后高的布局方式，建筑物一般都面向夏季的主导风向，前部布置庭园，后部是密集的建筑群，它主要通过巷道、天井、廊子、敞厅等方式来组织自然通风。夏日的海风，无论从平面布局或纵断面的设计布置，都能吹到后庭的每一角落。此外，后庭密集的建筑、门窗、墙前等常处于阴影之下，减少了阳光的辐射，这些处理方法就成为本地区庭园布局的一个特点。

从实例来看，如东莞可园，庭院周围布置了建筑物，东部有可湖大片水面，能调节气候，取得降温效果。南面为大庭院，通风条件好，虽然可楼高达四层，而周围开敞，故仍然未能阻挡其他建筑物的通风。

余荫山房深柳堂坐北向南。夏季东南风可通过池面吹入堂内，东半部是八角形水池和玲珑水榭一座，东南风也可直接吹入。

连续相通的敞廊布置，也是粤中庭园结合气候条件布局的一个主要处理手法，曲折的敞廊把庭园内的厅堂、阁舫、亭榭连接了起来，既解决了避雨、遮阳和防晒，又可达到划分景区，增加室间层次和丰富景色的目的。

2. 以庭为中心的绕庭布局方式

园林的布局，与它的观赏方式有关。大自然的园林，天地广阔，人们可以纵情游览观赏。而小面积的粤中庭园，静坐凝视，是它的主要观赏方式。因此，花木、山石都要组织在庭院之中，并与建筑配合，成为庭园组景中不可分割的一个部分，这就形成了本地区庭园建筑以庭为中心的绕庭布局方式。

“庭”在庭园中，按其构成内容分为五类，即：(1) 平庭，以平地为主；(2) 水庭，以水域为主；(3) 石庭，以石景为主；(4) 水石庭，以池水与景为主；(5) 山庭，以山坡自然山水景色为主，粤中古庭园都在平地，没有山庭形式。下面按实例进行简要的分析。

清晖园西部以一个开阔的长方形水池为中心，围绕水而设置厅、堂、水榭和六角亭。六角亭凸出水面，碧溪草堂从水岸稍后退，与亭、榭用廊连接。隔墙为楚香园，有一个近似方形的水池，水池边也有六角亭与水榭，与清晖园长方形水池相呼应。清晖园另一侧为广大园，中间有七角形劈裂池一个，这些都是属于水庭类型。

以平庭而言，清晖园中部就是一例，开敞的平地，满种树木花草。建筑物有惜荫书屋与真研斋（真砚斋），与船厅用短廊“绿云深处”相衔接，突出了主景船厅，其旁有花亭，亭边有狮山，配以石景、丛竹、树木，突出了狮山与石景，组成了以平庭为中心的景区。

清晖园后部为密集的建筑物，由于归寄庐与笔生花馆组成的两组建筑距离较近，中间用一组以斗洞为组景的石庭相分隔，这样的处理，就使小空间变为大空间。从笔生花馆望斗洞，只见峰峦林立，紧贴墙中。在阳光的反射下，粉墙把石山衬托得更加突出。加上翠竹掩映，疏淡清雅，置身其中，令人心旷神怡。

余荫山房建筑不多，规模也不大，它主要突出以水庭为中心的景区。西半部由一方形石砌荷池为中心，池南有造型简洁的临池别馆，池北为主厅深柳堂，堂内装饰十分精巧。东半部的中央为一八角形水池，水池中央有一八角形的玲珑水榭，水榭的布局在东半部造成曲折的空间。不过，水榭体型稍嫌过大，似乎塞满了东半部的园子。余荫山房的水庭就是由两个水池并列组成，水池不大，但因互相连通和延伸，中间再隔以拱桥，使得池面有水广波延与源头不尽之感。

可园的布局是运用“连房广厦”的布置方式，楼、阁、亭、台、桥、厅成群地布置在四周，中间是一个大院子，这就是以可楼为中心的平庭布置方式。高达四层的可楼成为园中的主景，循曲廊可见拜月亭、狮子上楼台石景、兰亭、曲池、拱桥以及园后的观鱼簃，藏书阁、钓鱼台、曲亭、水亭等。这些主要建筑通过97个群式不同和大小不同的门口和游廊、走道联成一体。这种布局方式与迴廊曲院的平面布局不同，很少利用虚廊来划分空间，而是一个开阔的大空间。

群星草堂庭园西南为假山，西北有池水，东北部为建筑物，平面较规整。入园门是三进的群星草堂，循走廊向西到秋爽轩，再进则为全园的主厅和最高建筑——船厅。船厅西临水塘，碧波之上拱桥跨地而过，隔水沿岸坐落一座两层高的笠亭。亭用翠竹搭砌而成，是数鱼观景的极佳处，外观清雅闲适，在秋爽轩前为一石庭，中部有方形壶亭，远望庭中石景，只见十二组景石峰峦起伏，在繁花复地中显得格外峥嵘挺拔，蔷薇花径隐于花木山石之后，通向深处，整个空间疏敞清雅，构成一个清幽的境界，在岭南园林中可算别具一格。

3. 运用借景、对比、空间组合进行布局

粤中地区水源丰富，江湖水面分布广泛，在沿湖江畔布置庭园时，自然景色为庭园组景中的不可缺少的一个组成部分。巧妙地把“点”“线”结合起来，不但能丰富湖景，而且庭园与湖景又能互为借景，东莞可园就是一例。

可园东北面是宽广秀丽的可湖。为了充分利用水面开阔的可湖，可园不在园内辟水面，而只设一个玲珑娇小的曲尺形金鱼池。至于临水的建筑，其中有数幢小品建筑，如钓鱼台、小亭延伸至水中，使人感到湖水宛然流入了可园，造成庭园有开阔深远之感。

粤中庭园在布局上还采取了大小、繁简、高低不同的手法，使庭园层次丰富。如余荫山房从大门入口到园门入口，采取了三个不同大小、不同形状、阴暗对比的庭院，并分别用装饰、盆景和花径三种配置方法，一步步把人的注意力引向前方。又如深柳堂和临池别馆，也是运用一繁一简的对比手法，使沿池景色富有变化。清晖园正门入口，运用了不同形状、大小的空间对比。船厅与惜荫书屋运用了不同形状对比。可园的擘红小榭与四层的可楼一大一小的对比，都使庭园对景获得良好的效果。

（二）观赏点与观赏路线

古代的造园家对衡量山水之美，提出了“可行、可望、可游、可居”四条标准，并且要求“画者当以此意造之，而鉴者又当以此意穷之”，这就是今天所说的观赏点与观赏路线。

1. 观赏点

厅堂为全园的主要观赏点，它要求最好的位置与最多的对景，一般多设在主要景物的正面，通常用隔水对山的布置方式。

粤中庭园的厅堂，都采用隔水而立的手法，如清晖园的船厅、碧溪草堂、澄漪亭和楚香园水榭都是隔水相对，登上船厅平台，前望六角亭伸出水面，澄漪亭倒映池中，花亭与狮山咫尺在望，隐没在丛树群峰之中。回首楚香园，池水平波，临池设立的亭榭和弯曲的水廊都近在咫尺，使两园之水仿佛畅通，死水变成活水，又有一番景色。

余荫山房的深柳堂与临池别馆隔池相对，东而透过“浣红”“跨绿”小桥的廊柱，隐约地看到玲珑水榭，加上水榭周围名花奇树以及山石所形成的幽深气氛，更增加迷离之感。

可园的可楼，顶层又名邀山阁。登上可楼，整个东莞城的景色尽收眼底。近处雁塔与金鳌洲塔一南一北相对峙，往南可遥望黄旗岭，江河如带，沃野争碧。俯览园内，生动的狮子上楼台和灰瓦青砖的亭、台、楼、阁，有聚有散，互相衬托，互相呼应。

除主要观赏点外，庭园中一般还布置有次要观赏点，凡楼阁、亭榭、都属此列。观赏点的位置要求应有高有低，有进有退，或开阔明朗，或幽深曲折，使庭院变幻莫测，各具特色。

园林的观赏和景物之间应该有适当的视距才能保证良好的视觉条件。一般认为，人们在平视状态下，观赏距离等于建筑高度的三倍时（即观赏角处于18°的垂直视角），是从群体的角度看建筑全貌的最基本距离。当视距等于建筑物高度的两倍时（观赏角等于27°时），是观赏单体建筑全貌的最佳距离。当观赏距离等于建筑的高度时（观赏角等于45°），是观看单体建筑的极限视角。根据粤中几个庭园的实测，其视距和建筑高度见表1。

粤中园林建筑高度与视距 **表1**

园名	观赏点	主景名称	距离（m）	主景高度（m）	高远比	配景与层次
清晖园	澄漪亭	船厅	22.5	13	1 ∶ 1.7	左：廊子六角亭；右：惜荫书屋
		六角亭	15	9	1 ∶ 1.6	左右景水松；后面廊子
	惜荫书屋	澄漪亭	24	8	1 ∶ 3	左右景廊子
		六角亭	19	9	1 ∶ 2.1	前景水松后碧溪草堂
	船厅	澄漪亭	22.5	8	1 ∶ 2.8	—
		楚香园水榭	22.5	8	1 ∶ 2.8	—
可园	亚字厅	狮山	16	5.3	1 ∶ 3	左：拜月亭，后：廊子；左右后均为廊子
		擘红小榭	16	6	1 ∶ 2.6	
余荫山房	深柳堂	临池别馆	15	6	1 ∶ 2.5	—
		浣红跨绿桥	12	5.5	1 ∶ 2.1	—

从上表看来，它们高远之比在1∶3～1∶1.6之间（即观赏角在18°～35°之间），这说明粤中庭园在设计时都考虑了视距和景物的关系。

2. **观赏路线**

园中景物需要有一条或几条恰到好处的观赏路线把它们联系起来，把整个庭园作为一幅连续的画卷展现在眼前，因此，观赏路线对园景的逐步展开起着组织作用。观赏路线要有变化，或高低，或曲折，以达到步移景异的效果。

粤中庭园观赏路线的布置形式一般多采用环形路线，它以走廊、房屋、道路绕山池一圈，在建筑的体型、大小、外观和屋顶形式等方面加以变化。如可园从进入门厅到擘红小榭，不但兼有交通、休息和观赏之用，同时，在布局上也起到点缀景色的作用。再从小榭前进，经过几个“～”形的曲廊到达“亚字厅”。在亚字厅侧面有门洞一个，进洞见石级，登上石级就可直达可楼顶层，水平的观赏路线变成了垂直的观赏路线。

清晖园的门厅则采取另一种手法，它运用精致的屏门，把单调的空间分为两个大小不同的过厅，增加了空间层次。然后通过“绿潮红雾”门，顿时豁然开朗。绕水池到船厅有两条路线，从池南澄漪亭、六角亭可到船厅。从池北通过石屏门洞到达花亭，绕过狮山，向西北走去，仍可到达船厅。

观赏路线上的对景还要求有变化，才能起到步移景异、左右逢源的效果。例如余荫山房入口部分的门厅是简朴的，但它在小天井的正面墙上，嵌了一幅砖雕窗花，它吸引着观赏者，而当观赏窗花时，忽然闻到一阵香味，往右一看，只见“留香”园门内一枝腊梅花，香味正由此花散发，它吸引着观赏者又顺此路前往。接着又被左边两排翠竹所吸引。只见竹径深处有一方门，两旁对联一副，“余地三弓红雨足，荫天一角绿云深”，方门内隐约可见大红花。观赏者进入园门，只见荷池假山，廊桥环抱，奇树古藤，苍劲挺秀，厅堂水榭，通透开敞，使人仿佛进入诗画的天地。

粤中庭园还充分运用富有地方特色的装饰装修艺术，以吸引观赏者的游兴。如清晖园，当走近澄漪亭，就被具有南方特点的“步步锦”窗框所吸引。沿廊前进到碧溪草堂，厅门采用南方翠竹为题材的圆光罩一座，罩门雕饰精致，富有地方特色。草堂前有一靠座，游者于观赏后可以少憩片刻，同时，还可凭栏观赏池岸景色。从碧溪草堂往船厅走去，是一段直廊，仰望廊下梁架，只见装饰有用南方佳果菠萝作为题材的。登上船厅，室内两排木雕花罩是用芭蕉作为题材。

景外有景也是对景中的处理手法之一，其优秀者应做到出其不意。如清晖园的竹苑小径深处，忽然见到一棵古老的龙眼树干和几块英石掩遮的一个桃形窗框，框内深树浅墙和几块珍珑的英石，把黄玉兰树衬托出婆娑多姿的形态。再如余荫山房深柳堂侧巷，安置了一座泥塑，也吸引着观赏者来此一睹。

粤中庭园的面积虽小，但它在布局上，恰当地处理了空间的划分和景区的布置，考虑了居住环境和庭园的关系，在现代园林设计上仍然有一定的参考价值。

三、建筑处理

（一）建筑类型

建筑在庭园中有实用与观赏的双重作用，它与山池、花木共同组成园景。建筑的类型与组合方式跟气候、园址大小及其形状有密切关系。就类型而言，庭园常见的有厅、堂、楼、亭、榭、廊、舫等。粤中地区因园子的面积小，故建筑类型也较少，为了发挥建筑物的作用，多功能使用就成为本地区庭园建筑常用的处理手法之一。

1. 厅堂、楼阁

庭园建筑中，厅堂为主体建筑。粤中地区常用船厅来代替厅堂，兼作会客、休息、观赏之用，因而，船厅也作为一种主体建筑。如清晖园船厅和群星草堂船厅都是这方面的实例。

清晖园船厅是该园的主体建筑之一，它的设计别出心裁，造型仿照珠江上的“紫洞艇式样”，并按照庭园艺术手法做了若干的修改。船厅为两层建筑，平面作长方形，立面全部采用开敞式格扇，二楼挑出平坐，平坐栏杆的花纹做成波澜起伏的水波装饰，凭栏俯视，水波荡漾犹如船舫亲临河畔。船厅的内部装饰典雅，花罩是用两排芭蕉作为题材的浮雕，上面还有几只蜗牛爬行着。两旁窗扇花纹是选用了层层叠叠的翠竹，突出地表现了岭南风采。

水面是园林的主要内容之一。临水或傍水建造亭榭、廊舫是粤中庭园建筑处理的又一常用手法。一般来说，这些建筑为了与园址大小及其形状相协调，都采取较小尺度，如小型的亭、小型的榭。有些较大型的厅堂建筑，如要靠近水面，通常在池水与建筑之间，用一平台相连，余荫山房深柳堂就是一例。深柳堂是余荫山房的主要建筑，面阔三间，堂内开敞，梁架上还有十分精致的通花木雕“百鸟归巢”，迎面檀香木雕屏风上写满名人书画，古老的檀香木屏风，至今仍馨香扑鼻。

可楼是庭园建筑中一种少见的建筑类型，高四层，底层名双清室，取“人镜双清”之意。双清室又名亚字厅，因它平面形式、窗扇装修、家具陈列，地板花纹都用“亚”字形，故名。双清室后面有桂花厅，它是作为款待宾客休息的场所，因地板有桂花纹而取名。风从脚下吹来，这是由于用人工鼓风的关系，风从厅后通过地道、再由桂花厅地面的一个小洞吹出。这种处理方式效果良好，有南方特色。从双清室侧面有石级可以登楼，顶层有阁，因东莞附近有群山百川，它将山川邀请来园，故名邀山阁。

粤中庭园的建筑物，按功能要求，多作分散布置，密集而小体量，故密度较大。为节约用地，常采用二层楼房，如可园绿绮楼、清晖园归寄庐、余荫山房瑜园“小姐楼”等。

2. 亭榭

粤中庭园亭榭大多为方形、六角形、八角形等，清晖园的澄漪亭（即水榭），为长方形，它伸出水面，南北两面开窗，东面为开敞的屏门，周围有廊，廊依水而建，清晖园还有六角亭，西侧楚香园有水榭，长方形，实为长方亭，它半边跨在水中。粤中庭园的亭榭名称，常互相混用，其实，将水榭的格扇去掉，就是水亭。水亭装上格扇，又成为水榭了。

除了上述傍水的亭榭外，还有立于水中的亭、在平地上的亭、山石上的亭等。

水中之亭，又称湖心亭，一般在大水面之中才用之，亭与水面能相称。例如可湖的六角形小亭，它用曲桥与可园相通。楚香园的六角亭，虽在水中，但因池小，只能靠近池岸，用二曲桥相连。

平地上的亭，在粤中庭园中较多见，如可园拜月亭、群星草堂壶亭等。拜月亭，平面长方形，三开间，其外形受到外来影响。亭前有狮山，珊瑚石做成。狮山上有石级可登高，山上有跨板通向拜月亭的屋面平台。壶亭在群星草堂园内的平庭中，方形，是一般休息亭，坐在亭中，可观赏庭内石景与花木。

建于山石上之亭则有清晖园花亭，正方形，亭前有狮山，亭侧有斗门、水池，在亭中可环视水景、船厅、狮山石景等。

3. 廊

廊的作用，既作联系，又作景区的划分和间隔用。在南方气候炎热潮湿的条件下，庭园中的廊子发挥了更大的作用。

粤中庭园内，廊的形式不多，一般有直廊、曲尺形廊，偶尔用折廊。以部位来说，有单廊、檐廊、桥廊等。清晖园中多用直廊，也有用檐墙单廊。绿云深处檐廊前，辟小方形水池一块，有桥廊感觉。可园因地形关系，多用曲尺形檐廊。余荫山房除单廊、檐廊，在跨水的“浣红”“跨绿”小桥上，建空廊一座，这就是桥廊，它的边檐下还用精致的木雕挂落装修，它使两侧水面上的空间似通似隔，增加了水面的辽阔和水源的深度，“浮廊可渡”，象征着廊水的密切关系。

（二）屋面处理

粤中庭园建筑造型一般比北方轻快、通透、开敞，体量也较小，建筑艺术处理也比较丰富，其中屋面处理较有特色。屋面处理分为屋顶处理和屋坡处理两部分，现简介如下：

1. 屋顶处理

常用的类型有歇山、硬山、攒尖、卷棚等，很少用重檐。屋顶处理中有两种较好的手法：第一，在人的视域范围内，很少用重复的屋顶形式；第二，屋面组合紧凑、和谐、优美，如可园的屋面余荫山房屋面等。

2. 屋坡处理

从几个庭园的建筑来看，一般屋坡都比较平缓，没有北方官式建筑那样陡高，它的构造也较简单。在起翘方面，既没有北方建筑那样厚重，也没有江南园林建筑那样纤巧，偶尔有一点起翘，也是比较平缓，即使是亭榭也是一样。余荫山房的桥廊建筑，反宇较高，给人以一种轻巧的感觉。

（三）装饰、装修与色彩

1. 装饰

粤中庭园建筑装饰主要采用灰塑、砖雕和木雕。灰塑在庭园中应用较普遍，也很吸引人的视线。它的装饰部位一般都在建筑物的山花、门窗的上方或两侧，也有在室内天花板上的。山花部位上的灰塑很少掺杂色料，其他部位都喜欢用一些较素淡调和的色料掺混在灰料中，搅和后塑到墙中，耐久而不变其色。

灰塑的题材较多，有花卉翎毛、洋花、草尾、山水风景等，有的还塑上名诗书法。清晖园惜荫书屋侧门上部、后门山墙、笔生花馆侧窗上方有苏武牧羊灰塑等，在庭园后部墙上还开辟一个桃形窗框灰塑，花径园洞门正背两面上都有灰塑图案、余荫山房深柳堂侧巷山墙上的一幅山水图案灰塑，立体感很强，使狭窄的通道产生了开阔之感。

砖雕也是建筑装饰之一，在粤中庭园中不见多用，实例有余荫山房入门庭院墙面的砖雕通花窗。

木雕是广东一种民间传统手工艺，富有地方传统特色。匠师们常喜用这种木雕构件作为室内外装饰的一种表现方法。

木雕的种类很多，庭园中常用的有：斗心、通雕、浮雕、拉花、钉凸、混合木雕、暗雕等，其做法如下：

（1）斗心——是由许多小木条（尺寸按构件比例而定）按图案花样拼凑而成。如果是格扇，就在花纹边有一道压边线。

（2）通雕——是指在所需要制作的木料上，先印画出花纹，然后，按花纹进行雕刻，该通的就要拉通，要凹的就铲凹，得出大体的轮廓来，一般在屏门、飞罩、落地罩、古式家具中都有采用，例如清晖园某建筑屏门、余荫山房临池别馆门罩等。

（3）浮雕——又叫铲花，就是在一块木板上全部采用浮雕手法，逐层加深形成凹凸。它采用的木材质量要好，如清晖园归寄庐内板门上的仙桃木雕就是一例，它雕刻精细，形态逼真。

（4）拉花——做法和通雕相似，只不过在制作中该拉通的就用锯拉通，然后，在上面磨平到光滑。

（5）钉凸——是在通雕做法上更进一步发展，一般在通雕起几层立体花样后，为了使立体感更加强，就在原通雕的基础上，钉上原做好的构件，逐层钉逐层凸出，然后，细雕打磨而成。这种方法多用在罩、屏门之处，例如清晖园碧溪草堂的圆光罩。

（6）混合木雕——是广东庭园中最多用的一种手法。它集中了通雕、铲花、拉花、钉凸的优点和做法，在一个构件上使用上述的各种木雕方法，该通就通，该拉就拉，形成一个整体，如清晖园船厅室内的芭蕉罩就是采用钉凸和混合木雕手法制成的。

（7）暗雕——如清晖园碧溪草堂的“百寿图”就是一例。

粤中庭园的建筑装饰，结合地方特点，类型丰富，那种巧夺天工的木雕，美妙多姿的灰塑，生动精美的洞罩和精巧的漏窗，有独特的地方风格，给整个庭园带来畅朗轻盈的感觉。

2. 装修

装修包括格扇、屏门、栏窗、栏板、门罩、挂落、横披、檐板等。

（1）格扇、屏门——厅堂、楼阁常用之。格扇棂子的花纹式样很多，且非常讲究。例如清晖园惜荫书屋格扇、余荫山房玲珑水榭格扇等。

屏门，作为室内空间分隔之用，式样与格扇相似，但比格扇更精致。一般在门板上雕刻着各种题材。屏门和格扇一样可随时开闭，使用方便，可拆可移。屏门全部打开后，扩大了厅堂空间，又通风凉爽。

在粤中庭园的船厅中，除正面开敞外，其余三面常布置格扇，当气候炎热时可全部打开，使凉风吹来，它扩大了视野，同时又把园内景象移入室内，使室内外打成一片。

（2）栏窗、栏板——一般在次间中采用，其形式与格扇相似，但下面用栏墙或栏板。它在运用时没有格扇灵活，也能起到通风、采光和丰富立面造型作用。有的木制栏板还有精刻的木雕，并且可装可卸，如余荫山房深柳堂栏板即其中一例。

（3）门罩——它的功能可将室内空间进行划分，既分又合，相互渗透，达到扩大有限空间的效果。

罩运用灵活，工艺精致，题材丰富，表现了功能与艺术美的协调与统一。罩在功能上的运用不同，在形式上也不一样，常用的有飞罩、落地罩、圆光罩等。

① 飞罩（包括半角罩）

清晖园内筑物使用飞罩较多，常以扭藤、白鹤穿云、葡萄、荔枝、竹松、芭蕉等作为题材，种类很多，构图丰富。

余荫山房八角亭（八角亭）内的飞罩是以葡萄、田鼠作为题材的。

本地区气候炎热，在建筑处理上常用敞厅。为了增加艺术感，常在敞厅前的卷棚廊檐下，在柱子之间采用半角罩。

② 落地罩

这种罩采用一竿子到底的手法，如用青竹作题材，则竹竿要直到底。如用葡萄作题材，则将树干由底到顶，并且枝叶要旺盛。例如余荫山房的榄核厅落地罩等。

③ 圆光罩（拱门罩）

一般安置在厅堂明间大门外位置，如清晖园碧溪草堂圆光罩，它以绿竹和石景作题材，生动逼真，它与周围环境协调，增加了庭园景色。

（4）挂落——主要用于望外廊下檐柱间或室内柱子之间，起装饰作用，如余荫山房深柳堂外檐挂落。

（5）横披——在庭园中较多采用，常设置在格扇或槛窗的中槛与额枋之间。粤中地区因气候关系，横披不装玻璃，常用细木条拼成各种图案花纹，式样较多。有时在廊亭上也采用，也有用蚌壳装饰，这种处理符合气候特点，既实用又通透，而且美观大方。

（6）支摘窗，如用下上推拉方法则称满洲窗。

支摘窗，一般为上下两段，也有三四段的。上段可支，下段可摘。窗扇棂子式样很多，一般有步步锦、灯笼框、花卉形、水裂纹等。支摘窗有设在木槛板上的，也有设在槛墙上的。满洲窗开关方式不仅有上下推拉，而且还有向上翻动的，如余荫山房榄核厅满洲窗、深柳堂满洲窗等。

（7）檐板——在建筑物檐下，起保护檩子头部的作用。檐板上一段花纹比较简单，题材有花卉飞鸟等，实例有余荫山房临池别馆、清晖园惜荫书屋等。

3. 色彩

本地区建筑用色方面很少用富丽堂皇的色彩，而较多用淡冷色彩，它的优点是可以减弱太阳的辐射量，给人以一种清静凉爽之感觉。

在建筑材料的用色方面，屋顶多用灰瓦，墙多用青砖，台基多用白磨石。彩色玻璃和漏花窗多采用深绿，蓝紫等色，它使室内光线强度减弱，产生一种幽静的气氛。室内家具则多用深褐色。

此外，花牙子、雀替、封檐板、罩等，常使用较鲜艳和丰富的色彩。有些亭榭柱子用米色，其他大多用深褐色。

四、池水、石景

水池的形式、面积大小和布置方式，与地形及园的面积有很大关系。由于粤中庭园规模较小，最大的清晖园也只有五亩多。因此，水池多作简单的形状，池中或为清水养鱼，或种植少量花卉。但在水池边都布置有景观和建筑物。有的以水池为中心成为水庭，如余荫山房采用一个方形和一个八角形相连的水池，方池旁有深柳堂，与临池别馆遥遥相对。

八角形水池中央则有八角形水榭。两池中间以廊相隔。清晖园采用一个长方形水池，沿池布置舫、榭、亭、廊，楚香园则有一个方形水池，广大园有一个七边形水池，称为劈裂池。群星草堂也有一个近似方形的水池。可园由于园外有可湖，故园中采用较小的曲尺形水池。

粤中庭园水池外形大多比较规整，除受外来的影响外，它与驳岸材料也有关。驳岸材料一般采用褐红色花岗石。这种石料坚实，粗糙、不易受水腐蚀，广东各地都有出产，取料也方便。当用作驳岸材料时，形状要求简单、方直、不能任意弯曲，这样，池的形状就受到了一定的影响。

粤中庭园由于面积小，很少布置土山，而是以石为山，因此石景就成为庭园的主要观赏景色。本地盛产多种石山良材，如英石、湖石、蜡石、石蛋、松皮石、钟乳石、贫铁石、龙江石等，其中英石最多用，湖石次之。这些优质石材给塑造石景创造了良好的条件。

英石石质坚而润，面有峰无坡，形态嶙峋突屹，纹理清晰，折皱繁密。主要纹理有十字纹、龟甲纹、螺旋纹、鱼眼纹等，凹凸不一，色泽有灰黑、白以及棕红间灰色等，是叠山及散石最好的用料。由于石材以英德的原量最好，故以英石为名。湖石即太湖石，它性坚而润，色有白，青黑和微黑数种，多作孤赏立石用。蜡石色黄而润，多用于竹丛或树下以散置方式布置，供观赏或坐石之用。

石景的布局大致分为三个类型：一布点散石，二掇山，三人工筑山。人工筑山适宜于较大的园林空间，粤中庭园没有采用。

1. 布点散石

散石，就是以少量的山石作点缀，以欣赏为主，而不要求有完整的山型。按观赏功能又可以分为山坡散石，立石等。

山坡散石是运用自然山石在山坡或绿地进行布置，它的布置方法要求有主次，有呼应，像在山野中露出的自然石一样，给人们一种逼真自然感觉，如佛山十二石斋内园塑造的十二组浮凸的石景。

立石，是一种孤赏性质的石景，也有称之为石笋。布局的手法上，往往是由一块或三四块高矮不同的玲珑奇巧而又富于观赏内容的自然山石，竖立在庭园中的入口、前庭、廊边或水池边等地方，其石峰奇突，易引人注目，实例有余荫山房桥畔的石笋，池旁的立峰、清晖园花亭前的群峰等。

2. 掇山

粤中庭园掇山喜用大量的英石来模仿自然山脉特征，把山体组成各项细部，如：峰、洞、崖、瀑、涧、麓、谷、曲水和盘道等，构成山体、反映自然面貌。也有用英石模仿兽类的体形叠砌而成，如虎、狮等，作为象征性石景。

余荫山房的南山第一峰是一组假石山主题，由数组峦、岩、峒构成。它的设置功能特点是采取了大自然的名山佳景，因地制宜，依墙摆掇假山设景，既打破了园内方形的总平面布局，又划分了园内的游览区域，使原来平坦的小面积的余荫山房变成有高低起伏、层次变化的复杂空间，可惜目前这组石景已毁。

可园的石山用海边珊瑚做成，玲珑浮凸，有南方风格，称作“麒麟吐月”，“文革”期间拆毁为平地。

清晖园的狮山是一组主要观赏石景。由一个大狮作主峰，两个小狮作次峰，故称：“三狮会球”，用英石砌成。狮山的三个狮头各向一方，其中大狮雄踞主峰，挺胸昂首，气概非凡。两只小狮前扑后爬相互呼应，造型新奇自然，有翊翊而生、呼之欲出之感，狮山置在花亭旁半坡上，利用群峰来呼应，周围种植许多名花奇树，绿叶遮天，在花木掩映下把狮山衬托得更为雄伟。

清晖园的虎踞龙盘也是较大型的掇山之一，位于船厅侧面，掇山上有石级可登船厅二楼平台。

清晖园的石门、斗洞也给清晖园增加了景色。石门由英石叠砌而成，造型如同落地罩，也称石屏。它布置在前庭中庭交界上，把两庭分隔，避免开门见山一览无遗，起到意境点题作用。

斗洞，布置在后庭花径狭长通道上，归寄庐的西侧，是一座内容十分丰富的山石结构。斗洞上有山峦起伏的群峰、有姿态峥嵘的岩壁，它造型峭拔挺秀，是一座人工塑造的自然山石屏障。斗洞的处理，打破了归寄庐与笔生花馆两组建筑形成空间的单调感，使两组贴近的建筑物拉开了距离，扩大了空间。

五、花木配置

花木是组成园景不可缺少的因素。花木的配置，不但能衬托建筑造型和池石景象，而且是庭园取景的主要构成内容之一。

粤中主园常用的花木品种有以下几种：

1. 常用树木有：红棉、白兰、黄兰、桂花、鸡蛋花、玉堂春、榕树、水松、罗汉松、柳树、相思树、榆树等。

2. 果木种植也较多，如：龙眼、枇杷、杨桃、芒果、蒲桃、荔枝、白梅、芭蕉、番石榴、凤眼果、人心果、沙梨、白梨、杞子等。

3. 一般亚热带、热带花木，如：夹竹桃、散尾葵、大叶紫薇、铁树、光榔、灯笼、木菠萝等。

还有各类品种的竹，如：棕竹、观音竹、佛肚竹等。

4. 常用花草有：茉莉、米兰、蜡梅、素馨花、蒲草、八足草等。

5. 攀缘性植物有：炮仗花、夜香、紫藤等。

粤中庭园的花木配置，因园小的关系，常以孤植为主、片植为辅，很少丛植。花木高矮疏密要处理得当，以利于通风和遮阳，同时，它又根据不同地点配置不同形态的花木，如大乔木与小乔木互相搭配，下面间植灌木或竹丛，以达到轮廓起伏、层次变换的效果。

粤中庭园花木配置一般有下列几种方式：

1. 厅堂前较为广阔的平庭常栽植一两株果木、如榕树、樟树或白兰等，整个空间为浓荫覆盖，有清凉感觉。

2．岸边植树，喜用水松、沙柳等，挺立水际，萧疏苍劲，如清晖园六角亭旁双株水松；也有种植水蓊、刺桐、榕树或蒲挑等，枝横水面，别有风趣。

3．配合立石和石景，常用九里香、罗汉松、米兰，或用棕竹、竹丛作为衬托的材料。

4．篱落多用观音竹、山指甲、藤萝架以及葡萄、金银花、夜香、秋海棠、炮仗花等。

其配置方法一般分为孤植、片植和间植数种：

1．孤植

如清晖园在船厅旁种植一株沙柳树，笔直高耸，像一根拴船木头直插河底。树身上缠绕着一株百年以上的紫藤，宛如绳缆把船只牢牢拴住，使船厅这座建筑显得更加逼真、自然，更像一艘停泊在珠江上的"紫洞艇"。又如在船厅与真砚斋之间的隔墙旁，种了一株杨桃，它的姿态优美，树身上部微微弯曲，金黄色的叶子与紫色漏花窗形成鲜明的对比，活跃了庭园的空间，它所在位置恰好又成为紫苑洞门的一个对景。

余荫山房深柳堂门前两侧各有一株年逾百年的榆树，它和两棵粗壮的炮仗花相牵缠，金黄色的花朵和绿绿的叶子，铺满了堂前的庭院，并且下垂到地面，使深柳堂景色增加了富贵堂皇的气氛。又如从山房入口处的小天井，看砖雕窗花的左侧"留香园门"，门内正对着一枝腊梅花，梅花园门内宛如一幅景画。一入园内，异香扑鼻，它吸引着人们继续前往游览观赏。

2．片植

清晖园的竹苑园门附近有丛竹片植，与竹苑相互呼应，使建筑物遮映适中。而紫苑之旁又片植芭蕉，与园洞门两旁的芭蕉灰塑相呼应。又如余荫山房从园门入口，通过清香扑鼻的腊梅花和两旁迎立的千百竿翠竹，如同两排迎客的使者，丰富了景物层次，给人一种"不知深深几许"的感觉。进入园内，水池左边边缘围墙夹墙中，满植了青竹，称为"夹墙竹"。竹叶翠绿，庭园犹如置于绿云深处。

3．间植

将落叶与常绿树种，各色花丛间植，使庭园保持常年树绿花红，这是粤中庭园常用的种植方法之一。清晖园花亭周围种植着许多名花奇树，绿叶遮天。它附近有狮山石景，给人以一种清静幽深的感觉。亭前直立着一棵玉堂春，每当春日来临，花开晶莹，洁白至玉，丛花异草，互相掩映，置身其中，令人心旷神怡。园林人口处，还植着白兰、荔枝、凤眼、罗景松等果木，旁有叠石假山，假山旁种植一片佛肚竹，绿意盎然，姿态美观。

粤中庭园的树木花卉，结合环境，按不同类型配置不同的花木，庭中满载翠林，遍植果树，佳木葱茏，奇花烘缦，丰富了岭南建筑的构图和意境。

六、后记

对粤中庭园调查，我系从1958年起就已经开始，1959年绘制了实测图纸。1980年，我系建筑学专业七六级应届毕业生班刘苹苹、王雪虹、韦俊祥、韦坚权、张行彪等五位同学结合毕业论文选题，进行了粤中庭园的调查、补测、核对和写出了有关调查报告和论文。

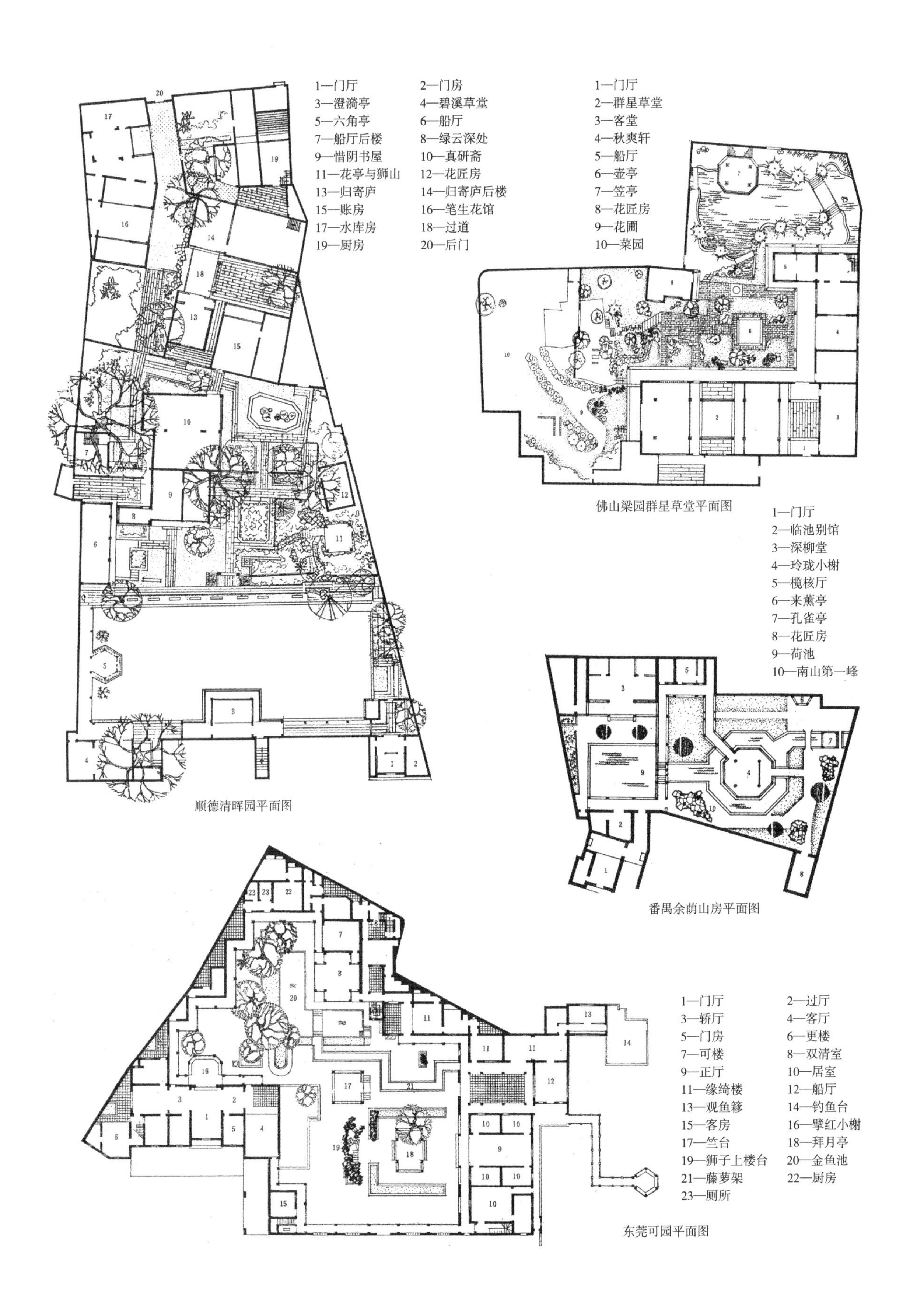

顺德清晖园平面图

佛山梁园群星草堂平面图

番禺余荫山房平面图

东莞可园平面图

原文：陆元鼎，魏彦钧，载于《中国园林史研究成果论文集》（1），1981年，101-114页。

粤东庭园

粤东主要指广东东部潮汕沿海地区，东南濒临南海，北接福建省和该省梅县地区，西邻惠阳地区。区内大部为平原，河流纵横其中，韩、榕、练三江流经此地，土地肥沃，物产丰富。据文献记载，秦统一中原后，实行郡县制，潮汕地区属南海郡揭阳县管辖。东晋帝熙九年（公元413年），置海阳县（今潮安县），府城即今潮州市。揭阳县榕城、潮阳县棉城当时也都是较大的城镇。随后，普宁县洪阳也成为城镇。这些城镇由于开发较早，历史悠久，经济和文化上有一定基础，一些富绅豪门也都集居本地。如潮州城中，寺庙牌坊林立，名胜古迹丰富，街道规整，宅第毗连，不少宅第还带有庭园。本地区名胜古迹中较著名的有潮州开元寺、湘子桥、韩祠、东门楼、凤凰塔、潮阳文光塔、揭阳进贤门等。

唐元和年间，韩愈被贬到潮州，给潮汕地区带来了中原文化。据记载，他任潮州刺史期间，曾在韩江西岸辟东湖，建二亭，植花木，这是本地区最早的园林，可惜早已毁坏，成为一片农田，遗址尚未查核。在潮州城西，金山麓下，辟有西湖，历代都加经营，现存规模乃明代形成。金山形势险要，扼韩江水道而使之东弯。山顶建有亭阁，是潮州城北的制高点。

园林中，规模较小者称为庭园。在潮州城内，一些大宅第常带有庭园，其他县镇如潮阳棉城、揭阳榕城、橙海樟林、普宁洪阳等，也有不少宅第带有庭园。它们分布面较广，但规模都较小。一般来说，可分为中型和小型两种，中型庭园规模稍大，也较完整，使用上与住宅分开，比较独立。而小型庭园规模小，庭园与住宅密切联系。庭园由于位置不同，而有前庭、中庭、后庭、侧庭之分。此外，由于使用不同，还有一种在书斋前后附设庭园者，称作书斋庭园。主要实例见表1。

下面择其有代表性的庭园略作介绍。

粤东地区庭园举例 **表1**

序号	文中编号	名称	类别	规模	地点
1	图2、图3	西园		中型	潮阳县棉城
2	图4	西塘		中型	澄海县樟林
3	图5	黄宅（猴洞）		中型	潮州市同仁里6–8号
4	图6	蔡宅（半园）	前庭	小型	潮州市甲第巷4号
5	图7	某宅	前庭	小型	潮州市廖厝围4号
6	图8	某宅	中庭	小型	潮州市廖厝围8号

续表

序号	文中编号	名称	类别	规模	地点
7	图 9	耐轩（磊园）	中庭	中型	潮阳县棉城
8	图 10	某宅	后庭	小型	潮州市王厝堀池墘 13 号
9	图 11	黄宅	侧庭	小型	潮州市下东平路 305 号
10	图 12	饶宅（秋园）	前侧庭	小型	潮州市王厝堀池墘 10 号
11	图 13	林园	中侧庭	小型	潮阳县棉城
12	图 14	王宅	后侧庭	小型	潮州市辜厝巷 22 号
13	图 15	某宅	书斋式	小型	普宁泥沟
14	图 16	某宅	书斋式	小型	澄海城关

1. 潮阳西园

始建于清光绪二十四年（1898年），竣工于清宣统元年（1909年）。该园平面布局不同于传统造园手法（图1）。大门西向，进门就是开阔的水面。正对大门的水面上布置有扁六角亭1座。左侧居住部分是一幢朝南的两层钢筋混凝土结构楼房，平面为外廊式，进深较大，中间楼梯间用天顶采光，正立面用4根陶立克叠柱装饰。右侧绕过直廊书斋就是庭园部分，庭园布置紧凑，有阁有楼，有山有水，并有小桥小亭。假山用珊瑚石和英石混合砌筑，仿照海岛景色，富有南国特点。山上有圆亭（图2），山下有水晶宫（图3），属半地下室，用螺旋石梯联系。从水晶宫仰望庭园景色，中间有碧波池水相隔，别具一格。园内采用铁栏杆、铁扶手，受西洋建筑的影响较大。

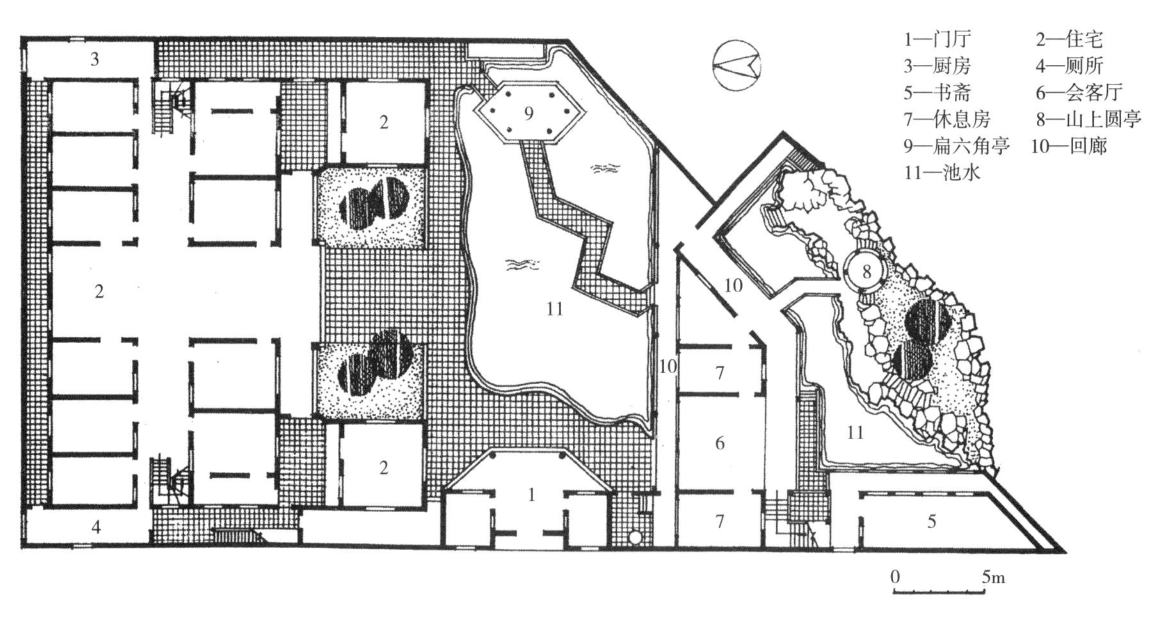

图1　潮汕西园

图2　西园山顶圆亭

图3　西园“水晶宫”

2. 澄海樟林西塘

这是粤东地区著名的庭园之一，建于清嘉庆四年(1799年)，历代有修建。

该园总平面结合地形，大门东向。进门为一小院，右侧为居住部分，中部为庭园，其后为书斋（图4）。入口处理与潮阳西园不同，门厅是个封闭的小院，它通过圆洞门与大院互相渗透。走出圆门洞进入大院，这一部分的建筑和庭园是通过拜亭作为空间过渡的。花园部分由上下通透的假山、弯曲的池水、山上小亭、水上小桥、扁六角亭等所组成，高低错落，布局紧凑。书斋部分是一幢两层的楼阁建筑，二层可直接通往假山。登楼阁，可看到园外宽阔的河面，它和园内的全部景色，内外连接，环境协调，建筑、装饰、山水等布局富有传统和地方特色。

3. 潮州市同仁里黄宅庭园

因主人喜爱在园中养猴，故其庭园又称为“猴洞”。传说创建于明代，是宅第结合书斋的一种庭园布局形式（图5）。

正座部分是传统的三座落平面，因地形关系，大门西向，庭园在住宅之北，由前座侧厅和侧巷联系。从侧门进入庭园后，只见假山居中，山上有小亭，山下有小

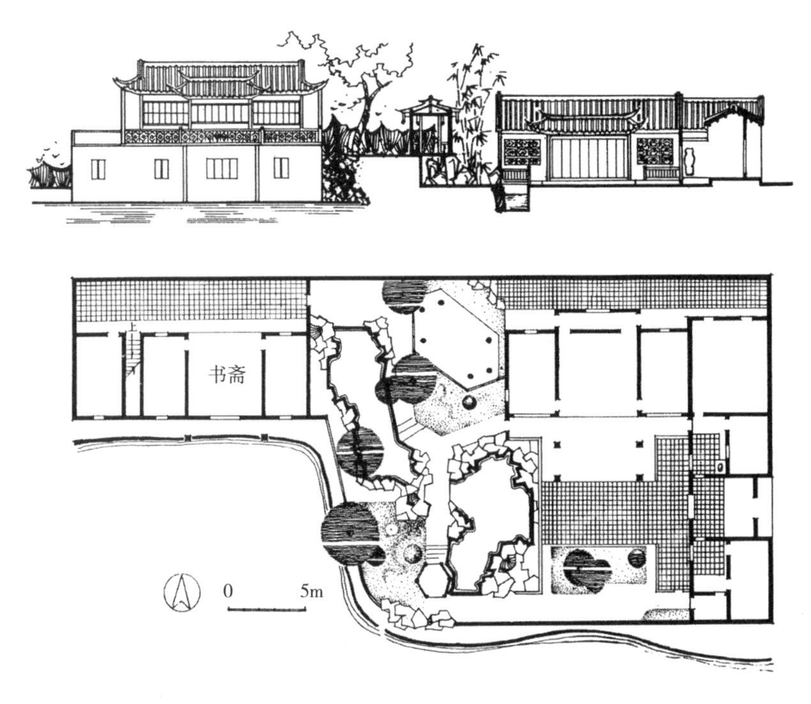

图4　澄海樟林西塘

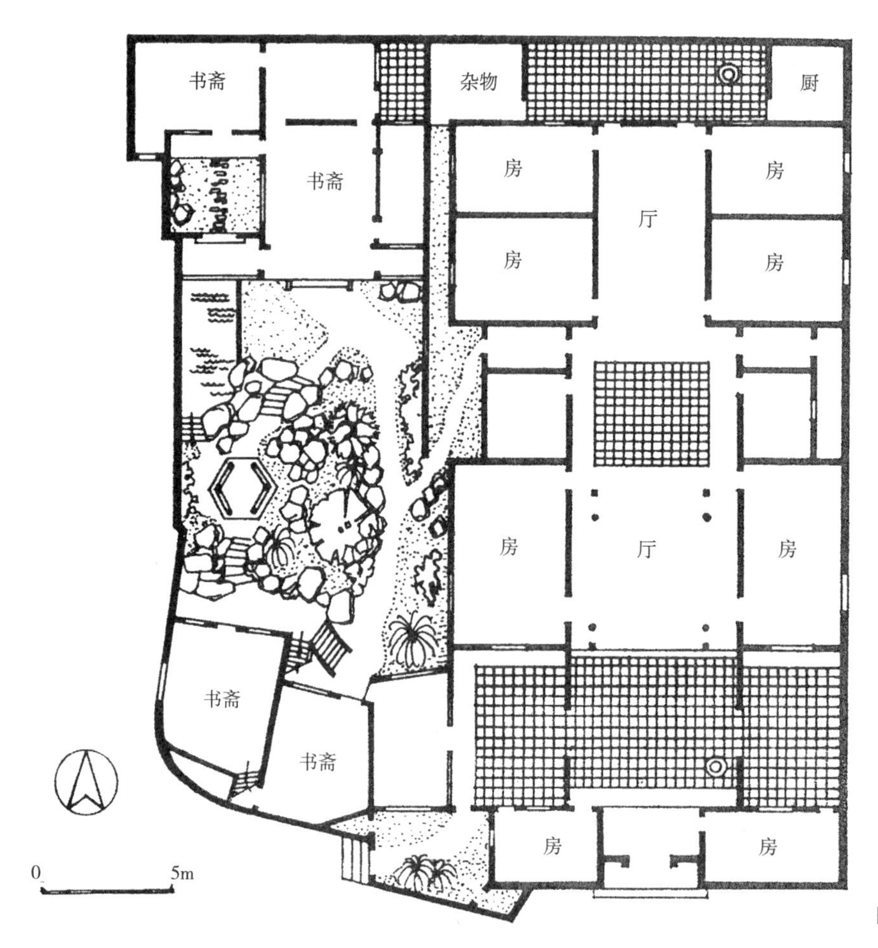

图5　潮州黄宅庭园——“猴洞”

池。书斋在东面，房屋三间。另在西面半山腰筑屋三间，由庭园登石级而上，亦作为书斋使用，颇有山舍风味。庭园布局紧凑，假山玲珑通透，惜已大部坍塌。

一、粤东庭园特点

（一）功能与观赏结合

粤东地区城镇中，人口稠密，建筑毗连，又加上该地处在亚热带沿海地区，气温高，辐射强，雨量多，湿度大，长期以来在民居中就形成了以小庭院为组合中心的密集封闭型四合院形式。一般住宅多在庭院中栽植花木，把庭园与院落结合起来，使院落（南方地区称为天井）具有多功能性质，如通风、采光、排水以及户外生活、绿化，等等。这种住宅与庭园紧密联系，功能与观赏密切结合的做法，富有生活气息，是该地区庭园的特点之一。

（二）灵活、开敞、宁静、幽雅

该地民居因气候条件，院落（天井）大多利用作为庭园或进行绿化，其大小范围视户主的经济条件而定，布置方式非常灵活。有前庭（图6、图7）、中庭（图8、图9）、后庭、侧庭（图10）

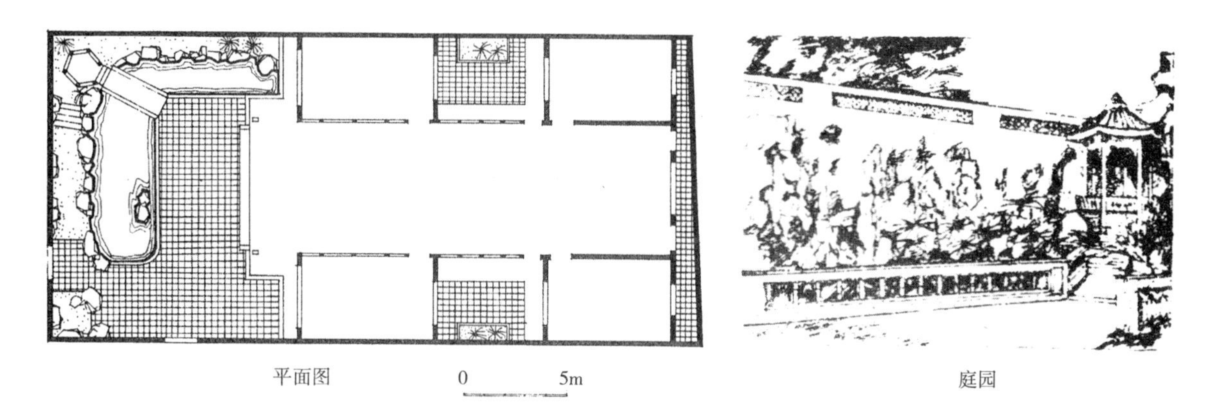

图6 潮州蔡宅半园

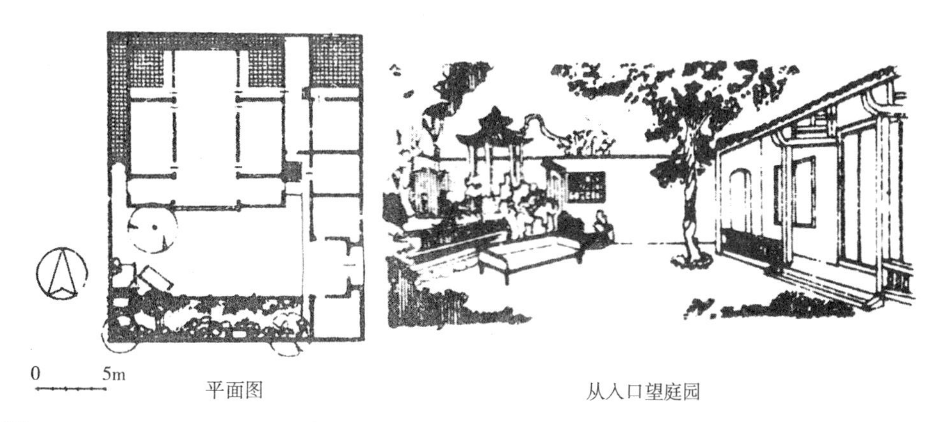

图7 潮州某宅

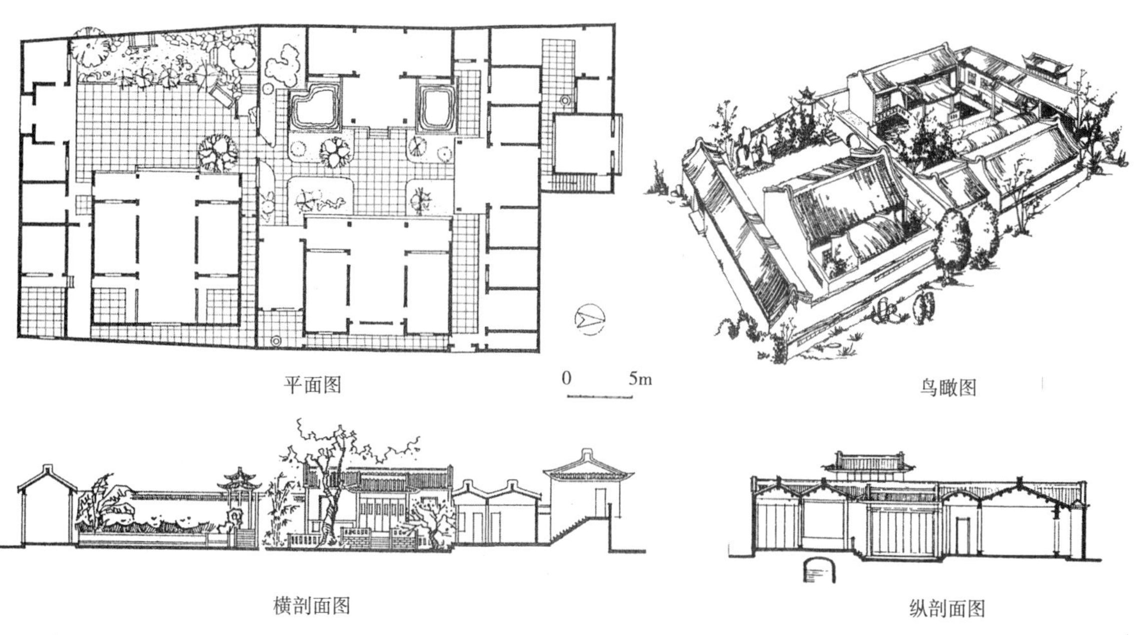

图8 潮州某宅之庭园（中庭）

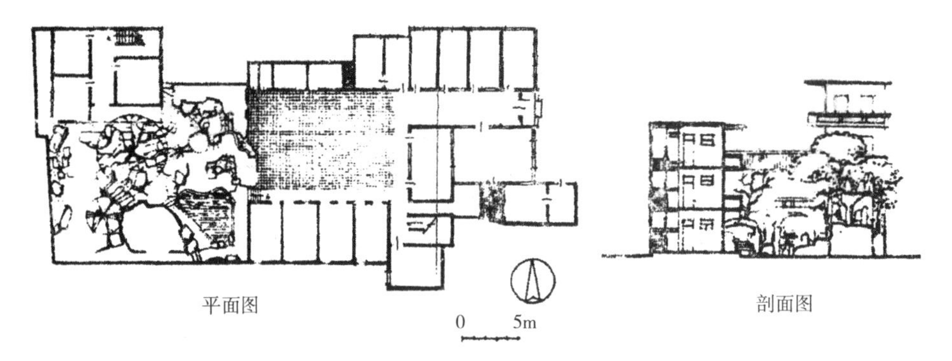

图9　潮阳县棉城镇磊园

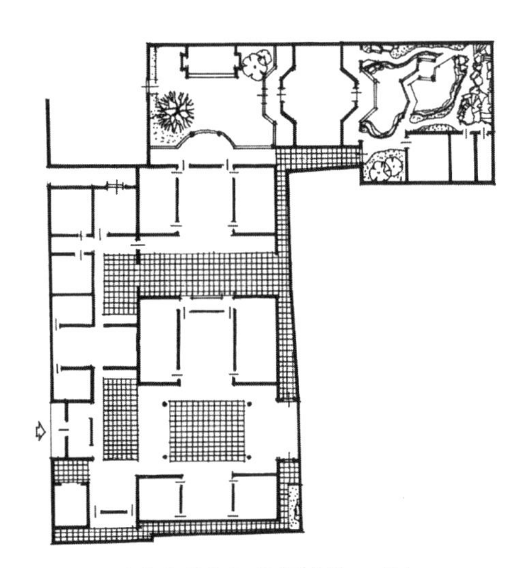

（a）潮州黄宅（下平东路305号）

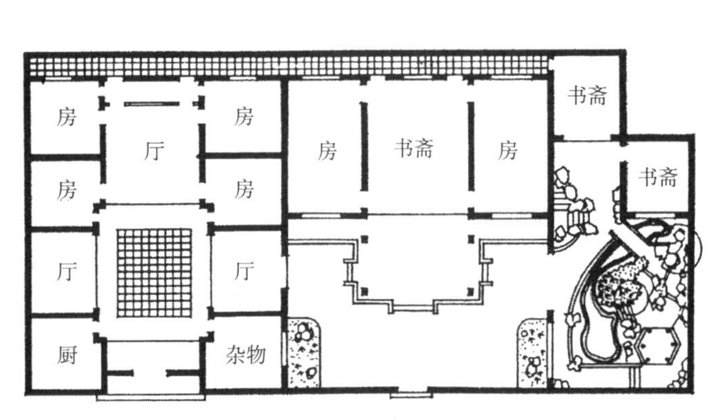

（b）潮州饶宅秋园（王厝堀池墘10号）

甲—甲剖面图

乙—乙剖面图

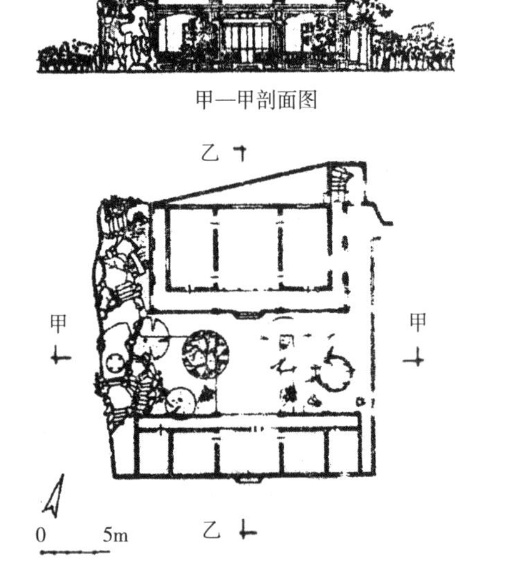

住宅二层平面图

（c）潮阳棉城镇林园

图10　侧庭实例

等类型。其方式都是根据地形、环境而定。民居的规模，一般有四点金（图10b）、三座落或再大一些。布局通常是中轴对称，坐北向南，因循传统制度，方式比较固定，但庭园的布置则因地制宜，处理十分灵活。

粤东庭园规模较小，但布局通透、开敞，无论山石、花木或建筑，都是如此。如厅堂前用格扇、槛窗，也有用廊檐的，有的采用敞厅、半敞厅，甚至采用四厅相向的手法。它使人虽然身在封闭住宅内而不感到封闭。

在小品建筑中，也同样采用开敞、通透的手法，如小桥栏杆、廊檐靠座、漏窗花墙（图11）、门洞（图12）等。

粤东庭园造山中，常见有峰有峦，有洞有蹬，峰势挺拔，洞壑曲折，但它同样也有一个特点，就是通透、开敞。山石垒砌而不觉其笨重，这很大程度与选用的珊瑚石等材料的构造有密切关系，如潮阳耐轩磊园、潮阳西园、澄海西塘等石景就是其中的代表性实例（图13）。

花木处理也是如此，在粤东庭园中一般很少见到高大的树木，而多见一两株芬芳花木或宽叶树木，它既有遮阳作用，又能改善环境效果，如玉兰、鸡蛋花等。

在书斋庭园中，过厅两侧有全开槛窗者，也有全用格扇者。庭园中则多栽小株花木，或置盆景，清静淡雅，是读书的良好环境。

上述这些庭园，面积虽小，但由于它与厅房紧密结合，布置灵活而通透，因此，具有

图11　漏窗与盆景

图12　庭园门洞

（a）西园石景

（b）磊园石景

（c）西塘石景

图13　石景举例

一种特殊的亲切和宁静的感受。为了使庭园形成这种气氛，它在组景、选材、观赏等方面都做了比较周密的考虑，譬如以静观、近观为主的观赏方式，以点景为主的组景等。这样，庭园与人的距离缩短了，人眼可以见到，人手可以摸到，建筑、环境与人融合在一起。这种感受在大型园林或中型庭园中是难以具备的。这种布局方式长期沿袭下来，深得当地人民的喜爱，可以说是一种传统布局的特点。

（三）浓厚的地方色彩和吸取外来经验相结合

广东地区在19世纪初期起就受到外来建筑的影响，特别是潮汕地区位于闽粤沿海毗连地带，为时更早。钢铁、混凝土等材料以及西方柱范、外廊式建筑、地下室等一些外来形式，在庭园中继续得到采用，如潮阳西园的地下水晶宫、陶立克柱廊楼房、潮阳林园外廊式住宅、铁枝纹栏杆等。虽然这些庭园吸取了外来建筑技术，但是大部分庭园仍然沿袭了传统的布局、外形和装饰、装修、细部等手法，表现了浓厚的地方色彩，具体反映在下列几个方面：

（1）平面布局采用传统的自由灵活方式，如澄海西塘、潮州猴洞、潮阳耐轩磊园等。在一些小型住宅的天井院落中，庭园布置则比较规整，如潮州辜厝巷王宅庭园、王厝掘池墘十三号某宅庭园等。

（2）因地制宜、就地取材，如建筑材料，都选用本地贝壳灰、三合土、夯土墙；叠山的材料选用沿海珊瑚石或山区石英石；花木更是如此，结合当地气候地理条件，选用鸡蛋花树、玉兰树、翠竹、芭蕉等。

（3）装饰装修从题材到工艺都富有民间传统特色，如大门石雕（图14）、室内梁架、神龛木雕（图15）、檐下或墙面的灰塑（图16）、屋脊嵌瓷等。

粤东庭园特点的形成，除社会、经济、文化等一般因素外，主要是气候地理条件和传统的风俗习惯、审美观念等因素起着明显的作用。本地沿海的海风带来了盐分和水汽，对建筑材料腐蚀性大，而沿海地区盛产的蚝壳，烧成壳灰，用它所砌筑的墙体构造，就具有很强的抗蚀性。当地人民因气候炎热喜爱户外生活，要求良好的通风条件和减少太阳辐射热，庭园和庭院绿化就成为本地民居平面布局中调节微小气候和改善生活条件的重要内容。

如果拿粤东庭园和粤中庭园、江南园林、北方皇家园林相比较，更可看出它鲜明的特点，初步分析见表2。

图14　大门石雕

图15　神龛木雕

图16　围墙灰塑

中国古代皇家园林、江南园林和粤中、粤东庭园特点分析　表2

特点 类别 / 功能与布局	皇家园林	江南园林	岭南庭园	
			粤中庭园	粤东庭园
功能与性质	朝见、居住、打猎、享乐	居住、生活	居住、休息、改善气候	居住、休息、改善气候
指导思想	神仙世界、信佛观念	归隐享乐	户外生活	户外生活
规模	大	中或小	小	更小
布局	宫殿、住宅、园林分区明确	住宅、园林区分明显	住宅带园林、有一定的分隔	宅旁庭园或庭院绿化
造景	模仿各地名园胜迹于园中	仿天下山水自然景色为蓝本	仿天下山水自然景色为蓝本	同左，以点景为主
设计原则	大自然山水园林与人工园林的结合	有限面积内创造更多的景色	有限面积内创造更多的景色	有限面积内创造更多的景色
观赏方式	动静结合，以动为主	动静结合，以静为主	静观为主	静观，近观为主
建筑处理	1. 官式建筑，规整严肃； 2. 园林建筑，自由活泼； 3. 以塔阁庙宇为布局中心	1. 建筑布局，自由灵活； 2. 轻巧有地方特色	1. 建筑布局结合本地气候特点； 2. 装饰装修有地方特点； 3. 受外来影响	1. 建筑布局结合本地气候特点，更灵活自由； 2. 装饰装修丰富、更结合地方特点； 3. 受外来影响较多
山石	1. 大自然山石； 2. 山中叠山、假山与真山结合	土山、土石山为主	石山和孤赏石景为主	孤赏石景为主
池水	1. 大自然潮水、面积大； 2. 沿袭一池三岛布局思想	1. 引水入园，不规则布局，面积中等； 2. 布局方式：有聚有分，以聚为主	1. 引水入园或掘地为池，面积小； 2. 规整，几何形平面	小而规则，几何形平面，也有海岛式布局方式
花木	自然与人工栽植相结合	人工栽植，以单株，欣赏为主	人工栽植，浓荫为主	人工栽植，浓荫为主
经济条件	不限制	有限制	有限制	较经济
典型实例	北京颐和园、 北京北海、 承德避暑山庄	苏州留园、 苏州拙政园	广东顺德清晖园、 广东番禺余荫山房	广东潮阳西园、 广东澄海西塘

二、粤东庭园

（一）艺术处理

中国古代园林创作特点之一，就是效法古代诗画，崇尚意境的创造。所谓意境，就是要有一个完整的主题思想。中国的绘画创作，讲求构思立意，意在笔先，下笔之前，要有明确的主题思想。然后，通过建筑、山石、池水、花木所组成的景色与空间，全面和系统地进行安排，做到统一协调，形成一个完美的艺术整体。

粤东庭园的意境创造还有着自己的特色，就是紧密结合南方气候地理条件，模仿自然和追求山林野趣。如潮阳西园的假山布局就是根据海边海岛来构思的。潮阳地处沿海，人们对海岛熟悉，了解深刻，而这些海岛上还有着非常动人心弦的故事和传说，因此，用这样的主题构思出来的假山极易引起人们的联想。

图17　磊园“飞色清影”

西园假山面积狭小，如何将海岛的构思安排好？匠师们用假山的正面代表渔岛，用一潭池水模拟海面，上有悬崖峭壁，下有弯曲堤岸，犹如渔岛的轮廓一样，它使池水显得更加幽深。水底设有水晶宫，有小道蜿蜒可登山峰。还有岔道可进“云水洞”，上“螺径”，忽上忽下，忽而转出“别有天”，登圆亭。真是山石不高而峰峦起伏，池水不深而有汪洋之感。面积不大的假山，使人游览起来津津有味，百游不厌。

潮阳磊园的构思是在园中造泉，使幽静的环境有活跃感，引人联想到大自然泉流的真实性。泉山，为表现其泉流效果，用圆滑的大石，砌成悬崖，在阳光下反射出银白的色调。人处其境，似觉山上清泉流下。入口处的条石刻有“飞色清影”题字（图17），给人点明主题，寄托着无限的情思。

（a）西塘

（b）黄园

（c）西园

图18　石景举例

粤东庭园布局方式之一是建筑绕庭而建。庭园内，或水池居中、亭石环抱，或以石景为主，或山石池水并全，再配以花木，而其中尤以石景为该地区庭园组景中最常见者（图18）。

石景着重于叠砌，形象要求逼真，造型要求浑厚淳朴，它吸取天然山景的各种形体，如峰峦、洞壑、涧谷、峭壁、悬崖等，加以概括提炼而成，故庭园虽小而富于变化，在该地石景处理中尤以点景更为突出。

点景是表达意境的重要手段。触景生情，情由景生，“美不自美，得人而彰”。粤东庭园中，常用文字上的形象作为点景的手段，如题名、匾额、对联等。石景中，常在叠石上用石刻书法作为点景的主题，增强了观赏景色的效果，正如《红楼梦》中所说的“若干景致，若干亭榭，无字标题，任是花柳山水，也断不能生色”，说明了题字点景的特殊作用。

图19　西园“钓矶”

图20　西园“别有天”

图21　西园“不竞”

图22　西塘“挹爽”

图23　黄园“无闷”

图24　西园“蕉榻”

该地庭园造园处理中，点景的实例很多，形象生动的有潮阳西园中的“钓矶”——假山脚下的一个临水矶台（图19），比较含蓄的有西园中的“云水洞”“别有天（图20）”“不竞”（图21），澄海西塘的“挹爽”（图22），潮州下东平路黄园的“无闷”（图23）等，潮阳耐轩磊园的“飞色清影”形象比较写意，潮阳西园中的“蕉榻”——假山亭旁的石刻芭蕉叶（图24）、“潭影”——微风轻拂，引起涟漪绿波的水潭倒影，题意都很贴切。潮阳西园的“房山山房”，题名更是富于诗意。这些题词，起了画龙点睛的作用，有助于激发人的联想，而使人玩味无穷。

（二）空间处理

庭园空间是在一定的范围内由建筑、山、水、花木组成的一个完整景区，它既有功能作用，又给人以艺术感染力。不同的意境和构思形成不同的空间处理，它运用不同的艺术手法，产生不同的艺术效果。空间有动有静、有敞有闭、有大有小、有合有分，它充分利用建筑的有机组合，山水的合理布局，花木的协调配置和光影的明暗变化，在有限的空间内创造出更多的景色。

空间是庭园艺术的主要表现内容之一。它通过划分、组合、联系、转接和过渡等手段取得艺术效果。对空间划分来说，要求是既隔又连、灵活通透、富于变化。它通过空间的形状、大小、开合、高低、明暗以及景物的疏密，使之产生一种连续的节奏感和协调的空间体系，潮汕庭园也是如此。它的空间组合相当灵活，不受轴线或几何图形的限制，随着地形或环境的变化，灵活地创造出各种丰富多彩的自然景色。如室内的厅堂、书斋，室外的院落、天井，有封闭的、半封闭的，也有开敞的。总的来说，结合气候特点，以开敞为主，如室内的敞厅、落地屏门，室外的洞门、漏窗、花墙、石梯等。

庭园空间的组成要素不外乎厅堂楼阁、廊桥亭墙和山水花木，但它们所组成的景区则千变万化。粤东庭园的空间处理有两个特色：一是空间之间的过渡自然和出其不意；二是空间之间的渗透自然和融合。此外，该地区庭园面积小，常向园外延伸，把园外景色组织到园内来，使园内外空间紧密结合。

以澄海西塘为例，它结合地形，把空间划分为四个部分：进门后，第一部分是小院空间，视高比为1：2，空间封闭性很强。由于正中开了圆洞门，与大院紧密联系而又自然过渡，改善了小院的封闭感，有欲扬先抑的效果（图25）。并且透过圆洞门，远望庭园的假山和重檐六角亭，增加了空间的层次感。第二部分为住宅大院，开敞明朗。再进，第三部分是庭园，它有曲折自然的水池和偏于一侧的扁亭。山上耸立着重檐小亭，山下则布置着假山石景，山上山下用崎岖小径和洞内石梯相连。园内栽植着树木和翠竹。曲折的池水面上横放着一块平板作为石桥，与大院住宅檐廊相通，空间的过渡与渗透十分自然。特别是当游览者经过假山底下的洞口时，忽然被吸引而进入洞内时，却意外地发现有一石梯，顺梯而上，直达山顶，顿时进入一个开阔明朗的自然空间。这样，从低到高、由暗到明、从里到外，空间的转换使游览者获得一种舒畅的艺术感受。第四部分是书斋，这是一座两层的楼阁（图26），与庭园假山相连。顺石级登楼，

图25　澄海西塘的空间组合与对比

图26　澄海西塘书斋

只见园外宽阔的水面，波光闪烁，远望群山与农舍，一派山村风光。俯视园内，又是一片园林景色。由于边界利用假山、楼阁而不设围墙，把园外空间和景色引入园内，园内外紧密结合，扩大了视域范围，增加了庭园的开阔感。

又如潮州市下东平路黄宅，在进入庭园之前，要先经过一段窄小的过道，视线正前方为建筑和围墙所阻挡。当通过洞门，随着视线的转移，只见左边呈现出一个开阔的庭院，右边则是一个水庭。两庭之间有八角厅和檐廊相连，空间互相渗透。在八角厅屋面上设有平台，用室外蹬道顺道而上，登上平台，可俯视两个庭园景色。水庭内面积较小，但桥亭、山地、花木一应俱全，布局紧凑。

图27　西塘山顶小塔

小中见大也是庭园常用的空间处理手法之一。由于粤东庭园用地窄小，为取得咫尺山林的效果，往往采用小山、小水、小路、小亭、小桥等缩小建筑尺度的手法，来增大空间感觉。黄宅庭园就是利用小亭、小池、小桥、矮栏杆以扩大其庭园空间的。澄海西塘在假山山顶部位建一座小塔，空间骤然开阔（图27）。此外，还有用小亭、重檐以增加其高度形象，用门窗小洞透露以增加其纵深感觉，用小径迂回以延长游览路线，用池岸曲折以增加其宽广程度，这些都是该地庭园常用的手法。

含蓄多姿也是中国古代园林空间处理常用的手法。它利用院墙、洞门、小桥、假山、花木等来分隔空间，创造出层叠错落、隐约迷离和漫无边际的效果。

（三）小品意匠

庭园小品，类型很多，诸如廊桥亭垣、水石花木，均属此列。但各个庭园对小品的选择各有不同，或以建筑小品为主，或偏重山石小品，因地制宜，各有特色。尽管如此，但其都有一个共同点，就是遵循小、活、变的原则。

粤东地区小品意匠的特色在水石小品方面反映得比较突出。

该地庭园中常用水池。地面较小，多以自然曲线为主，比较灵活，具有天然野趣。

水面组合中，因面积小，常用以聚为主的手法，保持水面的完整性，同时，对空间也有扩大和舒畅的感觉。水要有源又有流，有源有流的水才让人感到“活”。故常在驳岸留有洞口或用弯道处理之。

石景也是粤东庭园的重要组成要素。它的用材有山石和海石两类，各有不同风格。它用当地的题材，运用不同的手法，构成不同的石景，或叠石造景（图28），或布点散石（图29），或立石成峰，有卧伏于草地者，有沉浮于水面者，有独居一隅者，也有群置路旁者。有的三五成群，有的堆叠成山，峰峦起伏，洞壑曲折，随势摆设，得体合宜。它们不但增加了庭园的自然野趣和层次感，又创造了庭园的优美感。

图28　林园叠石

图29　磊园散石

图30　半园庭前立石

庭园天井中，常用峰石立意，效果较好。庭前立石，则宜选清瘦、通透、挺拔的石块（图30），玲珑奇巧，引人入胜。在相邻的两庭园之间，透过漏窗、门、洞，安排一些石景，也能取得良好的空间效果。

此外，粤东庭园中，小品石也经常作为处理死角、点缀门景之用，它使庭园丰富、有变化。

粤东庭园富有特色，当地人民十分喜爱。直到今天，它的一些处理手法在住宅和某些新型公共建筑中仍有借鉴和采用。

参加调查的有本系1981届毕业班王仰东、吴剑华同学，参加摄影的有廖少强同志，并记于此。

1983年9月

原文：载于《圆明园》(3)，中国建筑工业出版社，1984年，173-186页。

中国古代建筑构图引言

一、

建筑构图理论是建筑设计理论的组成内容之一，它的任务是研究建筑形式（包括平面形式、空间组合、立面形象）形成的一般规律，研究建筑艺术处理的原则、方法和技巧。它既区别于一般的建筑设计原理，如方便、舒适等；又区别于一般的基础理论，如建筑的本质、特征、风格等。可以说，这是介乎两者之间的建筑理论。

考虑到建筑艺术的特点，研究建筑构图理论，并非只就建筑的外在形式来探求，而应该从建筑的功能、结构、形象诸方面来加以综合考虑。一般来说，要注意三个方面的因素：（1）建筑构图理论的科学基础，即建筑的实用功能、材料构造和结构方式；（2）建筑构图理论的哲学基础，即社会制度、思想意识等。中国封建社会的礼治、宗法制度、玄学观念以及各种宗教学说对中国古代建筑构图就有很大的影响；（3）建筑构图理论的心理、生理基础，如民族特征、民族爱好所产生的审美观念、心理状态等和人的视觉生理现象。

中国古代建筑构图理论的内容非常丰富，大致可以分为七个方面：

（一）组群构图理论

中国古代建筑平面布局基本上是采用院落形式来组合发展形成的，组群布局是中国古代建筑的明显特点之一。城市、宫殿、坛庙、寺院，以至民居、园林，莫不都是由院落组合而成。院落空间的处理，空间之间的组合及划分显得更加重要。因此，庭院组合手法、组群空间构图原理、序列空间设计、中轴线的运用等都成为建筑构图理论研究的重要内容。

（二）单体建筑构图理论

中国古代建筑单体类型十分丰富，诸如殿堂、楼阁、轩馆、亭榭等。它们虽然在功能上有所不同，但都是采用木构架结构方式和运用屋顶、柱廊、台基三个部位组合而成的。其规模大小、屋顶形式、柱廊宽窄和台基的高度不同，就形成不同的单体建筑形象。

以屋顶来说，形式就很多，如庑殿、歇山、攒尖、硬山、悬山、盝顶、盝顶、圆顶、囤顶、平顶和它们的组合，不下数十种。各种屋顶的运用，平顶和坡顶的结合，以及屋坡、出檐、脊饰等结构方式和构件的不同处理，使得中国古建筑屋顶的形式相当丰富。这种组合都遵循着一定的构图法则和方法，形成了中国古代建筑屋顶构图的特色。

中国古代建筑除了应用了一般的构图法则外（如统一与多样化、平衡与稳定、比例与尺度等），还更具有自己的特点。以比例来说，中国古代建筑受到封建礼制、玄学等哲学思想的影响，形成了自己比例体系的某些特色；从尺度来讲，西方建筑偏重于单体建筑尺度，而中国古代建筑更着重于群体尺度。这些方面的法则和手法很多，都是单体建筑构图理论研究的内容。

（三）高层与多层建筑的构图理论

中国古代高层与多层建筑的类型有塔、楼阁、城楼、钟鼓楼等，它们的建造与城市或建筑环境有着密切的关系。这些建筑由于体型巨大、结构复杂、形象丰富，往往居于建筑组群中的显著地位。它们与周围环境协调，但又以自己的雄伟的体形和优美的造型而成为建筑组群和环境的构图中心。如北京颐和园佛香阁和应县佛宫寺释迦塔，就是明显的例子。高层建筑控制着整个建筑环境或建筑群体的做法，已形成我国古代建筑构图理论的重要原则。同时，作为高层或多层建筑本身来说，也有自己的独特构图法则。

（四）古代园林构图理论

园林在中国古建筑中是一种特殊的类型。作为园林本身来说，它主要是建筑、山石、池水、花木的构成和组合。不同规模、不同用途的园林往往采用不同的处理手法。中国园林受到中国山水画的一定影响，它的布局、空间序列也像一幅山水长卷一样，其“画面”（建筑布局、空间组合、建筑形象）具有严密的整体性和连续性。从“画面”中所反映出的完美的构图、多视点理论、协调的比例、人体尺度与建筑尺度的关系等，都形成了中国古代园林建筑的构图特色。

中国古代园林重在模仿自然，要求在有限的空间内呈现出更多的大自然景色，或峰峦洞壑，或堤岸岛湾，或疏密高矮的树丛，或艳丽淡雅的花卉。长时间的实践，取得了比较成熟的经验，也摸索出了一套自己的构图法则和手法。

（五）古代建筑小品处理的构图原则和方法

如廊、亭、桥、墙、牌坊、碑碣、照壁、陈设品等，它们与建筑、环境的关系，以及它们在建筑群体中的地位和协调关系，都影响到这些小品建筑的构图原则和具体处理手法。

（六）古代建筑装饰、装修、家具、彩画的构图原则和方法

可以从题材、式样、花纹、色彩等方面来进行研究。

（七）建筑中的模数与构图的关系

中国古代建筑早在唐代，模数制就已趋成熟。建筑的规模、开间、进深、屋顶坡度、

出檐以及组群布局等都与模数有关。中国的砖石建筑如城楼、砖塔、桥梁的营造及其材料也与模数有关。模数制影响到古代建筑的比例、尺度等构图原则和方法。

二、

具体地说，中国古代建筑构图原理的特色，主要反映在下列四个方面：

（一）群体构图的完整性

组群布局是一个院落到另一个院落的空间序列的组合，因而，它的构图处理不能局限于个体建筑，而要从群的整体性来考虑。

建筑组群构图的完整性，首先表现在建筑整体轮廓构图上的统一和完美。建筑群体最先给人的是远景的感受，因而，建筑群整体的轮廓线显得特别重要。中国古代建筑群由于丰富的屋顶形式和单体的不同体量，它的天际轮廓线大都曲折多变，像音乐一样，从开始到结尾，有平叙，有段落，有转折，有高潮，节奏分明，一气呵成。这种天际轮廓线给人以一种优美和谐的感觉，使人得到很大的艺术享受。例如北京故宫中轴线的建筑群，从大清门到景山，主要建筑物完全布置在中轴线上，严格地保持着对称。中轴线上共有八组院落，形式不同，大小也不一样。布局有前序，有主体，有收束，富于节奏感。在空间序列中，整条轴线的长度并不是立刻呈现的，而是随着空间形状、大小的不断改变和景物的不断变化才逐步显现的。它在艺术上的成功，主要并不是依靠单体建筑尺度的夸张或形象的新奇，而是依靠建筑群体的整体性来达到的，它创造了丰富多变的序列空间和优美和谐的整体轮廓。

建筑群体构图的完整性还表现在构思的统一和构图原则、手法、风格的协调等方面。

一座宫殿、陵墓坛庙或寺院，它之所以成为优秀作品，其中重要的一点，就是有着明确统一的指导思想。北京故宫以帝王为中心的皇权至上主义，反映在建筑布局、规模、式样、用材、装饰、家具、色彩等各方面都是非常突出和明显的。太和殿的三重高大台基、宽达十一间的面阔、尊贵的重檐庑殿屋顶和金黄琉璃瓦面，以及大殿内宝座顶上的龙凤藻井和檐下的和玺彩画等，无不反映了皇权至上的思想。故宫的五门制度（大清门、天安门、端门、午门和太和门）和前朝后寝制度，同样反映了以帝王为中心的观念。整座宫城各个院落的尺度以及单体建筑的规模、式样、形制等，也都是在皇权思想的统治下按严格等级制度进行布置的。而在建筑风格上，故宫又运用了相似的建筑式样、材料、色彩以及协调的比例、尺度，比较和谐完美地把整个建筑群体统一了起来。

天坛的设计主导思想是天命观。古人对宇宙的理解是“天圆地方”，天坛就用圆形和方形来作为整个建筑组群的构图基调，从总体布局到圜丘、皇穹宇、祈年殿等单体平面都是如此。此外，它还采用象征手法，以天数（阳数）作为比例、尺度的单位。同时又以肃穆的环境气氛来统一整个组群。

如祈年殿的三层圆殿，用柱数来象征四季、十二月和十二时辰；屋顶用蓝色，以象征苍天；所有的栏杆、台阶甚至石块全用阳数（奇数）来象征天数，甚至用极阳数（九）的倍数，来表达天子至尊的思想。

在园林中对于建筑群体构图的完整性也同样重视。北京北海琼岛上的白塔和颐和园万寿山上的佛香阁都是建在制高点上的高峻建筑物，在视觉上十分显著突出，但就总的景色而言，它们又和自然景物有密切的有机联系。它衬托着景色，并与整个景色融为一体，充分显示出建筑群体构图的完整和建筑与周围环境的协调。

（二）空间构图的连续性和含蓄性

建筑空间和建筑形象所带来的感受，并不限于静止的印象，更主要的是在于人在空间内的运动中在视觉上所获得的一连串不同印象的组合。因此，空间的组合、建筑形象的构成以及它们所形成的气氛具有很重要的作用。

空间的形式有多种：露天的、遮盖的、封闭的、半敞半闭的等，它还有形状大小、阴暗和虚实等不同。空间给人的艺术感受是通过它所组成的景象和各种变换来取得的。因此，空间的这种连续运动就形成了建筑组群丰富的序列过程。

中国古代园林建筑的空间组合是一个比较突出的例子。它如同写文章一样，有起、承、转、合，有伏笔，有高潮，一章一章地展开。它也和音乐类似，一个乐章接着一个乐章，有韵律地出现。一般说来，在空间布局中，它常用不同的形状、大小、敞闭的对比，步步引入，直到主要的景色全部呈现，达到观赏的高潮后再逐步收敛而结束，形成了和谐而完美连续的空间序列。

以苏州留园为例，从进入大门到“古木交柯”，匠师们充分运用了空间大小、方向和明暗的对比，随着人的运动，从一个空间走向另一个空间。利用景物的不断变换，使人在长达50米的行程中不感到单调。再从“古木交柯”到“绿荫”，空间的绝对尺寸很小，但层次很丰富。接着又通过连续的空间把人引导到比较开阔的明瑟楼和涵碧山房，再通过转折而到达整个园林的中心——五峰仙馆。最后，在全园的东南角，以迴旋曲折的“石林小院”小空间组群作为结束。在整个空间序列中，建筑和景物都在连续不断地变化和有机地配合，反映了强烈的空间连续感（图1）。

中国古代建筑空间构图，还具有含蓄性的特点。

建筑群中主体的景物表现，也是景观中的高潮，通过序列空间的不断变化、对比、衬托而取得。它的艺术感受是逐步深化的，而它的表现方式则采用含蓄的手法。不希望一进大门就一览无遗，而要通过空间的不断展开、变化逐渐显现，给人以回味无穷的意趣。

含蓄性不同于封闭性。封闭性空间的特征是孤立而隔绝，缺乏与整体的联系；而含蓄性空间则似闭不闭，似敞不敞，似断不断，既联系又隐晦。在中国园林中，不尽尽之就是其表现手法之一，例如路径、水湾不见尽头，墙内墙外遍植丛木翠竹，游廊围墙设置洞门漏窗等。杭州虎跑寺上山路径的转换（图2）、四川灌县二王庙进门的曲折路径和连续空间的转换（图3）等都是较好的实例。

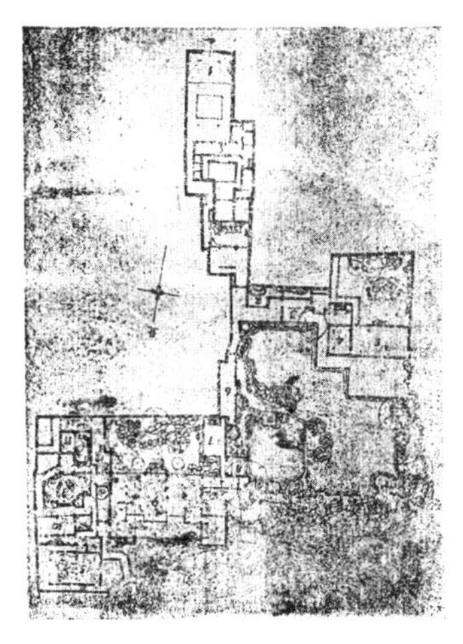

图1 苏州留园空间序列
1—大门 2—古木交柯
3—绿荫 4—明瑟楼
5—涵碧山房 6—曲溪楼
7—西楼 8—清风池馆
9—五峰仙馆 10—揖峰轩
11石林小院 12—鹤所
13—还我读书处

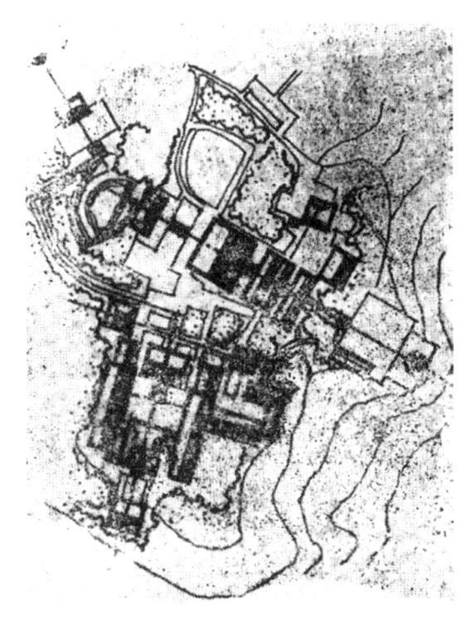

图2 虎跑寺上山路径的转换

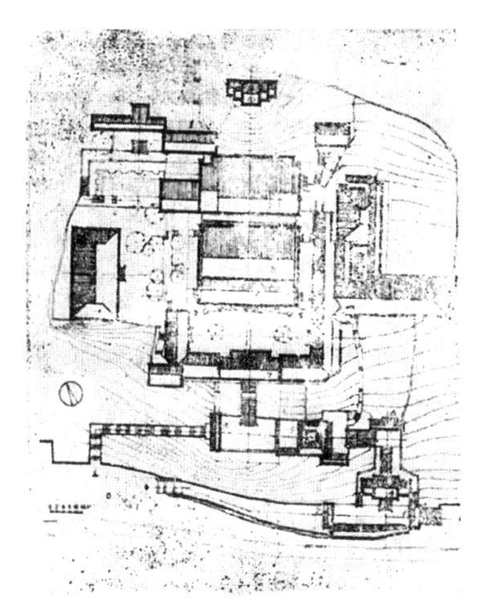

图3 四川灌县二王庙进门路径及空间转换
1—东山门 2—下西山门
3—上西山门 4—乐楼
5—灵官楼 6—灌亭
7—戏楼 8—李冰殿

（三）建筑构图的稳定性

中国古代建筑由于木构架结构方式，屋顶部分比较高陡而巨大，庞大的屋顶由柱子和台基支承，所以如何取得安定感就显得非常必要。

建筑上的安定感取决于建筑构图的稳定性。

首先，屋顶要减少笨重的感觉，要呈现出轻巧的趣味，中国建筑特有的凹曲屋面和飞檐翼角以及生动流畅的屋脊曲线就十分杰出地解决了这个问题。对于大型建筑，一般是把屋顶处理成分散的或组合的形式，造型既丰富又轻巧。

其次，柱廊与台基的重量感要和屋顶的体形相适应。单薄的柱廊和台基在视觉上不足以支承屋顶的重量，而过分笨重的柱廊和台基则失去了整体构图的和谐。一般说来，三者之间更有一定的比例关系，还要根据不同的建筑类型对这些部分进行必要的比例调整。

建筑构图的稳定性还与建筑的材料、色彩、质感有关。以上只是从单体建筑而言，至于建筑群体构图的稳定性，还和建筑的地形、环境有关，河北承德普乐寺旭光阁是建筑群体构图稳定性良好的实例。

中国古代建筑在发展中，为了获得体形上的稳定感，还创造了对称、收分、侧脚、生起、梭柱、递减等形制和构图手法（图4），更增加了建筑造型的美感。

（四）不同类型建筑构图的丰富性

中国古代建筑类型很多，以群体来说有宫殿、坛庙、陵墓、寺院、尼居、园林等；从单体而言，有殿堂、阁楼、亭榭、廊门等；从结构来分，则有多层与高层的区别，阁楼属于多层，塔则属于高层。不同类型，就有不同的形象，它的构图原则和方法也有所不同，这就是我国古代建筑类型构图的丰富性。

中国古代建筑的构图与社会制度、思想意识有着密切的关系。封建礼教、宗法观念、玄学思想以及神仙世界、世俗享乐思想等都对古代建筑布局和构图产生影响。

道家学说中的神仙思想对皇家园林影响就很大。一池三岛象征着海中的三座仙山，几乎在历代皇家苑囿规划中都有出现。又以广阔湖面譬喻天上世界，以各种建筑物的位置、形象、名称来代表天上的星宿和方位，其目的在于使苑囿犹如天宫，以期获得长生不老、逍遥享受的乐趣。颐和园的昆明湖与龙王庙、治镜阁、藻监堂就是一池三岛。南湖岛上的月波楼、望蟾阁（已毁，现为涵虚堂）象征天上的月宫、蟾宫和仙山琼阁。龙王庙和凤凰墩象征龙凤帝后，铜牛和“耕织图”比喻牛郎织女遥相对，中间为银河所隔。昆明湖东岸的文昌阁和前山西麓宿云檐象征左文右武等（图5）。

用建筑形象来表现“佛教世界”以承德普宁寺比较突出。普宁寺后半部是一大组建筑群体，统名“曼荼罗”，它采用象征手法，以大乘之阁作为须弥山，日月四殿代表四大部洲，八座塔殿代表八小部洲，两重围墙则代表大小铁围山，在大大小小二十七座建筑物中，运用建筑的体形、体量和色彩的相互对比协调以及严整的几何构图关系，有机地把它们组织在一个和谐的群体之中，形象地表现了喇嘛教所理解的宇宙图式（图6）。

这些都说明了思想意识对建筑构图的影响。同时，也反映了中国古代建筑类型构图的丰富性。

以比例来说，各种建筑类型由于功能使用不同，构成形象不同，其比例也不尽相同。

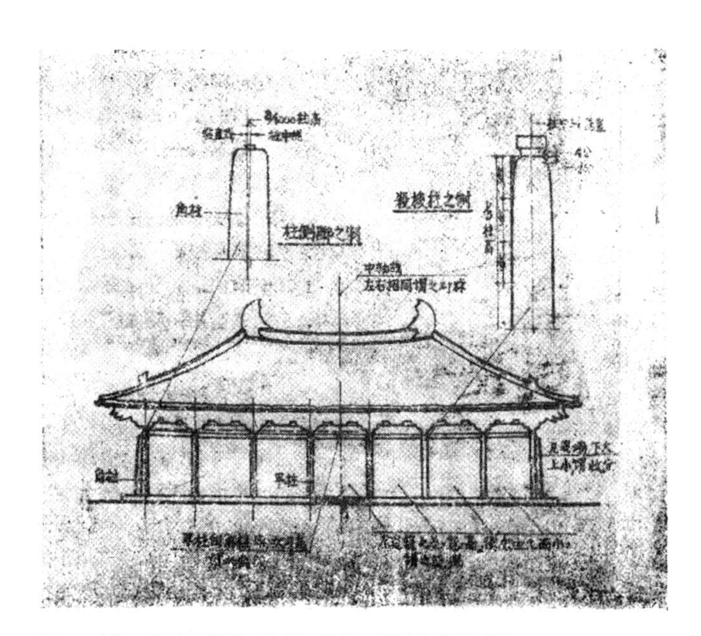

图4　对称、收分、侧脚、生起、梭柱、递减等构图手法

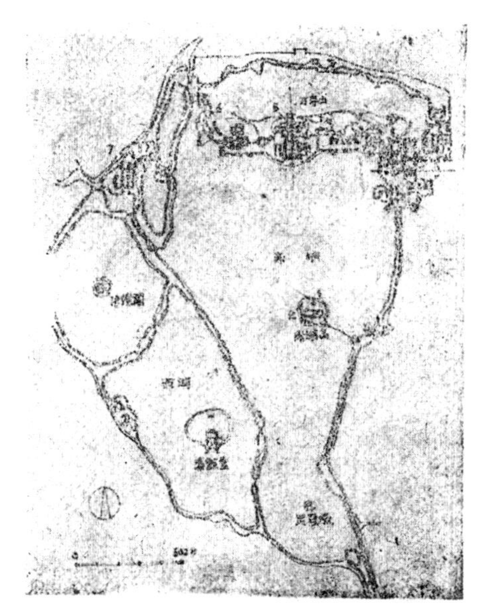

图5　北京颐和园建筑安排的象征性
1—涵虚堂　2—龙王庙　3—铜牛　4—文昌阁
5—佛香阁　6—宿云檐　7—耕织图

单层建筑与多层建筑、殿堂与阁楼、亭、廊的比例都不同。即使是同一座建筑，其比例也有很多变化。例如，明间与次间、梢间、尽间的比例就不相同。

中国古代建筑的比例常用整数，如清代殿堂平面面阔与进深之比为8∶5，而西方古典建筑常用黄金分割比。西方古典建筑比例中也有用整数的，而中国古建筑中则少用黄金分割比。中国古代建筑造型也常用正方形比例或两个正方形比例，北京故宫太和殿、保和殿、太和门等建筑即是。古代建筑中阁的高宽比也是正方形，如大同善化寺普贤阁、蓟县独乐寺观音阁等，日本法隆寺金堂也是方形比例，其他如城楼、柱廊、亭子等建筑类型，也都有自己的比例关系。

“门”是中国古建筑中的一种特殊建筑类型。建筑组群中的最基本单元是庭院，一座庭院给人的第一印象就是“门”，进“门”后才能见到“堂”。大建筑群则由多座庭院组合而成，而每一座庭院都有门、堂和廊屋。前座院落的结束，就是后座院落的开始，“门”已成为建筑组群中平面组织层次和转换的部位，而屋主的等第贵贱也往往由大门的规模、大小、繁简、色彩来表现。大门建筑的艺术形象处理就成为建筑组群中重要的标志。

门的类型很多，由于功能和艺术要求的不同，门的形制、规模、大小、装饰也有所不同。以上都说明了建筑类型构图的丰富性。

中国古代建筑艺术，有着令人赞叹的伟大成就，但是，由于历史的偏见，古代匠师的杰出贡献，始终没有得到应有的重视和系统的理论总结。本文也只是从建筑构图的角度，简略地描绘了一个轮廓而已。相信经过深入的研究，一定会在这一领域取得丰硕的收获，从而为民族风格的新建筑的创作，提供丰富的养料。

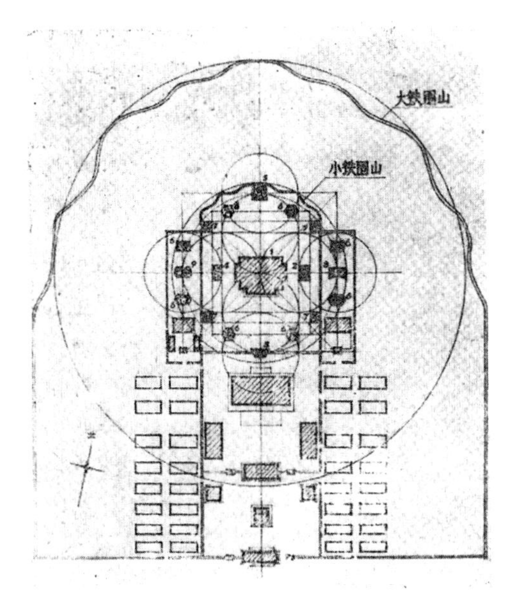

图6　承德普宁寺建筑安排象征性与构图分析
1—大乘之阁　2—东胜神洲　3—南瞻部洲
4—西牛货洲　5—北俱芦洲　6—八大部洲
7—四色塔　8—月殿　9—日殿

原文：载于《美术史论》1985年1期，52-58页。

中国传统建筑构图的特征、比例与稳定

建筑构图理论是研究建筑艺术规律的一门学科，它的任务主要是研究建筑形式（包括平面形式、空间组合、立面形象）表现的规律、原则、技巧和方法，它对建筑作品中取得完美的艺术形象起着重要的作用。因此，在中外建筑发展的各个历史时期中，它都得到建筑师的重视和运用。

建筑构图出自建筑形象，是属于形式美的范畴，也是属于美学的范围。它有着文化艺术的属性，故不可避免地带有自己的民族特征。我们在研究建筑构图形成一般规律的同时，还要研究它的特殊规律，也就是要研究本民族的建筑构图理论、原则和方法。我国历史文化悠久，建筑遗产丰富，建筑形象和建筑构图有着自己的特色。研究它、借鉴它，将有助于我国社会主义的、具有民族特色的新建筑的创造。

我国传统建筑构图主要受到三方面因素的影响：（1）哲理基础的影响，如封建社会的礼治、宗法制度、儒道学说、玄学观念等；（2）科学技术的影响，如材料、构造、结构方式等；（3）美学基础的影响，包括心理、生理基础、民族爱好、审美观念等。以美学来说，它还受到我国传统美学特征中的礼性思想、线性观和自然象征主义的影响。

中国传统建筑构图理论的内容非常丰富，不但有单体建筑构图，还有群体建筑构图、高层与多层建筑构图、园林建筑构图等，类型众多，各有特色，但过去很少进行研究。建筑史界前辈们曾对此提出过要重视它，可是限于时代和资料的不足，还来不及进行研究。今天，我们有了一些条件，可以开始系统研究。下面就我国传统建筑构图的特点和比例、稳定等基本法则、手法提出初步的研究体会，祈望专家、学者给予指正。

一、中国传统建筑构图的特征

中国传统建筑构图的特征主要反映在四个方面，即：（1）组群构图的完整性；（2）空间构图的连续性和含蓄性；（3）建筑构图的稳定性；（4）不同类型建筑构图的丰富性。这些特征不仅反映在形象构图上、空间构图上，同时，也反映在平面构图和组群建筑构图上。

（一）组群构图的完整性

我国传统建筑以木构架为主，它的平面布局是以“间”为单位，“间”组成单体建筑，单体建筑组成“院”，再以院组成“组群”，故组群布局成为中国传统建筑的特征之一。从设计角度来看，这种布局方式就是由一个院落到另一个院落的空间序列过程。因而，在建筑构图处理上就不能局限于单体建筑，而要从建筑组群的整体性来考虑。

建筑组群构图的完整性，首先表现在建筑整体轮廓构图上的统一和完美。根据人眼的视域原理，人观赏建筑，最先得到的是远景感受，因而，建筑群体的轮廓线显得特别重要。中国古代建筑由于丰富的屋顶形式和雄伟的体量，它的外轮廓线曲折多变，给人一种优美和谐之感，使人得到很好的艺术享受。如北京故宫建筑群，它在中轴线上布置了八组不同形状和大小的院落，前后有序，主次分明，纵横交替，富于节奏。它依靠序列空间形状、大小的不断改变和景物的不断变化，并依靠建筑物的相互配合和体量、形象的差别，从而，使建筑群体达到和谐和完整的境界。

建筑群体构图的完整性还表现在构思的统一和构图手法、风格的协调等方面。如北京故宫就是用以帝皇为中心，即皇权至上的思想来统治和谐调整座建筑群的布局、规模、式样、形制、用材、装饰、家具和色彩等各方面的。太和殿的三重高大台基、十一开间的柱廊、重檐庑殿屋顶和金黄琉璃瓦面，甚至殿内的金銮宝座及其顶上的龙凤藻井，以及檐下的和玺彩画等，无不反映了皇权至上的思想。故宫的五门制度也同样反映了这种思想。整座宫城各个空间院落的大小、高矮也都是在皇权至上思想的主宰下按一定的等级制度进行布置的。

天坛是帝皇用以祭天、祈祷丰年的场所，它的中心思想是祭天，反映在设计构思就是天命观。古人对宇宙的理解是“天圆地方”，因此，天坛就用圆形代天、方形代地作为整个建筑组群构图的指导思想和具体手法的依据。此外，还用象征主义手法，如以天数（阳数）作为比例、量度单位以及用肃穆的环境气氛来统一这座古代的建筑群。

（二）空间构图的连续性和含蓄性

建筑（空间、形象）所带来的美的感受，并不限于一瞬间静止的印象，通常是在于人在空间运动过程中，在视觉上所产生的一连串不同印象的反映。因此，空间的组合、建筑形象的构成以及它们所形成的气氛具有重要的作用。

空间的形式有多种：露天的、遮盖的、封闭的、开敞的，等等，它还有形状、大小、明暗、虚实等不同。空间给人的艺术感受往往是通过它所组成的景象和各种变换来取得的。因此，空间的这种连续运动就形成了建筑组群丰富的空间组合及其序列过程。

中国古代园林建筑的空间组合是一个比较突出的例子。它可以使人在进入园林的大门后，所得到的视觉印象完全由设计者来安排。它如同写文章一样，有起、落、承、转，有伏笔，有高潮。它也和音乐类似，一个乐章接着一个乐章，有韵律地演奏。这种空间连续的艺术表现方式很早就在中国古代画卷中出现。在建筑空间布局中，常用不同的形状、大小、敞闭、虚实作为对比，步步引入，直到主要景色的全部呈现，达到了观赏的高潮。遂后，它再逐步收敛而结束，形成了比较和谐与完美的连续空间序列。

传统建筑空间构图的特征还反映在它的含蓄性方面。

传统建筑群体艺术的观赏是通过空间序列来完成的。建筑群体中主体景物的表现，也就是景观中的高潮，是通过序列空间的不断变化、对比、衬托，然后取得的。它的艺术感受是采用逐步深化的手法，而它的表现方式则采用含蓄的手法。它不希望一进大门就一览无遗，而是要求通过空间的不断展开、变化，给人以无尽回味。

空间构图的含蓄性不同于封闭性，封闭性空间的特点是孤立而隔绝，缺乏与整体的联系。而含蓄性空间反映出，似闭不闭，似敞不敞，而又似断不断，既联系又隐晦。在中国古园林中，不尽尽之就是其中的表现手法之一，例如路径、水湾不见尽头，墙内墙外遍植丛木翠竹，游廊围墙上设置洞门漏窗等，都是古代建筑空间常用的含蓄手法。

（三）建筑构图的稳定性

中国古代建筑由于用木架结构，导致屋顶部分高陡而巨大，给人以一种笨重感，复杂的屋顶更是如此。单体建筑形象中，庞大的屋顶由细长的柱子和平矮的台基支承，在视觉上常有单薄之感，因此，如何取得安定感显得非常必要。

建筑上的安定感取决于两方面的因素，一是结构的合理性，二是建筑构图的稳定性。前者是建筑坚固的需要，后者则是心理上的要求。

合理的屋架结构可以减少不必要的构件和节约材料，从而使得屋面重量减轻。建筑构图的稳定性则应从屋顶、柱廊和台基各部分加以综合处理来解决。

屋顶要减少笨重感，一般是把集中的大型屋面处理成分散式或组合式的方式，外形效果丰富而轻巧。柱廊和台基的重量感则要和屋顶的体型相适应。单薄的柱廊和台基不足以支承屋顶的重量，而过分笨重的柱廊和台基则失去了整体构图的和谐感，一般说来，三者之间要有一定的比例关系。此外，建筑物的构图稳定还要与细部、材料、色彩的选择相适应。至于群体构图的稳定则要考虑建筑的地形和环境等因素。

（四）不同类型建筑构图的丰富性

我国传统建筑类型很多，以群体来说，有宫殿、坛庙、寺院、民居、园林等；从单体建筑来看，有殿堂、楼阁、亭榭、廊门等；从结构来分，则又有多层与高层的区别。不同类型，就有不同的形象，它的构图原则和方法也有所不同，这是我国传统建筑类型构图丰富性的具体体现。

我国传统建筑的构图和建筑布局一样，与社会制度、思想意识有着密切的关系。封建礼制、宗法观念、玄学思想以及神仙世界、世俗享乐思想等都对建筑布局和构图产生影响。

道家学说中的神仙世界思想对皇家园林影响甚大，一池三岛的布局方式几乎都是历代皇家苑囿规划和构图的主导思想。以北京颐和园为例，具有高度技巧的匠师们，根据传统的思想和经验，就创造了以佛香阁为构图中心的建筑群体艺术形象。

佛教的思想对寺院建筑布局影响也很大。如河北承德普宁寺，它的后半部是两大组建筑群，统名“曼荼罗”。它采用象征主义手法，以大乘之阁作为须弥山，日月四殿代表四大部洲，八座塔殿代表八小部洲，两重围墙则代表大小铁围山。在大大小小二十七座建筑物中，运用建筑的外形、体量和色彩的相互协调以及严整的几何构图关系，有机地把它们组织在一个和谐的群体之中。

细部的艺术构图处理也是如此，下面以“门”举例说明之。

中国传统组群建筑中，庭院是最基本的单元。一座庭院建筑给人第一个印象是“门”。大建筑群由多座庭院建筑组合而成，庭院之间有门和巷道相连。前座庭院的结束，就是后座庭院的开始，“门”就成为组群建筑中平面组织层次和转换的主要环节。

门的类别很多，从古代的“阙”发展到城市中的城门、宫门、牌坊门、棂星门，以及寺观、住宅、园林中的山门、垂花门、洞门、景门等。由于功能和要求不同，门的形制、规模、大小、装饰也有所不同，它的艺术形象和构图处理也就不同。以上都说明了建筑类型构图的丰富性。

二、中国传统建筑构图中的比例

比例是建筑构图中的一项基本法则，是建筑形象取得完美和和谐的重要条件之一，对平面来说也是一样的法则。

建筑形象的构成有四个要素，即体型、细部（包括装饰）、材料和色彩。四者之间，首推体型。体型不佳，再好的细部、材料和色彩，也难以增加建筑形象的艺术性。而要获得良好的体型，比例则是其中的首要条件。

中国传统建筑构图中的比例有以下几个特点:

（一）比例的哲理性

比例属于数学。中国古代的数来自测量学、几何学。《周髀算经》曾有明确的记载:“昔者，周公问于商高曰，窃闻乎大夫善数也，请问古者包牺立周天历度，夫天不可阶而升，地不可得尺寸而度，请问数安从出。商高曰，数之法出于圆方，圆出于方，方出于矩。”“……周公曰，请问用矩之道，商高曰，平矩以准绳，偃矩以望高，覆矩以测深，卧矩以知远，环矩以为圆，合矩以为方”，可知中国古代数与形的密切关系。《周髀算经》又记载道:“方属地，圆属天，天圆地方。方数为典，以方为圆”，把数与形、形与天地联系了起来。

《礼记・礼运》:“夫礼必有本于天，分而为天地，转而为阴阳。”道家学说更进一步把“天圆地方”的形象提高为“道”。《淮南子》:“天困地方道在中央”,“天道曰圆、地道曰方，方者主幽，圆者主明”。《易・序卦传》:“有天地，然后有万物。”这样，就把数、形、道、天地、阴阳都联系了起来。

天人感应思想是中国封建社会适应统治者的一种天命思想的反映。封建帝王常以“天之子”自居，认为自己是“受命于天”，因而，在地面建筑上就一切都要模拟天上形象。而阴阳五行学说则认为，建筑包括类型、方位、布局等，都有天地、阴阳之分。以类型举例，古人虽无明确具体划分，但调查中，发现如宫殿、坛庙、佛寺等建筑，其比例常用“天数”。分析其原因，这类建筑属于崇天、崇佛，为帝王所用。而城楼、陵寝、牌坊等建筑，因它作为地域、阴宅，故其比例常用“地数”。

古代认为天属圆、地属方，在实地调查中发现，这种思想在建筑构图上常以形状之圆方来反映。进一步研究，发现在传统建筑比例上可以归纳为两大体系，即圆形体系和方形体系（图1）。整圆、半圆、扇形等属于前者，方形、半方形、开方形（即双正方形）则属于后者。三角形中也有两种体系，即圆形三角体系和方形三角体系（图1c、d）。不同类型的建筑所用的比例体系不同，如北京故宫太和殿（图2）、天坛祈年殿（图3）、山西佛光寺大殿（图4）等属于圆形体系的实例，北京天安门城楼（图5）、北京某牌坊（图6）等则属于方形体系的实例。

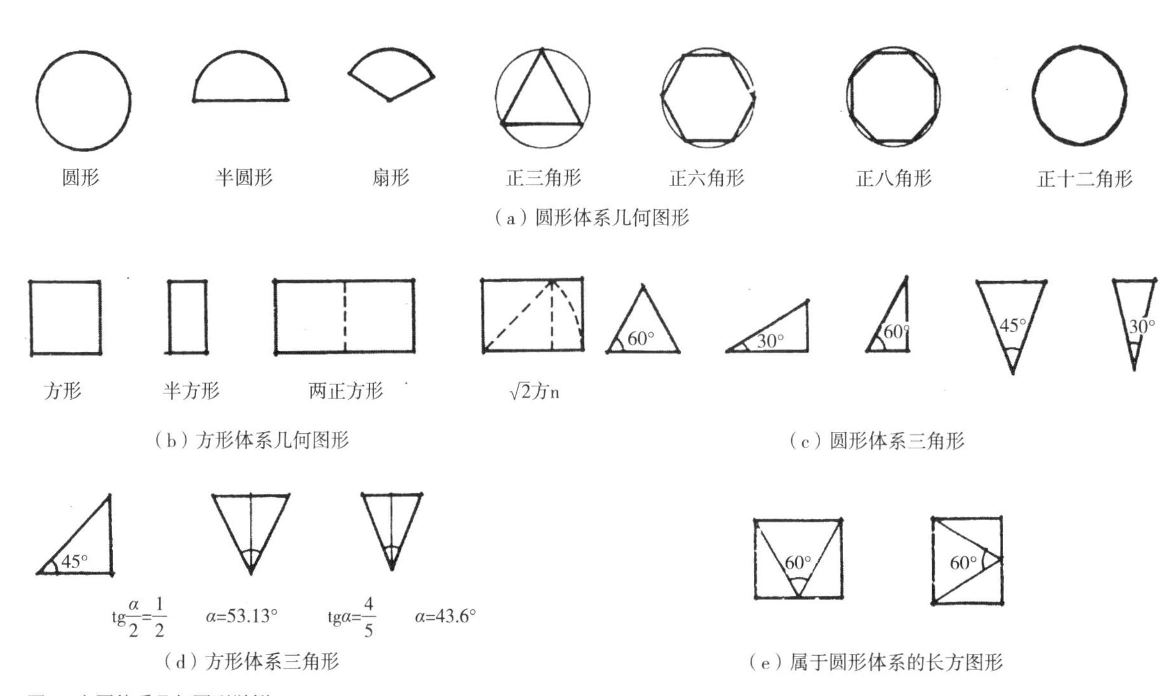

图1　方圆体系几何图形举例

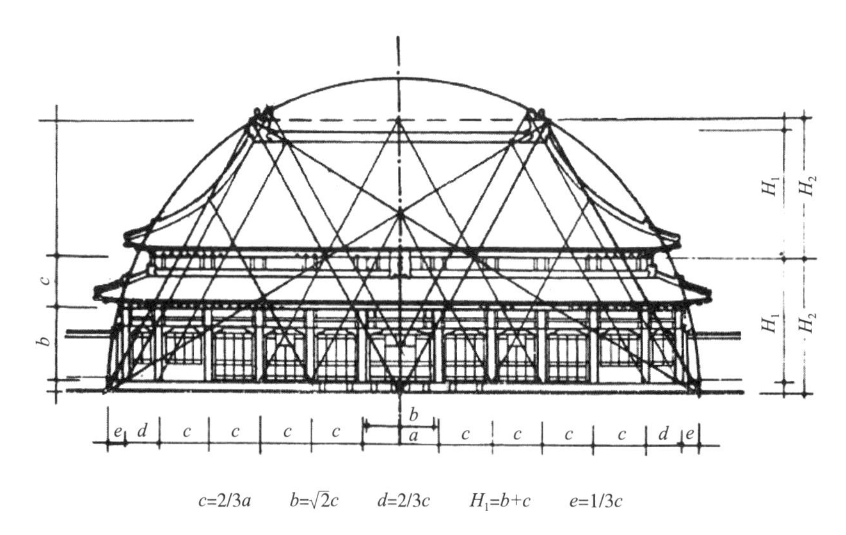

图2　北京故宫太和殿立面构图

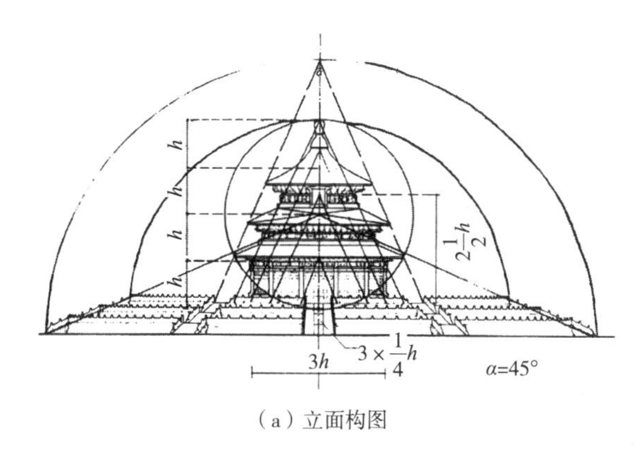

（a）立面构图

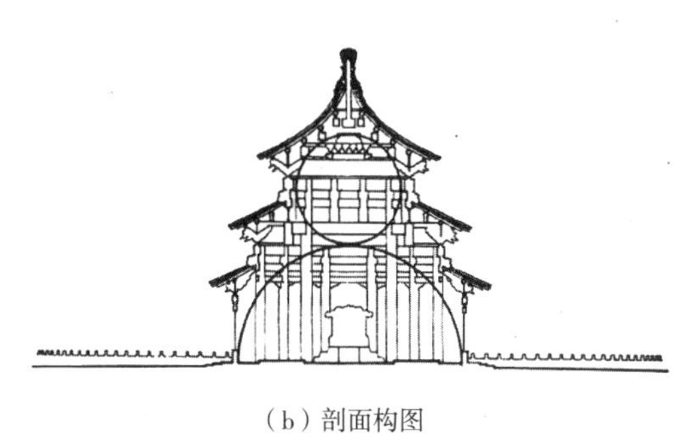

（b）剖面构图

图3　北京天坛祈年殿构图

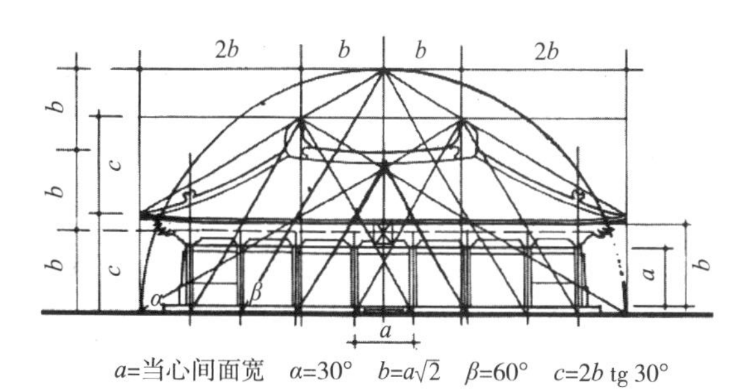

图4　山西佛光寺大殿立面构图

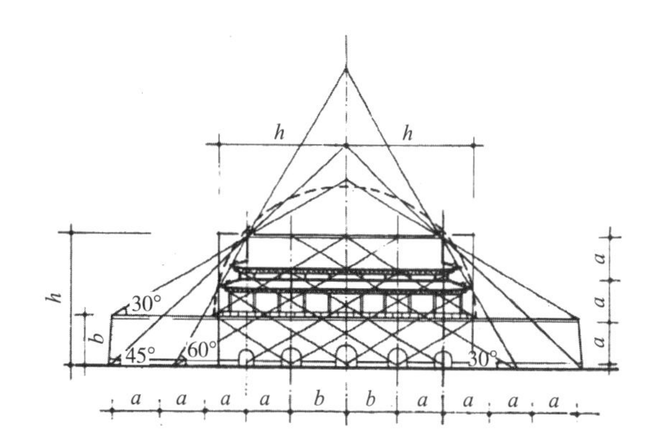

图5　北京天安门城楼立面构图

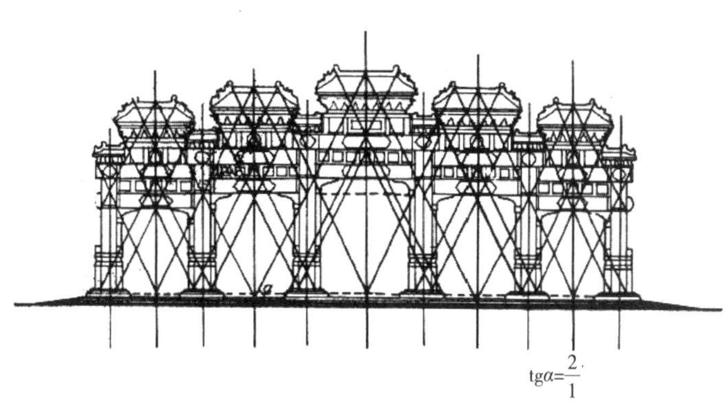

图6　北京某牌坊立面构图

（二）比例的整数观

我国传统建筑构图中的比例数字常用整数，如1、2、3、5等。其比率有1∶2、2∶3等，也有用5∶8的，多属于整数比整数。这些比率大多接近2∶3。西方古典建筑常用黄金比率，但我国古代建筑中甚少见用。

中国传统建筑构图中的整数观，也与哲理有关。《易·说卦传》："参天两地而倚数"，《史记·律书》："数始于一，终于十，成于三"，《太玄经·太玄文》："诸一则始，诸三则终，二者得其中矣"，《老子》："道生一，一生二，二生三，三生万物"，认为万物是阴阳之和，是由一派生出二，生三，生万物。以上都说明了一、二、三数字的来师，与哲理有关。

至于“五”字，最早是来自手指足趾，后来就和“五行”联系了起来。“五”在古代作“伍”字，是代表反复多次的意思，如《易·系辞上》说：“参伍以变，错综其数。”此外，五又是三、二两数之和，故在古建筑上也常用此数。

在比例数字使用上，除方形外，三与二之比较多见用，如古代材契之制、月梁剖面等都是。在平面布局上也常用此数。广东潮州四点金民居平面（图7），一厅两房三开间，寓一、二、三之意。其后座建筑宽深之比为3∶2，整座民居的通进深与通面宽之比亦为3∶2。澄海县某大型民居平面（图8）也是如此，内部单座民居平面的比例如上述一样为3∶2。如果以单座民居面宽算作一个基本单位的话，则整座民居的通面宽为其3倍，通进深为2倍，其宽深之比亦为3∶2。

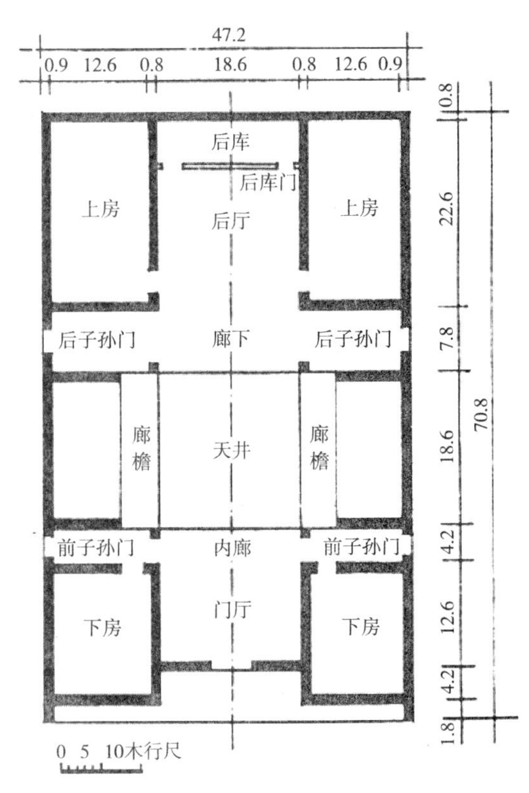

图7 广东潮州四点金民居平面

关于$\sqrt{2}$方形，在我国古建筑中较多见用，它属于方形体系。由于它是一和一垂直组合而成，故也属于整数观。这种方形多见用于院落、广场平面（图9）以及建筑物的柱距、柱廊、柱高、檐高等关系上。

$\sqrt{2}$方形的使用，与方便施工有很大关系，同时，它又接近于三与二之比，故在实践上用之较多。

比例的整数观还反映在建筑的视觉方面。以平面视角来说，如宽深各为一，其夹角$\alpha=53.13°$（$<54°$）（图10a）。宽深为8∶10，也属

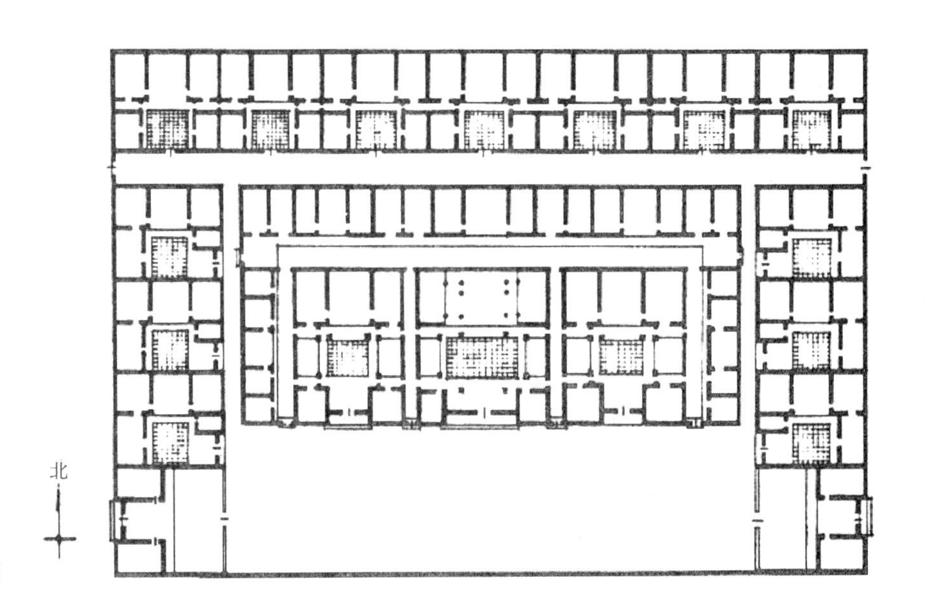

图8 广东澄海某大型民居平面

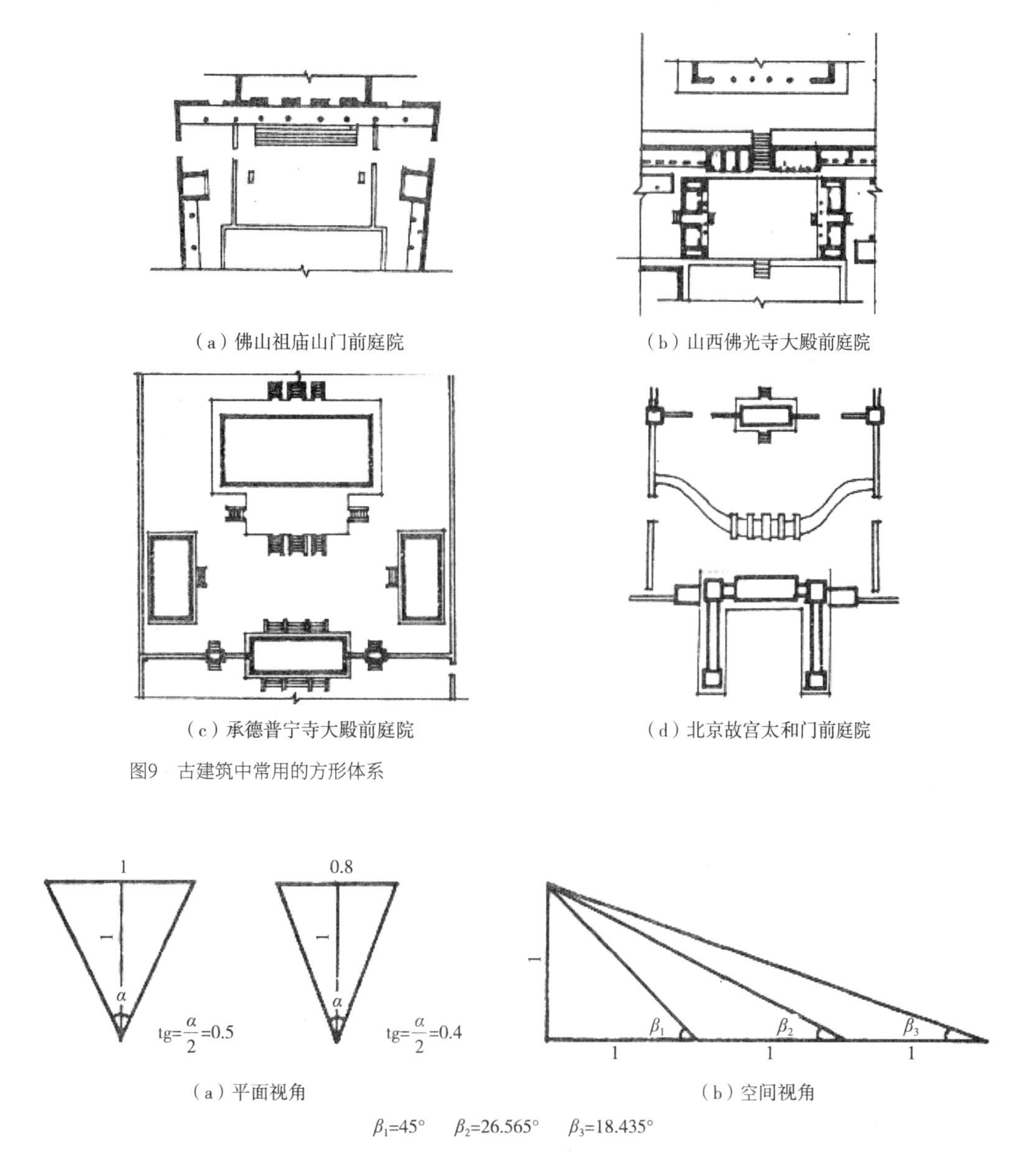

（a）佛山祖庙山门前庭院　（b）山西佛光寺大殿前庭院

（c）承德普宁寺大殿前庭院　（d）北京故宫太和门前庭院

图9　古建筑中常用的方形体系

（a）平面视角　（b）空间视角

β_1=45°　β_2=26.565°　β_3=18.435°

图10　古建筑平面和空间视角示意

整数，则其夹角α=43.6°（<45°），这两者都属于最佳平视角。

在立面视角中，如图10b，当视距α_1等于建筑物高度h_1时，β_1=45°。当视距α_2=2h时，β_2=26.565°（<27°）。当视距α_3=3h时，β_3=18.435°（接近18°）。因此，当视距等于2h时，其夹角为最佳垂视视角。

这种以整数比例为基础的平面和空间视角处理，在中国古建筑中是常见采用的。以北京故宫太和殿举例，从广场中心望大殿，视距为殿高的3倍，当人们上到台阶前沿望大殿时，其视距刚好为殿高的2倍，这时的视距成为最佳状态（图11a）。天安门、午门的空间视角处理也都如此（图11b、c）。

当然，在这些广场比例中也有两种体系，圆形和方形（图12），它的采用同样受到哲理思想的影响，它是根据建筑的不同类型来决定采用哪个比例体系的。

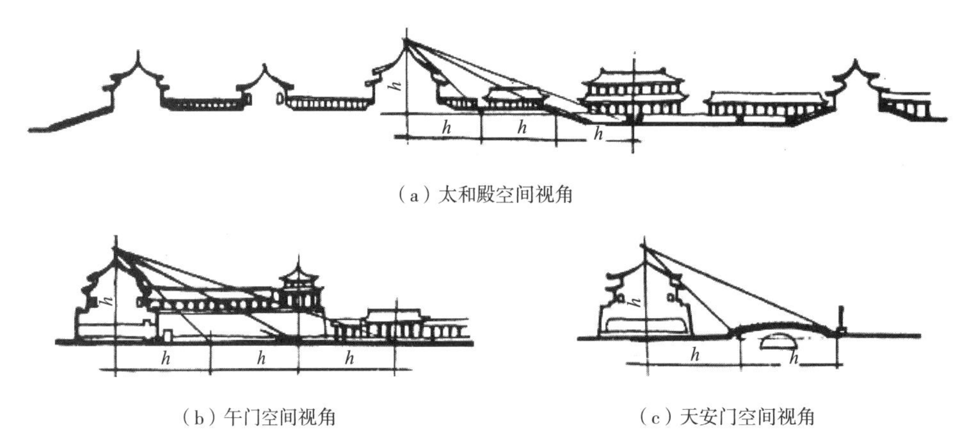

（a）太和殿空间视角

（b）午门空间视角

（c）天安门空间视角

图11　北京故宫中轴线空间视角

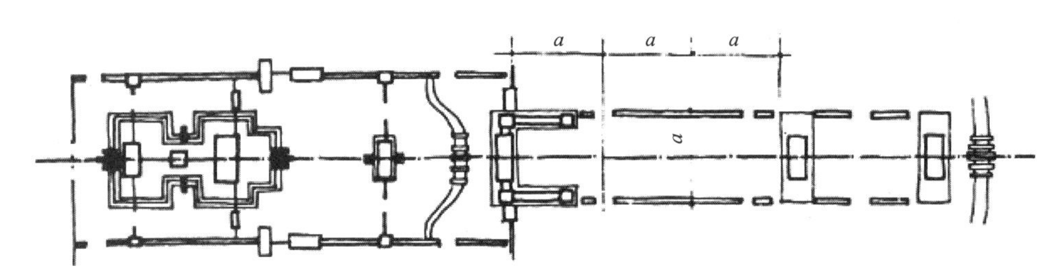

图12　方形体系广场举例——北京故宫中轴线总平面图

（三）比例的线性观

线性观在建筑构图中主要反映在几何形曲线上，如屋坡线、屋面轮廓线等。

屋坡线有两种，即上升曲线和下延曲线。

1. 上升曲线

这种曲线又分两类：一类称汇合曲线，如攒尖顶、双坡顶都属此类，它的构图特点是有高耸感，但有一定限度；另一种称不汇合曲线或称虚汇合曲线，即它不能在图面或建筑物中汇合，而要在空中或在建筑物之外汇合，如庑殿顶、推山顶等，这种曲线的构图特点反映在屋顶上有无限高耸感。

2. 下延曲线

如塔檐、台阶等。它的构图特点是曲线往下延伸，直到地面，因而具有稳定性。

中国古建筑中，屋坡曲线常是上陡而下缓，喻为“上尊而下卑”，说明了古建筑构图中高耸感和稳定感的结合。

至于屋面轮廓线，或称外轮廓线、天际轮廓线，这是群体建筑之间的一条连续曲线，在我国传统建筑构图中也是一个明显的特点。

它有对称型和非对称型两类，前者的实例有北京故宫太和殿、景山五亭等，后者的实例有北京颐和园佛香阁（图13）、北海琼岛（图14）等，中轴轮廓线也有不对称的，如承德普宁寺（图15），它的轮廓线很有规律和节奏，既有高耸感，又有稳定感。

图13　北京颐和园佛香阁轮廓线

图14　北海琼岛组群轮廓线

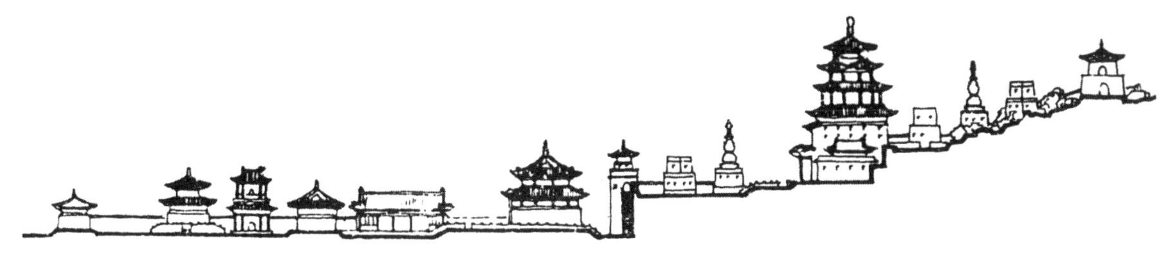

图15　承德普宁寺中轴线廓线

（四）比例的严谨性和稳定性

我国传统建筑构图比例手法是非常严谨的，它一般都控制在有规则的几何形状内，或方形，或圆形、半圆形，或30°、45°、60°等腰三角形（图16）等。这些几何形状由于体型完整、比例严谨，故具有良好的悦目条件和稳定状态，从而使古代建筑具有和谐和完美的建筑形象。

要使建筑和谐与完美，良好的比例关系是首要的一条。如何获得良好的比例，很大程度上取决于建筑师的素养和技巧。在中国传统建筑中有两种方法可资借鉴，简述于下。

第一，根据传统建筑的设计原则来找出比例的基本单位。

在传统建筑中，单体设计通常是以明间面宽作为其基本单位，殿堂如此，民居也如此。进深由面宽所引申，立面和空间也来自面宽。从面宽引出檐柱高，再引出檐桁高，进而根据举架法或举折法决定脊桁高，从而得出整座屋高。这些数字求出后，其比例关系也就得出，故面宽就是该建筑物的比例基本单位。

塔类建筑中，其基本单位则以塔身平面直径为准，如北京妙应寺白塔，它的一切比例关系都由塔身平面直径所引出（图17）。多层塔则以中间层塔身平面直径为准，塔柱有侧脚者则以柱头间距为准，实例可见山西应县木塔（图18）。

在群体建筑中，群体由院落组合而成，其基本单位应为中轴线上的主院落。主院落中则以院落的面宽为准，由面宽求得进深，由宽深比再引出总体平面，故院落面宽是群体建筑布局的基本单位。而院落面宽则来自主体建筑的面宽。我们从北京碧云寺金刚宝座塔（图19）、承德普宁寺（图20）等实例分析中就可以清楚地看到这种面宽与进深的关系。

第二，从控制点、控制线找出比例关系。在体型庞大的古建筑或建筑群体中，其比例关系不是一下子可以找到的，这时，就要借助图解分析建筑形象的方法，即用控制点、控制线的方法来找出它的比例关系。

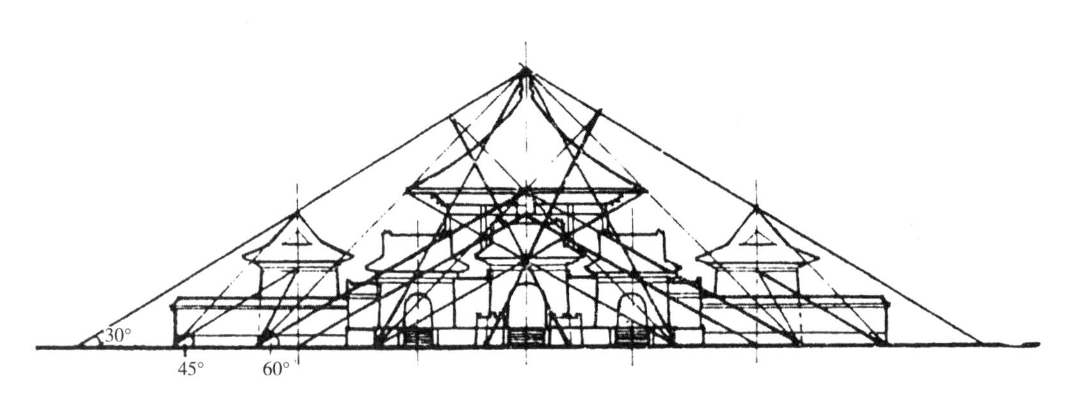

图16　北京天坛皇穹宇组群立面构图

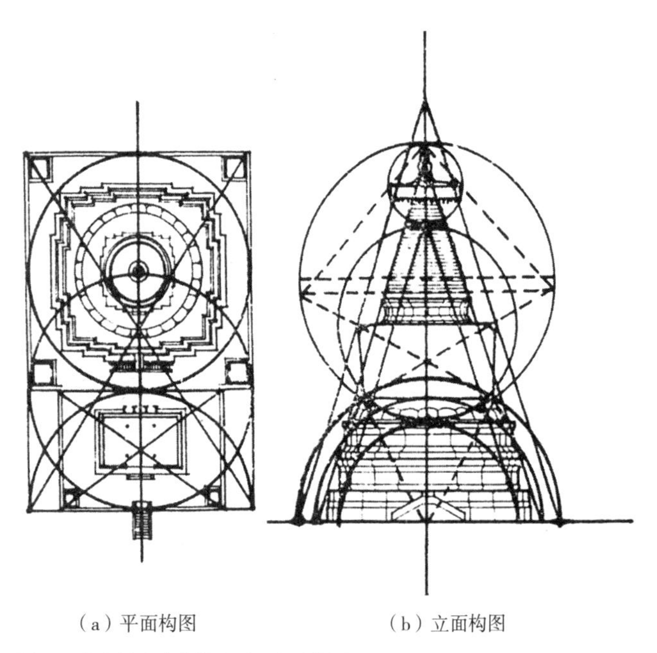

（a）平面构图　（b）立面构图

图17　北京妙应寺白塔平面、立面构图

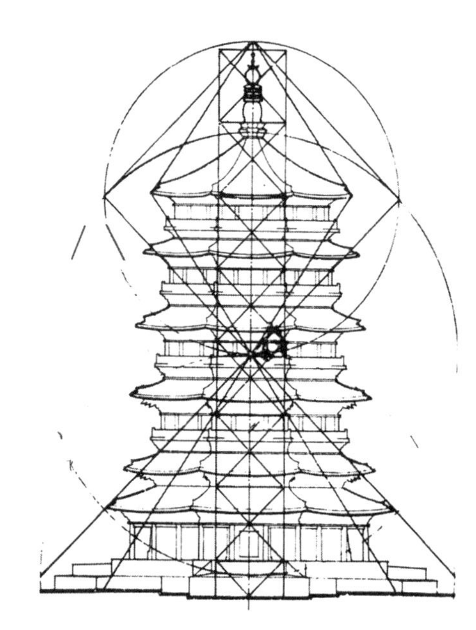

图18　山西应县佛宫释迦塔立面构图
（来源：摹自陈明达《应县木塔》）

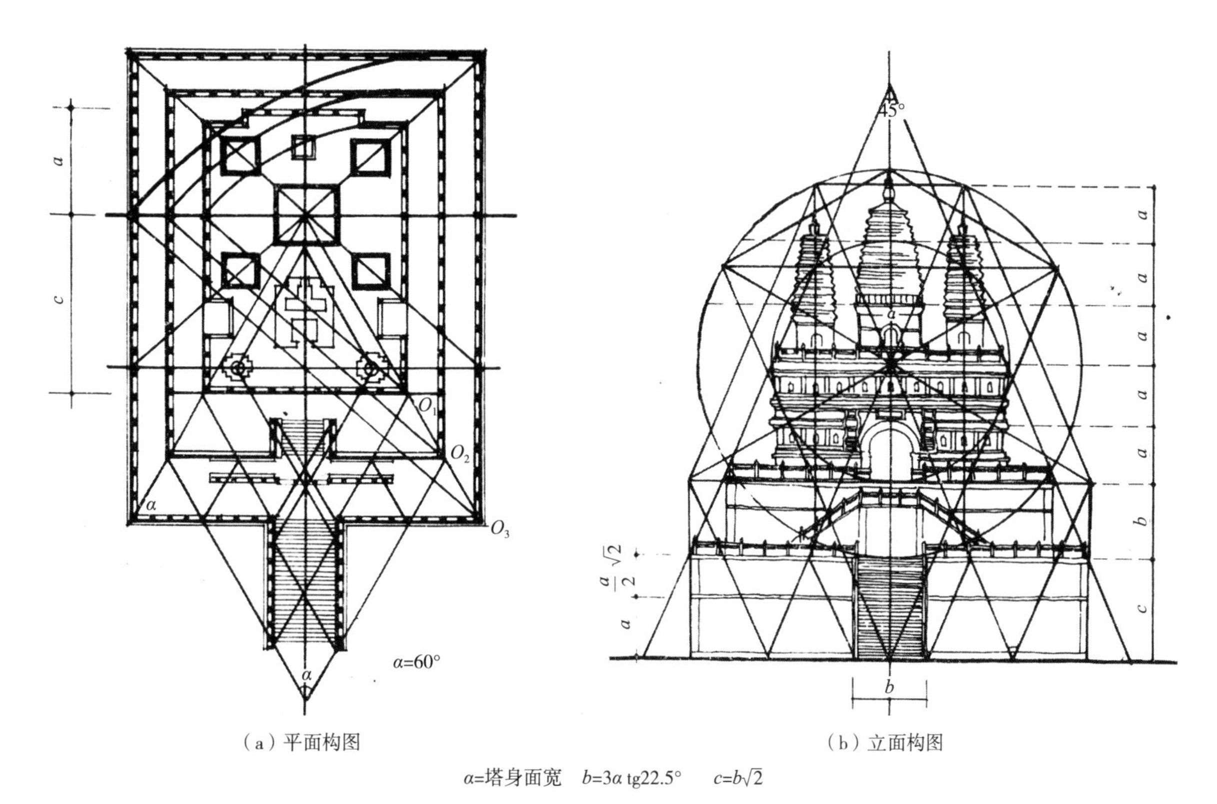

（a）平面构图

（b）立面构图

a=塔身面宽　$b=3a$ tg22.5°　$c=b\sqrt{2}$

图19　北京碧云寺金刚宝座塔构图

控制点、控制线是建筑形象设计中取得比例和谐的重要手段之一，也是建筑形象划分和分割的依据。对平面布局来说，也是一样。建筑中要取得良好的比例关系，选择好恰当的、准确的控制点和控制线，至关重要。

我国传统建筑控制线的部位，一般分为：

（1）立面水平控制线，如屋脊线、屋檐线、额枋线（柱高部位）、地面线等。

（2）立面垂直控制线，如中轴线、柱中线、墙中线、垂脊线等。此外，还有门洞中心线、柱廊中心线等。

（3）平面控制线，除中轴线、柱墙中线、门洞中心线外，还有边线、对角线等。

控制点的确定，一般都在：

（1）水平、垂直控制线或对角线的汇合点上。

（2）水平、垂直控制线上的构件部位，如屋面脊饰、翼角翘起、正脊中心等。

（3）门洞中心或匾额中心，后者是受到哲理思想的影响。

当求出控制点、控制线后，建筑的比例关系也就可以得出了。

群体建筑中的布局也有控制线和控制点，它的选定方法同单体一样。

城市布局的控制线和控制点，除中轴线、城墙线外，还有城门中心线、城门控制点。这时，各种控制线的汇合点往往就是古城的主要建筑物所在位置，其城市布局的比例关系也就相应得出。北京古城控制线、点的划分是一个非常有趣的例子（图21），从图中可以看到大部分重要建筑物的位置，几乎都在汇合点上。

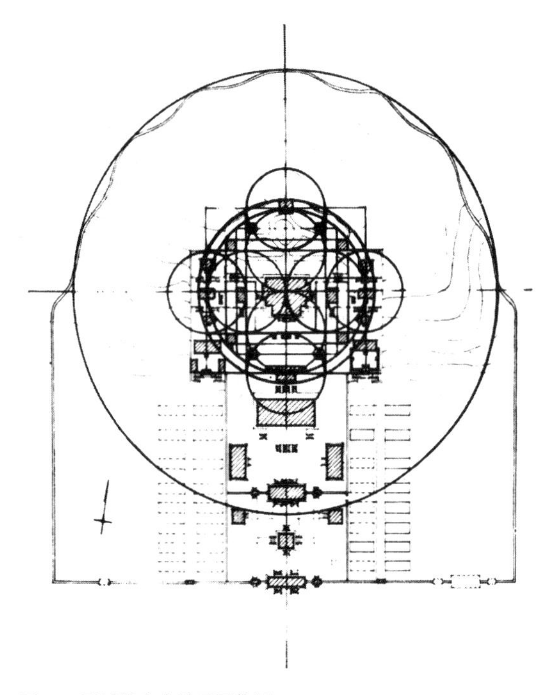
图20　承德普宁寺总平面构图
（摹自王世仁《理性与浪漫的交织——中国传统建筑美学基础刍议》）

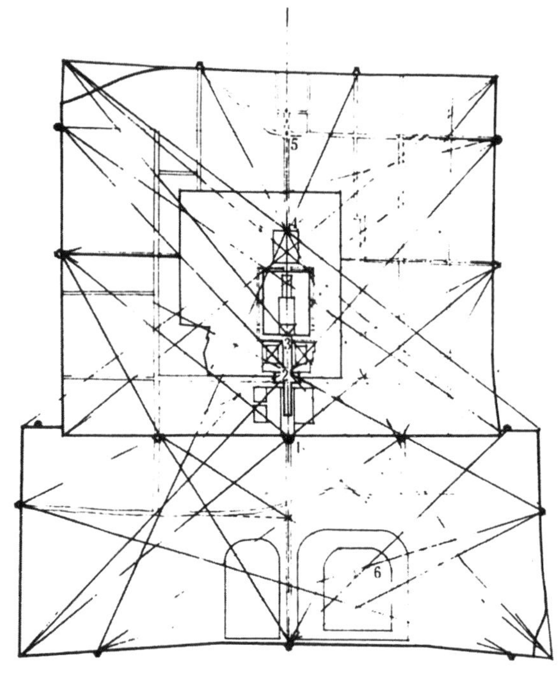
图21　北京古城控制线构图分析
1前门　2天安门　3午门　4景山后门　5鼓楼　6天坛祈年殿

三、中国传统建筑构图中的稳定

稳定是建筑构图的一项基本法则，也是建筑形象获得完美的一个重要条件。

在建筑中，取得良好的稳定感一般应具备两个基本条件，即：从物理性能来说，要求建筑物的重心靠下和重心聚中。而从美感角度来说，则要求建筑物的稳定性具有完美、和谐的比例。具体内容包括三方面：一是利用上下不同的重量感来达到建筑的安定条件；二是利用左右不同的体型和细部组合来达到良好的均衡关系；三是利用匀称的比例来达到和谐的稳定外形。

（一）重心靠下——稳定处理

建筑物是有形象的，这种形象是在满足功能和符合结构性能的基础上，采用不同的体型、材料、细部和装饰加以组合而成的。我国古代匠师充分运用体型的组合、材料的质感、粗细简繁的线条和深浅明暗的色彩，按照构图法则来创造丰富多彩的建筑形象。这种体型、材料、线条和色彩可以说是建筑构图组成的主要手段。

先从体型说起，体型有大有小，有虚有实，细部处理又有前有后、有凹有凸。如何创造稳定条件，一般都采取上小下大、上虚下实、上明下暗、上简下繁的手法，这样做的效果是上轻下重，重心靠下，显得稳定。虽然，庞大的古建筑戴了一顶大帽子，由于下面有高大的台基或坚实的城楼支承，因而就显得安稳。我们从北京故宫太和殿（图22）、天安门城楼（图5）、妙应寺白塔（图17b）等实例中可以得到证明。

图22 北京故宫太和殿外貌

再从材料来说，它除了有明暗、深浅的色彩表现外，还有光滑与粗糙之分，这就是材料引起的质感反映。建筑物中有的材料处于阳光下，有的在阴影中。在阳光下的光滑材料较明亮，反映在重量感上就轻。而粗糙面的材料，反光小，比较暗，反映在重量感上就重。因此，材料选择对建筑的稳定性处理也是有关系的。在古建筑中的琉璃瓦屋面，因光亮明朗，故在视觉上会减轻其重量感。而用一般灰瓦屋顶，由于瓦质粗糙和色彩暗沉，则会增加其重量感。因此，一般灰瓦屋面的建筑常采取比较缓和的屋坡。

至于线条来说，它与建筑的细部和装饰有密切关系。线条简洁、纤细、平直，反映重量感轻，线条繁复、粗大、曲折，则反映重量感重。线条的短长也有轻重之分。这些反映都是由于力学性能感觉而来的。

线条的竖横也有重量感的反映。同样长短、粗细的线条，竖线反映重量感轻，横线则重，这是由于人眼产生错觉的原因。例如古代的殿堂建筑，屋顶既高又大，由于屋面瓦拢是竖线条，而楣枋、台基采用横线条，给人的感觉是屋顶并不很重，其中因素之一就是线型方向的重量感在起着作用。特别是台基用须弥座，横线条多，再加上装饰与花纹，就更显得稳定了。

最后谈到色彩。根据配色理论，色彩除有色相、亮度和彩度外，还有物理感觉和心理感觉等反映。心理感觉很大程度上是反映了人对色彩的美感作用，而物理感觉表现在色彩上则是有温度感、距离感和重量感等，其中色彩的重量感对构成建筑的稳定性起着明显的作用。

在色彩的重量感方面，色相重量感不显著，彩度对重量感关系也不大，起主要作用的是亮度，即亮度高的重量感轻，亮度低的重量感重。古代建筑中用光亮的琉璃瓦屋顶就有这种效果在内。

以上所谈的体型、材料、线条、色彩的重量感仅仅是从单方面，即从某一项因素进行分析的。事实上，在建筑形象上取得稳定效果，是多种因素起作用的。有时候，各种因素在运用时会产生一些矛盾，例如，有时发现上部分材料粗糙，下部分光滑；有时发现上部分线条、装饰粗壮华丽，而下部分纤细、简洁。尽管如此，但它同样可以取得稳定条件，这就要看上述四项要素中究竟是哪一项起主导作用。一般来说，体型是首要的，而材料、色彩、线条则次之。

此外，在建筑形象中，一般也不是简单地划分为上下两部分。在古建筑中最少也是三个部分，即屋顶、柱身和台基。其他如重檐建筑、楼阁、高塔则横向的划分更多。我们以北京故宫太和殿（图22）为例作综合分析。

太和殿的形象上下有三个部分：屋顶、柱身和台基，它的重量感反映如表1所示：

太和殿重量感分析　表1

	体型	材料	色彩	线条
屋顶	重檐庑殿顶	琉璃——光亮	黄	竖——简
柱身	十一开间柱廊	木——中间	红	竖与横——简与繁
台基	三层汉白玉须弥座	石——沉重	灰白	横——繁

三个部分中，先看上面两个部分，从体型来说是上大下小；但从材料、色彩、线条来说，则是上轻下重，综合来看，仍可取得稳定条件。现在再加上三重汉白玉台基，就显得更稳定了。我们再从视觉效果来分析，屋脊比柱廊后退进深的一半，屋脊比柱廊高出一倍。从透视角度来看，高耸的屋顶与柱廊相比并不显得突出。如果再把屋顶与柱廊作为整个建筑物的上半部分，三层须弥座台基作为下半部分，则从体型、材料来看就显得更加稳定了。

这里还要谈一下台基问题，它在古建筑中，虽然所处地位不醒目，但在构图的稳定处理中却是一项重要因素。

古建筑中的台基常是白色或灰色，从配色理论来看，它反映在重量感是较轻的。因此，为了加强稳定感，一方面依靠材料如砖、石等的质感来取得重量感，另一方面在建筑上用加高、加宽、加大基座或加多、加横、加繁线条的做法来取得安稳感。在上述一些例子中都可以得到证明。

（二）重心聚中——均衡处理

在建筑构图中，稳定解决建筑物的上下轻重关系，而均衡则解决建筑物的左右、前后之间的部位布置关系，它也是建筑构图取得稳定的重要条件之一。

一般来说，对称的建筑构图都是均衡的，因为它有明确的中轴线，单体建筑如此，群体建筑也一样。

在古建筑中也有不对称的，较多见于园林和地形高低不平的山区建筑，如承德避暑山庄小金山（图23）、苏州留园谿楼（图24）等。

在古建筑中很多是采取对称中有不对称的做法，总体对称，局部不对称。在不对称部分中，大多是利用体型的大小、屋顶的不同形式以及屋顶、柱廊、墙面、台基的不同组合等手法，使比例匀称，重心聚中，达到构图均衡稳定的目的。例如北京颐和园佛香阁（图13），排云殿、排云门是对称的，而两旁的建筑又是不对称的，但总体构图仍然能反映出均衡和稳定。

（三）匀称和谐的比例以达到完美的稳定构图

比例在建筑形象上是通过一定的数值和几何关系来表现的。匀称和谐的比例有两点要求，即外形的严谨性和体型良好的传递性。

图23　承德避暑山庄小金山全貌

图24　苏州留园豁楼外貌

我国古代一些优秀建筑物在构图中对这两方面的要求是很严格的，如对建筑形式的严谨性处理，一般都取正方形、正三角形或圆形。它作为基本几何图形，是表示方圆之形有规矩可循。此外，匀称的比例还要求建筑形象要和谐地“安置”在规则的外形的重心之中，而这种“安置”，又必须是有规律的且自上而下地传递。其传递角度一般都采取30°、45°、60°等数字。因为，这些数值无论从力学与结构上，或视觉上、美感上，都是属于最佳状态（图4、图5、图16）。

下面我们再从视觉效果来进行分析。

中国传统建筑的视觉效果分为三类，即水平视觉效果、垂直视觉效果和特殊视觉效果，后者主要是指屋顶。

传统建筑中，为加强水平方向的稳定视觉效果，采用生起法、侧脚法；为解决垂直方向的稳定视觉效果，则有收分法、逐层递减法等（图25、图26），如筑墙筑城常用前者方法，造塔建阁则多用后者。

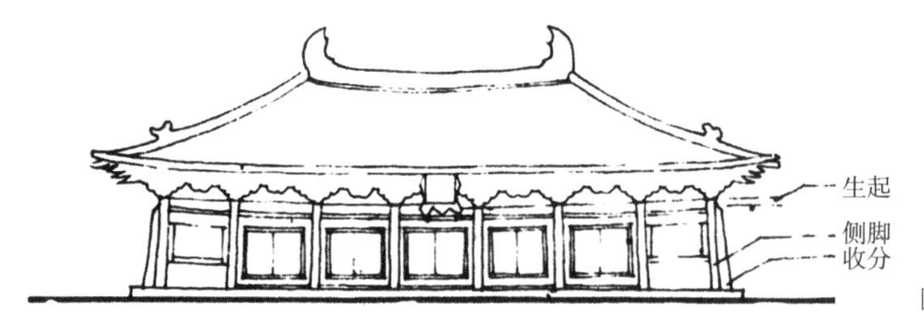

图25　生起、侧脚、收分法示意

图26　递减示意——泉州开元寺仁寿塔

在屋顶方面，为了取得透视效果，塔刹、正吻等脊饰一般都采取尺寸较大一些的做法。

这是因为从透视看，这些脊饰位居屋脊之上，在远视下它并不显得高大。至于屋坡的曲线，上半部分高陡，下半部分平缓，从功能上看是需要的，而从透视效果看也是合理的。

清式庑殿屋顶采用推山法，其目的是增加高耸的效果，在视觉上它运用了透视变形，但仍能取得良好的稳定效果。

以上所介绍的都是属于殿堂、楼阁等类型建筑的稳定处理手法，也有一些如塔（高层建筑）、牌坊（小品建筑）、城楼（楼台建筑）等类型建筑，其稳定处理另有特殊手法。

高层或多层的塔，其体型庞大而高耸，故其稳定性显得格外重要。为此，古塔常采用加强水平线为其主要手法，其具体措施如：

（1）用屋檐和平坐来划分水平线。

（2）外墙或檐柱采取收分或檐柱内退的方法。

（3）逐层递减层高。

（4）加高或加宽台基。

实例有山西应县佛宫寺释迦塔（图18）、北京碧云寺金刚宝座塔（图19）等。

牌坊按材料分类有木、石、琉璃各类，因它的屋面和斗栱部分比较繁复，而柱身又比较细直，因而显得头重脚轻。为了取得稳定效果，一般都采取加高、加厚、加大木柱下的石础等方法（图6），如还感到基座不够稳定的话，则在石础前后增设抱鼓石或斜撑木。

至于琉璃牌坊，在屋面下用实墙和拱门，可取得稳定效果。当然，上述牌坊的稳定处理都还要有和谐匀称的比例，才能取得完美的稳定效果。

城楼的特点是上有楼、下有台（城墙）。楼有多层，因防御关系，周围多用实墙，它

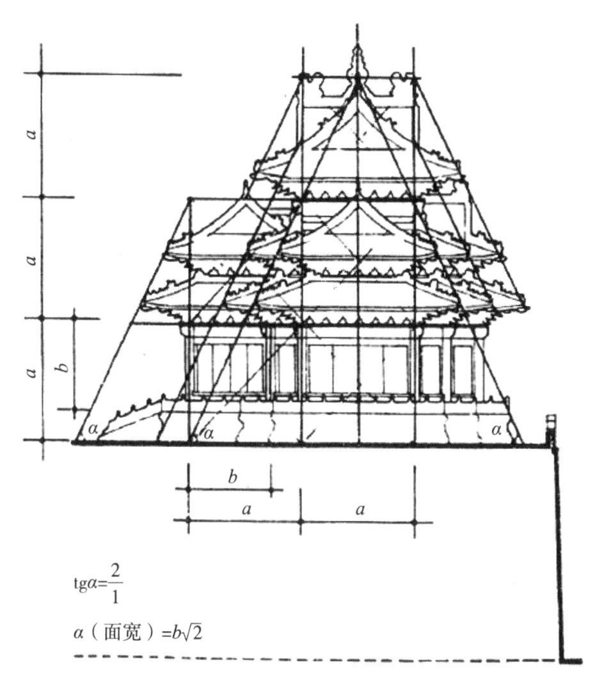

图27　北京故宫角楼稳定处理

常采用加强城墙的高度、宽度和收分以及运用和谐悦目的比例来取得完美的稳定效果，如北京天安门城楼（图5）、故宫角楼（图27）、承德普乐寺旭光阁（图28）等。

至于建筑群体的稳定处理，由于建筑聚集，体型有大有小，在立面上又拉得很长，故一般都采用带形建筑作为基座，如高台或城墙。北京碧云寺五丛塔、北京故宫午门建筑群（图29）等都是一些优秀的实例。有的组群建筑如北京颐和园佛香阁和北京北海琼岛白塔，则采用长廊作基座，这是在大型园林中的一种特殊稳定处理手法，反映了我国古代匠师运用建筑构图手法的成熟。

图28　承德普乐寺旭光阁稳定处理

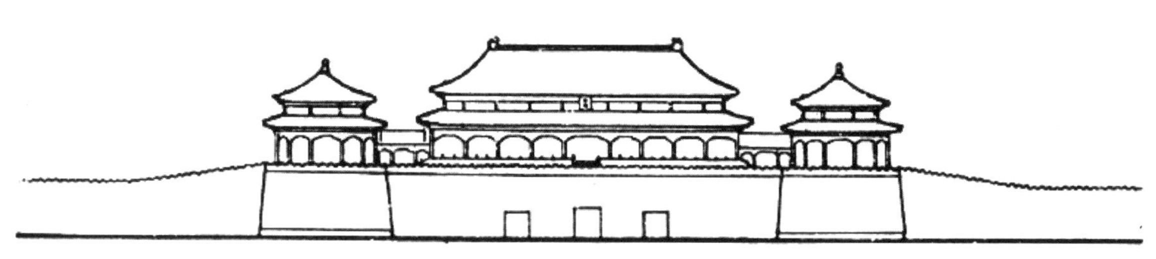

图29　北京午门建筑群稳定处理

参考文献

[1] 佚名. 周髀算经. 成书年代约在西汉(公元前1世纪).

[2] 刘敦桢. 中国古代建筑史[M]. 北京:中国建筑工业出版社,1980.

[3] 陈明达. 应县木塔[M]. 北京:文物出版社,1966.

[4] 庞朴. 说"参". 中国社会科学,1981(5).

[5] 理性与浪漫的交织——中国传统建筑美学基础刍议[J]. 王世仁. 文艺研究,1982,(1).

[6] 魏彦钧. 建筑与视觉[J]. 南方建筑,1982,(4).

[7] 李泽厚. 关于中国美学史的几个问题//美学与艺术讲演录[M]. 上海:上海人民出版社,1983.

[8] 王贵祥. $\sqrt{2}$与唐宋建筑柱檐关系//建筑历史与理论(第三、四辑)[M]. 北京:中国建筑工业出版社,1982.

[9] 陆元鼎. 中国古代建筑构图引言[J]. 美术史论,1985,(1).

原文:载于《建筑师》第39期,中国建筑工业出版社,1990年6月,97-113页。

从化广裕祠获联合国文化遗产保护大奖的意义和基本经验

一、联合国亚太地区文化遗产保护奖的申报和评审标准

联合国教科文组织的使命是提高各种世界文化资源保护的力度。这些资源包括构成我们集体文化记忆的建筑遗产，它们同时也是不同社会或社区迈向未来的基础。在亚洲和太平洋地区，联合国教科文组织以各种方式支持各种形式的保护活动，尤其鼓励私人方面投身于地方文化遗产的保护中来。

联合国教科文组织亚太地区文化遗产保护奖的设立，就是为了奖励私人、私人机构及公家——私人合作组织在保护地方遗产、彰显其文化价值方面所作的贡献。

由私人、各类团体或公司对具有50年以上历史的私人建筑或建筑群，于最近10年内完成且至少经过1年使用的保护或修复项目，才具资格申报。

申报材料可由法定房产主、法定租用人、遗产保护顾问、建筑师或设计师提出。材料申报后，由联合国教科文组织指定一组保护专家组成一个国际评委会评审，候选获奖项目由该评委会负责推荐。

关于项目的评选标准是：

1. 候选获奖项目必须在以下方面具有突出成就：

（1）理解建筑/建筑群在社会、文化、历史及建筑学方面所具有的特征以及这些特征与保护/修复工作之间的关系；

（2）对这些社会、文化、历史及建筑学方面的特征进行的诠释；

（3）恰当地利用建筑技术与艺术手法；

（4）合理地使用材料；

（5）项目的保护过程及其最终结果对周围环境和地方社区的文化及历史连续性所作出的贡献；

（6）项目对周围环境和社区所产生的影响。

2. 下列因素同样将予以考虑：

（1）如何使任何新增加的因素或具有创新性的技术解决方案，尊重建筑／建筑群既有的特征及其内在的空间品质；

（2）保护工作采用的技术的连续性、复杂性和敏感性；

（3）保护项目的持续生存能力，以及今后的使用功能。

联合国教科文组织亚太地区文化遗产保护奖奖项包括：

（1）杰出项目奖（Award of Excellence）一名，奖牌一面；

（2）卓越项目奖（Award of Distinction）两名，各获奖牌一面；
（3）优良项目奖（Award of Merit）五名，每一名奖状一幅；
（4）荣誉奖若干。

二、从化广裕祠获联合国杰出项目奖的评审意见

从化市太平镇钱岗村广裕祠修复工程于今年（2003年）申报了该项目，经评审获得了今年（2003年）联合国教科文组织亚太地区文化遗产保护奖，第一名杰出项目奖（The first-place Award of Excellence）。

2003年联合国教科文组织亚太地区文化遗产保护奖项目公告中指出，今年申报的项目非常广泛，入围作品共22件，来自亚太地区的9个国家。评审团由8位国际保护专家组成，在2003年7月集中并仔细审议入围项目后，评出了获奖项目9个，第一名杰出项目奖是中国广东省从化市广裕祠堂。评审团对从化广裕祠杰出项目奖的评审意见是：

在珠江三角洲地区迅速变化期间，广裕祠堂的修复是一个地方遗产保护的杰出范例，村民、政府机构和技术顾问的精诚合作，克服了资金有限的困难，实现了广裕祠在修复时周全的选择和高水准的传统工艺。通过有意识地坚持《威尼斯宪章》和《奈良文书》的原则，项目组成功地展示了方法上的严格性和在记录、评估、解释该建筑文化遗产价值时的敏感性。用广泛的参与和透明的方式来动员对保护项目的支持，从而确保该历史建筑在社区未来的年月中继续发挥重要的作用。通过对建筑中可见的历史变更在各个层面的仔细保护，陆氏祠堂不仅成为钱岗村历史活的记录，同时也可捕捉到中国从宋代直到今天中华人民共和国绵延的历史进程。

三、广裕祠建筑概况及其美学与历史价值

广裕祠位于广东省从化市太平镇钱岗村，属广州市管辖，是广东省重点文物保护单位。

钱岗村为南宋宰相陆秀夫后裔所建。据墓碑序：陆秀夫的第四个儿子礼成原居浙江省萧山县，被元兵所追，逃至广东省南雄县珠玑巷侨居。又据族谱记载，当年宰相陆秀夫同王师航海至崖山（今：新会县崖门镇）同元兵作战，以身殉国后，其“玄孙”（第五代传人）陆从兴由南雄珠玑巷到古番禺宁乐乡（今：从化市太平镇沙溪乡），见是山清水秀、余粮足粟之区，便迁移至此。后启疆拓宇，子孙瓜脉绵绵，学道流芳。

现钱岗村陆姓不仅供奉陆秀夫，还认为陆秀夫是陆贾的传人。陆氏后人最引为自豪的是他们祠堂上的“诗书开越，忠孝传家”八个字，上联指的是西汉陆贾说南越王赵佗归汉，下联意为南宋陆秀夫精忠报国之事。后有从化县知府、桂林俊公赠送木牌匾一块，写上“广裕名宗”，挂在广裕祠堂中座上额，表示敬仰之念。

广裕祠始建年代不详，据族谱记载，南宋宰相陆秀夫的“玄孙”陆从兴迁居到古番

禺宁乐乡，后至第六、七代时，陆广平、积忠、原英、凤鸾、积善等人会众，协力同心，于明永乐四年（1406年）十一月始建“广裕祠”。一说为广裕祠建于明朝宣德年间（1426～1435年），后历代都有维修和维修记录。

钱岗村共有四个门楼，北门原是瓮城一样的格局，门楼连接寨墙，寨墙外水塘、沟渠围成一条“护村河”。所有街巷弯曲如绳，纵横交错，没有一条垂直路，外地人进入村内，好似进入了迷宫。

钱岗村的布局吸取了岭南传统村落的梳式布局手法，基本上分为两大组群，一组面东，一组面南，单体建筑基本上都是三间两廊模式。房屋排列规整，秩序中富有变化。村落的空间形态和安全防卫的功能是研究移民与新建成环境之间的重要实例，在历史方面有助于理解宋末朝政灭亡后一段历史，以补正史不足。

广裕祠堂建筑共三进，总面宽13.80米，总进深44.20米，建筑面积共816平方米，占地面积约992平方米。它坐北向南，主座三进厅堂的中间均为木构架，两旁为山墙承重，屋面素瓦，但屋顶为悬山顶，有北方建筑遗风，是珠江三角洲地区祠堂中具有明显北方风格的一个实例。

广裕祠建筑有鲜明的历史价值，首先，它有5处确凿的维修年代记录：

（1）第一进脊檩下刻阳文“时大清嘉庆十二年岁次丁卯季冬谷旦重建”（1807年）；

（2）第二进脊檩下刻阳文“时大明嘉靖三十二年岁次癸丑仲冬吉旦重建”（1553年）；

（3）在第二进后面东廊间左侧墙内嵌一块《重建广裕祠碑记》，上面落款为“大明崇祯岁次己卯季夏吉旦重修”（1639年）；

（4）第三进脊檩下刻阳文“时大清康熙六年岁次丁未季夏庚子吉旦众孙捐金重建”（1667年）；

（5）另外第三进祖堂后两柱间横枋阴刻“民国四年岁次乙卯吉日柱重为修后座更房之志”（1915年）。

此外，第二进中厅两侧山墙内面和第三进后堂东侧山墙内面，保留有“文化大革命”时期的标语，也是特殊的社会历史时期的真实记录。

广州博物馆民俗专家崔志民说：“这里的确凿时间记载，为该祠堂所留下来的建筑风格做出明确的断代，这是极其珍贵的。它（广裕祠）简直就是岭南建筑历史的一把标尺。”我国著名的文物考古学家麦英豪老先生说：“在南方的广东这是第一次发现有确切建筑年份的古建筑，是非常宝贵的建筑标本，对于研究古代建筑及祠堂文化有重要价值。”

广裕祠建筑除具有上述的历史价值和建筑价值外，还有明显的美学价值。广裕祠为明清遗构，但保留了很早期建筑（如宋代）的营造手法，例如，建筑为悬山屋顶，有明显的举折和生起，同时又保留有大门两侧的翼墙和砖石结构的八字形照壁，在广东地区是一个孤例。堂内采用梭柱，柱础有櫍等，是考据北民南迁历史，以及南北建筑风格相糅合发展过程中的一座重要古建文物。

四、广裕祠工程修复的指导思想，原则和方法

（一）指导思想

古建筑的修复，其目的在于保存和显示其建筑的、历史的和社会文化的价值，同时，要在有限的资金条件下做到更有效地保护和维修。因此，首先要考证并确定建筑物的文物价值，贯彻“真实性”的原则，保留原有的建筑结构、形态和历史信息。这一切都要遵循《威尼斯宪章》《奈良文书》和《中些人民共和国文物保护法》《中国文物古迹保护准则》等法规文件。这就是从化广裕祠工程修复的指导思想。

（二）修复原则

广裕祠在维修前毁损严重，屋面部分坍塌，梁枋部分腐朽，有些已经不堪继续使用，在墙体方面部分倾斜，破损，酥碱严重。为此，根据《威尼斯宪章》《奈良文书》和《中国文物古迹保护条例》的精神，我们对广裕祠工程采用了下列修复原则：

1. 尊重各时代的历史信息，保护其原貌、美学和历史价值

根据《威尼斯宪章》第九条所示，“修复过程是一个高度专业性的工作，其目的旨在保存和展示古迹的美学与历史价值”，广裕祠建筑的结构形态，既是祠堂“美学与历史价值”的所在，又是其“原始材料和确凿文献”的载体，因而必须全面保护。为此，在工程施工的全部过程中，大木构和墙体基本保持不动，坚持能小修的就不要大修，保存现状，以治本为主。除非对结构安全和使用寿命具有重大损害时，才落架或解体维修。这样才能最大限度地减少对建筑结构和建筑形态的破坏。

2. 保存历史信息

根据《中华人民共和国文物保护法》（1991年）第十四条，要求在整个修复过程中，最大限度地保留每一个反映某一历史时期的遗迹。无论是有意还是无意留下的历史痕迹，都“必须遵守不改变文物原状的原则”。

3. 保留维修痕迹

在修复过程中，采用传统工艺、传统材料和传统施工方法。多保留原来的构件，对一些无法继续使用的构件进行处理时，采用原件妥善保留，而对替换构件则采用原材料或相同的材料，并显示重修痕迹，即“真实性”。

维修应具有耐久之效果，但任何补强措施均要遵循“可逆性”原则，并不得对风貌有所妨碍。

（三）修复采用的技术、方法和材料

广裕祠工程在修复前先进行测绘、调查，对该文物建筑的现状作翔实的记录。根据其文物价值确定修复原则以及修复的具体部位和工艺。广裕祠的修复重点在木作、砖作和铺地。

1. 木作部分

（1）柱子

视劈裂情况分别采用环氧树脂腻子堵抹、木屑、竹片（老材）进行镶嵌等方法。为了防腐，同时又露出木头的本色，维修时在木构件表面涂抹一层桐油（熟桐油），对新老构件，涂抹的浓度不一样，替换（或修补）的构件涂抹时渗入少许朱红或花粉等，调节色调，“必须与整体保持和谐，但同时须区别于原作，以使修复不歪曲其艺术或历史见证”（《威尼斯宪章》）。

（2）梁及桁条

“偷梁”处理：一些搭接在山墙和木柱之间的桁条，其出挑在外的部分腐朽严重，里端又因屋架错位或墙体倾斜造成脱榫。为了保护好悬山屋顶的建筑形式以及山墙上的卷草纹饰和垂脊，修补时小心移动桁条，截去桁条里端糟朽的部分，重新制作榫头。同时也截去伸出山墙外糟朽的部分，使得长度刚好能搭接在山墙和柱端。然后采用梯形拼接的方法在外面出挑的部分接补上新的一段，接缝刚好处于山墙中间，再用不锈钢丝缠箍，最后小心合上榫头。

“嫁接”的方法：部分连接中间两榀屋架的大梁，由于屋面塌陷、漏雨，糟朽严重，为了尽量留用原件，因而采用“嫁接”的方法。结合的长度约为整个大梁的1/3，而且保证原来的大梁开槽后每边至少有6厘米，以保证螺栓或铁箍的受力。

（3）椽子

屋面有较大面积的塌陷，椽子糟朽、劈折非常厉害。又因为一般情况下，椽子并不具有重要或特别的信息，对房屋的整体风格也并不造成影响。修补时主要是检修屋面，更换损坏的椽子。更换时优先采用原来替换下来的材料，如不够时才用新材，并在背面做好标记，包括材料和日期等，使其符合《威尼斯宪章》第九条“必须要有现代标记”的要求。

2. 砖作和铺地

收集附近同时期的青砖，完全按照原样砌法和原来的灰浆配比进行砌筑。同样，遵循《威尼斯宪章》第十二条的原则，修补的部分既“与整体保持和谐，同时须区别于原作”。部分墙体进行纠偏，结构和基础补强。室内主要是红砂岩夯实地面，方法是先清理室内地坪杂物、清除松土，并夯打两遍基底，平整后晾干，然后测量放线，在室内的边墙上弹上水平线，或在地坪上钉好标准水平高程木桩。

前期进行红砂岩灰土配比试验，使其与原地面残留的红砂岩灰土色彩、强度等性能基本一致。灰土配合比采用3：7（石灰、红砂岩土的体积比），红砂岩土应选用亚黏性。灰土用人工翻拌，不少于三遍，达到均匀、颜色一致，并适当控制含水量，现场以手握成团，两指轻捏即散为宜，一般最优含水量为14% ～18%。本工程采用蛙式打夯机和人力相结合的方式，分段分层穷筑，夯打一般不少于4遍。每屋虚铺厚度为200～250毫米，求实后约100～150毫米。

3. 灰塑和彩绘

可以考证的依原样修复，不能考证的以现状进行保护处理，保持原材料的沧桑印记，也就是遵循尤·约奇勒托提出的“真实性”中“材料和实体”的属性。

（四）修复过程中出现的重要问题及其解决措施

1. 广裕祠的山墙上可见两处“文化大革命”时期的标语，如何处理是修复过程中面临的一个重要问题。根据《威尼斯宪章》第十一条，“当一座建筑物含有不同时期的重叠作品时，揭示底层只有在特殊情况下，在被去掉的东西价值甚微，而被显示的东西具有很高的历史、考古或美学价值，并且保存完好，足以说明这么做的理由时才能证明其具有正当理由”的精神。同时，又综合广州市文物专家和古建筑保护专家的意见，最后确定了局部保留的办法，即选取相对集中和完整的几片进行保留，文字部分原样不动，铲除周围的白灰粉刷，露出清水砖墙。这样做，就保留了材料上面的历史印记，对于广裕祠来说则是保证了从明、清、民国、中华人民共和国成立后这样一个完整的“时间链”。

2. 广裕祠中堂维修方案的调整。因为中堂的屋面损坏严重，而且在维修的过程中进一步发现一些隐藏的问题。中堂修复的工程量和难度增大。如采取“偷梁换柱”法，即用木柱支撑屋架，使屋架升高约10厘米，将需退出原构件，换上新构件。由于屋架节点均为榫接，能活动范围很小，关联范围大，而且构件年代非常久远，容易造成榫卯移位或榫头断裂。如果大量的构件受损，结构和施工的安全性得不到保证，那么“原真性”就无从谈起。为了不破坏原结构和确保施工的安全，决定采取局部落架的办法，把中央开间的屋架拆除，把原屋架各构件按顺序编号，把需换的构件一件一件替换，再把原构件按原样装回。最后效果良好。

3. 把以前使用过程中所做的不科学、不历史的残坏的痕迹改变和恢复它本来的面目。如第三进东侧山墙留有一个门洞的痕迹，木过梁已经压碎，如果按此位置恢复，则墙上端的受力极不合理，因而决定按旁边现有的洞位置恢复。

（五）对建筑所作的改变（维修和增补），新旧部分之间关系的处理

1. 部分构件对结构安全和耐久性造成了影响，而且历史信息辨认困难，这样就要替换新件。第二进六个红砂岩柱础因风化严重，经检测，其荷载承受力不能保证，且形状已不可辨认。维修时采用相同材质（红砂岩），依原样复制、替换，新旧对比强烈，并将原来的柱础置于厢廊，便于对照。

2. 第二、三进共有三颗木柱因腐朽虫蛀严重，更换时采用同质的木材，注意与原色调、质感相接近，同时也要让其与原来的木柱有相对明显的区别。

3. 后院厢廊原来已彻底毁坏，根据墙体上的痕迹、地坪上遗留的石柱础和石柱，并结合调查的结果，进行复原，新旧对比强烈。

4. 大门及二进屏门已基本不存，为满足空间序列的完整，也根据《威尼斯宪章》第十三条原则，“任何添加均不允许，除非它们不致于贬低该建筑物的有趣部分、传统环境、布局平衡及其与周围环境的关系”。考证后，按原样将大门和二进屏门复原，色彩及新旧程度区别明显。

（六）施工中新技术方法的采用

在不影响维修的真实性和外在形态的前提下，一些新技术方法的尝试与成功应用有助于延长原材料和原结构的寿命周期。

对于镶补用的木材和竹片在修补前一定要进行处理，用盐水“蒸煮”，将杂质和一些油脂“逼”出来，晾干后使用。这样，可保证它与老材料相近的伸缩性。用于加固斗栱的竹签、竹钉等在经过油炸后，依靠火油（花生油）的高温可以灭菌杀青（破坏生化酶素），还可以提高其刚性。

在瓦垅间的筒瓦中埋入竹条，贯穿整个瓦垄面，注意搭接长度（30厘米以上），用灰泥包埋，这样，可提高瓦垅每一单元的抗剪力。

（七）注意维修过程中环境的保护

对建筑施工垃圾，必须搭设封闭临时专用垃圾道或采用容器吊运，并及时清运。要适量洒水，减少扬尘。现场临时道路其面层应采用细石、焦渣等铺设，防止道路扬尘。施工现场使用的锅炉、茶炉、大灶，必须符合环保要求。烟尘排放黑度达到林格曼1级以下。

2. 防止水污染

凡需进行混凝土、砂浆搅拌作业的现场，必须设置沉淀池。使清洗机械和运输车的废水沉淀后，首先回收用于洒水降尘，最后经处理后排入市政污水管线。凡进行水作业产生的污水，必须控制污水流向，防止蔓延。施工污水严禁流出工地，污染环境。现场存放油料的库房，必须进行防渗漏处理。储存和使用时都要采取措施，防止跑、冒、滴、漏，污染水体。

3. 防止施工噪声污染

施工现场应遵守国家标准《建筑施工现场噪声限值》GB 12523—90（此标准在2012年7月1日已废止。现执行新的标准《建筑施工场界噪声排放标准》GB 12523—2011）制定降噪的相应制度和措施。在村民稠密区进行作业时，必须严格制定作业时间，采取降噪措施，做好周围群众工作，并报有关环保单位备案后方可施工。

五、广裕祠的管理

（一）资金管理

项目资金筹措主要有两个渠道：乡民自愿捐款筹资和政府出资。根据《中华人民共和国文物保护法》第六条规定：政府出资部分列入地方的财政预算。为使广裕祠历史得以延续，重要价值能够得到重现，必须对广裕祠进行“修旧如故”的整修和符合《中华人民共和国文物保护法》规定的日常使用管理。为了使这些来之不易的资金能够最大限度地发挥效用，达到专款专用，特制定资金使用办法：

1. 村民集资得到的资金作为“陆氏广裕祠维修保养管理基金”，由村民选代表，组织成立“村民资金使用管理小组”，设立专用基金账户。基金是开放式的，在日后经村民同意可再行筹集。

2. 广裕祠的日常清洁保养、各种集体活动需要动用管理基金的，由管理小组成员集体讨论批准。

3. 各项经费的使用情况必须公示，以便村民进行监督。

4. 修复工程由市文化局委托有古建筑设计资质的建筑专家进行设计后施工，以招标形式确定施工单位。

5. 维修过程中如遇到增加修建的工程项目，由市文化局、设计单位、施工单位、工程监理单位共同协调，定出具体方案，施工单位做出增加工程部分的预算，经市文化局审核，报请从化市人民政府审批增补。

6. 维修经费使用情况的全过程由从化市财政、审计部门监督，确保专款专用。

（二）产权管理

1. 建筑产权归该村陆氏家族所有。

2. 根据《中华人民共和国文物保护法》第五条规定：属于集体所有和私人所有的纪念建筑物、古建筑和传世文物，其所有权受国家法律的保护，同时也明确了钱岗村的陆氏家族委员会应对广裕祠的使用、保养和维修负责。

（三）建筑物的持久管理（今后的使用维护措施）

1. 修复工程以治本为主。保证屋架、墙体的结构安全，加强基础、榫卯等构件的安全整修，外围排水沟，因为是整个村落排水系统的一部分，并且直接影响到墙体基础的耐久性。

2. 建筑现状与用途

根据《中华人民共和国文物保护法》（1991年）第十四条、第十五条的规定，由于广裕祠已经成为文物保护单位，为了保护其完整性，可以按原建筑功能使用，即主要用于村民祭祀祖先、逢年过节的集会和家族议事，也可接待一些海外的陆氏家族成员和专业人士来访，并可供少量游客参观。

3. 祠堂内任何使用或装饰均不得改变原有功能。不能随意张贴或吊挂人像或物像。村民及家长负责教育和看管未成年子女爱惜和保护广裕祠，进入祠堂不得喧闹、涂抹、攀爬等。

4. 改良祭拜习俗，劝说村民不要在祠堂内燃烧香烛、纸钱和燃鞭炮。祭拜的香火均置于天井和室外填埋，并要有人看管，以免发生火灾。

5. 加强日常的维护。定期维护广裕祠的清洁，检查构件的松脱、坏损情况，及时记录、上报并做力所能及的原样维修。灾害天气前后注意预防和检查，并及时排除隐患和险情。增加防火设施。

6．派送两位工作人员赴北京参加中国文物学会传统建筑园林委员会主办的中国古建筑维修技术进修班，返回后负责文物管理和对村民的教育工作。

7．“古迹不能与其所见证的历史和其产生的环境分离”，“古迹的保护包含着对一定规模环境的保护”。广裕祠的存在离不开钱岗村和文阁村这个大环境，有关部门和村民委员会规定了不能在古村落中擅自拆除、改建旧房，更不能新建房屋。认真做好整个村落环境的保护工作。

经过村民们的共同努力，钱岗村已被列为广州市控制的21个历史文化保护区之一。广裕祠的修复是整个钱岗村的文化保护和开发的第一期工程，随后的四个门楼和更楼的维修已经立项。

六、村民、政府机构与技术顾问的精诚合作

2003年联合国亚太地区文化遗产保护奖获奖项目公告中指出，广裕祠堂的修复是一个地方遗产保护的杰出范例，村民、政府机构和技术顾问的精诚合作是其中重要因素之一。

（一）政府机构和领导的重视，它表现在：

1．思想重视，如原从化市委书记亲自兼任市文物管理委员会主任，这在全国是绝无仅有的，并委任得力的、有能力的和懂业务的市领导抓文物古建。从思想上行动上说明了领导对文化遗产保护的重视。

2．在从化全市各区进行多次文物普查，书记、副市长、文化局长亲自带队，把所调查的资料编成册，供研究参考和进行宣传，并宣布，凡该市各区各乡文物、古建筑、祠堂、民居等建筑被发现后，不论好坏先不拆移，待鉴定后再作处理。促使全市干部、村民都要重视文物，保护文物。

3．拨专款修缮古建筑、祠堂等文物建筑，专款专用。

4．政府有关部门受村民委员会委托，代理其行使职权，负责聘请有经验、有资质的古建筑专家进行修复设计。然后进行施工招标及加强对施工、监理等单位的监督和管理。

5．对技术人员加强政策领导，而在业务、技术方面则不干预，充分发挥技术人员的积极性和智慧。

（二）村民重视、自觉参加修复保护工作

1．村民认识到广裕祠是纪念历史爱国忠臣陆秀夫的场所，是历史文物，有历史价值和文化价值使村民提高了认识，形成保护文物的自觉性。

2．村民重视给祠堂修复工程带来各种帮助，如提供施工辅助场地、工人食住场地、交通道路以及水电方便等。

3．自发地为修复工程捐款。据不完全的统计，仅钱岗村400户居民中，捐款的就有300户，表现了村民的重视。

（三）技术人员，包括修复设计、施工单位和监理人员，他们认识到广裕祠的历史和美学价值，他们重视这座文物建筑，因此，他们在修复工程中认真负责、精心设计、精打细算、周密施工，以《威尼斯宪章》和国内的古迹文物保护规章为指导，贯彻以保护为主、不改变原貌的原则，在施工中采用传统的工艺和方法，注意工程安全，并在有限的资金条件下达到了理想的效果。

在古建筑修复工程中，只有村民、政府机构和技术人员三者的精诚合作，各司其职，各尽所能，才有可能把工程做好，这是一条成功的经验。文化遗产保护成功的要点在于质量，保证质量的关键在于认真负责的态度，实事求是和精益求精的设计原则和施工方法。其中准则必须以国际上《威尼斯宪章》《奈良文书》等文件和国内的文物保护政策和办法为依据。只有这样，才能保证文物建筑修复的质量标准。

从化广裕祠堂的修复，有不少经验值得总结。特别是在修复工程中有意识地坚持《威尼斯宪章》和《奈良文书》的原则，采取认真负责、实事求是、精益求精的态度和严格的方法，发挥村民群众和技术人员的积极性和智慧，领导支持、信任群众、动员群众，这些都是广裕祠修复工程取得成功的重要因素，是值得学习和推广的。

2003年10月于广州

原文为陆元鼎、谭刚毅给广东省文物局的经验介绍。

广州陈家祠及其岭南建筑特色

中国自夏代实行“传子不传贤”的世袭制后，到周代已形成了完整的中国宗法制度。祖先祭祀成为重要的仪式和制度，祭祀建筑也成为中国古代重要的建筑类型之一。

中国古代祭祀建筑分为官式和民间两大类。

官式建筑分三类，一是由帝王亲自参加的祭祀之处，有天地、社稷和宗庙，其建筑称为坛庙。这些坛庙都有一套完整的制度，其仪式非常隆重和豪华，建筑的规模和等级最高。现存实物最有代表性的是北京的天坛、地坛、社稷坛和太庙等。二是祭祀各地的神，如五岳、五镇、四海、四渎的祭祀，由帝王派遣大臣代祭。这些祭祀也都有一定的仪式，建筑布局也有一定的形制，现在各地还有不少实物保留下来。三是祭祀孔子的孔庙，在地方上叫文庙或学宫。此外，各级官吏祭祀祖先按制度可设立家庙。

民间的祭祀建筑，除文庙、学宫外，分为两类，一类是各宗族祭祀祖先的建筑，北方称家庙，南方称祠堂，如公祠、宗祠、支祠等。另一类是悼念历史圣贤、功臣、名人以及地方神祇的祠庙，如四川灌县二王庙、合肥包公祠、海口五公祠、潮州韩文公祠等。

古代设立祭祀建筑是一件大事，古制规定“君子将营宫室，宗庙为先，厩库为次，居室为后”。帝王太庙还要按“左祖右社”的制度规定而建。地方上的家庙、祠堂也是如此。

祠堂最早见于汉代的墓祠，《宋史》记载：“尊君卑臣，天子之外，无敢营宗庙者，汉世公卿贵人多建祠堂于墓所。”随着宗法等级制度的进一步加强和完善，民间祠堂逐渐得到普及。宋朱熹所著《家礼》一书就有“立祠堂之制”，规定“君子将营宫室，先立祠堂于正寝之东，祠堂制三间或一间”，祠堂有等级限定，不得僭越。

明清两代是祠堂建筑的大发展时期。明代规定，“许民间皆得联宗立庙”，于是，各强姓望族纷纷建祠立庙。广东因经济发展较快，文化昌盛，兴建宗族祠堂殊为明显，清屈大钧在《广东新语》一书中述及：“每千人之族，祠数十所，小姓单家，族人不满百者，亦有祠数所”。对祠堂的规模和形式，史书中也记载，“乡中建祠，一木一石，俱极选采，其始建者务求壮丽，以尽孝敬而肃观瞻”。兴建祠堂的作用和目的，除了尽孝道、议族事外，还有宣扬本宗族力量之强大和财富雄厚之意图。

书院主要是古代民间文人读书、讲学的地方。其规模不大，布局比较灵活、自由，故大多选址在山清水秀、情景幽雅僻静之处。它适宜读书，并远离世俗，有一种山野清高之风，如著名的湘南岳麓书院、江西白鹿洞书院等都是实例。

广东明清时代因文化发展，故书院也多，一般都设置在府县郊外名胜之处，如广州玉岩书院。在农村，教书上课的场所称为家塾，一般都建在祠堂之侧，与祠堂相邻。这种公祠、家塾的做法可以起到“承先”和“启后”的作用，小村则在祠堂内教学上课，不另设家塾。

在珠江三角洲地区，一些宗族常在族田之中取出一部分田地，作为资助办学的专用田亩，称为“书田”或“学田”，其收入归族内，供本族子弟读书和生活之用。这种制度推动了宗族的教育，在粤中地区颇为盛行。在这种制度下所建的祠堂，其建筑布局与一般祠堂有所不同。

广东祠堂分两种，一种是公祠、宗祠，独立设置。一种称家祠，设置在宅内的后寝（后堂）在潮州大宅和兴梅客家围屋中较多见。祠堂的布局形制，和北方家庙一样，采取院落式堂寝制。小者两进（图1），一般为三进，即头门（门厅）、大堂（中厅）和后座（后寝）（图2）。大堂为族人议事、聚会的公共活动场所，后座即安置祖先牌位的祭厅。两侧可设少量辅助用房。古代大型祠堂采取三路三进两厢制，即除正中三进作为中路外，左右两旁增加两路，亦三进建筑，再两侧布置辅助建筑。这种布局的祠堂乃官宦世家才能享有此种等级规模。有功名的家族在祠堂内还可设牌坊（图3），堂前可设抱厦、拜亭或月台，大门前广场还可设旗杆石。大堂开间也可由三间增至五间，建筑物可增宽增高。

广东大型的祠堂两侧设辅助用房，有用巷道（称青云巷）相隔者，也有不用巷道，而是主、辅建筑直接相连者，其出入门口设在堂寝檐廊部位的两侧，这种青云巷的布局形式来源于粤中农村村落民居梳式布局手法，有岭南特色。

祠堂兼书院的建筑，来源于古代门塾制，通常是一门两塾，其右塾作为教人读书识字的场所，也即祠堂与书院相结合的做法。广东祠堂兼书院建筑的布局有两种，一种在堂寝两侧设辅助用房，供学子读书及住宿用（图4），另一种在建筑物后面或周围设辅助用房（图5）。辅助建筑可用巷道联系，如广州陈家祠建筑，也可用天井联系，形成回廊建筑（图6）。

祠堂建筑平面因其祭祀仪式隆重，故都采取中轴对称、规整严谨的手法。在形象上崇尚端庄肃穆的气氛，色彩以黑白青素色为主，材料大多用原色，如白石、青砖、黑灰瓦等。如用色彩者，也力求深沉和偏冷色调。广东的祠堂，为了显示其宗族的富豪，一般除

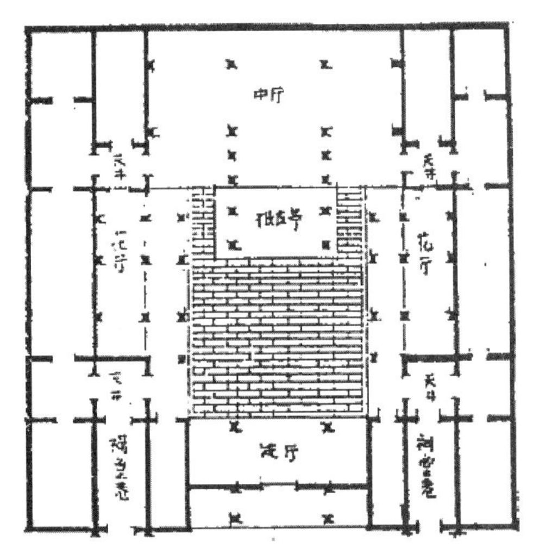

图1　潮州已略黄公祠平面（两进祠堂）

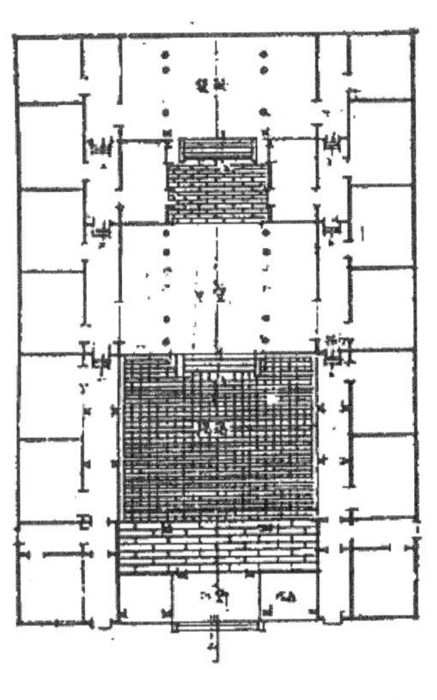
图2　番禺某祠堂平面（三进祠堂）

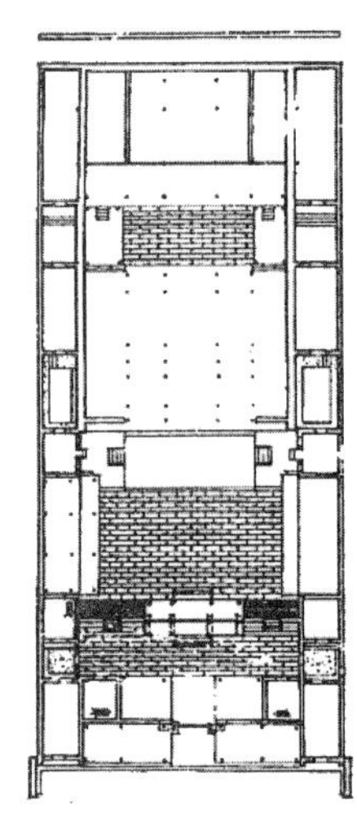
图3　番禺留耕堂

按制度可采取扩大规模、加大建筑开间和进深、增大建筑体型等手法外，通常用增强大门的外观和建筑物的装饰装修手法来加以表达，特别在清代后期更是如此。

陈家祠是广东最大的祠堂之一。它坐落在广州市西门外（现中山七路恩龙里），是广东七十二县陈姓的合族祠。建筑物始建于清光绪十六年（1890年），落成于光绪二十年（1894年）。祠堂建成后一直作为本省各县陈姓子弟来广州进行读书、科举考试准备和住宿的地方，故又称陈氏书院。1988年由国务院颁布为全国重点文物保护单位（图7～图10）。

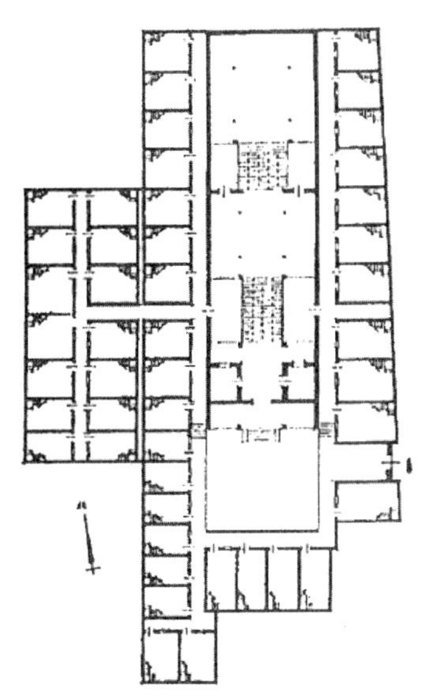

图4　广州某祠堂平面图

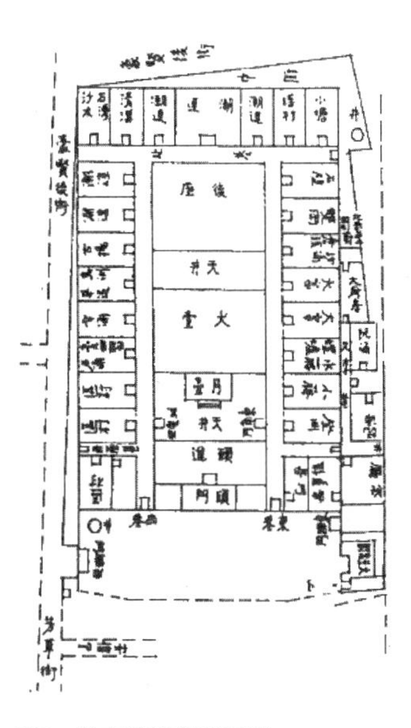

图5　岭南某祠堂平面图

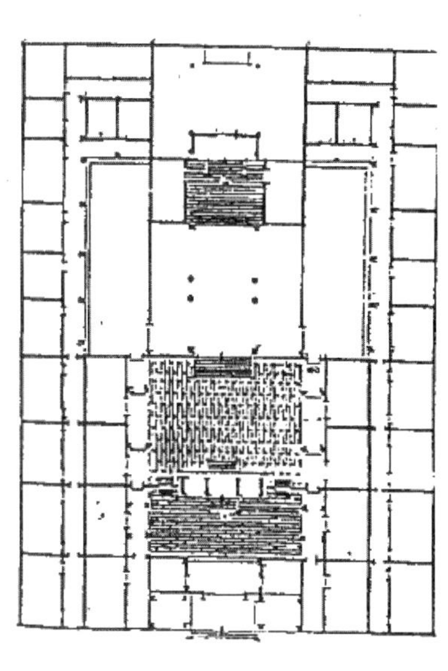

图6　广东某祠堂平面图

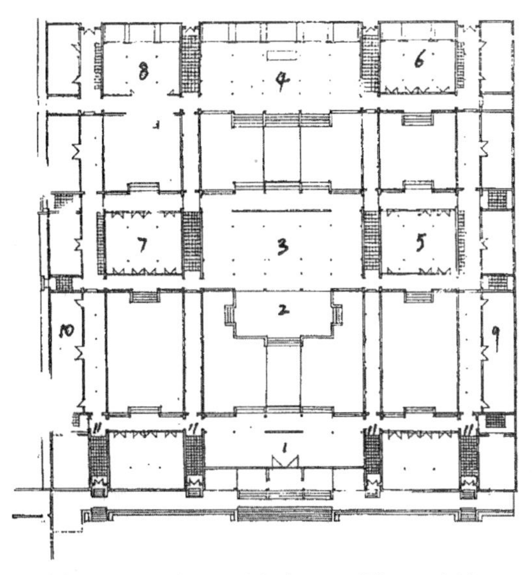

1—大门　2—月台　3—聚贤堂　4—后殿　5—东厅
6—东后堂　7—西厅　8—西后堂　9—东厢　10—西厢
11—青云巷

图7　陈家祠总平面图

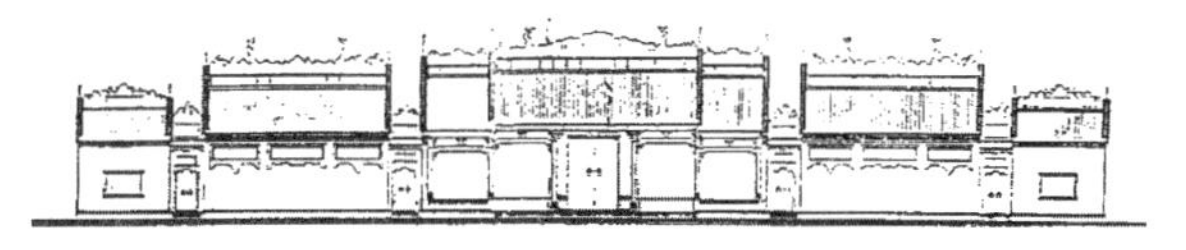

图8　陈家祠首进立面图

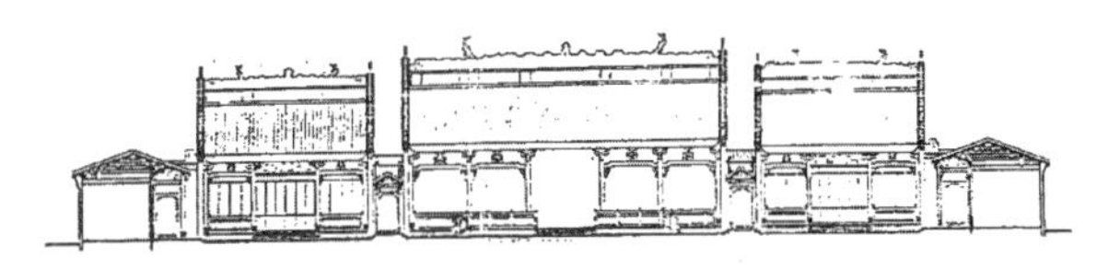

图9　陈家祠中进立面图

图10　陈家祠中轴剖面图

陈家祠为一坐北朝南，采用“三进三路九堂两厢抄”的大型祠堂建筑（图11）。门厅前有开阔的广场，主体建筑分三路，每路建筑有三进，纵横左右共有6院819座建筑。每路建筑之间用青云巷相间隔（图12）。它的布局，既有官式建筑的形制，又吸取了南方村落民居梳式布局的做法，是官式建筑和民居建筑的结合体。

陈家祠规模较大，通面宽和通进深均为80米。中路主体建筑五开间，大堂聚贤堂前有月台、石阶、石栏，其栏板、望柱镌刻精致（图13）。东西路建筑各三开间，其进深、屋高与中路主体建筑相同。陈家祠建筑体型宏大，中轴对称，严谨规整。室内有雕饰精致的梁架（图14）、屏门（图15）、格扇、挂落（图16），室外有高耸、华丽、长条连续画面的

图11　陈家祠大门

图12　陈家祠青云巷入口

图13　陈家祠栏板石雕

图14　陈家祠室内梁架

陶塑、灰塑脊饰（图17、图18），人字山墙的垂带部位有图案优美的灰塑草尾纹饰，大门两侧墙面（图19）和墀头部位（图20）则有着精湛技艺的砖雕，它们使陈氏书院建筑外观呈现出一种既严整肃穆而又端庄华丽的面貌。

此外，陈家祠还是一座具有鲜明岭南特色的建筑物，它主要表现在：

1．陈氏祠堂与书院合一，主体三路建筑为祠堂布局，两厢辅助建筑为本族学子读书场所，建筑之间用巷道间隔，这和布局手法吸取了南方农村村落民居梳式布局的优点，用于祠堂兼书院建筑之中，具有明显的岭南特色。

2．陈家祠建筑采取方形平面。其外围用青砖砌墙，内部建筑则多采用檐廊，或前檐廊，或后檐廊，或前后檐廊。厅堂采用可装可卸的格扇。这样，厅堂、天井、廊道三位一体，相连相通，形成一个外封闭、内开敞的大空间（图21），这是岭南建筑平面与空间处理的传统手法特色的继承和发展。

3．在大门观瞻上充分反映了岭南祠堂的特征，即：方石檐柱青砖墙，大门两侧石鼓

图15　陈家祠木雕屏门

图16　陈家祠木雕挂落

图17　陈家祠脊饰

图18　陈家祠脊饰

图19　陈家祠墙面砖雕

图20　陈家祠墀头砖雕

图21　陈家祠内庭

图22　广州陈家祠主体建筑——聚贤堂

台，虾公梁（月梁）上石麒麟，陶塑脊饰高山墙。此外，两扇黑漆大门板上彩绘有4米高的门神像，色彩丰富，气魄昂扬，反映了祠堂的肃穆和庄严气象。

陈家祠在整体建筑外观艺术造型方面，除继承了规整对称、突出主体建筑——聚贤堂（图22）以及严谨的外形等传统手法外，其岭南特色主要表现在大门、山墙和屋面脊饰等民间建筑艺术处理手法上。大门观瞻方面以上已有谈及，其他如高耸的瓦面、人字脊饰山墙以及华丽的陶塑回纹和人物题材的脊饰等，这就是岭南祠堂建筑整体外貌的地方特色。

4. 建筑具有适应南方气候的特点

如建筑平面采取梳式布局手法，建筑内部采取开敞的厅堂，可装可卸的格扇，建筑上部不设天花板，以及厅堂、天井、廊道巷道纵横而有规律的布置，这些措施都有利于建筑的通风。

建筑檐廊用石柱、石梁、高石础，地面用麻石，外墙用青砖等，有利于防水防潮。

建筑采用方形平面，山墙高大厚实，梁架稳重，屋坡陡直，出檐较短，檐廊结构采用穿斗式步架以及多采用墙体承重等，这些措施都有利于抗风防风。

此外，选用优质密实的材料，如麻石、青石用于檐柱、柱础、石阶、栏板和地面，青砖用于砌筑墙体，坤甸木材用作梁架、柱、栱等构件，都有利于防虫、防腐。

以上只举例一二，都属建筑解决南方气候的做法，这是岭南建筑的鲜明特色。

5. 充分运用岭南三雕、二塑以及书法、楹联、匾额等地方传统文化手段来表现陈氏书院建筑艺术面貌，这是本建筑又一个明显的岭南特色。

三雕者，木雕、砖雕和石雕。二塑者，陶塑和灰塑。这些雕塑门类在陈氏书院建筑艺术中得到了充分的表现和发挥。

建筑是一个综合艺术表现实体。建筑的艺术表现，除建筑本身的艺术处理如体型、体量、线条、材料、色彩等要素运用外，还要借助于其他艺术门类，如绘画、雕塑等。雕塑，由于它空间艺术表现力强，因而更容易和建筑紧密结合在一起。而建筑的意境也不同程度地要依靠绘画、雕塑、书法、楹联、匾额、题字等文学、艺术手段来加以帮助和表达。这种建筑与文学、美学的结合是中国传统建筑艺术表现的一个明显特征。

陈家祠建筑在雕塑门类运用上比较齐全，如木雕、砖雕、石雕、陶塑、灰塑、彩描等，还有吸取外来文化和技术而使用的铸铁构件。在雕塑各门类的运用和建筑与雕塑的紧密结合上，陈家祠建筑在这方面的处理是很成功的。

陈家祠建筑装饰装修的岭南特色，首先表现在题材内容上，它用民间传说、历史故事，当地的自然山水、鸟兽花卉为主题，除宣扬伦理观念和表现喜庆吉祥等传统思想和手法外，较多采用菠萝、荔枝、香蕉、木瓜、芭蕉、翠竹等岭南果木为题材，又采用“渔樵耕读”“渔舟晚唱”等南方乡村风光和生活为题材。题材灵活多样，反映了鲜明的民间风情、民俗特色。此外，在装饰题材方面，多用南方的鳌鱼、龙首、垂鱼等图案，既反映了传统思想，又有岭南地方风貌。

在雕塑手段上，则充分发挥本地材料的工艺特征和当地匠师的智慧与技巧。传统雕塑手段一般有线雕、隐刻、浮雕、通雕、圆雕以及灰批、彩描等多种形式。在陈家祠建筑上如屋脊（正脊、垂脊）、墙面（山墙面、正墙面），以及梁、枋、斗栱、栏板、石鼓等部位，则较多采用适合南方气候和满足视觉效果的浮雕、通雕和圆雕等工艺手段，这些手段雕工精湛、立体感强，表现人物生动活泼，具有岭南风格。

在意境表现上，陈家祠建筑采用传统的象征、寓意、祈望，以及民间喜爱的比喻、谐音等手法，如蝠（福）、鹿（禄）、桃（寿）、雀（爵）、猴（侯）等，这里不再一一举例了。这种种手法都反映了人们的一种吉祥如意或美好生活的愿望。

总之，陈氏书院建筑贯彻了实用与艺术相结合、结构与审美相结合的原则，充分运用了各种艺术门类的特点和手法，创造了雕琢精致、华丽和谐的装饰装修形象。可以说，陈家祠建筑是集中了岭南民间传统建筑装饰装修之大成，是岭南民间建筑宝库中具有明显历史、文化和艺术价值的优秀范例。

原文：载于《南方建筑》，1995年，4期，29-34页。

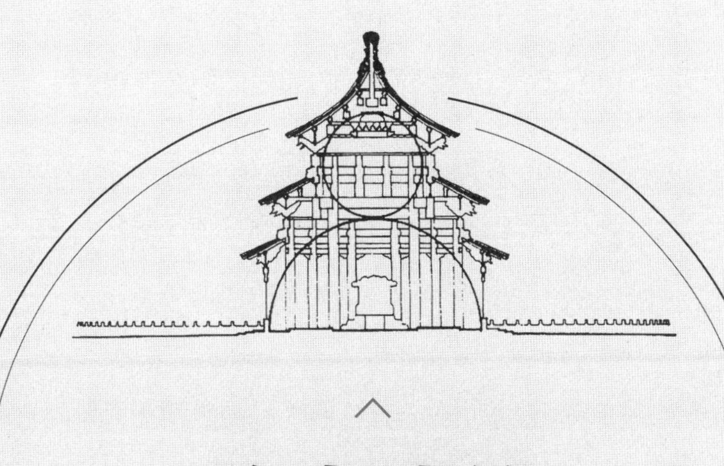

岭南建筑
传承与创新

创新·传统·地方特色

——略谈广东近几年建筑创作的发展

在党的十一届三中全会的路线、方针指引下，广东地区的经济得到了很快发展，建设事业蒸蒸日上。深圳、珠海等特区开发后，几年来，建设面貌日新月异。广州、佛山、中山、湛江、汕头等地区城镇的改造和建设也取得了可喜的成就。设计人员的思想不断解放，新技术、新材料不断得到采用和推广，建筑创作初步呈现出繁荣景象。考察近几年来广东建筑的变化，大致有三个方面的特点：

1. 高层建筑得到普及和发展，设计水平不断提高，技术装备日益更新，施工速度越来越快。

现在，高层建筑的功能和结构都较复杂，层数普遍在20层以上，有的已超过40层。有的大厦在顶层设旋转餐厅，有的因地形所限，把不同功能的组成部分都集中在一幢大楼内，技术更为复杂。

近年来，建造高层大厦已不仅限于广州、深圳等大型城市了，一些中等城市也开始兴建，如佛山市建起了璇宫酒店，高达19层，顶层还有旋转餐厅。

2. 建筑类型丰富，功能内容变化，外观形式多样。

近年来，由于经济的发展、商业和旅游的需要，出现了不少新的建筑类型，像综合商场、贸易中心、游乐场、度假村等，实例有：深圳碧涛苑、香蜜湖度假村、中山长江乐园等。这些新类型建筑都有一个共同的特点，就是它的功能内容有较大变化，即：由单功能向多功能、由单一性向综合性发展。如宾馆的功能不仅是住宿、吃饭，现在又包括商场、游乐和度假。商场也是，兼做饮食游乐，综合经营。甚至车站也开辟商场做买卖，一些礼堂也兼作商场与服务展销。

至于建筑形象，可以说多式多样。以高层大厦来说，20世纪70年代大多是板式体型，带形窗、横线条，形式较呆板，装饰装修也简单。到了20世纪80年代，不但出现了橄榄形、Y形等板式建筑形象的变化，而且，还创造了方形、圆形、十字形、回字形、双十字以及丛塔等塔式高层建筑新形式，装饰装修也较以前豪华。

多层和低层民用建筑形象的创造更是琳琅满目，丰富多彩。各种颜色的面砖、马赛克、喷塑、铝合金、墙纸等材料的大量使用，给建筑形象多样化创造了有利的条件，思想上的解放又促进了建筑创作上的百花齐放。近年来，就出现了现代式、仿古式、园林式以及吸收国外某些建筑形式等多种多样的建筑物。色彩方面也因材料和装饰的丰富而呈现出绚丽多姿的景象。

3. 建筑装饰装修行业兴起，建筑环境得到重视，给建筑创作增色不少。在旅馆建筑中，如广州南湖宾馆、深圳东湖宾馆、中山温泉宾馆、台山园村酒家等，由于客房装修典雅、室外庭园优美、环境幽静，深得游客的喜爱。

在其他公共建筑方面，装饰装修更是一项不可缺少的艺术表现手段。广州、深圳、珠海以及一些中等城市中，不少商店进行内外装修的改造，面目焕然一新。茶楼、餐厅、酒家也是如此。庭园式环境、现代化或传统式装修几乎成为普遍的设计手法。深圳泮溪酒家的装饰装修是以尚古、辉煌、豪华为其特色，而东湖宾馆的装修则以简洁、典雅取胜，台山园林酒家餐厅装修现代化，又富于传统特色（图1），给海外赤子带来了家乡亲切的情感。

恰当的和重点的装饰装修，有助于建筑艺术的表现和产生感染力，而庸俗的、烦琐的装饰与装修，只能给人们带来厌烦感。例如广州东方宾馆改建的新楼大厅，用烦琐的、堆砌的木雕装饰，掩盖了原有大厅的简洁明快风格，反映了一种庸俗的市侩习气。

下面，着重介绍一下广东建筑创作的变化和发展。

近几年来，高层建筑在设计中，考虑到使用的合理性和结构、设备的经济性，一般都采取高层加裙房的设计方法。高层作为旅业部分，层数多，体量大，客房标准化，故外形都采用简洁手法。它的艺术表现主要依靠建筑的体型、比例、色彩和材料质感来反映。裙房是公共活动场所，与人的生活接近，加上南方天气闷热，故根据生理或心理上的需要，外观大多采用大玻璃窗或玻璃幕墙等使视野开阔、身心舒畅的手法，而内部则采用通透、开敞的方法，有的还把庭园绿化引入室内，使室内外有机联系，以增加亲切感。

图1　台山园林酒家餐厅装修
（来源：廖少强 摄）

广州中国大酒店是广东高层建筑中唯一在外观上采用某些仿古手法的实例，如底层用褐色大理石贴面来象征基座，顶层天台女儿墙则用琉璃黄瓦斜屋面来象征传统的屋顶；又如在大幅墙面上采用巨型线刻壁画等，在探讨高层建筑的民族特色表现上做了有益的尝试。

在高层建筑的内部空间处理上，一般都不同程度地采用中国庭园式布局和传统的装饰装修方法，借以探讨建筑的民族特性如何结合现代化手段。如广州白天鹅宾馆的“故乡水”大厅，它采用传统的水石庭布局手法，山上有亭，亭下有瀑布，瀑布飞流入池，池侧峭壁直上。很多华侨来到祖国的白天鹅宾馆，犹如回到了国内自己的家乡。中国大酒店则采用雕饰与建筑紧密结合的方法，在大厅四角的巨柱上，都镶嵌了高浮雕古代神话故事塑像（图2），这样，传统的技术

图2　广州中国大酒店大厅浮雕
（来源：廖少强 摄）

经过改造提炼后又发出光芒。

在内部装修中，大厅、餐厅和客房是重点部分。厅堂装修在前面已有叙述，不再重复。客房装修中，为了住客的宁静和舒适，一般都采取简朴、大方的陈设和淡雅的色彩。有的客房为了适合服务对象的需要，采用豪华与典雅相结合的布置方法，如广州白天鹅宾馆的总统套房。也有的客房为了适合外宾或游客的需要，采用中国传统式、中国香港式、美国式等具有各个国家或地区特色的室内装修。

当然，上述高层建筑不少是选用进口材料，对国内来说，目前还缺乏普遍意义。但对丰富建筑创作，改进建筑技术和材料，有一定的借鉴和促进作用。

建筑形式的多样化在多层和低层公共建筑创作中最为明显。这类建筑大致可以分为两大类。

第一类是引进外资或合资项目，采用进口材料。这一类建筑创作又可分为三种。

一是以仿古建筑为主。它的创作手法特点是：采用大屋顶、琉璃瓦、古典装饰。实例有珠海拱北宾馆、珠海宾馆等。有的建筑物追求古色古香，有猎奇思想。如珠海宾馆入口以古代铜色宝鼎作装饰，平屋檐用古代车马鸟兽图案作饰带（图3）。有的甚至把故宫午门城楼缩小尺度作为宾馆住房，内部虽有空调设备与照明，但只能说是复古的表现。

二是全新型建筑，从结构、材料到外观形式都是现代化的，如深圳、珠海的一些宾馆、度假村等。珠海石景山旅游中心即其中一例，它是以六角形平面作为基本单元组合而成的，外观简洁、无装饰，因而较平淡（图4）。室内装修用新材料，较雅致。

三是立足于现代化建筑，但在平面、空间和外观上学习和模仿中国传统形式。它的手法特点是：平面布局内院式，空间庭园化，外观上运用某些中国古代的屋顶形式或琉璃装饰，有的细部还采用一些传统花纹。室内处理上，公共大厅大多采用传统的装饰和装修。这方面实例很多，如中山温泉宾馆（图5）、深圳东湖宾馆（图6）等。

第二类是国内资金，国产材料，也有少量进口装饰材料的。这一类建筑的创作特点是：

形式力求新颖，手法力求简洁。但在公共服务部分，如大厅、餐厅等，则运用一些传统的装饰装修手法。这一类建筑的实例有：广东迎宾馆、广州华侨酒店、台山园林酒店

图3　珠海宾馆入口宝鼎和古图案檐带

图4　珠海石景山旅游中心商场外貌

图5　中山温泉宾馆某楼外貌及细部

图6　深圳东湖宾馆

图7　台山园林酒店外貌（廖少强摄）

图8　中山新建筑

(图7）以及江门、肇庆、中山、湛江、海南的新建筑（图8、图9）等。深圳最近正在兴建的一些重点民用建筑工程也大多采用这种设计方法。

也有一些建筑物，在外观上比较强调运用传统的形式，同时，努力摸索和探讨民族特征和现代结构、材料的结合。如中山市中山纪念堂、潮州市园林管理处（图10)、深圳泮溪酒家等。

在上述两大类建筑创作中，有一些值得特别提出的，就是这些新建筑都在摸索地方特色的反映。建筑和庭院、园林绿化的结合，民居中的某些形式和细部手法、民间的雕饰和纹样等，已经在新建筑中得到借鉴和运用，从图11～图13中就可以看出，这种向民间传统学习、借鉴的方法在建筑创作中将产生巨大的影响。

图9 南海县医院

图10 潮州市园林管理处外貌
（来源：蔡修国 摄）

图11 中山温泉宾馆园林住宅

图12 珠海宾馆园林住宅

在大量性住宅建设中，广州东湖新村、深圳上步园岭住宅小区做了新型住宅区规划设计的尝试。它在街心公园中用平台作为架空联系走廊，底层设有公共服务商店，区内福利设施齐全，园林绿化布置优美，既方便了群众，又丰富了街景。融生活、文化、休息服务于一体。

近几年来，广东住宅建设在质和量上都有较大的提高和发展。它在建筑创作上的特点主要表现在形象上的多式多样和南国风光，它运用建筑体型的高低错落，门窗、阳台、栏杆的虚实对比、通透，具有地方特点的细部纹样，以及色彩的明朗、淡雅等手法，来达到建筑造型的和谐与协调（图14）。

农村经济的繁荣促进了农民住宅的大量兴建，深圳出现了农民住宅别墅化，佛山出现了农民住宅楼房化。这些住宅室内宽敞，形式全部现代化，但面积很大，造价较高，而且都是独院式楼房，有的达到三、四层，非一般农民能负担，但它给建筑创作提出了新的课题。

最后，再分析一下建筑创作思想的发展。可以看到，20世纪70年代与80年代初期还是有着明显的变化。

图13　深圳东湖宾馆庭园

图14　珠海拱北新住宅

20世纪70年代，广东建筑的创作思想，个人认为主要有两个特点：一是设计人员努力摸索和探讨我国社会主义时代广东建筑的地方特色。通过大量实践，初步总结出：在平面布局上要开敞，在空间处理上要通透，在外观造型上要轻巧、明朗，至于在室内布置上，则要眼睛向下，向民间学习。广东传统的庭院布局，庭园空间组合方法，本地山石、泉水、花木的结合，民间的雕饰、装修和细部纹样等，都是南方地区建筑创作的素材。二是由于对外贸易事业的发展，导致高层建筑的兴起。设计人员通过实践，初步摸索了某些创作手法规律，这方面在前文已有所述，这里不再重复。

20世纪80年代初期，广东建筑的创作思想，个人认为有三个特点：一是进一步摸索与探讨现代建筑如何结合我国的民族特色和南方特点。这是一项比较长期而艰巨的任务，也是建筑创作的方向；二是建筑创作构思已从单体建筑扩大到群体、街景、中心区、住宅小区甚至整个城市，单体建筑只是整体环境中的一个组成部分。对建筑群体创作已经重视起来，但仍然缺少鲜明的规划思想特征；三是装饰装修在建筑中的地位日益重要，近期又增加了雕饰与壁画。当前这些雕饰艺术创作思想上的特点就是：既要表现本身艺术上的特长，又要尽力与建筑配合协调，同时还要摸索民族特色、地方特色的体现。因此，要强调创作构思的鲜明性和题材、形式的正确选择，还要努力克服喧宾夺主、复古、烦琐和商业化的倾向。

以上所述，未涉及建筑技术或其他问题，同时，也仅仅是个人的一些看法，因调查不够深入，肯定存在片面性和错误之处，祈望前辈、专家和同人们批评指正。

原文：载于《建筑学报》，1984年，12期（总第196期），70-74页。

民族特色和地方特点

对建筑的民族特色和地方特点谈三点意见：

一、繁荣建筑创作，必须摸索建筑创作规律

建筑创作规律有普遍性和特殊性。建筑为社会服务是普遍规律。今天，建筑就要创造中国社会主义的新建筑。建筑创作的特殊规律很多，民族特征和地方特点是其中之一。

中国传统民居丰富多彩，有浓厚的民族特色和鲜明的地方特色，主要反映在：（1）类型众多，组合灵活丰富；（2）立面朴实，造型优美，结构合理，比例匀称；（3）大中型民居中，装饰装修绚丽多彩。其原因有二：（1）因地制宜，不受官式建筑约束。所谓“地”，就是气候、地貌（地形、地理、环境）、材料。这些不同面貌，被称为地方特点；（2）在经济条件许可下，充分运用本地区本民族的传统手法，如平面布局、屋顶形式、结构方式和材料特征、细部纹样、装饰装修等，这就是民族特色。

二、重视建筑中的民族特色

民族特色，不同历史时期有不同表现，它随着时代的发展而不断赋予新的内容和形式，因而不是固定不变的。如大屋顶，它是清代官式建筑形式的一个主要特征，原封不动地把它作为今天的民族特征。显然是不恰当的。

传统的民族特征一般表现为五个方面：（1）以庭院组合为特点的建筑组群布局；（2）以含蓄多变为特点的空间处理；（3）丰富的古建筑形象创作法则和形式；（4）建筑与环境、园林、绿化的结合；（5）传统的装饰装修、细部纹样、色彩、家具的综合运用。

今天的民族特征，要与现代化（包括新时代的生活、生产、科学技术、材料等）结合起来。要继承，要发展，要有新的时代特点。要充实新技术、新材料，要不断变化更新，以形成新时代的民族特征。

此外，并不要求一切建筑物都非要全面表现民族特征不可，而是只要求在典型的、有代表性的建筑物中得到充分表现。同时，不同类型建筑物的民族特征表现也可以要求有所不同。

屋顶形式是中国传统建筑的重要特征之一，它的产生与发展绝非偶然，是功能、材料、结构和美学观念综合的结果。今天，在有些地区仍然沿袭和发展。讲到大屋顶，在古代，也不是普遍采用。除大型官式建筑外，各地运用屋顶，也是根据经济条件而定，或化

整为零、化大为小，或高低错落、前后错开。今天，不要对屋顶形式一概否定。在今天，多层以下建筑中房顶形式仍是反映民族特征的重要手段之一。

三、重视建筑的地方特点

地方特点和建筑中的民族特征，是建筑创作表现中不可分割的两个方面，两者相辅相成，相互渗透，又有自己独特的内容。

建筑物的建造离不开具体的地点和环境，它用本地的材料、结构、构造方式、传统手法和美学观念，建起为当地人民所喜爱的建筑形象，反映了鲜明的地方特点，而民族特征也寓在其中。创作中，离开了地方特点，民族特征将变成抽象。越发挥了地方特点，也就越反映出民族特征。在广东近年来的新建筑中，地方特点比较明显，如平面开敞，空间通透，形象轻巧明朗，内部装饰富有浓厚的民间传统色彩，特别是民居和园林等传统建筑中的一些式样和手法、广泛得到采用，既丰富了地方特点，又促成了新的民族特征表现。

原文：载于《繁荣建筑创作座谈会发言摘录》//《建筑学报》，1985年，4期，8-9页。

创作中国式的现代化、民族化建筑

当前一个时期，建筑界都很热心谈论建筑的创作，大家各抒己见，勇于探索，这是十分可喜的现象。然而，再细看一下，发现谈论建筑现代化的多，而对民族化却避开少谈。我认为思想上还存在两个问题，一是“怕”字，怕提民族化，被人说是“复古”，又怕说是“不符合开放政策”，在学校中，教师怕谈、学生怕做，一些杂志也尽量少登传统建筑的文章。《中国古代建筑史》一书尽管编审者获奖，可是，不少建筑人员却把它束之高阁，或当作书架上的陈列品。二是轻视思想，认为现在搞建筑创作，主要是现代化，搞传统式建筑已经过时了，可以不必去研究了。当前在学校中，大多学生不重视中国建筑史课程的学习，有的学生之所以去读它，也只是为了应付考试。我认为这些现象是很值得担心的。

中国建筑要走社会主义现代化、具有民族特色的道路是毫无疑义的，因为这是一个方向，是建筑创作的道路。当然，它不排斥各式各样的具体建筑创作方法，即多元化的创作方法。但是，方向和方法不能混为一谈，方法是为达到目标、方向服务。中国建筑的发展应该朝现代化民族化的目标前进，特别在当前，更要鲜明提出。可能有人会说，这种提法限制了建筑创作，被一个框框箍死了，我想并不如此。

我们知道，建筑物不是孤立存在的，而是建造在某个国家、民族或地区的土地上，它有具体的山水、土地和环境，而且还有使用它的人。不同职业的人对建筑来说有不同的使用要求，不同的风俗习惯、宗教信仰和审美观念又对建筑的功能和形象起着影响和作用。

其次，建筑是文化的一个组成部分，在一个城市中，建筑还是城市面貌的重要组成部分。中国文化历史悠久，文学艺术又具有独特的成就和风格。中国古代建筑遗产也是非常丰富的，它早已成为东方建筑中的一个独特体系，并在世界建筑史上享有盛名。这种文化脍炙人口，已经深深地扎根于人民，蕴藏在人民的心中。人民心中的“根”就是民族文化、民族意识。我曾接触过长期远离家乡的一些华侨和港澳同胞，他们对祖国的感情是非常深厚的。他们对家乡的一草一木怀有一种特殊的感情，他们对祖国的建筑或家乡的房屋都希望有中国的民族的特色或地方特点，这种感情就是民族情感、民族意识。建筑中的民族特性正是这种民族情感的具体表现，这一点是千万不可忽视的。

民族情感的表现是多方面的，如生活方式、风俗习惯、审美标准等都可以反映出来，历史文化和艺术所形成的特征，甚至个人的性格也都可以反映出一个民族的情感或意识。当然，这种情感也是在变的，封建时代不同于资本主义时代，社会主义时代的民族情感更不同于过去任何时代。因为，它是建立在社会主义制度这个基础上，人民有着共同的愿望，国富民强，团结友爱，奋发图强，振兴中华，这种情感在精神和物质建设中更得到了充分的发扬。

建筑是技术和艺术的统一体，它由精神文明和物质文明共同组成，建筑中的民族情感主要由它的物质功能和艺术形象来表达，物质功能反映在建筑上就是群体布局和平面组合，艺术形象则包括外形、细部和装饰装修，建筑中的民族特征正是反映在这三个方面。

在创作现代化民族化建筑过程中，我认为还有下列几个问题是需要加以明确的：

一是，民族化必须与现代化统一起来。

时代特征是大前提，建筑创作必须在社会主义现代化这个时代特征前提下力求民族化，这是建筑创作与发展的一个规律。在封建社会中，建筑民族化的要求也是在封建制度下逐步形成的，因为，建筑中的民族特征是不可能孤立存在的，建筑与时代密切相关，建筑服务于社会，因而，建筑中必然带有时代的烙印。

二是，民族化不等于复古。

有些同志一听到民族化，就把它和“复古”联系了起来，也有些同志认为，民族化，就是把建筑形式固定在一个传统模式之中。他们不愿意听到“民族”两字。更不想听到“化”字。他们还认为，提民族化，就会限制建筑创作的发展。他们把建筑中的走民族化道路认为是阻碍建筑创作的发展，实际上是要求建筑创作不走民族特色的道路，那究竟要走什么方向呢？

三是，建筑创作中的民族化和地方风格是完全一致的。

多民族国家中，一个民族所在的地方可能在一个地区，也可能是几个地区。一个地区内可能是一个民族聚居，也可能是几个民族聚居。因此，建筑中的民族特征包含了地区风格，地区风格统一在民族特征范围之内，脱离了民族特点的地方风格将会走向世界主义建筑范畴中去。

究竟怎样才算民族化呢？它的途径，可以是两个方面，即外来建筑民族化和传统建筑现代化。这两者之间是不可分割的，它根据不同时期、不同地区、不同建筑对象而采取不同的途径。对待传统建筑一定要用现代的功能和科学技术、用现代的审美观念对它进行改革和创新，继承其优秀特征，摒弃其封建糟粕，使适应于今天社会主义建设的需要。而对待外来的建筑文化，就要和我们国家和民族的具体情况结合起来，从我国实际出发，加以学习和运用。

在我国，封建社会特别长，从明代中叶后社会发展缓慢，也可以说是停滞不前，生产落后，对外封闭，在传统意识上形成很大的惰性和保守。在建筑上也是如此，陈旧的规章制度束缚了建筑的创造和发展，以木构建筑为正统的建筑体系排斥了新的功能、新的材料和新的形式，以大屋顶为特征的官式建筑被认为是传统建筑的代表，这种观念一直影响到现在。因而，也造成了某些人的错觉，以为传统建筑的特征就是大屋顶，一谈民族化就与大屋顶联系了起来。他们不了解我们国家土地辽阔，气候悬殊，资源丰富，各地区各民族的建筑是非常丰富多彩的，可以说是千姿百态，各有特色，它们共同组成了我国建筑鲜明的民族特色和浓厚的地方色彩。

建筑创作中的现代化、民族化是方向，是目标，是我国建筑走中国式社会主义建设道路的具体体现。但是，建筑创作方法是多方面的，是多元化的，它根据生产、生活的需要，在建筑创作中可以偏重在某一方面，或突出功能，或突出某些新型结构和形式，对民族特色的探讨，可以在形象方面，也可以在平面布局、空间组合或细部处理，重在精神、在格局，而不是照搬古典建筑形式。

当然，在建筑创作中，现代化条件下的民族特征不是一个短时期内所能形成的，在创作中要真正形成自己国家、自己民族的新风格、新特征是相当艰难的，在西方建筑史上形成一个时代特征通常要一百年甚至几百年的时间。今天，我们有社会主义制度的优越条件，可以发挥大家的智慧，集思广益，在马克思主义思想指导下有意识地进行探索和创造，它可以促使我国社会主义的具有民族特色的新建筑早日得到发扬和繁荣。

上述问题，实际上都是一些老问题，为什么长期以来仍然争论不休呢？原因有二，一是对传统建筑的优秀特征和它存在的缺点——顽固性、保守性研究不深，认识不清，没有对它进行客观的分析和正确的评价。二是对我国国情了解不深。建筑是文化，文化与社会、国家、民族密切相关。中国的社会主义道路必然要求中国建筑创作走现代化、民族化的方向，这是我国国情所决定的。

原文：载于《中国建筑评析与展望》，天津科学技术出版社，1989年，247-249页。

岭南新建筑的特征及其地域风格的创造

20世纪70年代，广州因对外贸易的需要，建造了很多新建筑。当时，新的设计思想、新的样式、新的手法给人一种新的感受，使人耳目一新，学习广州建筑也成为当时的一种新潮。广州建筑是岭南地区建筑的一个组成部分，由于广州是岭南政治、经济、文化的中心，因而，从某种意义来说，谈到广州建筑，它就成为岭南建筑的代表。此后，岭南建筑驰名全国，成为全国主要流派之一。

谈到岭南地区的范围有不同看法，以建筑界来说，有广义和狭义两种解释。按地理来分，位于五岭之南称为岭南。因此，广义来讲，包括广东、海南全省、福建省泉州、漳州以南，广西东部桂林以南地区，属于岭南范围。狭义来讲，则指广东珠江三角洲地区，包括肇庆、汕头、湛江和香港、澳门地区，我们认为按广义解释较为合理。可是在习惯上，岭南文化与广东文化经常相互混用，没有严格区分。

岭南建筑是作为一个特殊名词，它不等于建造在岭南地区的建筑就叫岭南建筑。我们认为，有岭南地域文化特征的建筑物才称它为岭南建筑。按时期来分，就有岭南古建筑、岭南近代建筑和岭南现代建筑。后者称为岭南新建筑或称岭南建筑。

岭南地区位于中国大陆的最南部地带，东南濒海，区内丘陵地多而平地较少，其间河流纵横。加上气候炎热、多雨，又多台风，春夏两季温度很大，有时达到饱和点，这种特殊的自然条件对建筑影响甚大。

建筑的地域性，除了文化、性格条件外，不同的自然条件，包括气候、地形、地貌、材料也是形成地方特性的主要因素，这是有别于其他地方建筑的一项重要内容。为此，建筑与自然环境的结合就形成岭南建筑的一大特色。

一、岭南新建筑的特征及其形成因素

特征的含义是指事物中最能代表或反映其本质的东西。建筑特征也是一样，按其本质和属性来说，建筑既要实用，又要美观；既有技术，又有艺术，这就是建筑的本质和特征，即双重性。

建筑特征是如何形成的呢？它主要来源于民族、文化、习俗、特性、审美观。从它的组成来看，则来源于生活、气候、地理、地形等自然条件，它们共同形成建筑的特征。地方的建筑特征则来源于地方的各项构成条件。

建筑特征表现，从社会文化角度来看，可以分为社会特征、文化特征，还可以有各个历史时期的特征。从建筑自身角度来看，还有技术特征和艺术特征。从技术角度来看，有平面、结构构造、材料的特征，还有气候、地理、地貌特征等；从艺术角度来看，有外貌、细部、装饰、装修等特征。综合起来，就是建筑的总特征。

建筑特征表现中，一般来说，物质技术容易反映，而精神气质较难表现，最难表达的是它的文化内涵。在一座建筑中，外表的建筑形象、细部、装饰、色彩等艺术表现和平面功能使用、结构、构造、材料等技术手段，看得见、摸得着，易于表现。而一座建筑物的文化内涵、性格、气质，它蕴藏在建筑深层，是很难一下子判断的。

此外，建筑特征还有三个层次的表现，即：

1. 浅层次表现，它表现在物质技术方面的特征较多，也是易看到、易反映的一种特征表现。一般在建筑中如平面、结构、材料、气候、地貌以及某些外形、细部、构件、图案等，在建筑设计中，它可以直接拿来应用，在创作中可以称作抄袭或模仿。

2. 中层次表现，它已经开始进入建筑中去摸索、综合，可以说是一种代表性或典型性特征，如符号、象征、手法等都属于这一类中层次特征表现。

3. 高层次表现，这是深入到文化内涵的一种特征表现，是要经过相当长的时间才能逐步形成的。

（一）建筑技术特征与表现

这是浅层次表现，在建筑上属于技术范围。归纳起来有下列四个方面特征：

1. 开敞通透的平面与空间布局

建筑平面布局中要考虑建筑的朝向，以便获得良好的通风条件。通透的空间，包括室内外空间过渡和结合的敞廊、敞窗、敞门以及室内的敞厅、敞梯、支柱层、敞厅大空间等。

2. 轻巧的外观造型

建筑设计的艺术组成有四个要素，体形、材料、细部和色彩，其中关键是体形。建筑物的造型美观悦目，其首要的条件是体形得当，即比例恰当、优美。和谐优美的比例是形成建筑自然美的必要条件。其次是材料，它是建筑形成的物质基础。细部和色彩包括装饰、装修，是建筑增加美观的重要辅助手段。

南方气候炎热、潮湿多雨，人们喜爱一种轻盈、活泼的生活，同时更喜爱户外运动。对于厚重实体的物件，往往从内心感到繁重压抑。这种观念也影响到对建筑的看法，总的来说，希望建筑轻巧、活泼、自由。

建筑体形做得轻巧，有以下一些手法：建筑不对称的体形体量、线条虚实的对比。多用轻质通透的材料，以及选用通透的细部构件等。

3. 明朗淡雅的色彩

岭南建筑在色彩选择上往往爱用比较明朗的浅色，同时又喜欢用青、蓝、绿等纯色作为色彩基调，这些都能使建筑物减少重量感，从而造成建筑外貌的轻巧。

4. 建筑结合自然的环境布置，分为两个方面：

（1）建筑与大自然的结合，即建筑充分利用大自然的山、水，如山崖、峭壁、溪水、湖泊作为背景，以增加建筑物的自然风光。

（2）建筑与庭园的结合。其特征就是有庭又有园，庭与园的结合。庭有多种类型，以水为中心的称水庭，以绿地为中心的称旱庭，以石景为中心的称石庭，石景在水面之中的称为水石庭。建筑物环绕庭院而建，称为绕庭建筑。

将庭园引入室内，也是建筑与庭园的一种手法，具体做法有：把庭园引入大厅，把庭园引入房间内；把庭园引入屋顶层，称为屋顶花园或天台花园；还有把庭园引入支柱层，称为底层花园。

5. 传统地方特色细部和装饰装修的运用

（二）建筑象征特征表现

这种特征表现比上述技术、外表或形式特征表现要深入一些，它深入到建筑的本性来反映，可以说是属于观念、规律等范围，它已经有一种概括性的内容表现，例如一般设计人员通常喜用的符号、手法、象征等都属于这一类。但是，这种如符号、手法、象征等特征表现不是固定的，而是一个时期有一个时期的建筑特征表现，并且是随着时代的发展而变化，或淘汰，或升华。

如广州地区20世纪70年代流行的新建筑形式及其设计思潮，当地有一句谚语说：“板式建筑带形窗，高层平顶加裙房，高楼低层相结合，遮阳板加通花窗”，就是当时岭南新建筑的符号、形象和细部等特征及其具体体现，它比技术物质特征更进了一步。但是，为时不久，到了20世纪80年代，这些特征也没落了，产生了新的特征。

（三）高层次建筑特征与表现

高层次表现，是属于文化思想内涵方面的表现，它已经超越某些表面形式等物质特征和符号、象征、手法等内容表现，进入到通过意匠、构思，并从哲学、美学、历史、人文等学科，在理论综合上进行研究和创造来表达，这是建筑创作的最高境界。通常业内人士所说的要“神似”不要“形似”，就是这个意思。这种创造境界是较难达到，也是很艰苦才能做到，而且要花精力、花时间，并在长期的实践、摸索创作中才能逐步达到的。如果在创作中能在思想内涵的某一方面达到高层次表现，那已经是很不容易的了。

下面我们从岭南文化的角度来分析岭南建筑的特征。

文化特征的形成，源于各个民族、各个地区所处地理环境、气候条件、历史发展以及观念上的不同等因素。

岭南文化的特征可以归纳为三大文化体系和四大文化特征。三大文化体系，即多元文化、海洋文化和商业文化。四大文化特征，即兼容性、务实性、世俗性和创新性。在近现代文化发展中还增加了辐射性。

1. 多元文化。岭南地区在古代为南越百姓居住地，当时称土著文化。秦汉以后的几次动乱中，北方汉族迁徙南下带来了中原文化。长期来汉越文化交流融合，加上吸取了岭南周围地区如荆楚、闽越、吴越文化，还有海外的外来文化的优点，从而使岭南文化中的多元化成为其最大的特点。在全国来说，这也是比较特殊的。

岭南文化是中华民族文化的组成部分之一，其特征形成离不开中华民族文化特征的影响和交融。岭南地区的多元文化主要是中原文化与土著文化长期融合的结果，也是吸收周边地区文化的结果。这里要明确的是，在汉越文化中，是以中原文化为根，在岭南多元文化中则要明确以中国传统文化为主导。其次要强调的是，在汉越文化融合的主体中，不能忽视南越文化的历史发展及其特色。如果离开了上述两点，那么，岭南的多元文化偏离了民族的和地域的特点，那与国外地区的多元文化又有什么区别呢？

2. 海洋文化。在气候地理上的特点是开放、开朗、开敞，与大自然相融合，这是自然性、开放性的反映。此外，海洋文化交往、开拓、贸易多，吸取和传播文化也多，双方的先进技术和文化的交流也多。近代的中国和国外的交往都是以沿海地区的城镇作为交汇点产生和发展的，因此，海洋文化的特征就是开放、开拓。

3. 商业文化。其特点是有经济头脑，带来竞争意识，但也带来功利主义、崇商崇利。处理好“利义”关系是关键，即经济效益和社会效益之关系，这也反映在传统文化与商业文化的关系上。在我国现代社会新的价值观上，两者应是统一的，但必须强调社会效益。

下面叙述岭南文化的四个具体特征。

1. 兼容性。这是岭南文化在历史发展中反映出来最明显的特性之一。岭南人对待古代文化、外来文化，包括一切古今中外文化都能采取来者不拒、批判吸收，一切皆为我用的态度，这就是多元文化带来的效果。兼容性中最主要的原则是以我为主，也就是多元化是以中华文化为主。

2. 务实性。这是商业文化带来的优点。要做生意，长期经营下去，就是靠诚信。要有信誉、诚实，要老实做人，商品实在，作风踏实。这是正确的、有道德的商业文化，所带来的行为必然是务实。其次，商业文化也带来灵活变通的特点，这是与务实相辅相成的另一面。只要不违背务实、信誉，允许事物有一定的灵活和变通。

3. 世俗性。这也是岭南文化主要特征之一。岭南土著文化代表了南越人的文化，它是南越人生活、生产中的事物、观念以及礼仪、制度等方面的反映。在历史文化发展中，岭南文化代表了民间所需求的利益，如古代建筑中的祠堂、书塾，近代的商店、茶楼等老百姓喜爱和实用的这些民间建筑类型的产生，都是为老百姓所用的，这就是民俗性。

4. 创新性。这也是商业文化和海洋文化带来的综合反映。创新是竞争的必需手段，也是任何事物要获得成功、胜利的必然途径。没有竞争，就不可能前进，但是，这种竞争必须是良性的、光明磊落的。

创新不同于创造。创新主要是一种观念、思想，就是要求新奇，与众不同。而创造则是具体行为，是产生价值的行为，是具有科学依据进行艰苦劳动，创造价值的行为。当然，两者有联系，在某方面解释也是可以相通的。

岭南建筑来源于地域的文化和自然条件。综合上述，岭南建筑的特征可归纳为：（1）务实性，岭南建筑的本质所在，就是以真实为主；（2）兼容性，古今中外，一切精华为我所用，这是岭南建筑博采各家之长、丰富自己的做法；（3）世俗性，这是岭南建筑注意民间建筑、大众化思想的表现；（4）创新性，这是岭南建筑的主要特色和根本，一切以创新为主，在创新中求变。此外，随着文化的发展，辐射性的作用也在岭南建筑中不断发展，也可以说是第五项特征了。

二、岭南建筑地方风格的创造

（一）地方建筑风格形成的因素和条件

建筑风格形成主要有四项因素，即社会因素、经济因素、自然因素和文化因素。

1. 社会因素

社会因素包括历史因素和人文因素两大类。

历史因素中有时代因素、民族因素、地域因素，这些因素比较稳定，不是经常变化的。人文因素是社会因素中最活跃的，也是经常变化的因素。人文因素包括人的习俗性格、宗教信仰、文化素养、审美观念等。

在历史因素中，起主导作用的是社会制度。在封建社会下，各个时期还有不同的表现，就构成了时代因素。

2. 经济因素

这是建筑形成的物质条件。同样的材料、结构，可以导致不同的建筑形象和外貌，因为建筑创作并不由材料结构等科学技术来决定，而是由当时的社会需求，人们对建筑的理解，以及思想文化对建筑的要求来确定的。材料、结构方式为建筑创作提供了建筑实施的可能性和经济性，是必要条件，但不是决定条件。

3. 自然条件因素

不同的自然条件包括气候、地理、地貌和材料，它是我国建筑形象呈现出丰富多彩和地方风貌的主要因素之一。

4. 文化因素

凡属于意识形态方面的、非物质技术方面内容的，都属于文化因素范畴。如制度（如礼制）、宗族，还有艺术方面的小说、诗歌、绘画、音乐、戏曲、雕刻、装饰、装修、服饰、图案等都属于文化范畴。以建筑类别来说，则多着重在制度、习俗、审美观以及艺术处理等方面。

建筑是为人的生产生活服务的，而建筑又是由人进行设计和建造的。建筑的形成离不开人，人的文化素质不同、性格不同都会使建筑的布局、空间、环境、形象产生不同的反映，建筑风格更是如此。

建筑风格的形成，四项因素都是必备的条件，但是地区不同、民族不同，它们存在的条件不同，就会导致建筑风貌、风格的不同。特别在南方地区，要抓住岭南特点，关键有两个，一个是岭南的人文因素，另一个是岭南的自然因素。

那么，什么才是地方建筑风格的形成标志？通过实践总结，认为需要具备三方面的条件，即成熟的人文条件、明显的地域条件和比较齐备的地方传统文化条件。

1. 成熟的人文条件

人文条件的内容很多，其中最重要的有两项，一是性格特征，二是文化特征。如果说，当地人民在一定历史条件下形成的本地共同性格特征已经认真地总结出来，同时它的共同文化特征也已经总结出来，那么可以说，本地区的人文条件基本成熟了，这就为创造本地区的建筑风格奠定了人文基础。

2. 明显的地域条件

任何建筑物都是在一定的地点建造起来的，每个地点都有它的具体地形、周围环境和具体气候特征，建筑物是不能离开这些具体气候、地形、地貌等特征的。一座优秀的建筑物，特别是地方建筑，一定要有明显的地域特征，地域特征明显就能使建筑充分呈现出它的地方风貌和风格。

3. 比较齐备的传统文化条件

建筑中的文化有两类：一类是比较偏重于文学艺术等直观型门类，如绘画、雕饰、彩塑、装饰、装修、图案以及匾额、楹联等；另一类是侧重于文化内涵，即情景意境等美感方面。后者比前者更深一步，但难度更大。

建筑有艺术的一面，可以归属于艺术门类。它的表现主要是形象表现，但也离不开材料、构造等物质技术条件。在古代，一些功能比较复杂、规模比较巨大的建筑物不得不借助于其他门类的艺术来表现，如雕饰、绘画等，这些艺术门类既帮助了建筑物增加它的形象表现，同时也增加了建筑的文化内涵，使之呈现了更丰富的感染力。

艺术表现也是一个国家、一个民族在历史文化方面的积累和沉淀，各个时期都有各自的特色，因此，艺术有它的民族性、时代性，对地方来说有它的地方性。既然是历史的文化，就必然有传统性、继承性。这些传统文化也正是一个国家、一个民族或者一个地方文化的表现和反映。离开了这些文化，无论国家、民族或者地方，都将是愚昧的，没有生命力的。拥有了灿烂的、独特的丰富文化，国家、民族和地方就是高尚的、有生命力的、光辉的。

建筑风格也是一样，必须有强大的文化作为它的表现基础。有着优秀传统文化的国家，在建筑风格表现上必然也是有独特风貌的。我国古代建筑在风格上雄伟、庄严、豪放、壮丽，给人一种伟大、强盛的感觉。在民间建筑风格上的朴实、丰富、多式多样，以及园林中的自由、灵活、活泼、多变，构成了古代建筑风格中的丰富性、多样性。这是我们需要继承的一笔宝贵财富。

为此，只要人文条件成熟了，有了明显的地域条件，再加上有了比较齐备的文化条件，那么岭南建筑风格就有了创造的基础和可能。

（二）历史文脉、人的素养与岭南地方风格

根据以上所述，当人文条件、地域条件和当地的文化条件都已齐备时，那么是不是建筑的地方风格就能够自然地产生了呢？回答是不一定。这三项条件虽然齐备，但是，它还只是形成具有地方建筑风格的客观条件和基础，关键还在于人，也就是建筑师，建筑风格

是由建筑师的思想、素养、信念来决定的，这就是主观条件。

作为建筑师，要具有一定的思想、素养和信念。第一，要了解当地人民的习俗、生活、思想、性情、审美观等，同时，又要了解当地的气候、地理、材料、环境等客观条件。第二，要掌握历史文脉，这关系到创造的建筑风格是否有民族特色，是否有岭南特色。第三，提高本身的素养，即思想、文化、信念、能力，例如对建筑的正确理解，对创作方向的坚定信念，有一定的业务文化理论水平和实践经验，以及认真务实、深入工作的作风等，这些素养都是建筑师进行创作的基础。

建筑师了解历史文脉，包括四个方面：一是了解本地的历史、文化，这是发扬文化的民族性和传统性，便于我们批判、继承、吸取的需要；二是当地人民的生活方式、生产方式、习俗信仰等；三是当地人民的性格特征，它涉及生活方式、情感爱好、审美观等；四是当地的文化特色。以文艺的门类来分，有关文学的有匾章、楹联、题字，有关艺术的有绘画、书法、雕饰、陈设（家具），还有实用艺术的装饰、装修、纹样、图案、色彩等。这四方面的内容离不开历史，离不开当地的自然条件，也离不开当地环境，它们构成了当地的文化内涵，这些内容正是创造岭南风格的实践基础。

在这方面，土生土长的本地建筑师是最有条件进行岭南建筑风格的创作实践者，也是最有可能获得成就者，广东一些著名建筑师已有先例。在当代，有不少建筑师不是本地人，是新移民的建筑师，他们也一样可以成为优秀的岭南建筑风格的创作者。但是，他们必须像上面所谈的那样，要了解、熟悉和掌握形成地方风格的三个基本条件，特别是岭南的历史文脉。只有深入群众，了解岭南人文，掌握岭南条件，培养感情，并不断提高自身的素养，才能创造出真正的岭南地方风格的建筑。

原文：载于《中国民族建筑研究》，中国建筑工业出版社，2008年：97-101页。

岭南建筑创作与地域文化的传承

优秀的建筑是时代的产物，是一个国家、一个民族、一个地区在该时代的社会经济和文化的体现。建筑中有国家、民族和本土特色，这是国家、民族尊严，独立自主的象征和表现，也是一个国家一个民族在政治、经济、文化上富强、凝聚、成熟的标志。

我国是有着五千多年悠久历史和光辉灿烂文化的多民族国家，建筑文化的遗产非常丰富，在世界上独树一帜。今天，在我国建筑创作道路上，就应该创作出有自己国家的、有民族特色的现代化新建筑。

那么，在建筑创作中如何才能达到有自己国家和民族的特色呢？其中，借鉴优秀的传统建筑文化是一条重要的途径。

一、建筑文化传承的目的

建筑文化传承的目的是要为现代建筑创作服务，要在创作作品中弘扬我国优秀的建筑文化，使我国创作的现代化新建筑作品具有中国的民族特色。

二、建筑文化传承的来源

建筑文化要传承，而传承的来源包含两个方面。从时代讲，前人的文化，包含古代、近代，同时也包含中华人民共和国成立后的20世纪年代下半叶，只要是过去的文化都应该传承，但重点在古代。因为我国历史悠久、文化灿烂，建筑和文化特征比较显目，在世界上别具一格，有独特风貌。从地区讲，包含中国各地区各民族。我国土地辽阔，又是一个多民族的国家，民族文化丰富，地域文化有特色。

对于国外建筑文化，我们是采取借鉴运用的态度，取其精华，为我所用。

三、建筑文化传承的标准

文化有精华、糟粕之分，建筑也是，传承文化就是要传承传统文化的精华。

建筑文化的精华是指建筑最本质的东西，称作建筑特征。这种特征是建筑文化中最有代表性的表现。特征有典型意义，但它不能单独存在，只能依附在建筑载体上，例如在建筑群体，或单体，或细部，或装饰甚至色彩。而高层次的特征，如气质、性格、风貌就不仅依附在具体载体上，而且更反映出一种理念和精神面貌。

传统建筑文化有两大体系，官方的和民间的。官方建筑的特征比较集中，如一些大型寺庙因都按官府所定统一规范建造，其结构、营造、材料甚至建筑形式都比较一致，因而其时代特征、民族特征、文化特征表现也都类同。

我国建筑包含各地区各民族建筑。由于受到地域气候、地形、地貌、材料，以及民族信仰、习俗、爱好、审美观念的影响，加上各地匠人的工艺、技法的不同，因而各地建筑及其特征就呈现出多姿多态、千变万化的面貌，它的民间性、地域性、民族性就显得更强烈、更明显。

传承中国建筑文化不论官方或民间，还是其他民族和地区，只要是精华就要吸取、传承。

传承建筑精英文化，还有浅深、表里、技术艺术、形态内涵之分，一般说可以分为三个层次：(1)浅层次文化表现，通常看得见，摸得着，物质性较强，技术性较多，其层次也浅；(2)中层次文化表现，在物质性技术文化特征上进行提炼、归纳，已包含有一定的思维含意，例如：符号表现、象征表现、手法表现都属于这一类。(3)高层次文化表现，它已经从物质技术性表现上升到建筑的创作理念、意匠和深刻的文化内涵，是最高级的特征表现。

四、建筑文化传承的内容

建筑文化传承的内容分为两方面，一是文化特质，二是建筑特质。前者是建筑文化的共性，具体在同类型的建筑中反映较明显，如民族性、时代性、文化性等。后者是建筑的个性，每幢建筑物都有不同的特征表现。两者特征相互紧密联系，并共同依附在同一载体之中。

建筑特征如何形成？从它的形态来说，它主要来源于民族、文化、习俗、审美观，从它的组成来看，则来源于生活、气候、地貌、地形、材料等自然条件。由于各地区各民族建筑在上述各项要素和形成条件方面的不同，导致建筑特征既有统一性、典型性的一面，又存在着明显的民族性、地域性和个性的差异。

建筑特征表现，从历史文化角度来看，有社会特征、文化特征。社会特征包括各时期的社会特征，即历史特征。从建筑自身角度来看，有技术特征、艺术特征。从技术方面来看有平面、结构、构造、材料特征，还有气候、地理、地貌特征等。从艺术角度来看，有外貌、细部、装饰、色彩特征等。

建筑特征表现中，一般来说，物质技术容易反映，而精神意识较难表现，最难表达的是它的文化内涵。在一座建筑中，外表的建筑形象、细部、装饰和平面功能、结构、构造、材料等技术手段，易于表现。而一座建筑物的文化内涵精神面貌、性格、气质等，由于蕴藏在建筑的深层，因而较难判断。

(一)浅层次表现

浅层次表现主要指易见的一种特征表现，如平面布局、结构构造、材料、气候、地貌以及外形、细部、构件、装饰装修、色彩、花纹、图案等，这些元素技术性较多，直观性强，因而较易取到，在建筑创作中也较易运用，我们称它为抄袭或模仿行为。

（二）中层次表现

比浅层次要深入一步，它不能从建筑遗产中直接取到，而要经过摸索、综合，找到一些可以作为典型代表性的特征，例如符号、象征、寓意、手法、经验等都属于这一类。

第一是符号特征。这是建筑中比较明显而又能代表本地区本民族的一种特征，通常表现在某些细部、构件或结构上，但也不是任何的建筑细部或构件都可以作为符号特征，它必须能够代表某一地区、某一民族的某种建筑类型或建筑部位，必须具有建筑的地区和民族的特征。

举例来说，屋顶和山墙是比较明显和比较有代表的部位符号特征，如浙江、皖南一带的马头墙，广州地区的镬耳墙，广东潮汕和客家地区的五行山墙，当人们见到这些山墙屋顶时，就可辨别它是属于哪个地区的建筑。

以房屋结构构架来说，四川穿斗式木屋架、白粉版筑墙可算是比较明显的川蜀民居特征，尤其是在山坡地区更明显，当然在其他地区也有穿斗式木屋架，但是，无论是规模、结构、外貌，都难以与川蜀相比。

以整体形象作为符号特征也是一个地区、一个民族符号特征的成熟表现，例如新疆维吾尔族的穹隆顶寺院、蒙古族的毡包房、藏族的碉房、侗族的鼓楼、布依族的石片屋面石墙屋、南方傣族的竹楼、黎族的覆舟式茅屋，以及汉族的客家圆形土楼等都是一些为大众认可的实例。门窗作为细部符号特征的实例有：北京民居的垂花门、粤中民居的趟栊门、藏族上小下大黑色边框的门窗等。

装饰和色彩作为细部符号特征实例众多，在少数民族地区更是明显，如尖拱形、火焰形、石膏雕花装饰等都是新疆地区建筑的符号特征，藏族建筑挑檐上的密排小椽彩画和悬挂的香布以及粗犷的石墙体收分和块材、本土泥质白墙，都是含有深意的细部特征。

第二是象征特征。这是我国汉族建筑中具有文化意匠的一种特征表现，它采用形声和形意两种方式来表达，形声是利用谐音，通过假借、运用某些实物形象来获得象征效果，如莲、鱼合用表示连年有余，仙桃表示长寿，蝙蝠表示有福，蝴蝶因蝶与耋同音，表示老人长寿之意。形意则利用直观形象来表达它内含的理念或意向，如梅花表示清高亮节，莲花表示“出淤泥而不染”，竹子表示潇洒脱俗，清秀俊逸，表现君子的德行与风度。

第三是手法特征。它也包括经验特征。在建筑工程中，在技术方面成为独特的或成熟的方法称作经验，属于艺术品种操作方面独特的或成熟的方法称为手法。通过手法或经验特征的表现，人们就可以看出这是属于某地区或某民族的建筑，例如：外封闭、内天井、南北贯通窄巷道、长条竹节式平面的建筑，人们看到后就可以知道这是南方城镇民居的布局手法，因为它适应南方城镇稠密、人多地少和炎热潮湿的气候，这些手法的归纳就形成了南方民居通风的经验。当然再深入一步辨别是南方哪一个地区的民居建筑，那就还要看其他一些特征，因为一座建筑不是只有单一特征，而是多个特征综合表现的，既有共同地区或民族特征，还有建筑物的个性特征。

手法特征表现，在传统建筑中存在，在现代建筑中也同样存在，比较明显的例子，如广州在20世纪70年代风靡一时的横向带形窗，通花墙等设计手法也是南方当时现代建筑的一种手法特征表现。当时在北方也模仿采用，结果冬天耗能，外观不厚实，与北方气候和建筑性格不适应，当然，也必然遭到淘汰。

（三）高层次表现

这是深入到文化内涵的一种建筑特征表现，它与上述文化特征是紧密联系在一起的。由于它属于精神范畴，因而，它不可能在短时期内自然形成或由建筑外表直接反映，它是经过长期摸索、实践、总结、创造，不断提炼，才能逐步形成的。它主要表现在建筑的气质、风貌、性格或称风格上。

建筑的高层次特征是一种深层次的文化内涵的反映，通常它反映在三个方面，一是建筑物的历史时代特征；二是建筑物的民族特征，国家幅员辽阔，同时还有独特的地域特征；三是建筑物的个性特征，就是建筑物本身所反映的独有气质、风格和深层含意，包括技术、艺术、环境等独有的特点，也就是说，既有共性，又要有个性。优秀的独创性高层次文化特征表现的建筑物就能代表一个时代，代表一个民族甚至一个国家，这就是一个典范建筑作品。

在建筑创作中，借鉴浅层次表现的建筑特征比较简单，易抄袭、易模仿。借鉴中层特征，如符号、象征、手法等方法，只要对建筑物的布局、构造、材料以及它的技术进行认真了解、仔细观察，就会易于发现。而作为高层次的文化特征，它依附在一座建筑物或者一个建筑组群载体内，就需要深入观察、认真研究，不但要总结该建筑物或建筑组群的共性，如历史特征、时代特征、民族特征，文化特征，更要发现其个性特征。共性特征与个性特征紧密联系在一起，而个性特征会更明显和突出。建筑作为正面形象出现，其个性特征必然显目，因为没有个性的建筑物是通俗作品，没有感染力，对人们起不了鼓舞和震撼作用。

五、岭南地域文化的形成、作用和特征

（一）地域文化的形成

地域文化是中华文化的组成部分，它有自己形成的条件和特征。地域文化的形成有三个因素：

一是地域的地理气候及环境，这是地域文化形成的自然条件因素；

二是地域族群，即民系的习俗、信仰、审美观，这是地域文化形成的人文因素；

三是建筑营造中地方材料和工匠的技艺的运用，这是地域文化形成的建筑因素。

地域文化在建筑中的表现，同样，也反映在建筑与文化特征上。在文化特征方面具体表现在民系的习俗、信仰、宇宙观、价值观方面，而建筑特征具体表现在建筑中的地方工

艺、技法及其细部、构件、符号、手法、形式或一定的模式等方面。地域建筑文化特征的综合表现主要反映在建筑的地域气质、性格上。

地域文化形成因素较多而且变化也大，一般来说，它的时代特征也不是短期即当代能完成的，通常在该时代结束后，由后人进行总结归纳而成。民族民系特征长期下来比较固定，但是随着时间的变化和社会经济文化的发展，其特征也会逐渐变化。然而，民族、民系的基本特征长期形成后比较固定，不易改变。

（二）地域文化的作用

建筑的地域文化作用有三：

其一，通过观看建筑载体中的地域文化特征，使人们在回忆中增加对祖国历史悠久、文化光辉灿烂的了解，从而增强对家乡、对祖国的热爱，增进民族亲和力、凝聚力和爱国主义情结。

其二，通过地方建筑文化特征，培养对祖国、对家乡文化的情操、审美观和素养品德。

其三，作为专业人士，可通过建筑感受到传统文化和地域文化传承的必要性和重要性。

我们可以用实例来说明它，就是在国外的华侨居住地，一般称为唐人区，往往在它的入口地带都有一座中国古典形式的牌坊，区内有庙宇、会馆，其建筑也都是中国古典式。它说明了华侨或侨居国外的华人是通过祖国的建筑形象来感受和达到凝聚、团结和热爱祖国的目的。

（三）岭南地域文化的特征

岭南地域文化的特征主要表现在多元文化，它融合了北方中原文化、岭南土著文化、沿海海洋文化和商业文化，当然也包含了岭南大陆传统沿袭下来的农耕文化和吸取近邻文化等。

它具体反映在下列几个方面。

1. 地貌特征，岭南地区多丘陵地带，地貌多坡多山多石，同时境内又多江河，河涌纵横。

2. 气候特征：炎热、多雨、潮湿、多台风。

3. 文化特征：因商业文化带来的务实、灵活、竞争、创新。因海洋文化带来的开放、热情、豪爽、拼搏。由于岭南地处僻远，大部分居住的是平民百姓，带来的是平民文化、世俗文化，其特征是世俗性、民间性。

4. 性格特征：思维敏捷创新，行为上讲求实干、实效，作风上随和宽容，生活上开朗，热爱大自然。

5. 建筑特征：建筑上开敞通透、轻巧淡雅。空间上室内外有机结合，环境协调。理念上平静舒畅、优雅。

六、岭南建筑创作中的地域文化传承的原则与方法

第一，要明确，对传承文化要从现代建筑需要出发，不要盲目传承，这是立足点，也是建筑创作的出发点。

第二，要正确对待传承文化，不要为传承而传承。

第三，传统文化因时代和使用的局限，在今天新的条件下已经不再适用，因而必须进行改造。其改造的原则和方法是，要按今天的需要，用现代创作的目的和要求，用新观念、新技术、新材料、新工艺对传统的技术、手法、符号、规律、理念进行改造。

当然，在改造中也不排斥外来先进文化和技术，原则是，外为中用，以服务我们的需要。

在地域建筑文化的传承中，特别要注意民间建筑文化，这是地域建筑文化的重要组成部分，特别是关系建筑类型、民间建筑的做法、工艺甚至一些形式、符号、模式等。

在建筑创作中传承我国优秀的文化，对创造我国有民族特色和地域特色的现代新建筑，对弘扬我国优秀建筑历史文化面貌是非常重要的环节。传承艰苦，创新更难，方向明确，任重道远。

参考文献

[1] 刘敦桢. 中国古代建筑史（第二版）[M]. 北京：中国建筑工业出版社，1984.

[2] 深圳大学国学研究所. 中国文化与中国哲学 [M]. 北京：东方出版社，1986.

[3] 陆元鼎. 岭南人文·性格·建筑 [M]. 北京：中国建筑工业出版社，2005.

原文：载于《岭南建筑文化论丛》，华南理工大学出版社，2010年，1-6页。

再论岭南建筑创作与地域文化的传承

前文《岭南建筑创作与地域文化的传承》比较详尽地说明了对岭南传统建筑文化的传承目的、标准和内容。在内容方面分为三个层次：浅层次、中层次和高层次。在高层次方面，只是原则性地叙述，而缺乏具体化，导致使人难于理解和应用，为此，本文继续补充说明。

此外，对于岭南传统文化特征和含义也没有更深入一步叙述。如岭南传统建筑的经验、规律，在长期的实践积累下，经验、规律就成为地域建筑文化的某方面特征了。

一、岭南传统建筑文化的传承

岭南建筑创作思想资源从哪里来？是来自地域（地区）环境，来自建筑实践，来自传统文化。岭南地区传统建筑文化资源十分丰富，其中最大量的、最广泛的，也是最朴实的，是广大人民居住和生活的民居、民间建筑，它是地区建筑的代表，它的特征、经验、艺术技术手法、创造规律等是最有地方建筑的代表性和典型性的。

岭南优秀的传统民居民间建筑文化特征可分为三个层次：

1．容易看得见、摸得着，也易于模仿、抄袭，并能直接应用到新建筑上的东西。这类大多是属于技术物质类的东西，可以归纳为浅层次的特征，例如岭南传统建筑中的花纹、图案、装饰和细部等。

2．中层次的特征。这些特征相比第一类的技术、外表或形式特征表现要深入一步。它深入到建筑的本性，已经有一种概括性的内容表现。例如，属于岭南传统建筑的符号、手法、象征等表现都属于这一类的。

3．随着时代的变化、发展，技术的不断进步，这些符号、手法、象征亦会随着时代发展而变化。因为，单纯从形式上的变化是不能持久的，而要真正传承优秀的岭南建筑文化，必须要深入到文化内涵，建筑的发展规律，岭南建筑的本质、特征、经验、创作规律，这就是高层次的特征表现。

浅层次和中层次的特征表现是比较容易的，高层次的表现是难于直接表现的，它涉及文化领域，涉及哲学及人文学科范畴，要经过摸索、思考、分析，由表及里，再从理论上进行总结、归纳，从文化内涵上深入思考，从而得出经验、规律，这才是高层次的特征内容。

二、高层次的建筑特征表现

优秀的建筑传统文化是凝聚着中华民族自强不息的精神追求和历久弥新的精神财富，它是我国社会主义先进文化的深层基础。岭南传统建筑文化是以传统民居、民居建筑为主，包括各类型的地方古建筑，它有鲜明的岭南地方特征。长期的实践有着丰富的经验、手法、创作规律，在岭南新建筑创作过程中有着启发和借鉴作用。

但是，传统的建筑经验和特征毕竟带来旧社会时代的烙印，如封闭性、保守性，在新时代的形势下，必须用新时代的精神、先进的思想、先进的技术、艺术加以改造，使其形成一种新时代的具有岭南特色的建筑作品。

哪些是岭南传统建筑文化的高层次特征表现呢？

其一，“楚”庭的特征。楚，相传岭南在古代曾属于楚管辖之下。庭者，建筑包围之空间曰庭，庭即天井，北京称院落，因其面积较大，是建筑的外围空间。而天井面积较小，建筑包围内部空间，包围空间的建筑常相连，或用廊墙相连。所谓的“楚庭”的特征，即岭南这个特征是沿袭楚文化传下来，到了岭南，当地传统建筑就是以天井为中心，建筑环绕天井庭院所组合的这种布局方式。岭南传统各类型建筑布局的形式大都如此。

其二，外封闭、内开敞的空间组合形式。这是封建社会下建筑对外的方式，只开门，不开窗，或开小窗。建筑内部则利用天井，开窗通风、换气、采光，同时积排雨水，内部还以廊巷作为通道。于是，在南方就产生了以天井、厅堂、廊巷道三者相结合的通风体系，也就是当地老百姓所称建筑物内的“冷巷”，或称“冷巷效应”。这种环绕“天井”为中心组合的经验，方法很多，上述仅举一例说明。

其三，外观建筑近方形、规整朴实，室内重点装饰，建筑讲究实用经济，这也是岭南地区传统建筑处理的原则。在群体布局中，特别在沿海地区这种近方形的建筑总体组合布局方式，对防风有利，这是因为沿海地区台风多的关系。

其四，建筑与大自然的结合。如地方上的民宅，内置天井小院，种植花木，小则盆景，或在宅旁设置小庭园，亦有宅居、庭院、书斋三者合在一起的。建筑与庭园结合，建筑接触到大自然，南方炎热的气候就可以降温。

岭南地区，水面多，如河、涌、濠、湾特别多。农村有，乡镇中也多有，传统村镇几乎普遍都有。水是南方建筑中不可缺少的要素之一，水的利用是丰富岭南地区建筑的重要组合元素，如临水、跨水、伴水，相应的建筑如船厅、廊、桥、水阁、水轩、榭等都是不可缺少的构件元素。

总之，以上仅是岭南传统建筑构成特征的主要内容、手法、经验，在传统建筑创作方面还有手法、经验等，这里不再赘述。

三、岭南优秀传统建筑文化的传承

以实用功能为主，注重经济、外观朴实为辅的岭南传统建筑设计构想，无论在民居民间建筑中，或者在其他各类型传统建筑中都贯穿了这种设计思想。这种务实的设计思想来自岭南地区人民的文化性格，作风上的随和宽容，行为上的肯干务实。他们在农村中讲究节能、节材、节地，讲究实效。他们农忙下田，农闲打工，亦工亦农，不违农时。这种务实、经济的思想在建筑上就形成了讲究功能实用，注意经济，外观朴实的思想行为，一直影响到岭南近现代建筑的创作思想，例如近代城乡住宅的竹筒屋、联排屋，以及商场、医院、大型公共性建筑等，这些建筑都是以实用为先，节地节材，不浪费资源。

传统建筑中外封闭、内开敞的空间布局精神。在现时代条件下摒弃了封闭性，而改为现代的建筑要开放、开敞的方式，建筑要接近人民，为人民服务，表现在建筑上采取开敞方式，如敞门、敞窗、敞厅甚至楼梯也开敞。当然要根据实际要求，做到里外恰当。此外，也有的做到敞廊、底层架空，屋顶开敞如露台花园，总之，在实用经济要求下做到有效的开敞，不拘一格。

以天井为中心的建筑组合形式，在现代城镇规划中应用较广，封闭的天井庭院已改变为宽敞的广场、街口中心。在现代设计中，建筑物之间设置小广场，多幢建筑依靠院落天井，形成高低交差、前后错落的建筑组合形式，加上院落栽树绿化，不但在视觉上有着远近深浅和不同层次的景观效果，而且依靠天井院落的气流作用，形成了炎热气候下凉爽舒适的效果。

在单体建筑中，特别在民间住宅中，天井已取得广泛的应用。近代建筑中，广州的竹筒屋（图1）、西关大屋（图2）、广州的茶楼，都是一些较好的实例。在现代建筑中更多，在宅居方面，如广州白云山庄、双溪别墅、矿泉别墅（图3）、白云宾馆等。其他还有更多实例，不一一列举。

传统民居建筑中，天井、厅堂、廊巷道三者组成的通风体系，也即“冷巷效应”经验。在现代岭南新建筑创作中应用是最广泛的，也是最有发展前途的经验之一。但是，实

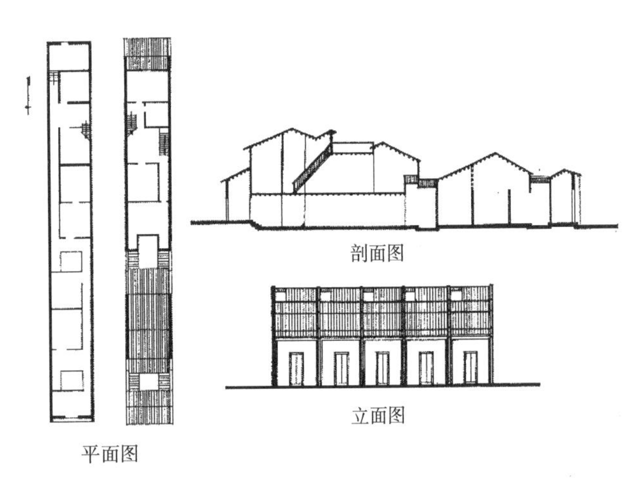

图1　广州竹筒屋
（来源：陆琦．广东民居［M］．北京：中国建筑工业出版社，2008：71，78.）

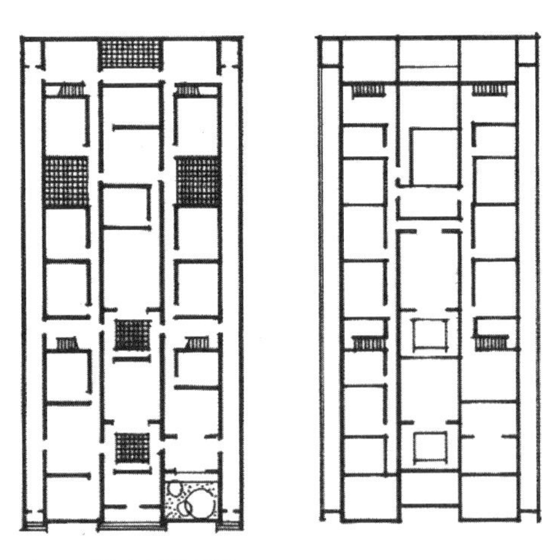

图2　西关大屋平面图
（来源：陆琦．广东民居［M］．北京：中国建筑工业出版社，2008：71，78.）

际上并不如此，其原因是思想上认识不够，认识不到“冷巷”原理的效果——可以改善室内环境，调节微小气候，节约能源资源，改善污染效果，降低建筑造价。

近代住宅中，竹筒屋、多天井住宅的运用都属于冷巷效应。现代新住宅中，平面布局进出口风向的选定，厅堂的朝向，门窗的方位与大小，室内廊巷道的位置、宽窄与明暗，室内外天井小院的设置、大小与方位等，这些都是传统建筑的经验、规律、特征在新住宅中所借鉴、运用和发展的。这方面的例子很多，不再赘举。

传统民居建筑经验中，建筑与庭园、园林的结合是岭南特征之一（图4、图5），它既能丰富岭南人民居住和生活的优雅情趣，又能解决建筑环境中的气候调剂。庭园给人舒适凉爽和大自然场所的效果，是一种美，提供大自然美的享受。

在近现代最典型建筑的就是岭南人民喜爱的茶楼建筑，这是岭南人民生活中不可缺少的一种休闲文化和享受，如广州泮溪酒家、北园（图6）、南园酒家。宾馆带园林的有白云

图3　矿泉别墅
（来源：石安海. 岭南近现代优秀建筑·1949—1990卷［M］. 北京：中国建筑工业出版社，2010：255.）

图4　广东佛山梁园群星草堂与船厅
（来源：陆琦. 广东民居［M］. 北京：中国建筑工业出版社，2008：96.）

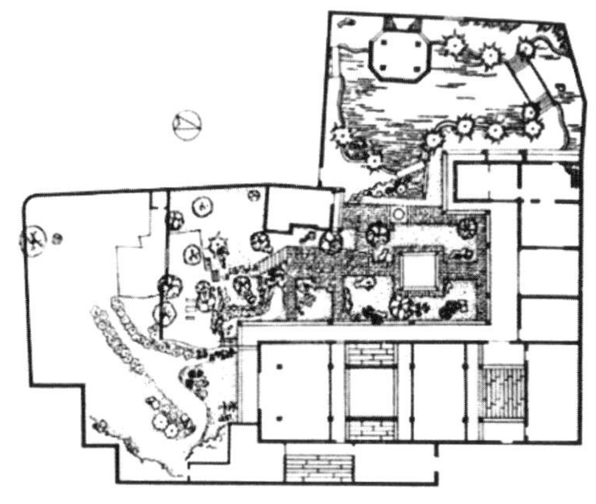

图5　佛山梁园船厅平面
（来源：陆琦. 广东民居［M］. 北京：中国建筑工业出版社，2008：96.）

图6　北园酒家
（来源：石安海. 岭南近现代优秀建筑·1949—1990卷［M］. 北京：中国建筑工业出版社，2010：116.）

宾馆、白天鹅宾馆等。住居环境中拥有园林的很多，一些开发商的住宅区也都设有带园林的小区设施，这是建筑与庭园结合的发展和普及，已成为岭南人民的生活乐趣和文化休闲场所。

传统民间建筑中，水是离不开的建筑重要元素之一，在生活中水是必不可少的要素。传统村落、城镇中，河涌穿越或环绕民宅，或沿河而建，或傍水，或跨水，或依水，或引水入宅内，既能改善气候，又增生活乐趣。水是活力的象征，流动的能量。建筑与水的结合，使建筑具有活力、生命、朝气，也是民居中改善微小气候达到降温的有效措施。

现代岭南建筑中，水是规划布局构成景观的重要元素，也是生活上不可或缺的要素。广州西关老区荔湾区，因修复荔湖涌而成为旅游点，周围传统建筑也得到相应的改造、扩建、涌的两旁建筑因接近水面而增加休闲舒适和文化享受。潮州市饶宗颐学术馆是一个较好的实例（图7、图8）。

传统民居民间建筑中，密集布局，坡地建屋，就地取材，因材致用，节地、节能、节材、防污、低碳等生态保护措施，虽属原始，但其节约人力、物力资源，减少大地污染的精神是值得称赞的。

现代新建筑中，有了新技术、新材料，这是新时代的要求，是正确的，值得高兴的，但也有某些建筑设计人员认为传统的施工方法已经落后、陈旧、保守、不科学，而没有想到可以用新时代的先进的思想、新技术、新方法去改造它、改进它，使它适应新时期的要求。当前，已引起重视，也已加强了措施。

建筑的创作一定要在传统的传承基础上发展，才能扎根于自己的民族、国家和地域特

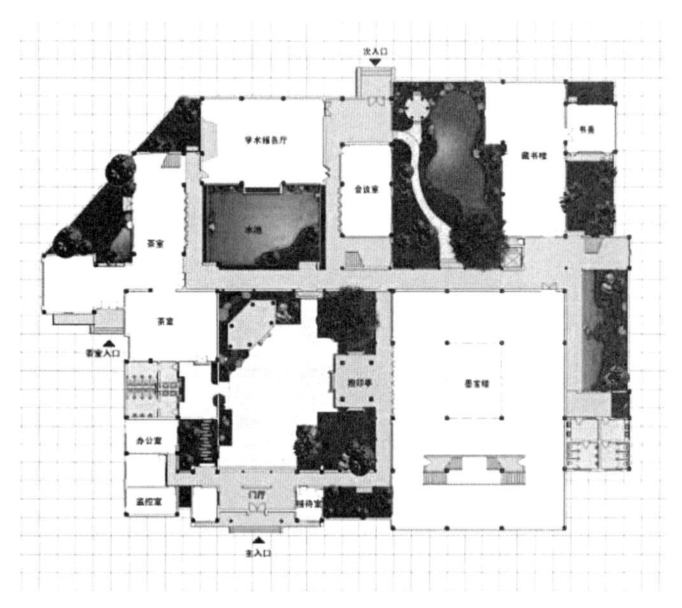

图7　饶宗颐学术馆首层平面图
（来源：华南理工大学民居研究所提供）

图8　饶宗颐学术馆庭园
（来源：李孟提供）

色，而广大的民居、民间建筑，包括地方上的各种建筑包括古建筑，就是需要我们去总结、挖掘它。资料是极其丰富的，找出规律，总结经验，推陈出新，努力创新，前途无限光明。

2013年10月5日

参考文献

[1] 陆元鼎. 岭南建筑创作与地域文化的传承[M]. 北京：中国建筑工业出版社，2010：1-6.

[2] 陆元鼎. 岭南人文·性格·建筑[M]. 北京：中国建筑工业出版社，2005.

[3] 刘敦桢. 中国古代建筑史（第二版）[M]. 北京：中国建筑工业出版社，1984.

原文：载于《民居建筑文化传承与创新》（上册），中国建筑工业出版社，2018年，2–6页。

访谈记录

对传统民居研究的热爱与执着

陆元鼎教授，汉族，1929年生于上海，1948年考上国立中山大学工学院建筑系，1952年大学毕业后留校（即院系调整后的华南工学院，后来的华南理工大学）任教至今。1983年晋升为教授，1984年起招收硕士研究生，1991年起招收博士研究生。陆教授招收研究生有一个期望，就是研究生的选题方向，能纳入到中国传统民居研究方向，以便能更好地完成他主持的国家自然科学基金资助项目。

陆元鼎教授在高校工作52年，曾担任建筑历史教研组主任、建筑系副主任，现任民居建筑研究所所长。在社会工作中，曾兼任中国建筑学会理事、建筑史学会副会长，现兼任中国文物学会常务理事、传统建筑园林委员会务理事、中国民族建筑研究会副会长。三个学会（中国建筑学会、中国文学会、中国民族建筑研究会）下属都设有传统民居建筑专业和学术委员会，三个主任委员一职都由陆教授担任。

陆教授长期从事中国建筑史教学以及中国传统民居建筑、地域建筑理论研究工作。主要著作有：《中国美术全集建筑艺术编·民居建筑》（1989），该书获1989年首届全国优秀科技图书部级奖一等奖；《广东民居》（1990）；《中国民居装饰装修艺术》（1992）；《中国建筑艺术全集宅第建筑·南方汉族民居》（中国建筑工业出版社，1999）等。主编的书有：《中国传统民居与文化》第一、二辑（1991、1992），《民居史论与文化》（1995），《客家传统民居与文化》（2001），《中国传统民居营造与技术》（2002），《中国民居建筑》上、中、下三卷（2003）等。他主编的三卷本《中国民居建筑》在2004年11月获全国第14届中国图书奖。在地域建筑研究方面，2005年9月出版了《岭南人文·性格·建筑》一书。

陆教授在《广东传统民居研究》课题中，获1994年广东省科技进步三等奖。由于陆教授在科学技术支援村镇建设方面做出贡献，1993年被住房和城乡建设部授予“全国村镇建设优秀科技人员”荣誉称号。

在与香港、台湾地区学术交流方面，1988～1991年陆教授曾多次应邀赴香港大学和香港建筑师协会进行中国古代建筑史和传统民居的讲学和交流，1994年和1997年两次应台湾中华海峡两岸文化资产交流促进会的邀请，赴台湾参加“中华海峡两岸传统建筑技术观摩会”和“传统民居学术研讨会”，并做了有关传统民居的学术报告，为海峡两岸传统文化的交流和学术交往起到了推动作用。

陆教授对传统民居研究的热爱和执着反映在他科研、治学以及工作等各方面。

一、重视民间建筑、重视传统民居

陆教授留校后即师从龙庆忠教授，从此走入了中国建筑史的学科领域。1956年随龙老教授带领学生到广东潮州进行古建筑和传统民居测绘实习，开始接触农村、农民和传统民居。回校后进行广州郊区沙埔乡农村民居调查，对农村和民居产生了感情和兴趣。1958年参加北京全国民居学术会议，得到了刘敦桢教授的指导，并且与民居研究学术界的相互交流，鼓舞了他对传统民居研究的热情和信心。此后，历年他都带领学生进行传统民居测绘实习，指导学生进行传统民居毕业论文，深深感到农村民居中蕴藏着丰富的艺术、技术经验和文化内涵。

民居是建筑的主要类型之一，也是与广大人民生活生产最密切相关的建筑基本类型，它具有悠久的历史和文化渊源。从民居的发展变化中，可以看到人们生活中的习俗、文化、审美观念、技术成就和地方特色等。同时，民居又是广大人民在满足生活实践中结合当地气候、运用当地材料和适应当地地形地貌中形成和发展的，因此，我国各地各民族的传统民居及其村镇就呈现出丰富多彩、千姿百态的民族特色和绚丽面貌，其中还有很多实用的和优秀的经验、理论和手法，包括艺术、技术、节能、布局，环境等方面。例如在《广东传统民居研究》中，陆教授系统论述了村镇民居中有关梳式布局、密集式布局理论、民间丈竿法模数和民居通风体系理论，它对深入研究村镇民居的形成规律、手法，发掘濒于失传的民间传统工艺以及如何继承、保护运用，为现代建筑创作提供了借鉴，具有现实意义和价值。

陆教授在传统民居研究中，除综合运用以建筑学为主，并与历史、社会、文化、人类学、语言学以及民族、民俗、气候、地理等多种学科相结合的观点外，考虑到传统民居，包含着居住方式、居住行为和民居建筑中的各种营建工艺、技术以及各种艺术、细部，这些都是组成民居建筑的人文和艺术技术要素，是民居文化内涵的重要内容，而它的形成，方言沟通是很重要的一个条件。因此，他提出要从民系的角度和民居形成的规律出发，采用方言、自然条件相结合的方法来研究民居，实践证明是合适和可行的。

二、重视理论、联系实践、古为今用，为当前建设服务

传统建筑研究的目的，要古为今用。一是修复保护，为弘扬历史文化、加强爱国主义教育，增加凝聚力；二是修缮、改造，改善居住条件，提高生活水平；三是总结、继承、吸取传统建筑文化中的特征及其优秀经验，包括艺术、技术、工艺、手法等，为今天的建筑创作提供借鉴。

在数千年的历史长河中，遗存下的古镇、古村、古民居、古祠堂等民间建筑数以万计，这些建筑如何保护、如何改造，陆教授认为在目前进行大规模的修复保护是不现实的，但也要克服忽视当地历史、文化、民俗而“全拆”的做法。根据国家经济情况，为了保护历史建筑文化，当前可采取先抢救的措施；即先测绘调查，把资料保存下来。

对于大量性的、与老百姓生活密切相关的城乡村镇民居及其周围的民间建筑，如祠堂、会馆、书院等建筑，要根据它们的历史、文化和艺术、技术价值，并尊重当地农村群众的愿望、思想和要求，采取不同的保护方法，或整体保护，或肌理保护，或有重点的保护，或环境保护，但首先要深入调查研究，清晰地了解当地的历史环境、文化、生活习俗的变化。在保护的同时，因地制宜地处理好新与旧、保护与可持续发展的关系。

对于重点文物建筑的保护和修复，要遵守我国《文物保护法》的各项原则和规定。陆教授在他主持的广东省从化市太平镇钱岗村广裕祠古建筑修复工程中，坚决贯彻了上述的修复准则，2003年获得了联合国教科文组织亚太地区文化遗产保护奖第一名杰出项目奖。评审团对广裕祠修复工程的评审意见是：在珠江三角洲地区迅速变化期间，广裕祠堂的修复是一个地方遗产保护的杰出范例，村民、政府机构和技术顾问的精诚合作，克服了资金有限的困难，使得广裕祠在修复时周全地选择高水准的传统工艺。通过有意识地坚持《威尼斯宪章》和《奈良文书》的原则，项目组成功地展示了方法上的严格性和在纪录、评估、解释该建筑文化遗产价值的敏感性。从而确保该历史建筑在社区未来的年月中继续发挥重要作用。通过对建筑中可见的历史变更在各个层面的仔细保护，陆氏祠堂不仅成为钱岗村活的历史记录，同时也可捕捉到中国从宋代直到今天中华人民共和国绵延的历史进程。

三、学术研究要靠集体

学术研究中，个人钻研创造是很重要的，但个人力量有限，学科的建议和发展还要靠集体、靠群众团结共同来完成，而且不能存在门户之见。

陆教授凭着这个信念来搞学术活动，他组织的两项学术活动，一个是全国性的中国民居学术会议，一个是海峡两岸传统民居理论（青年）学术研讨会。前者组织和团结全国民居研究者包括已退休的老专家、领导干部、民间老匠人、营造企业家等有兴趣爱好的学者专家一起进行学术探讨；后者则组织和培养建筑院校、文化研究部门的青年教师、在校学生、硕士和博士研究生以及单位中的青年研究人员一起来参加。他从1988年起组织了第一届中国民居学术会议，到2005年，17年来与有关单位联合主办了共13届中国民居学术会议。为了加强海峡两岸中青年传统民居研究者的学术交流，自1995年又联合有关单位主持了共6届海峡两岸传统民居理论（青年）学术研讨会。会议中，老中青专家学者在一起切磋业务、相互交流、增进友谊、共同提高，收到了良好的效果。

四、重视学术交流、重视学术成果

学术研究成果，最终目的是交流、推广和应用。其方式有三，一是通过会议进行交流；二是通过书刊发表；三是与生产实践结合进行应用推广。陆教授在每次组织的传统民居学术会议后都进行学术论文的出版，先后出版了《中国传统民居与文化》（会议论文集）

第1～8辑，在组织传统民居国际学术会议和专题学术会议后出版了《民居史论与文化》（1995）《中国客家民居与文化》（2001）、《中国传统民居营造与技术》（2002）等专集。

为了总结传统民居研究近20年来阶段性成果，陆教授组织了民居建筑专业学术委员会的委员和各地区的专家、教授共60人撰写《中国民居建筑》，经过八年的组织编写，终于在2003年11月出版。该书分上、中、下三册，上册为传统民居综合论述，中册为汉族各地区民居建筑，下册为主要少数民族民居建筑。该书有几个比较明显的特点：一是资料较全，内容较新，是由全国各地研究本地区本民族最有造诣的专家进行执笔编写；二是书中增补了香港、台湾民居建筑的内容，澳门民居建筑是第一次编写列入书内；三是书后附录了中华人民共和国成立50年来在国内外书刊中正式发表的论文著作目录索引，它为今后深入研究传统民居建筑提供了一份珍贵的资料。

五、地域建筑理论研究

地域建筑理论研究也是陆教授学术研究中的另一方向，这是中国传统建筑理论的组成部分，在华南地区称之为“岭南建筑”。

陆教授认为我国新时期的建筑要遵循现代化、民族化包括有地方特色的道路，这是主旋律，是方向。在主旋律指引下，可采用多样化的创作方法，百花齐放、百家争鸣。因此，要在继承、批判、吸取我国优秀传统建筑文化的基础上，吸收外来先进文化和技术，结合本民族、本地区特色，这是一条创造有中国特色的现代化建筑道路。

建筑的地域性，除了文化、性格条件之外，不同的自然条件，包括气候、地形地貌、材料也是形成地方特征的主要因素，这是有别于其他地方建筑的一项重要内容，为此，建筑与自然环境的结合就形成岭南建筑的一大特色，岭南建筑的创作实践和发展的过程蕴含了建筑的地域、时代、文化、性格等各方面综合发展的规律和特点。《岭南建筑理论》正是研究我国岭南地方建筑包括城乡规划、建筑、园林、文化、历史、技术等各方面通过实践总结后的各种经验、手法的理论。过去已开展研究，今天正在继续发展。陆教授2005年组织编写了一套《岭南建筑丛书》，他本人写了《岭南人文·性格·建筑》一书，书中叙述了岭南建筑的由来、发展、特征、创作道路、创作步骤、岭南文化、性格对建筑的影响以及岭南建筑风格形成的规律及其成熟的条件等。

建筑地域风貌，或称建筑风格的创造是建筑创作的重要任务。成熟的人文条件、明显的地域条件和比较完备的传统文化条件是建筑风格形成的客观条件和基础。只有深入群众，了解岭南人文、习俗等基本条件，培养岭南感情，熟悉建筑业务，并不断提高自身素养的建筑师才能创造出有岭南风格的新建筑。

2005年11月于广州

原文：载于杨永生、王莉慧《建筑史解码人》，中国建筑工业出版社，2006年，156-160页。

在传统与现代之间的默默耕耘者

——记古建筑专家陆元鼎教授

梁佳玲

无论平常的日子，还是像广州从化市广裕祠荣获联合国教科文组织亚太地区文化遗产保护奖（2003年度）第一名杰出项目奖这样隆重、盛大的颁奖典礼，陆元鼎给人的感觉总是温文尔雅、谦逊深沉，在他思路清晰、踏实沉稳的言谈中颇有些智者的含蓄和内敛。1948年进入中山大学工学院建筑系，师从古建筑学家龙庆忠先生，毕业后在华南工学院（现华南理工大学）任教至今，半个世纪的教学和科研生涯，始终不渝地专注于中国建筑史研究以及中国传统民居研究并将其坚持的古建筑保护实施原则和理念投入于实践之中，在陆元鼎教授的眼中，中国古老悠久的建筑历史蕴藏着丰富的资源，每每深及建筑史，总会为它的千姿百态和自有的独特美感而震撼，而史学的不断完善与探索的重要性总是让人乐此不疲，通过建筑历史的研究和实践。发掘和利用传统建筑艺术中的资料、经验、技术、手法和创作规律，促进古建筑的保护和研究，促进有民族特色和地方风格的新建筑的发展形成，从而为当今城市化建设的实践提供利用和借鉴，是陆元鼎教授至今仍在孜孜不倦钻研和努力的方向。

一、中国传统民居研究的早期实践者

早在1956年，陆元鼎教授就开始中国传统民居的研究和探索了。

从历史上看。民居建筑几乎从来都是作为和“官式建筑”相对的概念而存在的：“官式建筑”是“伟大的”“精致的”“纪念性的”“大师杰作的”，是建筑的艺术与科学，且隐含着由特定价值观所支配的美学品位。而民居则被排除在所谓的艺术之外，通常被定义为“本土的”“自发的”，由本地居民参与的适应自然环境和基本功能的营造。

我国的民居研究自20世纪30年代已开始进行，经历了从最初类似考古学的发掘、测绘和资料整理，到今天把民居作为社会和文化的载体来进行综合的、多学科的和全面的研究。近20年的发展，其间中国文物学会传统建筑园林委员会传统民居学术委员会和中国建筑学会建筑史学分会民居专业学术委员会的相继成立和开展的卓有成效的工作，陆元鼎教授是当之无愧的积极推动者和带头人。

1988年陆教授组织了首届中国民居学术会议，1989～2004年十多年来与有关单位联合主持了第2～13届中国民居学术会议，1995～2003年又主持和联合主持了五届海峡两岸

传统民居青年学者学术会议，举办了两次中国传统民居国际学术研讨会、四次小型传统民居专题研讨会，为弘扬祖国优秀传统建筑文化，发掘和保护传统民居遗产、交流学术经验、培养中青年学者，起到了推动作用，为此，陆教授被一致推荐为传统民居学术委员会主任委员。

陆元鼎教授在总结中国民居研究中提出了四个方面的问题：社会、文化和哲理思想，形态和环境，营造与设计法，以及保护、改造和发展。他认为，优秀的传统民居建筑和村落既具有历史、文化价值，同时又具有实用和艺术价值，今天要创造有民族特色和地方风格的新建筑，通过对传统民居形式、空间组织和美学观念的分析，总结归纳其中的合理成分，将为现代建筑设计提供有力借鉴和参考。

对于传统，我们需要保护的关键不仅仅是传统的形式，而更是产生这种形式的社会动力过程，从而使对传统的保护有坚实的社会和文化力量作为依靠。建筑的本质在于创新而非固守传统。研究民居、理解民居是为了让我们更好地回答今天所面临的问题，或者是把它的空间——社会模式加以改造，在适应现代生活需要的同时融入特定的社会、文化背景。从而保持建筑传统和文化的延续；或者把它的这种模式纳入现代建筑设计的构思之中来寻求形式的突破。了解过去和传统可以使我们了解将来，并且，它是我们了解将来的必要条件。

同时，陆元鼎教授认为，民居理论的研究要随着社会和经济的发展不断走向深入，理论研究的目的是为不断发展前进的实践服务。带有人文、社会学科性质的传统建筑学科，既要为历史、文化服务，也要为今天的建设服务。民居研究也不例外。为了上升为理论指导实践，探求继承与发展规律，陆元鼎教授足迹遍布祖国的山山水水，到民间乡野、到传统村落去考察调研，不局限于一村、一镇或一个群体、一个聚落，而是扩大到一个地区、一个地域，即我们称之为一个民系的范围中去研究，在前人成果的基础上不断取得新的进展。

二、广裕祠修复过程——真实性原则的一次实践

在广东省开展文化大省的建设过程当中，广州从化市广裕祠荣获联合国教科文组织亚太地区文化遗产保护奖（2003年度）第一名杰出项目奖，意味着广州又迈出了具有实质意义的一步。这是广州地区文化遗产保护迄今为止所获得的最高殊荣，也是我国首次获得的联合国亚太地区文化遗产保护大奖。

陆元鼎教授是主持广裕祠修复工程的总负责人。他主持了广裕祠修复工程研究与设计，并和他的博士研究生一起完成了广裕祠的研究报告、维修方案，以及修复施工图纸。

“在珠江三角洲地区迅速变化期间，广裕祠堂的修复是一个地方遗产保护的杰出范例，村民、政府机构和技术顾问的精诚合作，克服了资金有限的困难，实现了广裕祠在修复时周全的选择和高水准的传统工艺。通过有意识地坚持《威尼斯宪章》和《奈良文书》的原

则，项目组成功地展示了方法上的严格性和在记录、评估解释该建筑文化遗产价值时的敏感性。用广泛的参与和透明的方式来动员对保护项目的支持，从而确保该历史建筑在社区未来的年月中继续发挥重要的作用。通过对建筑中可见的历史变更在各个层面的仔细保护。陆氏祠堂不仅成为钱岗村历史活的记录，同时也可捕捉到中国从宋代直到今天共和国绵延的历史进程。”

这是2003年联合国教科文组织亚太地区文化遗产保护奖评审团对广裕祠堂修复工程的评审意见。广裕祠修复过程可以看作是真实性原则的一次实践，是陆教授关于古建筑保护原则和理论的一次实践和发展。

广裕祠维修工程是从2000年10月开始的，主要进行了基础的加固，墙体的修补，排水渠、前埕的修整，红砂岩灰土地面的夯筑等工作，修换了近半数的椽子瓦当。更换了部分梁、桁条和三根檐柱，以及第二进的六个红砂岩柱础，对中堂进行了部分落架大修，恢复了大门、二进屏门和后院两侧的厢廊。2002年2月6日，广裕祠修复工程完成，并通过验收。

20世纪60年代以来，世界各国在文物建筑保护工作中都将真实性作为一条基本原则。2003年11月29日，联合国教科文组织亚太地区文化顾问理查德·A. 恩格尔哈特在广裕祠颁奖大会上的讲话指出，广裕祠修复工程的卓越之处首先在于修复工程用传统的工艺、手法保留了历史的信息，反映了历史的真实性。广裕祠共有近六处明确的修建和维修时间记录，这在珠江三角洲地区比较罕见。此外，第二进和第三进两侧山墙内面，保留有“文革”时期的标语。亦是特殊社会历史时期的真实记录，对此最后确定了局部保留的办法，即选取相对集中和完整的几片进行保留，文字部分原样不动。铲除周围的白灰粉刷，露出清水砖墙。这样保留材料上面的历史印记，对于广裕祠来说则是保证了其从明、清、民国到新中国成立后这样一个完整的时间链。

在修复过程中所采用的工艺方面，为了达到与原地面的色泽、质地、强度等性能一致，前期进行了多次红砂岩灰土配比试验，对于柱子，视其劈裂情况分别采用环氧树脂腻子堵抹，用木屑、竹片（老材）进行镶嵌等方法。为了防腐和区别于原作，维修时在木构表面涂抹一层桐油（熟桐油），使之露出木头的本色，也与原来的工艺一致。

对于广裕祠还是有部分的做法和具体的装饰图案等（如彩画）已不可考，本着保存现状的想法，采取无为之治——不加入主观的臆断，不添加新的信息，这也是对真实性原则的一种理解。正如联合国评审团主席恩格尔哈特先生在现场分析的那样，当“不知道什么是什么”的时候，保存现状是最好的方式，事实上修复后的面貌也很好地延续了广裕祠的历史沧桑感。

鉴于《威尼斯宪章》和《关于真实性的奈良文件》所规定的一些修复原则，确实有更适合西方石头建筑的做法，陆元鼎教授在带领人员进行修复时，不但遵循真实性原则，也兼顾到中国传统建筑的一些特点。譬如在广裕祠修复时，主要利用旧材料，采用传统工艺和传统施工方法。对于不得不更换的构件，则采用相同的材质，依原样复制，以显示新旧对比。此外，修复工程的经济性也是重要成就之一，陆教授认为。通过广裕祠的经验。最重要的是唤起大家的保护意识，用最经济的手段，用传统的工艺手法，用真实性原则的方法，是一定能够把文化遗产保护好的。

三、古建筑保护与实践—坚持“修旧如旧”

一个城市的发展过程，在某种程度上说就是去旧求新，历史文物的保护与城市的发展似乎总是难以兼顾。实际上，既有效地保护历史文物，又进行城市新区的建设开发，两者是可以协调的。

关于古建筑保护理论，如何从物质层面跃进到文化层面。如何从技术手段、科学管理深入到进行系统的保护问题。目前在这一方面的研究正吸引着越来越多的关注。

古建筑的概念，应该包括现存的各类有历史价值的建筑物、构筑物、街区、村落、城市的旧城区乃至整个古城。一座城市各个时期的建筑，像一部史书，一卷档案。记录着一个城市的沧桑岁月。唯有完整地保留了那些标志当时文化和科技水准，或者具有特殊人文意义的古建筑，才会使一个城市的历史绵延不绝，才会使一个城市永远焕发着悠久的魅力和光彩。

作为一座历史文化名城，首要条件是要保存有相当数量具备历史文化价值的建筑物(建筑群)、构筑物或工程遗址，并被分别认定为一定等级的文物保护单位。历史文化名城的保护包括“原物保护”“原貌保护”“风貌保护”，文物管理部门按“抢救第一，保护为主”的方针和“修旧如旧”的原则，对古建筑进行保护和维修，称之为“原物保护”。对历史街区历史村镇这一较大地域范围内原有建筑及其历史环境的外观保护为“原貌保护”。在特别重要的文化建筑周边地段或城市的“景观走廊”中，对新建工程实施高度控制和建筑风格协调是“风貌保护”。

在陆教授的论述中，保护的过程首先包含一个鉴别的过程。按照是否具有历史、文化、艺术和技术价值进行鉴定，以确定保护对象是否是优秀的，典型的，有代表性的：在历史上是否是孤例、特例。在实施保护和修复上述优秀典型历史文物的过程当中，坚持“修旧如旧”的原则是反映建筑历史发展的真实性的要求。

翻开广州两千年来的城市建设史册，有着气势恢宏的城市发展史迹和数量浩繁、多姿多彩的建筑遗存。陆元鼎教授认为，广州作为历史文化名城，在保护古建筑方面同样要注重有所鉴别地进行系统保护，要着重从面的角度，即从一个区域、片区的层面来保留广州的特色，注重保留旧有城市的肌理。同时，广州还是近代革命城市，洪秀全太平天国，康有为、梁启超维新变法，孙中山辛亥革命等近现代史迹很丰富，做好这一方面的工作将为广州的特色增加亮丽的异彩。

近年来，陆元鼎教授主持了大量古建筑工程的设计及实施。1997年完成广东南雄市珠玑巷胡妃纪念馆和珠玑巷博物馆工程设计，1996～2003年完成了广州光孝寺方丈室、僧舍、斋堂与寮舍建筑设计和祖师殿复原工程，2001年完成广东德庆县悦城镇程溪书院复原设计，2002年完成广东从化市太平镇钱岗村广裕祠和神岗镇邓氏公祠修复工程设计，2003年完成广东从化学宫修复工程及月台复原设计。目前正在进行潮州市饶宗颐学术馆设计，为继承、复原传统建筑文化和发展有地方特色的新建筑进行积极探索。

一页页翻开他50多年来科学研究的历程，一点点获知他在中国建筑历史和传统民居研究方面的成就和贡献，透过这一切的背后，是一代优秀知识分子满腔的赤诚和执着的追求。

原文：载于《城市季风》(广州市城市建设档案馆主编)，2004年，第2期，26-29页。

传统民居建筑的经验、规律、营造的传承与发展

——陆元鼎教授访谈录

《中国名城》 1988年，陆教授您组织了首届中国民居学术会议，1989～2008年的二十多年来与有关单位联合主持了第2～16届中国民居学术会议，1995～2003年又主持和联合主持了七届海峡两岸传统民居青年学者学术会议，举办了两次中国传统民居国际学术研讨会、四次小型传统民居专题研讨会，为弘扬祖国优秀传统建筑文化，发掘和保护传统民居遗产交流学术经验、培养中青年学者，起到了推动作用。第17届中国民居会议在开封举行，会议主题之一是“地域民居对现代建筑设计的启示”，请陆老谈谈传统民居建筑对当代建筑设计创新的启示。

陆元鼎 建筑反映国家的文化和面貌，建筑设计要有自己国家的文化，一个建筑如果没有文化就没有灵魂，建筑有没有文化代表了建筑有没有思想。就文化来说，各个国家、各个民族、各个地区的文化不同。地方传统的东西多在民居里，文化底蕴、地方特色多在民居里。民居的形成与社会、文化、习俗等有关，又受到地理、气候等自然条件的影响。民居由匠人设计、营建，并运用了当地的材料和自己的技艺和经验。由于各地气候、地理、地貌以及材料的不同，造成民居的平面布局、结构方式、外观和内外空间处理也不相同。这种差异性是地方特色形成的主要因素。

长期以来，民居在各地实践中所创造的技术和艺术处理上的经验，如民居建筑中的通风、防热、防水、防潮、防风（寒风、台风）、防虫、防震等方面的做法，民居建筑结合山、水地形的做法、民居建筑装饰装修做法等，在今天仍有启示意义。

《中国名城》 中国传统民居的核心价值及当代应用价值是什么？

陆元鼎 优秀的传统民居建筑具有历史、文化、实用和艺术价值。中国传统民居对今天创作有地方特色、民族特色的建筑是途径之一。

中国传统民居当代应用价值在现代新的设计里，应该逐步摸索、灌输进

去。新的设计不可能也不必要都要用传统的。近二十年来，我国一些地区，如北京、黄山、苏州、杭州等地的一些新建筑、度假村、住宅小区等，相应地采用了传统民居建筑中的一些经验、手法或一些符号、特征，经过提炼，运用到新建筑中，效果很好。近几年来，已扩大到成都、广州、中山、潮州等地区。

另外，中国传统民居中很多规律和经验都可以应用到今天的建筑中。"因地制宜，就地取材"是创作过程中的普适规律，通风、降温、环保、节能的实践经验都可应用到今天。砖、瓦、木、石这些毕竟是过去手工使用的材料，今天有新材料了，就用新材料来代替，但我们不盲目使用新材料。过去的经验和创作规律放到今天任何工程中都可以用。怎么把过去都拿来用，我们提倡方向、经验、价值。

科学技术研究的目的是为了应用，民居建筑也是一样，它的实践方向有两个方面：在农村，要为我国社会主义新农村建设服务；在城镇，要为创造我国现代化的、有民族特色和地方特色的新建服务。

《中国名城》 中国传统建筑是一门"匠学"，传统工匠的手工技艺如何传承？"匠学"研究的前景如何？

陆元鼎 民居营造，史籍上甚少记载。匠人的传艺主要靠师傅带徒弟的方式，有的靠技艺操作来传授，有的用口诀方式来传授。过去的建筑、图纸都在匠人的脑子里；很多的经验，如口诀是老匠人的多年积累，中国传统建筑可以说是一门"匠学"。传统工匠的手工技艺靠脑记、手传、口述，目前对"匠学"的研究很困难。一是匠人老迈、多病或去世，其技艺传授即中断；二是在漫长的封建社会，匠人只将技法传授给直系子女或徒弟；三是语言不通，匠人都是当地的老人，听不懂这些老师傅的本土方言肯定无法传承。

匠人少了，资料也少，语言不通，研究生很难做这方面的题目，加之在校时间短暂，三四年的时间，难以深入，就算调研出什么，导师也会认为分量不够。现在研究方向与就业密切相关，研究传统民居建筑不受市场欢迎，导师也不能强迫学生做这方面的研究。有个香港的学生专门研究潮州彩画，跑了很多地方，从福建、广州到香港、台湾……四处寻找资料，拜访老艺人，完全是出于个人兴趣，加上家中经济上也能供给，不去考虑毕业后的就业问题，几年下来颇有收获。"匠学"是很枯燥的，没有真正的兴趣很难钻得进去、深入下去；“匠学”又是很细致的，没有长期的坚持与恒定的耐性难以出成果。个人兴趣及现实的就业、经济压力，使得做这方面研究的人越来越少。另外，国家不够重视（哪怕口头重视也行），没有经费拨款去做这方面的研究。“匠学”研究很重要，可以说是非常重要，但是从目前的情况来看，很难。

广东正在抢救岭南文化。文化一旦停下来，不是马上就能恢复的，好比学外语，停下来再追，花费时间更多。经济还能突击拉升，文化却不能，文化是不能断的。扬州意匠轩、苏州香山帮的一些古建筑公司的老总有了这方面的自觉意识，做些营造方面的调查研究，总结老匠人的技艺经验，写书、出杂志等，值得学习，令人鼓舞。

《中国名城》 **人类对居住建筑的基本要求大致相同，即一个安身立命之所。随着经济发展，现代都市居民生活接受西式的住宅空间形式，将室内按使用功能进行区分后，发现对空间的需求越发不足，如何将传统民居中的空间弹性与空间有效率的重叠使用应用到现代都市集中区？**

陆元鼎 传统民居的建筑面积很大，农村里房多，厅多，还有走廊、花园。现在很多人思想上贪大，攀比，一套不够还要两套，两套不够，还要别墅，一味追求大面积住宅实际是不必要的。从过去传统风水学来说，一个人住的房间太大，阳气不足也不太好。

早期的时候人们只要求有房，后来要功能，再后来要齐全，现在要环境了，开始考虑阳光、通风、花园，往后大概也没有什么过多的要求。就一户三口之家来说，100平方米左右也就够了。一厅三房、四房，最多再添个书房。从人的生活来说也不需要太大的房子，一是空旷，二是清洁起来也麻烦。而住宅空间不够用是不行的，现在买不起房的主要是些年轻人。在国外，年轻人是先租房，租住到自己有钱了才买房，然后小房换大房。中国人一到成年，要结婚，非要买一套房子，那是社会风气使然。我觉得只要功能好，基本上够住就行了，关键是房子怎么好用，环境对身体健康是否有益。

我接触到的多是些知识分子，他们对居住没有过多的要求，一是知识分子没有这方面的经济条件，二是没这方面的心理需求。他们往往在有了一套住宅后，开始转向，考虑汽车、服装、旅游等方面的需求了。

《中国名城》 传统民居隐含的安居精神以及古建筑原则能否应用到现代高层集合住宅区中?

陆元鼎 传统民居是蕴藏在民间的、土生土长的、富有历史文化价值和民族、地方特征的建筑。今天要创造有民族特色和地方风格的新建筑,传统民居可以提供最有力的原始资料、经验、技术、手法以及某些创作规律。传统民居的经验、规律,统统可以加以运用,形式则不一定。就艺术方面来说,外表形式还是适当应用,现代的建筑,也许在它的某个立面用了些传统,那属于创作,很难定型,不必强调应用。住宅能用则用,不能用就不用,欧陆风也好,传统形式也好,就如炒菜,口味不同,各取所需。住宅中很多小型别墅,民族形式容易用得上,现在很多老百姓也还喜欢这些。总之,应该用的地方要用,不必强求。然而,那些有代表性的、标识性的、有影响力的、大型的,特别是公共建筑、政府建筑,就定要体现民族特色、地方特色,它们代表的是国家的、地方的文化和历史面貌。

《中国名城》 新农村建设如火如荼,小洋楼、铝合金门窗、墙体瓷砖等单一建筑设计形式,使传统地域特征被破坏,请教陆教授,地域民居风格的保留与新农村建设的协调办法,有没有一种地域民居转型的科学适宜模式?

陆元鼎 我国在建设社会主义新农村的号召下,各地传统村镇和民居都面临着保护、改造和发展的局面,是拆了重建,还是择址新建,又或者改造修建,有多种方式,但都没有形成一个模式。

对本身没有什么文化的村落来说,想建个新农村怎么盖都行。目前人们热点讨论的是对有着丰富文化积淀和传统的村落怎么改造的问题,反对把这些村落拆掉重造的野蛮破坏。中国那么大,上千万的农村是否个个都要保留呢?我看不必要,也不可能。对那些好的,整个中国农村能保留10% ~15%,甚至20% ~30%就不错了。对那些早已被改造得破破烂烂的,还去建些假古董是错误的。而把本身很好的拆掉,做一条街的假古董,更加错!

我认为,首先调查这个村有没有文化,还能不能保留下来。如果已经不行了,那么算了;有的,则要保护它的传统肌理,其改造发展方式可以在继承传统的基础上进行改造和创新发展,如广州大学城外围练溪村就是一例该村存在原村落的街巷肌理和少量民居庭园等残损建筑,其改造方式是:继承优秀传统,对街巷恢复其肌理,对沿街建筑中仍可辨认的民居、庭院等按原貌修复，其余建筑按现代功能需要进行改造和建设，而外观则要统一在地方建筑风格面貌内。有些地方不去保护文物、文化古迹或有着优秀传统文化特征的建筑物，仅仅是存留一个封建祠堂，这就走入了误区。

我看了一些相关报道，总感觉政府没有很好地站在农民的立场思考问题，而是站在政府和开发商的立场去办事情。地方官员要意识到传统村落、民居建筑及其文化保护、改造、发展的重要性和紧迫性，明确民居保护、改造、发展的目的，重视和关心农民应该享受到的权利和得益，从农民角度出发考虑问题，照顾到农民的生活习惯、传统习俗，考虑农民长期居住的这个环境究竟有没有保护价值，把文化肌理保护下来，再怎么改造也要跟农民沟通、商量，千万不能摆出一副施舍的面孔。指导思想和立场解决了，领导好做，农民也感觉到政府是真正为了他们的利益。

五十年来，民居学术研究取得了初步成果，民居研究队伍也在不断扩大，我们的任务是坚持不懈地开展学术研究和交流，为弘扬、促进和宣传我国丰富的历史文化贡献力量，真正创作我国有民族文化特征和地方文化风貌的建筑。

图1　陆元鼎教授参加第17届中国传统民居会议

图2　陆元鼎、魏彦钧夫妇从事中国民居建筑研究数十年，彼此帮助，相互扶持，一路走来……

原文：载于《中国名城》，2010年，第5期，60-63页。（根据录音稿整理，《中国名城》责任编辑：邱正锋）

民居建筑的建筑不可取代

——访中国传统民居研究的早期实践者陆元鼎

刘 夏 整理

一、传统建筑技艺的传承前景令人鼓舞

作为一门匠学技艺，民居营造在史籍上甚少记载。自古以来，匠人传艺的主要方式是靠技艺操作来传授，师傅带着徒弟，靠脑记、手传、口述进行传承。有些匠人随着老迈、多病而去世，技艺传授就中断了；有些匠人只将技法传授给直系子女或徒弟，传承的脉络逐渐稀疏；有的则由于语言不通、文化不畅而导致技法无法为人所知。

由于匠人和资料的稀缺，再加上语言不通，目前，“匠学”的研究仍旧比较困难。现在研究方向与就业密切相关，研究传统民居建筑不受市场欢迎。若想从事这方面的研究，必须要有很高的觉悟才行。“匠学”是很枯燥的，没有真正的兴趣很难钻得进去、深入下去；“匠学”又是很细致的，没有长期的坚持与恒定的耐性，则难以出成果。个人兴趣及现实的就业、经济压力，使得做这方面研究的人越来越少。有个香港学生专注于研究潮州彩画，跑了很多地方，从福建、广州到香港、台湾……四处寻找资料，拜访老艺人，完全是出于个人兴趣，加上家中经济上也能供给，不用考虑毕业后的就业问题，几年下来颇有收获。

但是，最近几年国家对传统民居建筑技艺的研究也逐渐重视起来。广东正在抢救岭南文化，扬州意匠轩、苏州香山帮的一些古建筑公司也有了这方面的意识，也开始做一些营造方面的调查研究，总结老匠人的技艺经验，写书、出杂志等，这是很值得学习的，也十分令人鼓舞。民居理论的研究要随着社会和经济的发展不断走向深入，其目的是为历史、文化服务，也要为今天的建设服务。

二、中国传统民居的核心价值及当代应用价值

优秀的传统民居建筑具有历史、文化、实用和艺术价值。对于传统，我们需要保护的关键不仅仅是传统的形式，而更是产生这种形式的社会动力过程，从而使对传统的保护有坚实的社会和文化力量作为依靠。建筑的本质在于创新而非固守传统。中国传统民居在当代的应用价值若体现在现代新的设计里，应该逐步摸索、灌输，不能一概而论。新的设计不可能也不必要都要用传统的。“最近二十年来，我国一些地区，比如北京、黄山、苏州、

杭州的一些新建筑、度假村以及住宅小区等，相应地采用了传统民居建筑中的一些经验、手法或一些符号、特征，经过提炼，运用到新建筑中，效果很好。”陆教授就传统民居的应用价值谈到，中国传统民居中很多规律和经验都可以应用到今天的建筑中。

传统民居中关于通风、降温、环保、节能的实践经验都可以应用到今天。但是“因地制宜，就地取材”是创作过程中的普遍规律。陆教授谈到，砖、瓦、木、石等都是过去手工使用的材料，如今科技每天都在进步，建筑建造也有很多新材料，那么我们完全可以用新材料代替。“但也不要盲目使用新材料。过去的经验和创造规律放到今天任何工程中都可以使用。具体到怎么把‘过去的’拿来用，我们提倡方向、经验、价值三者都要兼顾。”

三、传统民居的应用要分情况

传统民居是蕴藏在民间的、土生土长的、富有历史文化价值和民族、地方特征的建筑。今天要创造有民族特色和地方风格的新建筑，传统民居可以提供最有力的原始资料、经验、技术、手法以及某些创作规律。

具体来讲，这些规律的应用形式则不一定。就艺术方面来说，外表形式可以适当应用。比如一些现代建筑，也许在它的某个立面用了些传统特色；住宅则不必强求，无论是欧陆风格还是中国传统形式，就如炒菜，口味不同，各有所爱；很多小型别墅容易用得上一些民族形式，可以得到很多人的喜爱。

陆教授强调，传统民居特色对于现代建筑设计上该用的地方要用，不需要用则不必强求。然而，“那些有代表性的、标识性的、有影响力的、大型的，特别是公共建筑、政府建筑，就一定要体现民族特色、地方特色，它们代表的是国家的、地方的文化和历史面貌，”陆教授如此说道。

四、新农村建设应注重地域民居村落的改造

我国在建设社会主义新农村的号召下，新农村建设如火如荼。但是，小洋楼、铝合金门窗、墙体瓷砖等单一建筑设计形式，使传统地域特征被破坏，各地传统村镇和民居都面临着保护、改造和发展的问题。是拆了重建，还是择址新建，又或者改造修建？目前还没有形成一个模式。

社会越来越关注一些有着丰富文化积淀和传统的村落该如何改造。可是中国那么大，上千万的农村，是否个个都要保留呢？陆教授认为，在实施保护和修复上述优秀典型历史文化村落的过程当中，坚持“修旧如旧”的原则是反映建筑历史发展的真实性的要求。

保护的过程首先包含一个鉴别的过程。按照是否具有历史、文化、艺术和技术价值进行鉴定，以确定保护对象是否是优秀的、典型的、有代表性的，在历史上是否是孤例、特例。广州大学城外围练溪村就是一例，该村存在原村落的街巷肌理和少数民居庭园等残损建筑，当时的改造原则是恢复街巷肌理；对沿街建筑中仍可辨认的民居、庭院等按原貌修

复；对其余建筑按现代功能需要进行改建，而外观则统一在地方建筑风格面貌内。

政府要意识到传统村落、民居建筑及其文化保护、改造、发展的重要性和紧迫性，明确民居保护、改造和发展的目的，重视和关心农民应该享受到的权益，照顾到农民的生活习惯、传统习俗，把文化肌理保护下来，让农民也感觉到政府是真正在考虑他们的利益。

在陆元鼎教授的眼中，中国古老悠久的建筑历史蕴藏着丰富的资源，每每深及建筑史，总会为它的千姿百态和自有的独特美感而震撼，而史学的不断完善与探索的重要性总是让人乐此不疲。通过建筑历史的研究和实践，发掘和利用传统建筑艺术中的资料、经验、技术、手法和创作规律，促进古建筑的保护和研究，促进有民族特色和地方风格的新建筑的发展形成，从而为当今城市化建设的实践提供利用和借鉴，是陆教授至今仍在孜孜不倦钻研和努力的方向。

几十年来，民居学术研究取得了可喜的成果，民居研究队伍也在不断扩大，陆元鼎先生则是这支中国传统民居研究大军的领路人。这位温文尔雅、谦逊深沉的学者和千千万万的知识分子坚持不懈地开展学术研究和交流，弘扬、促进和宣传着我国丰富的历史文化，不断创作我国有民族文化特征和地方文化风貌的建筑。透过这一切的背后，是一代优秀知识分子满腔的赤诚和执着的追求。

原文：载于《民族建筑》，2012年，第11期，14–18页。

大学教授为“草民宅第”立传

——访陆元鼎教授

莫艳民　张演欣　黄丹丹

访谈动机　2004年12月中旬，两年一次的第14届中国图书奖揭晓，由华南理工大学出版社出版的巨著《中国民居建筑》（三册）荣获大奖。该书由陆元鼎教授任主编，59位来自全国各地的民居建筑研究专家参编，历经八年编撰而成。该书的出版为弥补民居研究资料的缺失、弘扬我国优秀的传统建筑文化做出了突出贡献，引起了学术界、文化界、出版界的极大反响。

一、民居研究历史只有20年——真正的研究者不足百人

记　者　（以下简称“记”）：《中国民居建筑》最近出版，在学术界引起高度关注。关于中国的民居，过去很少出现在人们的视野中，你是怎么开始接触和发掘这一宝藏的？

陆元鼎　（以下简称“陆”）：中国民居建筑是我国丰富建筑文化遗产的重要组成部分。过去，我国对古建筑的研究，主要致力于宫殿、坛庙等皇家和大型建筑，这是必要的。但对于广大民间特别是农村民居建筑，却没有给予应有的重视。我主编这三部书，正是为了弘扬我国民族优秀的传统文化，保护和继承建筑历史遗产，总结民居建筑传统经验，为现代建筑创作提供可资借鉴和运用的资料。

我于1952年大学毕业后，跟着我的老师龙庆忠教授去潮州调查民居，头一次和中国民居发生了亲密接触。1958年全国第一次民居会议，受到刘敦桢教授的影响，我对民居研究越加来了兴趣。此后，我与当时的中国建筑科学研究院汪之力院长有了接触，知道了中央一直重视民居建筑的学术研究。中国传统民居研究从20世纪50年代开始，于60年代大量开展工作，80年代有计划、有组织地开展。1988年首届学术委员会成立。这是门年轻学科，研究的历史只有20年，全国真正研究的学者不到100人。

二、在传统民居中吸取养分——目的：为现代建筑设计提供启迪

记　中国传统民居是一种广泛存在的建筑形式，人们总觉得随处可见，无甚新鲜。实际上它们具有怎样的研究价值？

陆　民居建筑是人类最早、最大量与人类生活密切相关的建筑类型，也是人类最原始又是最持续发展的一种建筑类型。传统民居是老百姓根据自己的需要，自己出钱、自己设计，自己建造、用当地材料自己使用的，因此，实用、经济、有地方特色。在我看来，传统民居除了艺术、技术价值外，还饱含历史、文化价值。由建筑看民俗，可上溯到民族的起源、沿革以及原始的世界观。这些看似普通的民居建筑绝不仅仅是住宅，它浓缩了中华民族几千年的历史，展现了不同民族、不同地区丰富多彩的民间文化，蕴藏着高超、精巧的制作工艺。特别是各地气候、地理、地貌、环境不同，在技术上解决气候、地理、环境有很多实践经验，值得我们不断挖掘、宣传、研究。民居中的确有很多优秀文化，是属于老百姓自己的建筑艺术和建筑技术。

过去我们注重的只是皇家宫殿、坛庙、陵墓，对于传统民居官方不重视，史书不记载，认为是“草民之宅”，因此在研究和保护上几乎空白，非常遗憾。

记　研究民居对开创具有自己民族特色的建筑体系有什么作用？

陆　建筑的本质在于创新而非固守传统。研究传统民居是为了让我们更好地回答今天所面临的问题——或者是把它的空间社会模式加以改造，在适应现代生活需要的同时融入特定的社会、文化背景，从而保持建筑传统和文化的延续；或者把它的这种模式纳入现代建筑设计的构思之中来寻求形式的突破。了解过去和传统可以使我们了解将来，并且它是我们了解将来的必要条件。

今天要创造有民族特色和地方风格的新建筑，通过对传统民居形式、空间组织和美学观念的分析，总结归纳出其中的合理成分，将为现代建筑设计提供有力借鉴和参考。中国要开创具有自己民族特色的建筑道路，可以从民居中吸取营养，包括实际的符号、装饰的符号，更高层次的是文化内涵。比如技术方面，如何通风、防治白蚁，都可以从民居身上借鉴经验。民居也凝聚了民族、地方感情。许多老华侨就是喜欢中国老房子那种恬静安详的韵味。那些老房子、古祠堂，把海外游子的心紧紧地和祖国连在一起。

三、广府民居偏重实用特色——外表也许不靓，但内里却雕梁画栋

记　因为研究民居，您的足迹遍及华夏大地，尤以广东为甚。在您眼中，广东民居有什么特点呢？

陆　举例说，潮州人喜欢大家庭聚族而居，而广府很少三代同堂。因为广州地区没有单纯的地主，广州的有钱人喜欢到城里做生意，而别的地方的人，有了钱喜欢买地置业。广州人的房子外面不漂亮，但里面雕梁画栋。从建筑上可以看出广府人非常明显的文化心理：注重实在，与商业打交道较多。

和全国的民居有一个共性，广东民居也反映了封建社会森严的等级制度。广东地区的民居有人字墙的和镬耳墙的，而这两者绝不可混淆。用错了，县官就会过来抓人。祖上没有做官的，不能用镬耳墙，这反映了一种等级制度。开间越大，镬耳就越大。人字墙是谁都可以用的。还有，马头墙伸出如马的话，就说明祖上出武官；向着高处，如盖的印，则是文官。做官的房子一般是五开间。但潮州曾有一姓许的人中了状元，做了皇帝的驸马，弄了七开间。根据礼制，任何大臣最大只能是五开间，老百姓是三开间，这“许府”却是七开间。现在“许府”还在，见证了一段广东人在特定社会时期里特有的荣耀。

四、广州要保留老城市肌理——传统民居的抢救刻不容缓

记　翻开广州2000多年来的城市建设史册，有着气势恢宏的城市发展史迹和数量浩繁、多姿多彩的民居建筑遗存。我们应该如何利用它们？

陆　广州作为历史文化名城，在保护古建筑方面要注重有所鉴别地进行系统保护，要着重从面的角度，即从一个区域、片区的层面来保留广州的特色，注重保留旧有城市的肌理。在今天来看，不少民居还适应今天的生活，今天可借鉴的，尤其是古民居村镇组成的肌理。如能按照这样的肌理营造商业街，肯定比国外大商场更有民族味儿，适合中国国情。不过，民居中一些不合理的东西也应该摒弃。

记　民居属木构建筑，木材60年就朽坏。而在目前的情况下，不可能大量按照原来的样式大量兴建这些民居。面对这个困难，你们是怎么应对的？

陆　传统民居的抢救刻不容缓！“重点保护，抢救第一，修旧如旧”，是重要的保护原则。目前国家还没有足够的资金来进行充分保护，所能够做的是进行抢救性保护，资料整理工作也很重要。由于民居数量多，地区广，一个人无法完成，因

此，要动员中国文物学会、中国建筑学会的民居专业委员会一起来做这个抢救工作。

我们同时也看到，随着城市开发和建设的加快，民居不同程度地受到了一些破坏，但作为一些好的文化建筑，怎样得到保护是非常重要的，这与大家的重视与否有很大的关系。这也是我们编撰这套书的目的——对过去有特色并有可能对今天的建筑有借鉴作用的民居进行总结，以唤起各方面的重视，让有民族特色的建筑得到进一步的保护。

原文：载于《羊城晚报》，2005年1月2日，A9版。